Easy Coating

Mont Kumpugdee Vollrath
Hrsg.

Easy Coating

Grundlagen und Trends beim Coating
pharmazeutischer Produkte

2. Auflage

Hrsg.
Mont Kumpugdee Vollrath
Fachbereich II, Berliner Hochschule für Technik
Labors Chemische und Pharmazeutische Technologie
Berlin, Deutschland

ISBN 978-3-662-71411-9   ISBN 978-3-662-71412-6 (eBook)
https://doi.org/10.1007/978-3-662-71412-6

Die Deutsche Nationalbibliothek verzeichnet diese Publikation in der Deutschen Nationalbibliografie; detaillierte bibliografische Daten sind im Internet über https://portal.dnb.de abrufbar.

© Der/die Herausgeber bzw. der/die Autor(en), exklusiv lizenziert an Springer-Verlag GmbH, DE, ein Teil von Springer Nature 2011, 2025

Das Werk einschließlich aller seiner Teile ist urheberrechtlich geschützt. Jede Verwertung, die nicht ausdrücklich vom Urheberrechtsgesetz zugelassen ist, bedarf der vorherigen Zustimmung des Verlags. Das gilt insbesondere für Vervielfältigungen, Bearbeitungen, Übersetzungen, Mikroverfilmungen und die Einspeicherung und Verarbeitung in elektronischen Systemen.
Die Wiedergabe von allgemein beschreibenden Bezeichnungen, Marken, Unternehmensnamen etc. in diesem Werk bedeutet nicht, dass diese frei durch jede Person benutzt werden dürfen. Die Berechtigung zur Benutzung unterliegt, auch ohne gesonderten Hinweis hierzu, den Regeln des Markenrechts. Die Rechte des/der jeweiligen Zeicheninhaber*in sind zu beachten.
Der Verlag, die Autor*innen und die Herausgeber*innen gehen davon aus, dass die Angaben und Informationen in diesem Werk zum Zeitpunkt der Veröffentlichung vollständig und korrekt sind. Weder der Verlag noch die Autor*innen oder die Herausgeber*innen übernehmen, ausdrücklich oder implizit, Gewähr für den Inhalt des Werkes, etwaige Fehler oder Äußerungen. Der Verlag bleibt im Hinblick auf geografische Zuordnungen und Gebietsbezeichnungen in veröffentlichten Karten und Institutionsadressen neutral.

Planung/Lektorat: Sinem Toksabay
Springer Spektrum ist ein Imprint der eingetragenen Gesellschaft Springer-Verlag GmbH, DE und ist ein Teil von Springer Nature.
Die Anschrift der Gesellschaft ist: Heidelberger Platz 3, 14197 Berlin, Germany

Wenn Sie dieses Produkt entsorgen, geben Sie das Papier bitte zum Recycling.

Vorwort zur 2. Auflage

Das Buch „EASY Coating" wurde von den Lesern gut aufgenommen. Dies war der Anlass, nun die 2. Auflage zu erstellen. Leider hat es wegen der Coronapandemie länger gedauert als geplant.

In der 2. Auflage wurden einige Kapitel neu überarbeitet, z.B. die Kapiteln 1, 3, 4, 5, 6, 7, 10 und 11. Überdies kommt in Kapitel 12 ein neues Thema bezüglich besonderer Tablettierung als Coatingmethode hinzu. Die sonstige inhaltliche Struktur und die Gestaltung bleiben bestehen. Nur das Äußere wird durch den Springer-Verlag umgeändert, da der frühere Verlag „Vieweg+Teubner" aktuell zum Springer-Verlag gehört.

Mein früherer Mitherausgeber Herr Dr. Jens-Peter Krause hat wegen anderer Tätigkeit nicht mehr als Herausgeber bei dieser 2. Auflage mitgewirkt, jedoch als Autor.

Dieses Buch ist weiterhin als Ergänzung zu anderen Fachbüchern über Coating für Studierende der Hochschule sowie Mitarbeitern und Mitarbeiterinnen der pharmazeutischen Industrie gedacht. Besonderer Dank gilt allen Autoren, die bei der 1. Auflage mitgewirkt haben, sowie neuen Autoren, die dazugekommen sind. Für die Unterstützung und Geduld danke ich dem Verlag und den Verlagsmitarbeiterinnen sowie meinen Mitarbeitern (Frau Katja Hoffmann, Herrn Björn Thomas) und meinen Studentinnen (Frau Beyzanur Gül, Frau Pia Diekow und Frau Issrah Dizay) für die konstruktiven Hinweise.

Für kritische Hinweise zur 2. Auflage wäre ich dankbar.

Berlin, Deutschland Mont Kumpugdee Vollrath
April 2024

Vorwort zur 1. Auflage

Pharmazeutische Überzüge (Coatings) haben eine lange Tradition. Waren es anfangs einfache Formulierungen, die Tabletten schützen oder sogar erst die Form gaben, sind es heute zunehmend komplizierter werdende Polymersysteme mit maßgeschneiderter Funktionalität.

Hohe Reproduzierbarkeit der Schlüsseleigenschaften, guter Schutz gegen Umwelteinflüsse und im erheblichen Maß Marketingaspekte treiben die Entwicklung auf dem Material- und Apparatesektor voran.

Neue Polymere und Kombinationen, möglichst lösungsmittelfrei, werden entwickelt und erprobt. Biopolymere etablieren sich am Markt, die, auch in Kombination mit gut eingeführten Produkten, neuartige Funktionen im Bereich Milieuresistenz und Wirkstofffreigabe erwarten lassen. Kosten- und Rohstoffersparnis bei einem hohen Qualitätsstandard sind die wesentlichen Triebfedern für den Einsatz fertiger Coatings („Ready Mades") im Pharmabereich. Die präzise Prüftechnik erlaubt eine qualitativ hochwertige Produktion und ergebnisorientierte Forschung.

Material und Technik auf dem Gebiet des Coatings entwickeln sich rasant. Das war Anlass genug, im Jahr 2009 einen Workshop zum Thema „Produktdesign in der Pharmaindustrie" an der ehemaligen Technischen Fachhochschule Berlin zu organisieren. Zu diesem Workshop entstand eine erste Broschüre über das „Filmcoaten im Labormaßstab", die hauptsächlich als spezifische Einführung in die Thematik für Studierende des Fachgebietes gedacht war.

Die Idee zu dem Buch war das Ergebnis vieler Diskussionen am Rande des Workshops. Schnell fanden sich ausgewiesene Fachleute bereit, an dem Buch als Autoren mitzuarbeiten. Es wurde versucht, Grundlagen des Coatings mit aktuellen Produkttrends, Forschungsergebnissen und technischen Entwicklungen zu verknüpfen, um dem erweiterten Publikum Rechnung zu tragen. Sowohl Studierende als auch erfahrene Anwender finden neben Grundlagen für das eigene Studium oder die berufliche Tätigkeit auch Anregungen für Weiterentwicklungen.

Auf diesem Weg sei allen Mitwirkenden nochmals recht herzlich gedankt.

Dieses Buch konnte nur durch die Bereitschaft und aktive Mitwirkung kompetenter Autoren entstehen. Unser Dank gilt darüber hinaus Frau Kerstin Hoffmann und Herrn

Ullrich Sandten von der Vieweg+Teubner|Springer Fachmedien Wiesbaden GmbH für die angenehme Zusammenarbeit und die redaktionelle Betreuung. Ebenso sind wir Frau Sabine Krause, Universität Marburg, und Herrn Björn Thomas, Beuth Hochschule für Technik, für die hilfreiche lektorische Arbeit zu großem Dank verpflichtet.

Für kritische Hinweise sind wir stets dankbar.

Berlin, Deutschland
Oktober 2010

Mont Kumpugdee Vollrath
Jens-Peter Krause

Inhaltsverzeichnis

1 Einführung und Geschichte des Coatings 1
Gerhard Waßmann, Mont Kumpugdee Vollrath und Jens-Peter Krause
   1.1 Geschichte Antike 2
   1.2 Errungenschaften der Araber 3
   1.3 Vom Mittelalter bis zum 18. Jahrhundert 3
   1.4 Fortschritte im 19. Jahrhundert 4
   1.5 Vom 20. Jahrhundert bis heute 5
   Literatur 7

2 Verfahrenstechnische Grundlagen des Coatings 9
Lothar Mörl
   2.1 Einleitung 9
   2.2 Arten der Aufbringung des Coatingmaterials 11
   2.3 Schichtaufbau beim Coatingprozess 17
      2.3.1 Schichtaufbau beim diskontinuierlichen Coatingprozess ... 17
      2.3.2 Schichtaufbau beim kontinuierlichen Coatingprozess 28
   2.4 Grundlagen des Wirbelschichtcoatingprozesses 33
      2.4.1 Grundlagen des Wirbelschichtprozesses 33
      2.4.2 Besonderheiten des Coatings in der Wirbelschicht 36
      2.4.3 Stoffübergang beim Coating in der Wirbelschicht auf der Grundlage eines Benetzungsgradmodells 38
   2.5 Symbolverzeichnis 49
   Literatur 53

3 Coatings in der pharmazeutischen Industrie 55
Mont Kumpugdee Vollrath, Evrin Bakan, Jens-Peter Krause,
Ulrich Müller und Gerhard Waßmann
   3.1 Einleitung 55
   3.2 Coatingarten 56
      3.2.1 Magensaftresistente Coatings 56
      3.2.2 Coatings für verzögerte Freisetzung 56

	3.2.3	Ästhetische Coatings	57
	3.2.4	Green Coatings	58
	3.2.5	Weitere Arten von Coatings	59
	3.2.6	Zusammenfassung	59
3.3	Coating von Arzneiformen		60
3.4	Filmbildner		61
	3.4.1	Filmentstehungen	62
	3.4.2	Auswahl von Filmbildnern	62
		3.4.2.1 Magensaftresistente Überzüge	63
		3.4.2.2 Verzögerte Freisetzung	63
		3.4.2.3 Ästhetisches Coating	64
3.5	Auswahl der Farbstoffe		66
	3.5.1	Psychologische Aspekte	66
	3.5.2	Regulatorische Aspekte	68
3.6	Rezepturfindung		68
3.7	Herstellung der Coatingflüssigkeit		69
3.8	Befilmungstechnologie		70
	3.8.1	Trommelcoater	71
3.9	Einflussfaktoren auf den Prozess		71
	3.9.1	Risikoanalyse	74
3.10	Probleme beim Coating		76
	3.10.1	Orangenhaut	76
	3.10.2	Abblättern (Peeling and Flaking)	77
	3.10.3	Abplatzen	78
	3.10.4	Pickelbildung	78
	3.10.5	Twin-Bildung/Zwillingsbildung/Agglomeratbildung	79
	3.10.6	Bruchstellen/Krater auf der Filmoberfläche	79
	3.10.7	Porenbildung	80
	3.10.8	Faserige Struktur	80
	3.10.9	Rissbildung	81
	3.10.10	Inselbildung	82
	3.10.11	Luftblaseneinschlüsse	82
	3.10.12	Nasenbildung (bzw. Nabelbildung)	83
	3.10.13	Deckelbildung	84
	3.10.14	Scuffing	84
	3.10.15	Farbvariationen (Ausbleichen, Wolkenbildung, Fleckenbildung)	86
	3.10.16	Brückenbildung (bei Prägungen, Logos etc.)	87
Literatur			87

4 GLATT-Wirbelschichttechnologie zum Coating von Pulvern, Pellets und Mikropellets ... 89
Annette Grave und Norbert Pöllinger

- 4.1 Einleitung ... 89
- 4.2 Beschreibung und Basisaufbau einer Wirbelschichtanlage ... 90
- 4.3 GLATT-Wirbelschichtverfahren ... 96
  - 4.3.1 Batch-Prozesse ... 96
    - 4.3.1.1 CPS™ (Complex-Perfect-Spheres)-Technologie ... 97
- 4.4 Wurster- oder Bottom-Spray-Technologie ... 98
  - 4.4.1 Kontinuierliche Prozesse ... 104
- 4.5 Auswahl von produktspezifischen Anlagenkonfigurationen ... 105
  - 4.5.1 Auswahl der geeigneten Konfiguration der Wurster-Bodenplatte unter Berücksichtigung der Qualität des zu coatenden Produkts ... 105
  - 4.5.2 Sprühdüse ... 106
  - 4.5.3 Produktfilter, Fangkörbe ... 108
  - 4.5.4 Allgemeine Prozessparameter für den Wurster-Coatingprozess ... 109
    - 4.5.4.1 Feuchtehaushalt im Prozess ... 109
    - 4.5.4.2 Parameter, die die Tropfengröße der Sprühflüssigkeit beeinflussen ... 112
  - 4.5.5 Prozessüberwachung und PAT (Process Automation Technology) ... 113
    - 4.5.5.1 Standardprozessüberwachung ... 113
    - 4.5.5.2 Weitere PAT-Systeme zur Prozessüberwachung ... 114
    - 4.5.5.3 Das Konzept der spezifischen Pelletoberflächen ... 114
  - 4.5.6 GLATT-Highspeed-Wurster-System in Total-Containment-Ausführung ... 116
  - 4.5.7 Scale-up von Wurster-Coatingprozessen in den Produktionsmaßstab ... 117
- 4.6 Fallbeispiele aus der Praxis von GLATT Pharmaceutical Services ... 120
  - 4.6.1 Fallstudie 1: Wirkstofflayering auf Starterpellets im GLATT-Highspeed-Wurster-Verfahren ... 122
  - 4.6.2 Fallstudie 2: Geschmacksmaskierung von Mikropellets im GLATT-Highspeed-Wurster-Verfahren ... 123
  - 4.6.3 Fallstudien 3 und 4: Prozessentwicklung für Modified Release Coatings im GLATT-HS-Wurster-Verfahren ... 127
    - 4.6.3.1 Modified Release Coating mit hoher Empfindlichkeit auf Prozessparameter ... 127
    - 4.6.3.2 Modified Release Coating mit „geringer" *Empfindlichkeit* auf Prozessparameter ... 129

4.6.4	Fallstudie 5: Herstellung von Hydrocortisonmikropellets für eine Kinderarzneiform	129
4.7	Zusammenfassung	134
4.8	Abkürzungen	135
	Literatur	136

5 Coating- und Granulierverfahren mittels ROMACO-INNOJET-Verfahren 137
Herbert Hüttlin

5.1	Einleitung	137
5.2	ROMACO INNOJET VENTILUS int. Pat. Dr. h.c. Herbert Hüttlin	138
5.2.1	Fallbeispiel	138
5.3	ROMACO-INNOJET-Sprühdüse *Rotojet*	140
5.4	ROMACO-INNOJET-Treibsatz Orbiter	141
5.5	ROMACO-INNOJET-Pulverrückführungssystem *Sepajet*	141
5.6	Zusammenfassung	143

6 Coating mit Kollicoat® 145
Thorsten Cech

6.1	BASFs Coatingportfolio	145
6.2	Kosmetische Filmüberzüge	148
6.2.1	Kollicoat® IR	148
6.3	Protektive Filmüberzüge	150
6.3.1	Feuchteschutz	150
6.3.2	Sauerstoffschutz	152
6.3.3	Lichtschutz	152
6.3.4	Geschmacksmaskierung	152
6.3.5	Magensaftresistenz	158
6.4	Retardformulierungen	162
	Literatur	165

7 Coating mit Cellulosederivaten 169
Ulrich Müller

7.1	Einleitung	169
7.2	Cellulosederivate ohne Modifikation der Freisetzung	170
7.2.1	HPMC	170
7.3	Cellulosederivate mit Modifikation der Freisetzung	174
	Literatur	177

8 Coating mit pflanzlichen Proteinen 179
Jens-Peter Krause

8.1	Einleitung	179
8.2	Strukturfunktionalitätsbeziehungen pflanzlicher Proteine	180
8.2.1	Struktur pflanzlicher Speicherproteine	180
8.2.2	Modifizierung und kolloidale Strukturen	182

8.3	Filmbildung		185
8.4	Barrierewirkung von Filmen		186
8.5	Fallbeispiele		187
	8.5.1	Zein	187
	8.5.2	Weizengluten	188
	8.5.3	Sojaprotein	189
8.6	Zusammenfassung und Ausblick		189
	Literatur		190

9 Coating mit Biopolymeren ... 193
Mont Kumpugdee Vollrath, Jurairat Nunthanid und Pornsak Sriamornsak

9.1	Einleitung		193
9.2	Chitosan		194
	9.2.1	Fallbeispiel A	194
	9.2.2	Fallbeispiel B	196
	9.2.3	Fallbeispiel C	197
	9.2.4	Fallbeispiel D	200
	9.2.5	Zusammenfassung – Chitosan	200
9.3	Pektine		201
	9.3.1	Fallbeispiel E	201
	9.3.2	Fallbeispiel F	202
	9.3.3	Fallbeispiel G	202
	9.3.4	Fallbeispiel H	203
	9.3.5	Zusammenfassung – Pektine	203
9.4	Alginate		204
	9.4.1	Fallbeispiel I	204
	9.4.2	Fallbeispiel J	205
	9.4.3	Zusammenfassung – Alginate	205
	Literatur		206

10 Coating mit fertigen Materialien ... 209
Gerhard Waßmann und Mont Kumpugdee Vollrath

10.1	Einleitung	209
10.2	Beispiele für Ready-mades	211
10.3	Zusammenfassung	212
	Literatur	212

11 Innovative Coatingverfahren ... 215
Mont Kumpugdee Vollrath, Pornsak Sriamornsak, Jurairat Nunthanid,
Evrin Bakan und Prasopchai Patrojanasophon

11.1	Einleitung	215
11.2	Coating durch Gelbildung (Gelcoating)	216
11.3	Coating durch Kompression (Compression-Coating)	218

11.4	Coating mit Lipiddispersion	219
11.5	Coating mit Pulver (Dry Powder Coating)	220
11.6	Coating durch Schmelzen (Hotmelt-Coating)	221
11.7	Coating durch elektrostatische Zerstäubung (Electrostatic Spray Powder Coating)	221
11.8	Coating mit Lichtstrahlung (Photocurable Coating)	222
11.9	Coating mittels Elektrospinnen (Electrospinning)	222
11.10	Zusammenfassung	226
	Literatur	226

12 Tablettencoating durch Verpressung von Pulver ... 229
Bernd Duchstein

12.1	Allgemein	229
12.2	Herstellung Mantelkerntabletten	230
12.3	Herstellung Ingestible Event Marker (IEM)	232
12.4	Zusammenfassung	233
	Literatur	234

13 Charakterisierung von Coatings ... 235
Evrin Bakan, Mont Kumpugdee Vollrath und Jens-Peter Krause

13.1	Einleitung	235
13.2	Standardprüfungen	236
	13.2.1 Größe und Oberfläche	236
	13.2.2 Gleichförmigkeit der Masse	236
	13.2.3 Härte und Friabilität	237
13.3	Zugfestigkeit	238
13.4	Mindestfilmbildungs- und Glasübergangstemperatur	238
13.5	Zerfall und Freisetzung	239
13.6	Oberflächeneigenschaften und Morphologie	242
13.7	Prüfmethoden an isolierten Filmen	245
13.8	Benetzungsverhalten der Überzugszubereitung	246
13.9	Gas- und Wasserdampfdurchlässigkeit	247
13.10	Weitere Prüfmethoden	249
13.11	Zusammenfassung	250
	Literatur	251

14 Rheologie von Beschichtungen ... 253
Michael Schäffler

14.1	Einleitung	253
14.2	Grundlagen, Definitionen und Begriffe	254
	14.2.1 Definition rheologischer Begriffe (Fließverhalten)	256
	14.2.2 Definition rheologischer Begriffe (Deformationsverhalten)	261

14.3 Rheometrie und rheologische Versuchsführung 266
      14.3.1 Messgeräte und Messsysteme 266
      14.3.2 Versuchsführung: rheometrische Messvorgaben für disperse
             Systeme 270
      Literatur 273

Stichwortverzeichnis... 275

Autoren

M.Sc., Dipl-Ing. (FH) Evrin Bakan
Freiberufliche Dozentin, GMP-Trainerin, Berlin, Deutschland

Thorsten Cech
Application Expert Pharmaceutical Technology, Manager European Pharma Application Lab, BASF SE, G-ENP/SE, Ludwigshafen am Rhein, Deutschland

Bernd Duchstein
KORSCH AG, Berlin, Deutschland

Dr. Annette Grave
Glatt Pharmaceutical Services GmbH & Co. KG, Binzen, Deutschland

Dr. h. c. Herbert Hüttlin
Romaco Innojet GmbH, Steinen, Schweiz

Dr. Jens-Peter Krause
Analytica Alimentaria GmbH, Kleinmachnow, Deutschland

Prof. Dr. Mont Kumpugdee Vollrath
Labors Chemische und Pharmazeutische Technologie, Fachbereich II, Berliner Hochschule für Technik, Berlin, Deutschland

Prof. Dr.-Ing. habil. Dr. h. c. Lothar Mörl (emeritiert)
Institut für Apparate- und Umwelttechnik, Otto-von-Guericke-Universität, Magdeburg, Deutschland

Ulrich Müller
Barentz GmbH, Oberhausen, Deutschland

Assoc. Prof. Dr. Jurairat Nunthanid (emeritiert)
Department of Industrial Pharmacy, Faculty of Pharmacy, Silpakorn University, Nakhon Pathom, Thailand

Dr. Norbert Pöllinger
Glatt Pharmaceutical Services GmbH & Co. KG, Binzen, Deutschland

Michael Schäffler
Produktspezialist Rheometrie & Viskosimetrie, Anton Paar Germany GmbH, Ostfildern, Deutschland

Prof. Dr. Pornsak Sriamornsak
Department of Industrial Pharmacy, Faculty of Pharmacy, Silpakorn University, Nakhon Pathom, Thailand

Assoc. Prof. Dr. Prasopchai Patrojanasophon
Department of Industrial Pharmacy, Faculty of Pharmacy, Silpakorn University, Nakhon Pathom, Thailand

Dipl.-Chem. Ing. Gerhard Waßmann
Lehmann & Voss & Co KG, Hamburg, Deutschland

Einführung und Geschichte des Coatings

Gerhard Waßmann, Mont Kumpugdee Vollrath
und Jens-Peter Krause

Pharmazeutische Überzüge (Coatings) gewinnen zunehmend an Bedeutung. Aus Marketing-Gründen wird es immer wichtiger, Tabletten farblich zu kodieren, neu entwickelte Arzneistoffe gegen Umwelteinflüsse zu schützen oder eine definierte Wirkstofffreigabe zu erzielen.

Das Ziel dieser Ausgabe/Buch ist es, die unterschiedlichen Aspekte des Coatings in der Pharmaindustrie dem Leser verständlich zu erläutern, basierend auf dem aktuellen Stand von Wissenschaft und Technik. Es ist sowohl als erste Einführung in die Thematik als auch für vertiefende Studien geeignet.

Bei der Auseinandersetzung mit Pharma-Coatings ist stets zu berücksichtigen, dass Marketingaspekte einen entscheidenden Einfluss auf die Entwicklung von Filmüberzügen haben. Wirtschaftlichkeit und Funktionalität bilden hier, mehr noch als in anderen Bereichen, eine untrennbare Einheit.

Nach einem kurzen historischen Überblick (Kap. 1) werden die Grundlagen des Wirbelschicht-Coatings im Kap. 2 und deren moderne apparative Auslegungen in den Kap. 4 und 5 beschrieben. Diese Verfahren erlauben die Herstellung sehr definierter Über-

---

G. Waßmann (✉)
Lehmann & Voss & Co KG, Hamburg, Deutschland
E-Mail: Gerhard.Wassmann@lehvoss.de

M. Kumpugdee Vollrath
Labors Chemische und Pharmazeutische Technologie, Fachbereich II, Berliner Hochschule für Technik, Berlin, Deutschland
E-Mail: vollrath@bht-berlin.de

J.-P. Krause
Analytica Alimentaria GmbH, Kleinmachnow, Deutschland
E-Mail: peter.krause@aalimentaria.com

© Der/die Autor(en), exklusiv lizenziert an Springer-Verlag GmbH, DE, ein Teil von Springer Nature 2025
M. Kumpugdee Vollrath (Hrsg.), *Easy Coating*, https://doi.org/10.1007/978-3-662-71412-6_1

züge, die als Schluckhilfe und zur Identifikation der fertigen Tablette dienen. EInfache Überzüge können damit reproduzierbar, mit geringen Materialaufwand und hoher Farbtreue erzielt werden.

Kap. 3 befasst sich mit grundlegenden Fragestellungen zur Auswahl von Coatings für den industriellen Einsatz.

Neben bewährten Materialien (Kap. 6 und 7) und kostengünstigen „Ready-mades" profilierter Hersteller (Kap. 10) stehen Biopolymeren (Kap. 8 und 9) als neuartige Coatingmaterialien zur Diskussion. Hierbei werden spezifische Polymereigenschaften für weitergehende Funktionalitäten wie Wirkstofffreigabe oder besondere Milieustabilitäten auch in Mehrkomponentensystemen erprobt. Nachteilig wirkt sich immer noch die geringe Feuchtebeständigkeit vieler Biopolymere aus.

Kap. 11 enthält eine Zusammenfassung innovativer Coatingverfahren wie Gel-, Dry-Powder-, Hotmelt-Coating oder Elektrospinning in Kombination mit ausgewählten Materialien. Die Herstellung der Chiptabletten oder Mantelkerntabletten benötigt eine spezielle Tablettenpresse, welche in Kap. 12 wird.

Umfangreiche Testverfahren (Kap. 13) gestatten eine objektive Bewertung der Ergebnisse und werden im Qualitätsmanagement eingesetzt. Dazu gehört auch die Messung der (scheinbaren) Viskosität, die für viele Coatings zur Ermittlung der Verarbeitbarkeit ausreicht. Für strukturell anspruchsvolle Polymere und Emulsionen können rheologische Messungen wertvolle Hinweise auf Dosierbarkeit und Filmbildung liefern. Kap. 14 gibt dazu eine leicht verständliche Einführung.

1.1 Geschichte Antike

Die Geschichte des Coatings ist eng mit der Entwicklung der Tablette verbunden. Die gemeinsamen Anfänge liegen im Dunkeln der Geschichte verborgen. Erste Quellen weisen auf Mesopotamien, dem heutigen Irak, hin. Bereits 3000 v. Chr. rollten dort die Sumerer Kügelchen aus getrockneten und gepulverten Arzneipflanzen mit Honig zusammen.

Im Ägypten des Neuen Reiches zur Zeit der Pharaonin Hatschepsut (um 1479–1445 v. Chr.) erlebten Pharmazie und Kosmetik eine Blüte. Im damals verfassten Papyrus Ebers sind bereits 880 Rezepturen hinterlegt. Darin werden unter anderem verschiedene Methoden zum Überziehen von gerollten Pflanzenpulverkugeln beschrieben [1].

Vorwiegend zur Geschmacksmaskierung diente ein Verfahren, bei dem die Kugel in einen Teig eingeschlagen wird. Dies lässt sich etwa wie die handwerkliche Bonbonfabrikation vorstellen. Dem Pharao waren mit Gold überzogene Pellets vorbehalten (die der Oberschicht mit Silber), die vermutlich ein antikes Aphrodisiakum darstellten.

Im antiken Griechenland wurden Nüsse und getrocknete Pflanzenteile mit einer Glasur aus Honig und Harzen überzogen. Dieses eher kulinarischen als medizinischen Zwecken dienende „Naschwerk" (griech. Tragēmata) gab dem Dragée den Namen [2].

Basierend auf dem Know-how der Ägypter rollten die Römer Kügelchen (lat. Pilulae, Ursprung des Namens Pille) mit Zucker aus Honig als Bindemittel und auch als Überzug.

1.2 Errungenschaften der Araber

Im Chaos der Völkerwanderung zerfiel das Römische Reich als ordnende Verwaltungsmacht. Es verschwand ein Teil des Wissens, das die großen Ärzte der Antike hinterlassen hatten. Lesen und Schreiben konnten nur wenige und Reisen war oft lebensgefährlich. So wurde der Rest des antiken Wissens isoliert und vorwiegend unabhängig voneinander in Klöstern bewahrt und entwickelt.

Im arabischen Raum dagegen wurde das Wissen aus Babylon, Ägypten, dem antiken Griechenland und Rom gesammelt und weiterentwickelt [1]. Der neu aufkommende Islam (ab 630) mit seiner toleranten Haltung gegenüber den Wissenschaften und die folgenden Eroberungen verbreiteten dieses Wissen in der gesamten arabischen Welt. Der Araber Al Rasil (850–923) überzog Arzneimittel mit Flohsamenschleim (Psyllium) als Geschmacksmaskierung [3]. Um 1000 beschrieb Al-Jahrawie die Herstellung von gegossenen Pastillen.

Der im heutigen Usbekistan geborene Ibn Sina (980–1037, lat. Avicenna) beschreibt in seinem Hauptwerk, dem Kanon der Medizin, das Versiegeln von Pillen zur Geschmacksmaskierung durch das Überziehen mit Zucker und Polieren mit Wachs. Ibn Sina beschrieb Arzneipflanzen, Rezepturen, erkannte die Kausalität von unsauberem Wasser und Infektionskrankheiten und schilderte als Erster die psychologische Wirkung gefärbter Pillen. Er gilt nicht umsonst als der größte Arzt und Apotheker aller Zeiten [4].

In der Antike waren Arzt, Apotheker und religiöse Elemente in einer Person vereint. Ab dem 9. Jahrhundert entstanden in Bagdad professionelle Arzneizubereitungsstätten, die nach Rezeptur und Bestellung des Arztes aus pflanzlichen, tierischen und mineralischen Komponenten Arzneien fertigten, die Vorläufer der heutigen Apotheken [1].

1.3 Vom Mittelalter bis zum 18. Jahrhundert

Eine kontinuierliche Entwicklung wie im arabischen Raum fand in Mitteleuropa nicht statt. Zu tiefgreifend waren die Umwälzungen der Völkerwanderung. Dennoch blieben die antiken und die arabischen Texte erhalten. Sie wurden von spanischen und süditalienischen Mönchen ins Lateinische übersetzt und langsam entwickelte sich eine Heilkunst in den Klöstern [1].

So wurde etwa 722 im burgundischen Flavigny-sur-Ozerain ein Kloster gegründet, in dem die Benediktiner irgendwann zwischen 800–1000 anfingen Pflanzenteile, vorwiegend Anissamen, in Zucker zu dragieren. Die heute noch erhältlichen Anis de Flavigny sind vermutlich der älteste Markenartikel der Welt [5].

Ein ähnliches Verfahren, bei dem die Zuckerschicht allerdings karamellisiert wurde, wandte 1220 ein Apotheker aus Verdun an. Er wollte Mandeln und Nüsse vor Feuchte schützen und damit haltbar machen. Dieses Dragée de Verdun ist heute noch über die Firma Braquier dort erhältlich [6].

Ein größerer Wissenstransfer fand zu Zeiten Friedrich II. (1194–1250) im Heiligen Römischen Reich statt. Der 1220 gekrönte Kaiser, von seinen Zeitgenossen „Stupor mundi" (das Erstaunen der Welt) genannt, war hochgebildet, tolerant und weitsichtig. Er gründete 1226 die Universität Salerno für Apotheker (Pharmacognosia), die zusätzlich die Aufsicht über das Medizin- und Arzneiwesen übernahm und erstmalig den Apotheker heutiger Prägung definierte. Die Toleranz Friedrich II gegenüber den Muslimen erlaubte die Fusion arabischen Wissens mit antiken Quellen. Die Trennung von Arzt und Apotheker wurde später von der Römischen Kirche wieder aufgehoben, der Wissensschatz blieb dabei erhalten. So tauchten 1448 am Hofe der Medicis in Florenz vergoldete Tabletten arabischen Herstellungstyps auf [7].

Mehr aus finanziellen Gründen und politischem Kalkül wurde Katharina von Medici (1519–1589) 1553 mit dem späteren französischen König Heinrich II. verheiratet [8]. Als Unterpfand für die schwierigen Verhandlungen des Ehevertrages wurde sie vorab nach Marseille gesandt. Von dort schickte sie ihrer Tante Clarice Strozzi einen Brief, in dem sie sich über die Tischsitten und das Essen am französischen Hof beschwerte: „Ich bin es nicht gewohnt, mit den Schweinen aus dem Trog zu fressen" [9].

Als Folge bekam sie als Mitgift ca. 200 Köche, Bäcker, Konditoren und Feinbäcker, die großen Einfluss auf die französische Küche hatten. Vermutlich gehörten zu dieser Mitgift auch Giftmischer oder Apotheker [10]. Diese beherrschten die Kunst, giftige Substanzen in eine stabile Wachskapsel zu stecken, die man in einem Schmuckstück verbergen konnte und die sich bei Bedarf brechen ließ, um ihre tödliche Fracht in ein Getränk zu ergießen [11].

In der Folge dieses Know-how-Transfers stellte 1608 der Pariser Apotheker Jean de Renoult mit Zucker- und Goldüberzug geschmacksmaskierte Arzneien her. Da diese in Form abgeflachter Täfelchen (lat. Tabellae) auf den Markt kamen, ist hierin der Wortursprung der Tablette zu sehen [3]. Am Hofe Ludwigs des XIII. (1601–1643) und später des XIV. (1638–1715) in Versailles wurde es Mode, in Zucker gehüllte und mit Gold überzogene Dragees zu verspeisen, die wegen des großen Bedarfs bereits in einem arbeitsteiligen mechanisierten Prozess auf Basis der Anis des Flavigny und der arabischen Technologie hergestellt wurden.

Diese Dragees basierten auf einem Kern aus Anis, Minze, Melisse, Veilchen oder Rose und wurden gegen Mundgeruch, Atemnot, Nervosität oder andere Unpässlichkeiten gereicht, obwohl sicher regelmäßiges Lüften, bequeme Kleidung, Mund- und Körperhygiene und angepasstes Sozialverhalten deutlich mehr hätten bewirken können.

1.4 Fortschritte im 19. Jahrhundert

Der wissenschaftliche Fortschritt und die Möglichkeit der Patentierung zu Beginn der Neuzeit beschleunigten die Entwicklung der Tabletten und ihrer Überzüge. In Frankreich wurden 1837 und 1840 Patente über Rezepturen erteilt, in denen man den schleimlösenden, aber auch sehr scharf schmeckenden Kubebenpfeffer und das entzündungshemmende und gegen Magengeschwüre und Parasiten wirkende Copaibaharz (das nach Terpentin schmeckt), mit Zucker unter Zusatz von löslichen Gummen überzog [12].

Etwa zur gleichen Zeit gelang es Garrots 1838 in Frankreich, Tabletten mit Gelatine zu überziehen. Deschamps erreichte einen ähnlichen Effekt mit Zucker und Honig.

In die USA wurden bis 1842 Tabletten aus Frankreich importiert, bis durch den findigen Apotheker Warner 1856 die erste industrielle Drageeproduktion in den USA durch die schrittweise Substitution der manuellen Arbeiten entstand [13]. Daraus wurde später der Global Player Warner Lambert, heute ein Teil von Pfizer. Hilfreich war bei dieser Entwicklung die Erfindung der manuellen Tablettenpresse durch Brockedon in England 1843 [3].

Lange Zeit wurde über offenem Feuer in Kupferkesseln dragiert, die von Hand gedreht werden mussten. Eine Erfindung im Jahr 1846 brachte den Durchbruch. Der junge talentierte Uhrmacher Joseph Julien Jacquin aus dem französischen Jura trat in die Kupferschmiede Peyson & Delaborde ein. Das Sortiment beinhaltete die Serienfertigung klassischer Dragierkessel. Jacquin erfand den extern angetriebenen und kontinuierlichen Dragierkessel, der sich schnell verbreitete und den Weg zur Massenfertigung ebnete [14].

In den USA wurde ab 1848 die Dragee-Herstellung im US-Dispensatory, eine Art Arzneibuch, beschrieben [3]. Angeregt durch den wirtschaftlichen Erfolg Warners entwickelt Henry Bower, ein Angestellter von Wyeth, die ersten Rundläufer in den USA [12]. Wyeth wurde später ein Teil von Pfizer. Weitere Patente folgten in den USA von McFerran (1874), Remington (1875) und Dunton (1876). In Europa war es die englische Firma Burroughs-Wellcome & Co, London, die sich 1877 das Markenzeichen „Tabloid" schützen ließ und industriell produzierte. Dort wurde auch das erste Mal systematisch der Zerfall getestet [3]. Die Firma ist in die GlaxoSmithKline aufgegangen.

Die Veröffentlichung der Grundlagen der Tablettenherstellung durch Robert Fuller in den USA und die erste kontinuierliche Tablettenproduktion durch v. Hoffmann in Deutschland beschleunigten den Prozess der industriellen Tablettenproduktion.

Ein Coating durch den Pressvorgang scheiterte trotz Entwicklungen von Kilian (1891), Noyes (1896) und Stokes (1917) wegen mangelnder Präzision und unzureichender Zentrierung (s. Kap. 11). Erst 1937 konnte Kilian das Problem technisch zufriedenstellend lösen. Die Stückzahl blieb aber weit hinter den Erwartungen zurück [3].

Die erste Erwähnung eines magensaftresistenten Films geht auf den Hamburger Arzt Professor Paul Unna im Jahre 1884 zurück, der Pillen mit Keratin überzog, das erst im Dünndarm verdaut wird. Paul Unna gründete mit Troplowitz später die Beiersdorf AG (Hersteller u. a. von Nivea). Die schwierige Produktion und die kleine Stückzahl ließen das Produkt jedoch schnell wieder vom Markt verschwinden [15].

1.5 Vom 20. Jahrhundert bis heute

Anfang des letzten Jahrhunderts wurden vor allem bestehende Technologien verbessert und diese auf die Massenproduktion hin optimiert. Einen Sprung nach vorn bedeutete die Erfindung des Fluidbeds der dänischen Firma Niro 1933.

Die erste kommerzielle Sustained-Release-Form war die von Smith-Kline und French 1945 auf den Markt gebrachte „Dexedrine-Spansule". Hierfür entwickelte der Apotheker Robert Blythe ein Konzept, das später noch oft angewendet werden sollte [16]. Der Wirkstoff wurde auf Nonpareilles aufgesprüht und dann mit einer Mischung aus Mono-, Di- und Triglyceriden und Carnaubawachs aus organischer Lösung überzogen. Eine definierte Mischung unterschiedlich überzogener Pellets wird anschlißened in eine Kapsel gefüllt.

Nach dem Zweiten Weltkrieg nahm die Pharmaproduktion einen ungeahnten Aufschwung. Maschinen und Überzüge wurden schrittweise verbessert. 1951 brachte die Firma Driam einen Dragierkessel mit perforierter Trommel auf den Markt und verbesserte damit die Prozessseite der Dragierung dramatisch [3]. Prof. Dale Wurster von der Universität Wisconsin erfand 1952 den nach ihm benannten Einsatz, der Tabletten-Coating in der Wirbelschicht ermöglichte und 1954 im ersten Wirbelschichtcoater umgesetzt wurde [3]. 1955 kam das Pellegrini-Tauchschwert auf den Markt und verbesserte die Dragierung wesentlich. Als Weiterentwicklung des Driam-Dragierkessel kam 1964 der Hi-Coater von Freund in Japan, und 1968 der Accela-Cota von Manesty auf den Markt, bei dem die Trocknungsluft durch die rotierende perforierte Trommel streicht [2, 3].

Im Bereich der Polymere gelang der amerikanischen Firma Abbott 1953 mit einer org. HPMC (Hydroxypropylmethylcellulose) der erste echte Filmüberzug auf Tabletten [12]. Als Polymer folgte relativ schnell 1955 das CAP (Celluloseacetatphthalat) von Eastman und das Eudragit(R) von Röhm [17]. 1958 kam die Ethylcellulose von Dow dazu [3].

Steigendes Umweltbewusstsein und Arbeitsschutz fanden erstmals Eingang in die California Air Ressources Board Link of Toxic Wastes in the Air. Damit wurde die Anwendung des organischen Coatings erstmals stark eingeschränkt. Der 1970 verfasste Clean Air Act der EPA (amerik. Umweltbehörde) untersagte die Verwendung vieler Lösungsmittel.

Die Industrie reagierte: 1964 wurde wässrig zu verarbeitendes HPMC entwickelt, 1972 folgte das wässrige PAMA von Röhm [12] und 1977 die FMC mit wässriger Ethylcellulose Latex [18]. Weitere Polymere folgten bis in die 90er-Jahre.

1979 kam Colorcon als Erster mit farbigen Dispersionen auf den Markt. Nach Ablauf dieser Patente kamen einige generische Anbieter dazu. Die hohen regulatorischen Anforderungen ließen den Innovationsschwung zur Jahrtausendwende erlahmen, es wurde eher modifiziert und neu kombiniert. Ein global stark wachsender Nutraceutical- und OTC-Markt allgemein und ein vom Marketing getriebener Anstieg ästhetischen Coatings sowie der Ablauf der Patente ließen die Anzahl der Anbieter im Coating-Bereich etwa seit 2010 stark ansteigen.

Der daraus entstehende Innovationsdruck brachte neue Polymere und Polymerkombinationen ins Coating und erweiterte damit das Portfolio wesentlich. Seit etwa 2012 kamen immer mehr Hilfsstoffe in den Fokus der Öffentlichkeit. Steigendes Gesundheitsbewusstsein, die Tendenz zu natürlichen Inhaltsstoffen bis zum pseudoreligiösen „Frei von …" oder die Vermeidungsstrategie erfordern von den Herstellern kontinuierliche Korrekturen der Zusammensetzung. Wirtschaftlich haben sich „Ready-mades" auf der ganzen Linie durchgesetzt.

Literatur

1. www.planet-wissen.de/PW/Artikel/GeschichtederArzneien. Zugegriffen am 01.07.2009
2. Bauer KH, Lehmann H, Osterwald HD, Rothgang G (1988) Überzogene Arzneiformen. Wissenschaftliche Verlagsgesellschaft, Stuttgart
3. Ritschel WA, Bauer-Brandl A (2002) Die Tablette. Edito Cantor Verlag, Aulendorf
4. https://de.wikipedia.org/wiki/Avicenna. Zugegriffen am 29.10.2025
5. Meuth M, Neuer-Duttenhofer B (2001) Burgund – Küche, Land und Leute. Droemer-Knauer Verlag, München
6. https://www.verdun.fr/. Zugegriffen am 29.10.2025
7. http://de.wikipedia.org/wiki/Friedrich_II._(HRR). Zugegriffen am 29.10.2025
8. https://de.wikipedia.org/wiki/Caterina_de%E2%80%99_Medici. Zugegriffen am 29.10.2025
9. Dominé A (2007) Culinaria Frankreich. HF Ullmannverlag, Potsdam
10. Pirus C, Medagiam E (2007) Culinaria Italien. HF Ullmannverlag, Potsdam
11. Anonym (1920) Journal of the American Medical Association 84:829
12. Reilly WJ (1996) Tablet coating. In: Pharmaceutical technical training- prereading material. FMC tech. training
13. Reilly WJ (1996) Coating of pharmaceutical dosage forms. In: Phamaceutical technical training- prereading material. FMC tech. training
14. Hefland WH, Cowen DC (1982) Evolution of revolutionary oral dosage forms. Pharm Int 3:393
15. Porter SC, Bruno C (1990) Coating of pharmaceutical dosage forms. In: Pharmaceutical dosage forms: tablets. Marcel Dekker, New York
16. www.dragees-dor.com/lire/article_details. Zugegriffen am 01.07.2009
17. Lehmann K (2003) Praktikum zum Filmcoaten von pharmazeutischen Arzneiformen mit EUDRAGIT, Pharma Polymere. Röhm GmbH, Darmstadt
18. Anonym (1985) Aquacoat ECD Broschüre. FMC Biopolymer, Princeton

Verfahrenstechnische Grundlagen des Coatings

Lothar Mörl

2.1 Einleitung

Die Ummantelung von Feststoffteilchen mit Hüllsubstanzen hat in verschiedenen Industriezweigen in der letzten Zeit an Bedeutung gewonnen. Eine wichtige Ursache dafür dürfte in den immer höheren Anforderungen begründet sein, die an Feststoffformulierungen gestellt werden. Neben den hohen Ansprüchen an die Rezepturgenauigkeit wird es immer interessanter, die Freisetzung bestimmter in den Feststoffformulierungen enthaltener Wirkstoffe voraussagen zu können. So ist es zum Beispiel insbesondere in der pharmazeutischen Industrie von entscheidender Bedeutung, wann und unter welchem Milieu die in einer Tablette oder in einem Dragee enthaltenen Wirkstoffe freigesetzt werden und wie schnell diese Freisetzung geschieht. Aber auch in anderen Industriezweigen wie z. B. der Landwirtschaft können durch die Ummantelung von pflanzlichen Samen (Samenpillierung) mit Herbiziden, Fungiziden, Wachstumsstimulatoren, Düngemitteln und anderen Substanzen erhebliche Effekte bei der Einsparung von Schädlingsbekämpfungsmitteln und beim Schutz der Keimlinge bei gleichzeitiger Optimierung der Gestalt der Samenpille erreicht werden. Auch die Entwicklung von sphärisch aufgebauten Düngemittelgranulaten mit definierter Wirkstofffreisetzung und optimalen Eigenschaften der Partikel für die Ausbringung in der Landwirtschaft ist auf diese Art möglich. Auch in der Nahrungs- und Genussmittelindustrie lassen sich eine Reihe von Anwendungsgebieten nennen, wie zum Beispiel die Kandierung von Bohnenkaffe, die Verkapselung von Vitaminen u. a [1].

L. Mörl (✉)
Institut für Apparate- und Umwelttechnik, Otto-von-Guericke-Universität, Magdeburg, Deutschland
E-Mail: lothar.moerl@ovgu.de

Für die Ummantelung (COATING) von Feststoffteilchen bzw. für die Erzeugung von definiert aufgebauten Feststoffpartikeln gibt es eine Reihe von Möglichkeiten, die in den folgenden Ausführungen diskutiert werden sollen. In der Regel handelt es sich beim Coatingprozess um das Aufbringen eines Mantels um ein Feststoffteilchen, wie in Abb. 2.1 dargestellt ist. Ein konkretes Beispiel für eine solche Ummantelung ist in Abb. 2.2 gezeigt.

Mit dem Coatingverfahren lassen sich aber auch noch eine Reihe anderer Möglichkeiten realisieren, wie z. B. in Abb. 2.3 gezeigt wird.

Je nach Anwendungsfall können in einem Granulat verschiedene wiederum ummantelte Mikrogranulate untergebracht werden, deren Wirkung erst nach Auflösung des äußeren Mantels einsetzt.

Eine weitere Möglichkeit besteht in der Anordnung verschiedener Schalen übereinander, also in der Erzeugung von zwiebelartigen sphärisch aufgebauten Granulaten.

Abb. 2.1 Prinzipieller Aufbau eines ummantelten Feststoffteilchens

Abb. 2.2 Mit einer wasserabweisenden Schutzschicht ummantelte Deponiesickerwassergranulate

Abb. 2.3 Weitere Möglichkeiten der Gestaltung des Aufbaus von Feststoffteilchen durch die Coatingprozesse

Sphärisch aufgebautes Granulat

Granulat mit mehreren Inhaltsstoffen

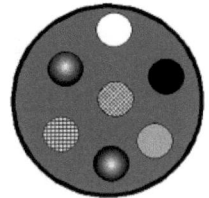

Je nach Anwendung und Aufbringungsart der verschiedenen Schichten bestehen damit eine Reihe von Möglichkeiten, die gezielt eingesetzt, die Herstellung von Granulaten mit definierten Anwendungseigenschaften ermöglichen.

Grundsätzlich handelt es sich beim Coatingprozess um einen Sonderfall der Veränderung der Partikelpopulation in einem Partikelsystem mit verteilten Eigenschaften. Derartige Systeme bereiten bei der Berechnung der Populationsbilanzen zurzeit noch eine Reihe von Schwierigkeiten.

Für Sonderfälle mit nur einer Eigenschaft können sie gelöst werden, wie unter [2–4] gezeigt wird. Für den vergleichsweise einfachen Fall des „reinen" Coatings monodisperser Partikel können unter vereinfachenden Bedingungen Lösungen für die Berechnung gefunden werden, wie im Folgenden erläutert werden soll.

2.2 Arten der Aufbringung des Coatingmaterials

Um einen Mantel auf ein Granulat aufzubringen, gibt es verschiedene apparative Möglichkeiten. Die am häufigsten in der Technik angewendeten Apparate sind dabei:

- Trommelcoater
- Tellercoater
- Wirbelschichtcoater mit Top- oder Bottom-Spray
- Wirbelschichtcoater nach dem Wurster-Prinzip
- Strahlschichtcoater nach dem ProCell-Prinzip

Die oben genannten 5 Typen von Granulatoren sollen im Folgenden kurz charakterisiert werden. Das prinzipielle Schema eines **Trommelgranulators** ist in Abb. 2.4 dargestellt.

Das zu ummantelnde Gut wird dabei in eine zylindrische Trommel eingefüllt, die waagerecht angeordnet ist. Die Trommel rotiert um ihre Längsachse, und die darin befindlichen Feststoffteilchen werden dadurch in Bewegung versetzt. Je nach Drehzahl der Trommel, eventuell vorhandenen Einbauten und Granulatgröße und -eigenschaften werden die

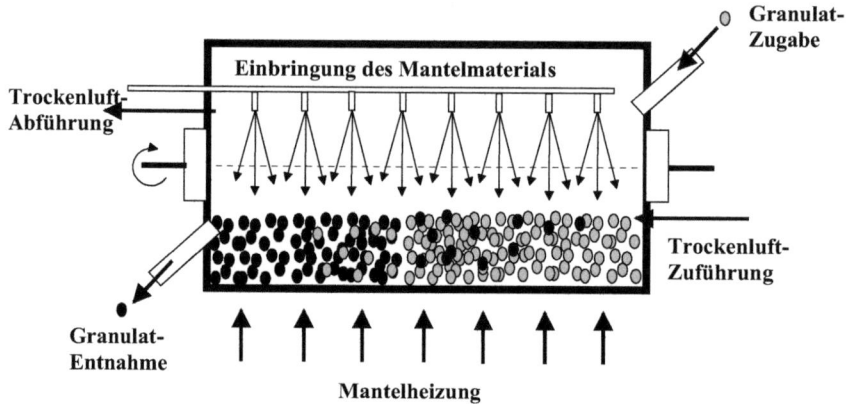

Abb. 2.4 Prinzipschema eines Trommelcoaters

Granulate dabei mehr oder weniger intensiv vermischt. Das Mantelmaterial um die Granulate wird in der Regel in flüssiger Formulierung über Düsen oder ähnliche Flüssigkeitsverteiler in die Trommel eingebracht. Dabei kommt es zu einer Kontaktierung von in der Trommel vorhandenen Granulaten und dem eingebrachten Mantelmaterial, das sich auf der Oberfläche der Granulate anlagert. Durch Beheizung des Mantels oder durch Zu- und Abführung eines Trockenluftstromes kann das Lösungsmittel aus der zugeführten Flüssigkeit verdampft werden und es kommt zu einem stetigen Wachstum der Granulate durch die Anlagerung des Mantelmaterials. Ein Trommelcoater kann sowohl diskontinuierlich-chargenweise als auch kontinuierlich betrieben werden. Aufgrund der Bewegungsabläufe im Trommelcoater, des Impulses der Feststoffteilchen und den sich durch die eingebrachte Flüssigkeit bildenden Haftkräften werden Trommelcoater für vergleichsweise große Granulate eingesetzt.

Eine Alternative zum Trommelcoater ist der **Tellercoater** (bzw. im Pharmabereich Dragierkessel), bei dem der Coatingprozess in der Regel in einem offenen tellerartigen Gefäß geschieht, das unter einem bestimmten Winkel rotiert, wodurch es ähnlich wie im Trommelcoater zu einer Vermischung der Granulate kommt (Abb. 2.5). Dadurch, dass der Teller nach oben hin geöffnet ist, kann das Mantelmaterial von oben auf die bewegte Teilchenschicht aufgegeben werden.

Dabei ist es zweckmäßig, das Mantelmaterial in flüssiger Form aufzudüsen, um eine gleichmäßige Verteilung auf die Granulatoberflächen zu erreichen. Die offene Bauart hat den Vorteil, dass der Prozess jederzeit visuell zu beobachten ist und ein Eingriff bei Unregelmäßigkeiten leicht erfolgen kann. Der Nachteil des Systems besteht allerdings darin, dass insbesondere bei Einbringung von Trockenluft die Abluft direkt an die Umgebung gelangt, was in vielen Fällen – insbesondere in der Pharmaindustrie – nicht geschehen darf.

Beim **Wirbelschichtcoater** werden die zu ummantelnden Granulate in einen fluidisierten Zustand versetzt, indem sie von unten nach oben von einem Gas, in der Regel Luft, durchströmt werden. Die Gasgeschwindigkeit muss dabei oberhalb der Lockerungs-

2 Verfahrenstechnische Grundlagen des Coatings

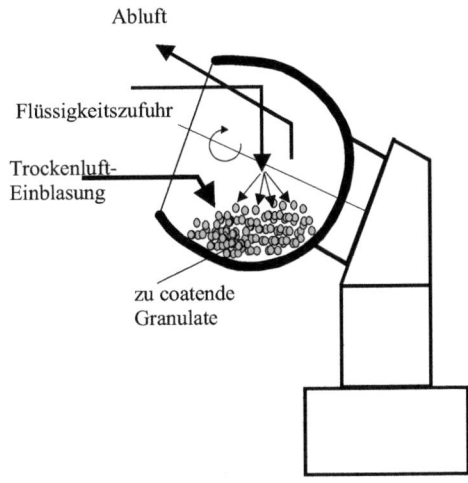

Abb. 2.5 Prinzipschema eines Tellercoaters

geschwindigkeit und unterhalb der Austragsgeschwindigkeit der Granulate liegen. In die so fluidierten Granulate wird über ein Flüssigkeitsverteilungssystem (Einstoffdüse, Zweistoffdüse oder Zerstäuberscheibe) das Mantelmaterial in gelöster oder suspendierter Form eingebracht. Dabei benetzt die Flüssigkeit zunächst die Feststoffoberflächen und das Lösungsmittel verdampft. Dieser Vorgang wird durch die hohen Wärme- und Stofftransportkoeffizienten zwischen Feststoff und Gas in der Wirbelschicht begünstigt. Das Gas, das zweckmäßigerweise möglichst trocken und mit hoher Temperatur in die Wirbelschicht einströmt, nimmt das Lösungsmittel auf und führt es im Abgas ab. Der Feststoff verbleibt auf den Granulatoberflächen, die Partikel wachsen dadurch an, und es bildet sich ein Mantel um die Granulate. Durch die intensive Vermischung der Feststoffteilchen in einer gasfluidisierten Wirbelschicht und durch entsprechende Flüssigkeitsverteilersysteme lassen sich dabei sehr gleichmäßige Schichten um die Granulate erzeugen. Das Schema eines diskontinuierlich-chargenweise arbeitenden Wirbelschichtcoaters ist in Abb. 2.6 dargestellt. Der Prozess verläuft dabei so, dass die zu ummantelnden Granulate in die Wirbelschicht eingegeben werden und danach die Eindüsung der Flüssigkeit erfolgt. Wenn die gewünschte Manteldicke erreicht ist, wird die Flüssigkeitszuführung unterbrochen, und nach einer Nachtrocknungsphase werden die Granulate z. B. durch Umklappen des Anströmbodens aus der Schicht, entfernt und gegebenenfalls einer nachgeschalteten Kühlstufe zugeführt.

Der Prozess des Wirbelschichtcoatings kann auch als kontinuierlicher Prozess durchgeführt werden, wie dies in Abb. 2.7 schematisch dargestellt ist. Bei diesem Verfahren werden den in der Wirbelschicht fluidisierten Granulaten kontinuierlich neue zu ummantelnde Granulate zugeführt. Diese und die bereits in der Wirbelschicht befindlichen Granulate wachsen durch das Aufbringen des Mantels an und erreichen schließlich eine Größe, mit der sie klassierend aus der Wirbelschicht ausgetragen werden können. Der klassierende Austrag geschieht durch ein Abzugsrohr, das bündig in den Anströmboden der Wirbelschicht ein Abzugsrohr einmündet und unten mit einem sekundären Klassierluftstrom

Abb. 2.6 Prinzipschema eines diskontinuierlich, chargenweise arbeitenden Wirbelschichtcoaters

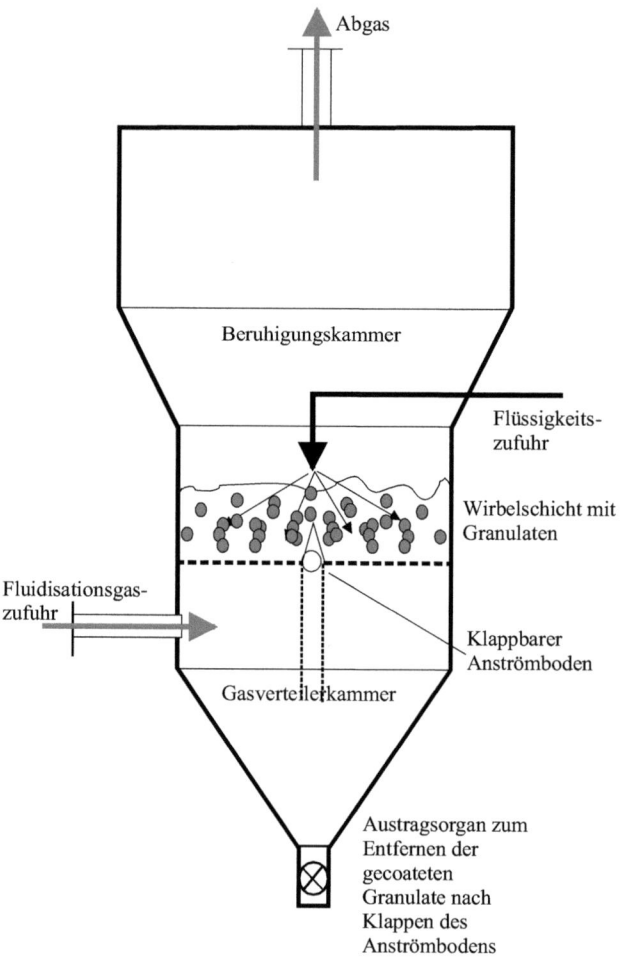

Abb. 2.7 Prinzipschema eines kontinuierlich arbeitenden Wirbelschichtcoaters

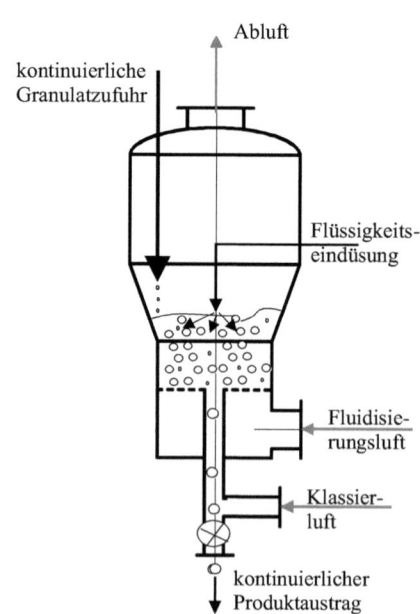

2 Verfahrenstechnische Grundlagen des Coatings

durchströmt wird. Alle Granulate, die eine Größe erreicht haben, bei der die Geschwindigkeit im Abzugsrohr gleich der Austragsgeschwindigkeit ist, können auf diese Weise die Schicht nach unten verlassen. Alle Granulate, die noch kleiner sind, werden durch den Luftstrom in die Schicht zurückgeblasen, wo sie bis zum Zieldurchmesser weiterwachsen können.

Es muss an dieser Stelle bemerkt werden, dass diese Art des Coatings nur dann richtig funktioniert, wenn einerseits der Unterschied zwischen neu zugegebenen Granulaten und ummantelten Granulaten ausreichen groß ist (möglichst große Manteldicke), und dass andererseits der klassierende Abzug eine genügend große Trennschärfe besitzt. Durch die stochastischen Teilchenbewegungen in der Wirbelschicht und die gute Durchmischung der Granulate infolge der aufsteigenden Gasblasen kommt es zu einer relativ guten gleichmäßigen Verteilung des Mantelmaterials auf den Granulaten. Dabei ist es unerheblich, ob die Eindüsung der Flüssigkeit von unten (Bottom-Spray), von oben (Top-Spray) oder seitlich (Tangential-Spray) erfolgt. Wenn allerdings der Apparatedurchmesser gegenüber dem sich einstellenden Düsenkegel zu groß ist, dann ist es zweckmäßig, mehrere Düsen anzuordnen.

Die apparative Gestaltung des **Wirbelschichtcoater nach dem Wurster-Prinzip** erlaubt es, die Granulate in gerichtete Bahnen gelenkt und immer wieder definiert an der Düse vorbeizuführen. Das Schema eines derartigen Apparates ist in Abb. 2.8 dargestellt. Die gerichtete Feststoffströmung wird dadurch erreicht, dass eine Zweistoffdüse von unten nach oben die Flüssigkeit in ein Rohr eindüst, wobei gleichzeitig um die Düse herum der Anströmboden ein größeres Öffnungsverhältnis besitzt als der übrige Boden. Dadurch kommt es sowohl durch die Verdüsungsluft der Düse mit ihrem Flüssigkeitsinhalt als auch durch die höhere Gasgeschwindigkeit um die Düse herum zu einem Gasstrom, der sich innerhalb des Rohres von unten nach oben bewegt. Das Rohr wiederum sitzt nicht unmittelbar auf dem Boden auf. Zwischen Unterkante des Rohres und Anströmboden befindet sich noch ein Spalt, in den die fluidisierten Granulate hineingesaugt werden.

Auf diese Art und Weise werden die Granulate direkt an der Düse vorbeigeführt und mit Flüssigkeit benetzt. Nachdem die Granulate so das Wurster-Rohr passiert haben, werden sie oben aus dem Rohr ausgetragen und fallen in die Wirbelschicht zurück, wo sie getrocknet werden, um wieder in den Kreislauf zu gelangen. Bei richtiger pneumatischer Auslegung dieses Apparatetyps lassen sich damit gleichmäßigere Beschichtungen als in der ungerichteten stochastischen Wirbelschicht erzielen.

Eine weitere interessante Möglichkeit der apparativen Gestaltung eines Coaters ist der **Strahlschichtcoater nach dem ProCell-Prinzip**. Sein Schema ist in Abb. 2.9 veranschaulicht.

Der hier dargestellte Strahlschichtapparat hat einen rechteckigen Querschnitt, wobei der Gaseintrittsquerschnitt in die Strahlschicht durch zwei Schlitze gebildet wird, deren Öffnungswinkel durch zwei geteilte Walzen während des Betriebes der Wirbelschicht verstellbar sind. Durch diese beiden Spalte tritt das Fluidisierungsgas mit hoher Geschwindigkeit ein, saugt an den Seiten des Strahles Feststoffteilchen an und reißt diese mit nach oben, wodurch eine Fontäne entsteht. Diese Fontäne ist über die gesamte Apparatlänge

Abb. 2.8 Prinzipschema des Wirbelschichtcoaters mit Wurster-Rohr

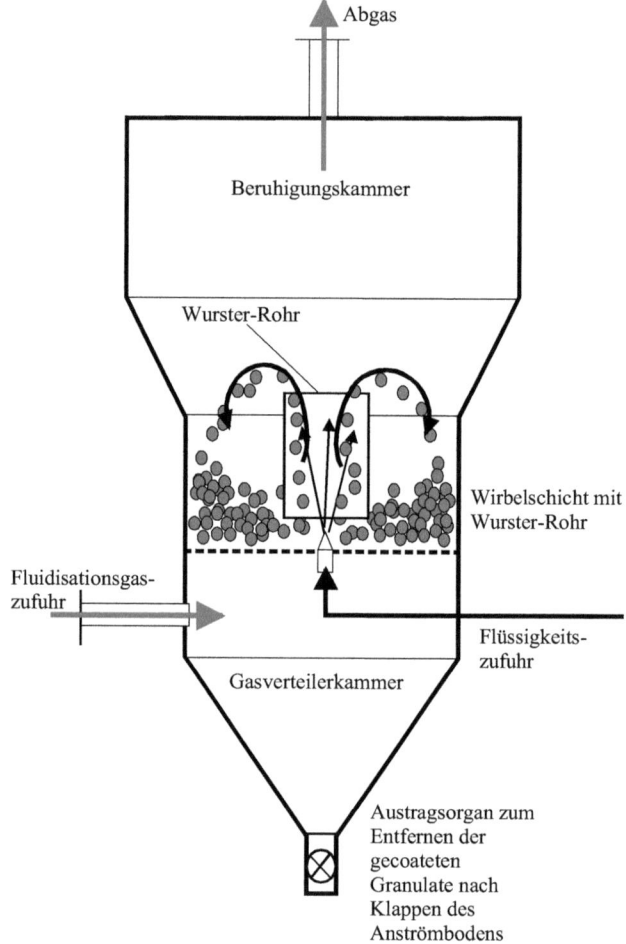

ausgebildet. Gleichzeitig wird in Strahlrichtung durch Zweistoffdüsen, die längs der Mitte des Strahles angeordnet sind, Flüssigkeit eingedüst. Dabei bewegen sich Flüssigkeitströpfchen und Gas mit hoher Geschwindigkeit von unten nach oben. Durch die Erweiterung des Apparatquerschnitts nach oben nimmt die Gasgeschwindigkeit ab, die Austragsgeschwindigkeit der Granulate wird unterschritten und diese fallen entlang der seitlichen Apparatewand in die Ansaugzone zurück. Natürlich kann eine ähnliche Konfiguration auch in einem konisch-zylindrischen Apparat realisiert werden. Die rechteckige Bauweise bietet aber sowohl durch die verstellbaren Walzen als auch durch das einfache Scale-up des Verfahrens durch lineare Apparateverlängerung eine Reihe von Vorteilen. Hinzu kommt, dass in der Strahlzone Geschwindigkeiten möglich werden, die ein Vielfaches der Austragsgeschwindigkeit der Feststoffteilchen betragen (z. B. bis zu 100 m/s). Somit lassen sich auch Teilchen fluidisieren und coaten, deren Gestalt stark von der idealen Kugelform abweicht oder die ein sehr breites Partikelspektrum aufweisen.

2 Verfahrenstechnische Grundlagen des Coatings

Abb. 2.9 Prinzipschema Strahlschichtcoater nach dem Procell-Prinzip

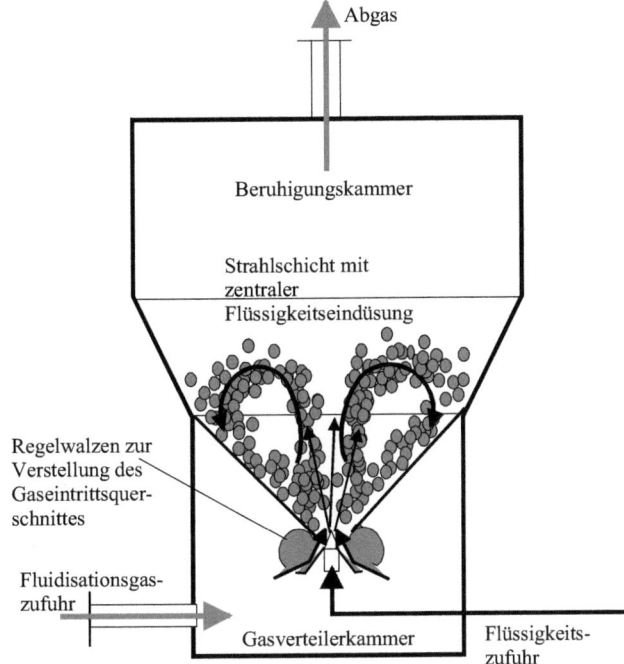

2.3 Schichtaufbau beim Coatingprozess

2.3.1 Schichtaufbau beim diskontinuierlichen Coatingprozess

In der überwiegenden Mehrzahl der Anwendungsfälle wird der Coatingprozess als diskontinuierliche Prozessstufe betrieben. Das heißt, dass je nach apparativer Realisierung des Prozesses (Trommel-, Teller- oder Wirbelschichtcoater) auf eine vorgegebene Charge von in der Regel gleich großen Partikeln kontinuierlich ein Mantel aufgebracht wird. Am Beispiel des Coatingprozesses in der Wirbelschicht sollen hier die grundlegenden Zusammenhänge dargestellt werden [5].

Beim Coatingprozess in der Wirbelschicht wird eine den Feststoff der Mantelsubstanz enthaltende Flüssigkeit (Lösung, Schmelze oder Suspension) auf ein Partikelkollektiv, das sich im fluidisierten Zustand befindet, mit einem Flüssigkeitsverdüsungssystem aufgesprüht. Die Stelle der Eindüsung kann dabei unterschiedlich gewählt werden, wie in Abb. 2.10 dargestellt ist.

Durch die Intensität der Durchmischung in einer Wirbelschicht kann davon ausgegangen werden, dass sich, bei richtiger apparativer Gestaltung (z. B. mit dem Wurster-Prinzip), die eingedüste Flüssigkeit gleichmäßig auf alle Partikeloberflächen verteilt. Wenn es sich bei der eingedüsten Flüssigkeit um eine Lösung oder Suspension handelt,

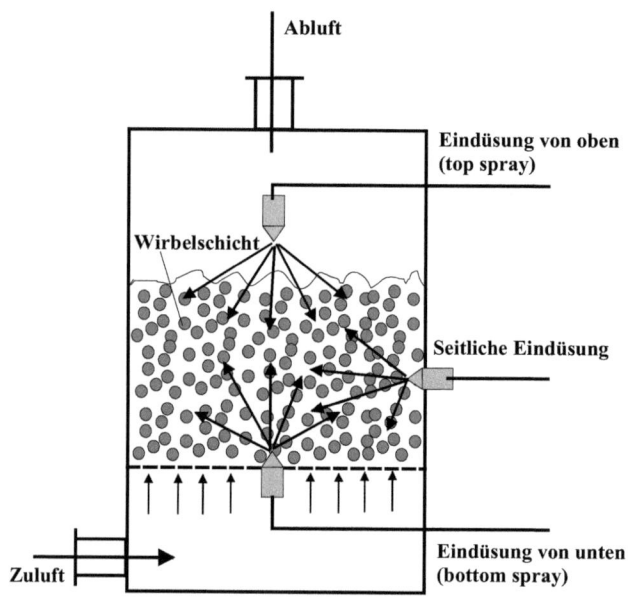

Abb. 2.10 Eindüsungsmöglichkeiten der Flüssigkeit in Wirbelschichten

wird durch die mit dem Fluidisierungsgas zugeführte Wärme das Lösungsmittel in der Flüssigkeit verdampft und mit dem Abgas abgeführt. Wenn es sich bei der zugeführten Flüssigkeit um eine Schmelze handelt, dann muss die Schmelzwärme durch das Fluidisierungsgas abgeführt werden. Der in der Flüssigkeit enthaltene Feststoff lagert sich dabei in beiden Fällen auf der Teilchenoberfläche an und führt zu einem kontinuierlichen Wachstum der Partikel.

Der Prozess lässt sich unter folgenden vereinfachenden Annahmen modellieren:

- Alle Granulate haben ideal kugelförmige Gestalt.
- Die Anzahl der Partikel ändert sich nicht während des Prozesses.
- Das Partikelkollektiv ist monodispers, d. h. alle Partikel haben denselben Durchmesser.
- Es soll während des Prozesses kein Abrieb, kein Bruch der Partikel und keine Agglomeration von mehreren Partikeln aneinander erfolgen.
- Die Verteilung der Flüssigkeit geschieht gleichmäßig auf alle Feststoffoberflächen.

Unter den oben getroffenen Voraussetzungen lässt sich mit den Bezeichnungen aus Abb. 2.11 für die Änderung der Masse eines Teilchens nach der Zeit der folgende Ausdruck aufschreiben:

$$\frac{dM_{Granulat}}{dt} = \frac{\dot{m}_{Flüss} \cdot (1-x)}{\sum n_{Granulat}} \quad (2.1)$$

2 Verfahrenstechnische Grundlagen des Coatings

Abb. 2.11 Gewählte Bezeichnungen für den Coatingprozess

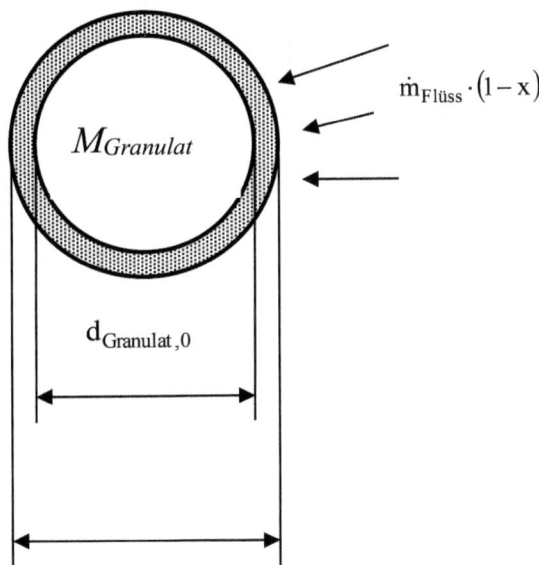

Dabei sind $\dot{m}_{Flüss} \cdot (1-x)$ der mit der Flüssigkeit eingebrachte Feststoffstrom und $\sum n_{Granulat}$ die Gesamtzahl aller Granulate in der Wirbelschicht.

Wenn mit $V_{Granulat}$ das Volumen eines Granulates bezeichnet wird, dann wird aus Gl. (2.1):

$$dM_{Granulat} = \rho_{Mantel} \cdot dV_{Granulat} = \frac{\dot{m}_{Flüss} \cdot (1-x)}{\sum n_{Granulat}} \cdot dt. \tag{2.2}$$

Aus Gl. (2.1) und (2.2) wird:

$$\int_{M_{Granulat,0}}^{M_{Granulat}} dM_{Granulat} = \int_{t=0}^{t} \frac{\dot{m}_{Flüss} \cdot (1-x)}{\sum n_{Granulat}}. \tag{2.3}$$

Die Lösung des Integrals ergibt die Abhängigkeit der Partikelmasse von der Zeit unter den getroffenen Voraussetzungen:

$$M_{Granulat}(t) = M_{Granulat,0} + \frac{\dot{m}_{Flüss} \cdot (1-x)}{\sum n_{Granulat}} \cdot t. \tag{2.4}$$

Die Anzahl aller Partikel in der Schicht kann wie folgt berechnet werden:

$$\sum n_{Granulat} = \frac{M_{Bett,0}}{M_{Granulat,0}} = \frac{M_{Bett,0}}{\frac{\pi}{6} \cdot d_{Granulat,0}^3 \cdot \rho_{Kern}}, \tag{2.5}$$

wobei $d_{Granulat,0}$ der Kerndurchmesser des Granulates zum Zeitpunkt null und ρ_{Kern} die Dichte des Kernmaterials sind.

Aus Gl. (2.4) und (2.5) wird:

$$M_{Granulat}(t) = \frac{\pi}{6} \cdot d^3_{Granulat,0} \cdot \rho_{Kern} \cdot \left(1 + \frac{\dot{m}_{Flüss} \cdot (1-x)}{M_{Bett,0}} \cdot t\right). \tag{2.6}$$

Unter Beachtung der geometrischen Verhältnisse nach Gl. Abb. 2.5 kann auch geschrieben werden:

$$M_{Granulat}(t) = \frac{\pi}{6} \cdot d^3_{Granulat,0} \cdot \rho_{Kern} + \frac{\pi}{6} \cdot \left(d^3_{Granulat}(t) - d^3_{Granulat,0}\right) \cdot \rho_{Mantel}. \tag{2.7}$$

Für eine allgemeingültige Darstellung des Problems ist es zweckmäßig, dimensionslose Parameter zu definieren. Wenn für die dimensionslose Granulatmasse der Ausdruck:

$$M^{dimensionslos}_{Granulat} = \frac{M_{Granulat}}{M_{Granulat,0}} \tag{2.8}$$

gewählt wird und eine dimensionslose Zeit der folgenden Art definiert wird,

$$\tau = \frac{\dot{m}_{Flüss} \cdot (1-x)}{M_{Bett,0}} \cdot t. \tag{2.9}$$

dann ergibt sich die folgende einfache Beziehung:

$$M^{dimensionslos}_{Granulat} = 1 + \tau. \tag{2.10}$$

In Abb. 2.12 ist die Abhängigkeit der dimensionslosen Partikelmasse von der dimensionslosen Zeit grafisch dargestellt.

Durch Verknüpfung von Gl. (2.6) und (2.7) lässt sich die Abhängigkeit des Granulatdurchmessers von der Zeit wie folgt herleiten:

$$d_{Granulat}(t) = d_{Granulat,0} \cdot \sqrt[3]{1 + \frac{\dot{m}_{Flüss} \cdot (1-x)}{M_{Bett,0}} \cdot \frac{\rho_{Kern}}{\rho_{Mantel}} \cdot t}. \tag{2.11}$$

Nun soll ein dimensionsloser Partikeldurchmesser $d^{dimensionslos}_{Granulat}$ und ein dimensionsloses Dichteverhältnis $\rho^{dimensionslos}_{Granulat}$ wie folgt definiert werden:

$$d^{dimensionslos}_{Granulat} = \frac{d_{Granulat}}{d_{Granulat,0}} \quad \text{und} \tag{2.12}$$

$$\rho^{dimensionslos}_{Granulat} = \frac{\rho_{Kern}}{\rho_{Mantel}}. \tag{2.13}$$

2 Verfahrenstechnische Grundlagen des Coatings

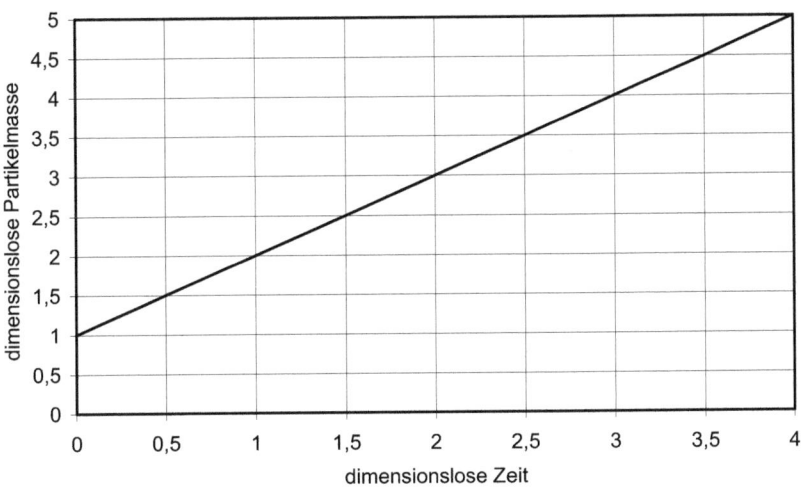

Abb. 2.12 Partikelmasse als Funktion der dimensionslosen Zeit

Wenn alle dimensionslosen Größen nach Gl. (2.9), (2.12) und (2.13) in Gl. (2.11) eingeführt werden, dann kann der dimensionslose Partikeldurchmesser in Abhängigkeit der dimensionslosen Zeit und des dimensionslosen Dichteverhältnisses allgemein wie folgt ausgedrückt werden:

$$d_{Granulat}^{dimensionslos}(\tau) = \sqrt[3]{1 + \rho_{Granulat}^{dimensionslos} \cdot \tau}. \tag{2.14}$$

Die Abhängigkeit des dimensionslosen Partikeldurchmessers von der dimensionslosen Zeit mit dem dimensionslosen Dichteverhältnis als Parameter ist in Abb. 2.13 grafisch dargestellt. Die Kenntnis des Partikeldurchmessers und der Partikeldichte ist für die pneumatische Auslegung der Wirbelschicht von entscheidender Bedeutung. Beide Größen ändern sich während des Wirbelschicht-Coatingprozesses, sodass unter Umständen der Luftdurchsatz während des Prozesses verändert werden muss, um optimale Fluidisationsbedingungen einzuhalten.

Für die Berechnung des Stoff- und Wärmeüberganges zwischen Granulaten und Fluidisierungsgas ist die Kenntnis der Oberfläche der Granulate in der Wirbelschicht erforderlich. Mit dem Durchmesser der Granulate ändert sich auch deren Oberfläche, und es kann für die Gesamtoberfläche aller Granulate in der Wirbelschicht geschrieben werden:

$$A_{Granulat}^{gesamt} = \sum n_{Granulat} \cdot \pi \cdot d_{Granulat}^2. \tag{2.15}$$

Mit (2.5) und (2.11) wird daraus:

$$A_{Granulat}^{gesamt}(t) = \frac{6 \cdot M_{Bett,0}}{d_{Granulat,0} \cdot \rho_{Kern}} \cdot \left(1 + \frac{\dot{m}_{Flüss} \cdot (1-x)}{M_{Bett,0}} \cdot \frac{\rho_{Kern}}{\rho_{Mantel}} \cdot t\right)^{\frac{2}{3}}. \tag{2.16}$$

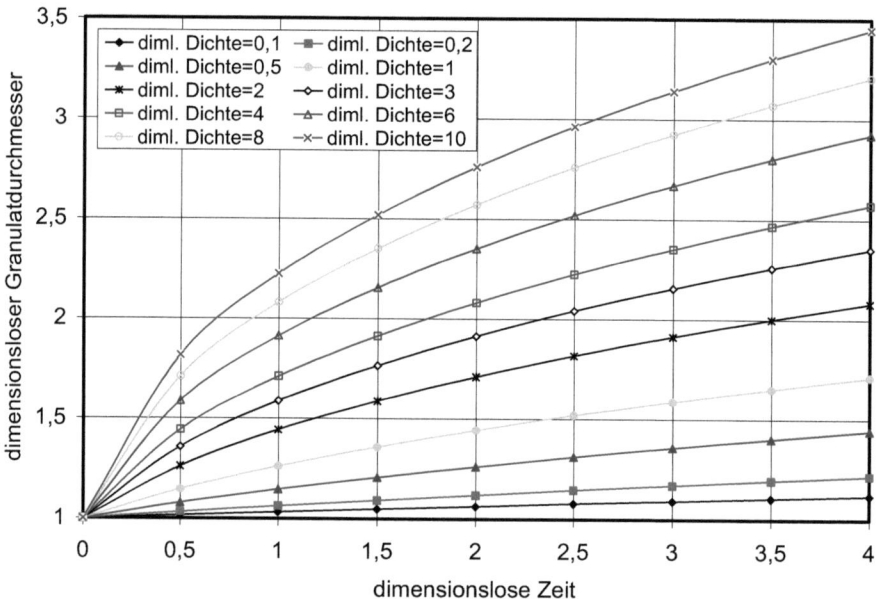

Abb. 2.13 Dimensionsloser Partikeldurchmesser als Funktion der dimensionslosen Zeit mit dem dimensionslosen Dichteverhältnis als Parameter

Wenn das Verhältnis von Schichtoberfläche an einem beliebigen Zeitpunkt zu Schichtoberfläche zum Zeitpunkt null als dimensionslose Schichtoberfläche definiert wird,

$$A_{Granulat}^{gesamt, dimensionslos} = \frac{A_{Granulat}^{gesamt}(t)}{A_{Granulat}^{gesamt}(t=0)}, \tag{2.17}$$

dann wird aus Gl. (2.16) mit (2.9) und (2.13):

$$A_{Granulat}^{gesamt, dimensionslos} = \left(1 + \rho_{Granulat}^{dimensionslos} \cdot \tau\right)^{\frac{2}{3}} \tag{2.18}$$

Dies ist die gesamte dimensionslose Schichtoberfläche als Funktion der dimensionslosen Zeit und des dimensionslosen Dichteverhältnisses. In Abb. 2.14 ist diese Abhängigkeit grafisch dargestellt.

In vielen Fällen ist es von Interesse, die Dicke des Mantels, also die Dicke des aufgebrachten Schichtmaterials, zu kennen. Sie kann nun unter den getroffenen Voraussetzungen wie folgt berechnet werden:

$$s_{Mantel} = \frac{d_{Granulat}(t) - d_{Granulat,0}}{2}. \tag{2.19}$$

Mit Gl. (2.11) wird daraus:

2 Verfahrenstechnische Grundlagen des Coatings

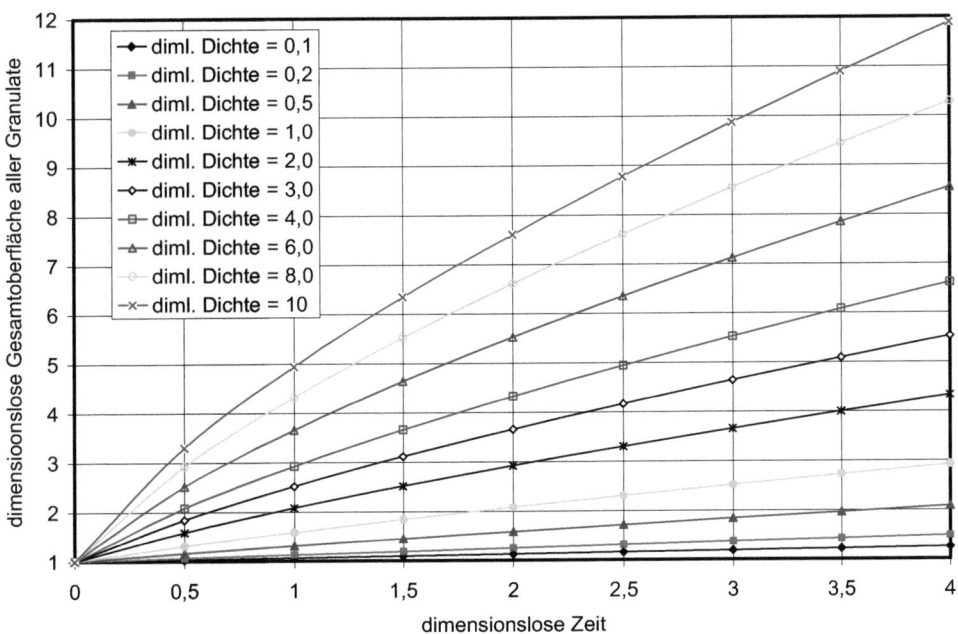

Abb. 2.14 Dimensionslose Oberfläche aller Granulate als Funktion der dimensionslosen Zeit mit dem dimensionslosen Dichteverhältnis als Parameter

$$s_{Mantel}(t) = \frac{d_{Granulat,0}}{2} \cdot \left[\left(1 + \frac{\dot{m}_{Flüss} \cdot (1-x)}{M_{Bett,0}} \cdot \frac{\rho_{Kern}}{\rho_{Mantel}} \cdot t \right)^{\frac{1}{3}} - 1 \right]. \quad (2.20)$$

Nun soll eine dimensionslose Manteldicke wie folgt definiert werden:

$$s_{Mantel}^{dimensionslos} = \frac{s_{Mantel}(t)}{d_{Granulat,0}}. \quad (2.21)$$

Wenn Gl. (2.20), (2.13) und (2.9) in (2.21) eingesetzt werden, ergibt sich die Abhängigkeit der dimensionslosen Manteldicke von der dimensionslosen Zeit und dem dimensionslosen Dichteverhältnis:

$$s_{Mantel}^{dimensionslos}(\tau) = \frac{1}{2} \cdot \left[\left(1 + \rho_{Granulat}^{dimensionslos} \cdot \tau \right)^{\frac{1}{3}} - 1 \right]. \quad (2.22)$$

Die grafische Darstellung der Abhängigkeit der dimensionslosen Manteldicke von der dimensionslosen Zeit und dem dimensionslosen Dichteverhältnis ist in folgender Abb. 2.15 gezeigt.

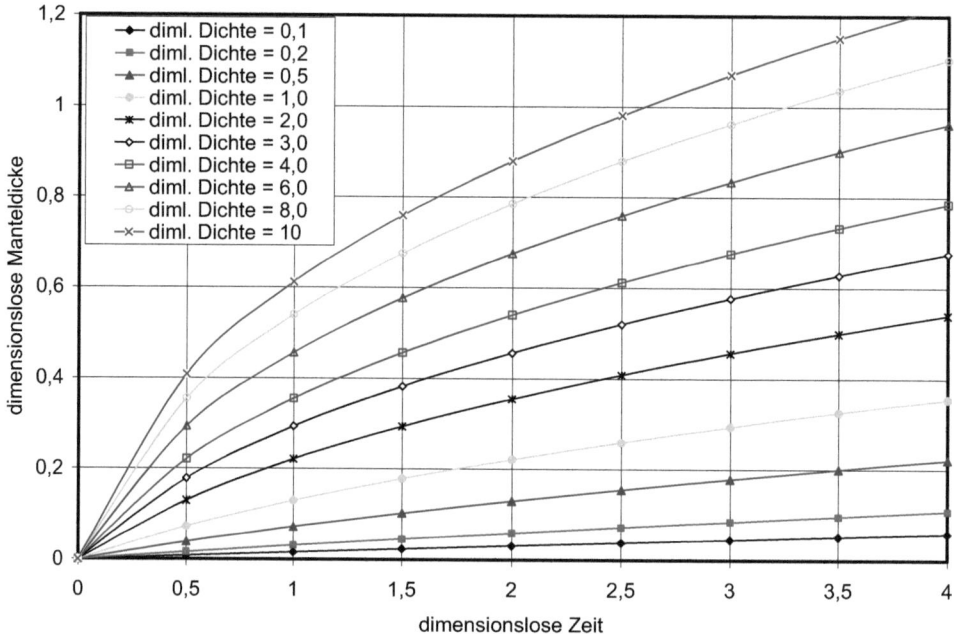

Abb. 2.15 Dimensionslose Manteldicke als Funktion der dimensionslosen Zeit mit dem dimensionslosen Dichteverhältnis als Parameter

Aus Gl. (2.22) lässt sich durch Umstellung nun auch die dimensionslose Zeit berechnen, die erforderlich ist, um die dimensionslose Schichtdicke zu erreichen:

$$\tau\left(s_{Mantel}^{dimensionslos}\right) = \frac{\left(1 + 2 \cdot s_{Mantel}^{dimensionslos}\right)^3 - 1}{\rho_{Granulat}^{dimensionslos}}. \tag{2.23}$$

Aus Gl. (2.23) kann auch die dimensionsbehaftete Abhängigkeit abgeleitet werden:

$$t(s_{Mantel}) = \left[\left(\frac{2 \cdot s_{Mantel} + d_{Granulat,0}}{d_{Granulat,0}}\right)^3 - 1\right] \cdot \frac{M_{Bett,0}}{\dot{m}_{flüss} \cdot (1-x)} \cdot \frac{\rho_{Mantel}}{\rho_{Kern}}. \tag{2.24}$$

Mit dem Partikeldurchmesser ändert sich bei Unterschieden zwischen Kern- und Manteldichte, also bei einem dimensionslosen Dichteverhältnis, das sich von 1 unterscheidet, auch die mittlere Granulatdichte, die für die Berechnung der Wirbelschicht benötigt wird. Sowohl die Änderung dieser mittleren Granulatdichte als auch die Änderung des Granulatdurchmessers müssen, wie bereits bemerkt, für die Berechnung der Fluidisierung der Wirbelschicht berücksichtigt werden.

Die mittlere Dichte eines Granulates soll wie folgt definiert werden:

$$\rho_{Granulat}^{mittel}(t) = \frac{M_{Granulat}(t)}{V_{Granulat}(t)}. \tag{2.25}$$

2 Verfahrenstechnische Grundlagen des Coatings

Mit (2.6) folgt daraus:

$$\rho_{Granulat}^{mittel}(t) = \frac{d_{Granulat,0}^3}{d_{Granulat}^3(t)} \cdot \rho_{Kern} + \left(1 - \frac{d_{Granulat,0}^3}{d_{Granulat}^3(t)}\right) \cdot \rho_{Mantel}. \quad (2.26)$$

Gl. (2.26) kann mit dem dimensionslosen Granulatdurchmesser nach Gl. (2.12) auch wie folgt geschrieben werden:

$$\rho_{Granulat}^{mittel}(t) = \left(d_{Granulat}^{dimensionslos}\right)^{-3} \cdot \rho_{Kern} + \left(1 - \left(d_{Granulat}^{dimensionslos}\right)^{-3}\right) \cdot \rho_{Mantel}. \quad (2.27)$$

Wenn in Gl. (2.26) $d_{Granulat}(t)$ nach (2.11) eingesetzt wird, ergibt sich daraus die Abhängigkeit der mittleren Granulatdichte von der Zeit wie folgt:

$$\rho_{Granulat}^{mittel}(t) = \rho_{Mantel} + \left(\rho_{Kern} - \rho_{Mantel}\right) \cdot \frac{M_{Bett,0}}{M_{Bett,0} + \dot{m}_{flüss} \cdot (1-x) \cdot \frac{\rho_{Kern}}{\rho_{Mantel}} \cdot t}. \quad (2.28)$$

Nun soll auch die mittlere Granulatdichte in dimensionsloser Form als folgendes Verhältnis definiert werden:

$$\rho_{Granulat}^{mittel,dimensionslos}(t) = \frac{\rho_{Granulat}^{mittel}(t)}{\rho_{Mantel}}. \quad (2.29)$$

Aus Gl. (2.27), (2.28) und (2.29) wird schließlich unter Einbeziehung der dimensionslosen Zeit die Abhängigkeit der mittleren dimensionslosen Granulatdichte von der dimensionslosen Zeit:

$$\rho_{Granulat}^{mittel,dimensionslos}(t) = \frac{\rho_{Granulat}^{dimensionslos} - 1}{d_{Granulat}^{dimensionslos}} + 1. \quad (2.30)$$

Gl. (2.30) kann auch wie folgt geschrieben werden:

$$\rho_{Granulat}^{mittel,dimensionslos}(t) = \frac{\rho_{Granulat}^{dimensionslos} - 1}{\rho_{Granulat}^{dimensionslos} \cdot \tau + 1} + 1. \quad (2.31)$$

Die in Gl. (2.31) ausgedrückte Abhängigkeit der mittleren dimensionslosen Granulatdichte vom dimensionslosen Dichteverhältnis und von der dimensionslosen Zeit ist in Abb. 2.16 grafisch dargestellt.

In den folgenden beiden Tabellen sind die für die Berechnung des diskontinuierlichen Coatingprozesses interessanten Größen in dimensionsloser und in dimensionsbehafteter Form zusammengestellt (Tab. 2.1, 2.2 und 2.3).

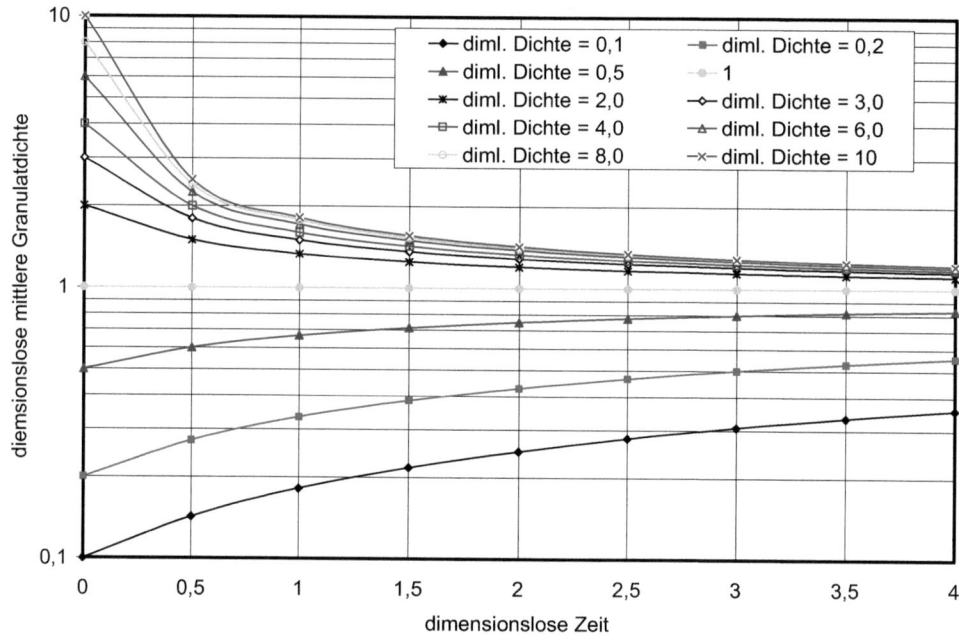

Abb. 2.16 Dimensionslose mittlere Granulatdichte als Funktion der dimensionslosen Zeit mit dem dimensionslosen Dichteverhältnis als Parameter

Tab. 2.1 Zusammenstellung der **Definitionen** der relevanten Parameter beim diskontinuierlichen Coatingprozess **in dimensionsloser Form**

Parameter	Symbol	Definition	Gleichung Nr.
Dimensionslose Zeit	τ	$\tau = \dfrac{\dot{m}_{Flüss} \cdot (1-x)}{M_{Bett,0}} \cdot t$	(2.9)
Dimensionslose Granulatmasse	$M_{Granulat}^{dim\,ensionslos}$	$M_{Granulat}^{dim\,ensionslos} = \dfrac{M_{Granulat}}{M_{Granulat,0}}$	(2.8)
Dimensionsloser Granulatdurchmesser	$d_{Granulat}^{dim\,ensionslos}$	$d_{Granulat}^{dim\,ensionslos} = \dfrac{d_{Granulat}}{d_{Granulat,0}}$	(2.12)
Dimensionsloses Dichteverhältnis	$\rho_{Granulat}^{dim\,ensionslos}$	$\rho_{Granulat}^{dim\,ensionslos} = \dfrac{\rho_{Kern}}{\rho_{Mantel}}$	(2.13)
Dimensionslose Gesamtgranulatoberfläche	$A_{Granulat}^{gesamt,dim\,ensionslos}$	$A_{Granulat}^{gesamt,dim\,ensionslos} = \dfrac{A_{Granulat}^{gesamt}(t)}{A_{Granulat}^{gesamt}(t=0)}$	(2.17)
Dimensionslose Manteldicke	$s_{Mantel}^{dim\,ensionslos}$	$s_{Mantel}^{dim\,ensionslos} = \dfrac{s_{Mantel}}{d_{Granulat,0}}$	(2.21)
Mittlere scheinbare dimensionslose Granulatdichte	$\rho_{Granulat}^{mittel,dim\,ensionslos}$	$\rho_{Granulat}^{mittel,dim\,ensionslos} = \dfrac{\rho_{Granulat}^{mittel}(t)}{\rho_{Mantel}}$	(2.29)

2 Verfahrenstechnische Grundlagen des Coatings

Tab. 2.2 Zusammenstellung der **Berechnungsgleichungen** für die relevanten Parameter beim diskontinuierlichen Coatingprozess **in dimensionsloser Form**

Parameter	Definition / Berechnungsgleichung	Gleichung Nr.
Dimensionslose Granulatmasse	$M_{Granulat}^{dimensionslos} = 1 + \tau$	(2.10)
Dimensionsloser Granulatdurchmesser	$d_{Granulat}^{dimensionslos}(\tau) = \sqrt[3]{1 + \rho_{Granulat}^{dimensionslos} \cdot \tau}$	(2.14)
Dimensionslose Gesamtgranulatoberfläche	$A_{Granulat}^{gesamt,dimensionslos} = \left(1 + \rho_{Granulat}^{dimensionslos} \cdot \tau\right)^{\frac{2}{3}}$	(2.18)
Dimensionslose Manteldicke	$s_{Mantel}^{dimensionslos}(r) = \frac{1}{2}\left[\left(1 + \rho_{Granulat}^{dimensionslos} \cdot \tau\right)^{\frac{1}{3}} - 1\right]$	(2.22)
Mittlere scheinbare dimensionslose Granulatdichte	$\rho_{Granulat}^{mittel,dimensionslos}(t) = \frac{\rho_{Granulat}^{dimensionslos} - 1}{\rho_{Granulat}^{dimensionslos} \cdot \tau + 1} + 1$	(2.31)

Tab. 2.3 Zusammenstellung der **Berechnungsgleichungen** für die relevanten Parameter beim diskontinuierlichen Coatingprozess **in dimensionsbehafteter Form**

Parameter	Definition / Berechnungsgleichung	Gleichung Nr.
Granulatmasse in kg	$M_{Granulat}(t) = \frac{\pi}{6} \cdot d_{Granulat,0}^3 \cdot \rho_{Kern} \cdot \left(1 + \frac{\dot{m}_{Flüss} \cdot (1-x)}{M_{Bett,0}} \cdot t\right)$	(2.6)
Granulatdurchmesser in m	$d_{Granulat}(t) = d_{Granulat,0} \cdot \sqrt[3]{1 + \frac{\dot{m}_{Flüss} \cdot (1-x)}{M_{Bett,0}} \cdot \frac{\rho_{Kern}}{\rho_{Mantel}} \cdot t}$	(2.11)
Gesamtgranulatoberfläche in m²	$A_{Granulat}^{gesamt}(t) = \frac{6 \cdot M_{Bett,0}}{d_{Granulat,0} \cdot \rho_{Kern}} \cdot \left(1 + \frac{\dot{m}_{Flüss} \cdot (1-x)}{M_{Bett,0}} \cdot \frac{\rho_{Kern}}{\rho_{Mantel}} \cdot t\right)^{\frac{2}{3}}$	(2.16)
Manteldicke in m	$s_{Mantel}(t) = \frac{d_{Granulat,0}}{2} \cdot \left[\left(1 + \frac{\dot{m}_{Flüss} \cdot (1-x)}{M_{Bett,0}} \cdot \frac{\rho_{Kern}}{\rho_{Mantel}} \cdot t\right)^{\frac{1}{3}} - 1\right]$	(2.20)
Mittlere scheinbare Granulatdichte in kg/m³	$\rho_{Granulat}^{mittel}(t) = \frac{d_{Granulat,0}^3}{d_{Granulat}^3(t)} \cdot \rho_{Kern} + \left(1 - \frac{d_{Granulat,0}^3}{d_{Granulat}^3(t)}\right) \cdot \rho_{Mantel}$	(2.26)

2.3.2 Schichtaufbau beim kontinuierlichen Coatingprozess

In der Regel wird der Coatingprozess in diskontinuierlich chargenweiser Fahrweise realisiert. Es ist aber auch möglich, den Prozess kontinuierlich zu gestalten. Die Umhüllung der Granulate kann dann so, wie dies in Abb. 2.17 schematisch dargestellt ist, erfolgen. Dabei werden die zu umhüllenden Granulate kontinuierlich einer Wirbelschicht zugeführt, in die die Hüllsubstanz in Lösung oder Suspension eingedüst wird. Der in der Flüssigkeit enthaltene Feststoff lagert sich dabei auf der Oberfläche der Feststoffteilchen ab, das Lösungsmittel verdampft und die Granulate wachsen [6, 8–10]. Voraussetzung dabei ist, dass es in der Schicht nicht zum Partikelzerfall, zur Agglomeration oder zur Neubildung von Partikeln, z. B. durch Overspray, kommt. Wenn sich in der Wirbelschicht ein klassierender Granulatabzug befindet, wie er in der schematischen Darstellung gezeigt ist, dann werden die Granulate, die einen Durchmesser erreicht haben, der der Austragsgeschwindigkeit im klassierenden Abzug entspricht, die Wirbelschicht verlassen können. Alle Granulate, die noch nicht diese Größe erreicht haben, werden in die Wirbelschicht zurückbefördert, wo sie weiterwachsen können. Dabei kann der Apparat sowohl zylindrisch, wie in der Abbildung gezeigt, als auch rinnenförmig ausgebildet sein. Es muss an dieser Stelle bemerkt werden, dass dieses kontinuierliche Prinzip nur dann richtig funktioniert, wenn der Unterschied in den Ar-Zahlen zwischen zugegebenen und ummantelten Granulaten groß genug ist, und wenn der klassierende Abzug pneumatisch richtig und mit hoher Trennschärfe funktioniert.

Der Schichtaufbau beim kontinuierlichen Coatingprozess lässt sich unter vereinfachenden Voraussetzungen berechnen. Wenn in die Wirbelschicht eine Flüssigkeit $\dot{m}_{Flüss}$

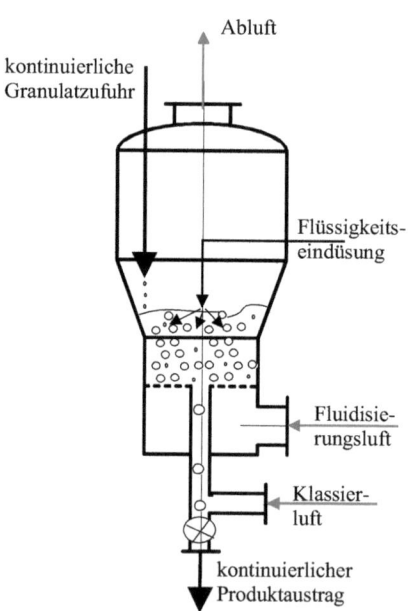

Abb. 2.17 Prinzipielles Schema des kontinuierlichen Coatings in der Wirbelschicht

Abb. 2.18 Gewählte Bezeichnungen für den kontinuierlichen Coatingprozess

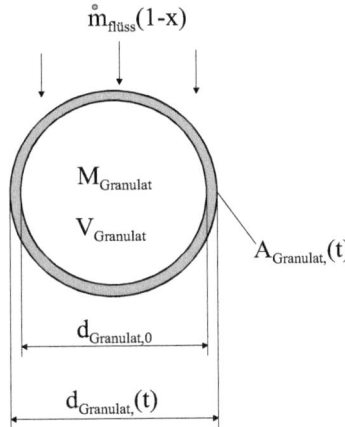

mit einem Lösungsmittelgehalt von x (kg Lösungsmittel pro kg Flüssigkeit) eingedüst wird, so soll sich der Feststoffgehalt der Flüssigkeit $\dot{m}_{Flüss} \cdot (1-x)$ auf den in der Wirbelschicht vorhandenen Granulaten gleichmäßig verteilen. Dies führt zu einem Wachstum der Granulate. Mit den Bezeichnungen in Abb. 2.18 lässt sich eine Wachstumsgeschwindigkeit der folgenden Art definieren:

$$w_{Granulat} = \frac{\dot{m}_{flüss} \cdot (1-x)}{A_{Granulat}^{gesamt} \cdot \rho_{Mantel}} [m/s]. \quad (2.32)$$

Dabei sind $\dot{m}_{flüss} \cdot (1-x)$ der mit der Flüssigkeit eingedüste Feststoffmassenstrom, $A_{Granulat}^{gesamt}$ die gesamte Oberfläche der Granulate in der Schicht und ρ_{Mantel} die Dichte des aufgebrachten Mantelmaterials.

Bei gleichmäßiger Verteilung der eingedüsten Flüssigkeit auf alle Granulate beträgt die Volumenzunahme eines Granulates pro Zeit:

$$\frac{dV_{Granulat}}{dt} = \frac{\dot{m}_{flüss} \cdot (1-x)}{A_{Granulat}^{gesamt} \cdot \rho_{Mantel}} \cdot A_{Granulat}. \quad (2.33)$$

Aus geometrischen Gründen lässt sich dV auch wie folgt ausdrücken, wenn zunächst angenommen wird, dass gilt:

$$\rho_{Mantel} = \rho_{Kern} = \rho_{fest}. \quad (2.34)$$

Damit wird daraus

$$dV_{Granulat} = \frac{\pi}{6} \cdot \left[\left(d_{Granulat} + d(d_{Granulat}) \right)^3 - d_{Granulat}^3 \right]. \quad (2.35)$$

Aus den beiden oben genannten Gleichungen folgt schließlich für die Änderung des Granulatdurchmessers nach der Zeit:

$$\frac{d(d_{Granulat})}{dt} = \frac{2 \cdot \dot{m}_{flüss} \cdot (1-x)}{A_{Granulat}^{gesamt} \cdot \rho_{fest}}. \tag{2.36}$$

Die obige Gleichung lässt sich integrieren:

$$\int_{d_{Granulat,0}}^{d_{Granulat}} d(d_{Granulat}) = \int_{t=0}^{t} \frac{2 \cdot \dot{m}_{flüss} \cdot (1-x)}{A_{Granulat}^{gesamt} \cdot \rho_{fest}} dt, \tag{2.37}$$

und es folgt:

$$d_{Granulat}(t) = d_{Granulat,0} + \frac{2 \cdot \dot{m}_{flüss} \cdot (1-x)}{A_{Granulat}^{gesamt} \cdot \rho_{fest}} \cdot t, \tag{2.38}$$

wobei die Größe $\frac{2 \cdot \dot{m}_{flüss} \cdot (1-x)}{A_{Granulat}^{gesamt} \cdot \rho_{fest}}$ als eine lineare Wachstumsgeschwindigkeit der Granulate aufgefasst werden kann. Sie soll im Weiteren mit $w_{Granulat}$ bezeichnet werden:

$$d_{Granulat}(t) = d_{Granulat,0} + w_{Granulat} \cdot t, \tag{2.39}$$

Mit Gl. (2.39) kann für die zeitabhängigen Größen der Granulatoberfläche und des Granulatvolumens geschrieben werden:

$$A_{Granulat}(t) = \pi \cdot (d_{Granulat,0} + w_{Granulat} \cdot t)^2, \tag{2.40}$$

und:

$$V_{Granulat}(t) = \frac{\pi}{6} \cdot (d_{Granulat,0} + w_{Granulat} \cdot t)^3. \tag{2.41}$$

Die Gesamtoberfläche aller Granulate in der Wirbelschicht kann als Produkt von Granulatanzahl mal Granulatoberfläche eines Granulates mit der mittleren Granulatoberfläche ausgedrückt werden:

$$A_{Granulat}^{gesamt} = \sum n_{Granulat} \cdot A_{Granulat}^{mittel}. \tag{2.42}$$

Nun haben alle Teilchen in der Wirbelschicht einen unterschiedlichen Durchmesser, der von $d_{Granulat,0}$ zum Zeitpunkt des Eintrittes des zu beschichtenden Granulates in die Wirbelschicht auf den Durchmesser $d_{Granulat,A}$, den das Granulat beim Austritt aus der Wirbelschicht erreicht hat, anwächst. Das gilt auch für die Granulatoberfläche. Wenn die Ab-

2 Verfahrenstechnische Grundlagen des Coatings

hängigkeit der Granulatoberfläche eines einzelnen Granulates von der Zeit bekannt ist, dann lässt sich eine mittlere Granulatoberfläche der folgenden Art bilden:

$$A_{Granulat}^{mittel} = \frac{1}{t_V} \cdot \int_{t=0}^{t_V} A_{Granulat}(t) \, dt. \tag{2.43}$$

Dabei ist t_V die Verweilzeit, die ein Granulat benötigt, um vom Durchmesser $d_{Granulat,0}$ auf den Durchmesser $d_{Granulat,A}$ anzuwachsen. Eingesetzt ergibt sich:

$$A_{Granulat}^{mittel} = \frac{1}{t_V} \cdot \int_{t=0}^{t_V} \left[\pi \cdot \left(d_{Granulat,0} + w_{Granulat} \cdot t \right)^2 \right] dt. \tag{2.44}$$

Die Lösung des Integrals lautet:

$$A_{Granulat}^{mittel} = \frac{\pi}{3 \cdot t_V \cdot w_{Granulat}} \cdot \left[\left(d_{Granulat,0} + w_{Granulat} \cdot t_V \right)^3 - d_{Granulat,0}^3 \right]. \tag{2.45}$$

Die Wirbelschicht soll regelungstechnisch so betrieben werden, dass sich die gesamte Masse der in der Schicht befindlichen Granulate nicht ändert. Dies kann leicht dadurch erreicht werden, dass der Schichtdruckverlust als äquivalente Größe für die sich in der Wirbelschicht befindliche Teilchenmasse gemessen und danach die Klassierluft des klassierenden Abzugs geregelt wird. Unter dieser Voraussetzung gilt für die Anzahl der in der Wirbelschicht befindlichen Granulate:

$$\sum n_{Granulat} = \frac{M_{Bett}}{M_{Granulat}^{mittel}} = \frac{M_{Bett}}{V_{Granulat}^{mittel} \cdot \rho_{fest}}. \tag{2.46}$$

Das mittlere Granulatvolumen lässt sich analog zur mittleren Granulatoberfläche wie folgt berechnen:

$$V_{Granulat}^{mittel} = \frac{1}{t_V} \cdot \int_{t=0}^{t_V} V_{Granulat}(t) \, dt. \tag{2.47}$$

$$V_{Granulat}^{mittel} = \frac{\pi}{6 \cdot t_V} \cdot \int_{t=0}^{t_V} \left[\left(d_{Granulat,0} + w_{Granulat} \cdot t \right)^3 \right] dt. \tag{2.48}$$

Die Lösung des Integrals lautet:

$$V_{Granulat}^{mittel} = \frac{\pi}{24 \cdot t_V \cdot w_{Granulat}} \cdot \left[\left(d_{Granulat,0} + w_{Granulat} \cdot t_V \right)^4 - d_{Granulat,0}^4 \right]. \tag{2.49}$$

Wenn nun in Gl. (2.39) die Verweilzeit t_V eingesetzt wird, ergibt sich:

$$d_{Granulat}(t_V) = d_{Granulat,A} = d_{Granulat,0} + w_{Granulat} \cdot t_V, \tag{2.50}$$

beziehungsweise:

$$w_{Granulat} \cdot t_V = d_{Granulat,A} - d_{Granulat,0}. \tag{2.51}$$

Wenn diese Beziehung in die Gleichungen für die mittlere Oberfläche eines Granulates und die für das mittlere Volumen eines Granulates eingesetzt wird, dann sind beide Größen nur noch vom Granulatdurchmesser bei Eintritt in die Schicht und vom Granulatdurchmesser bei Austritt über den klassierenden Abzug abhängig:

$$A_{Granulat}^{mittel} = \frac{\pi}{3} \cdot \frac{\left(d_{Granulat,A}^3 - d_{Granulat,0}^3\right)}{\left(d_{Granulat,A} - d_{Granulat,0}\right)}. \tag{2.52}$$

und:

$$V_{Granulat}^{mittel} = \frac{\pi}{24} \cdot \frac{\left(d_{Granulat,A}^4 - d_{Granulat,0}^4\right)}{\left(d_{Granulat,A} - d_{Granulat,0}\right)}. \tag{2.53}$$

Nun kann die für die Berechnung des Stoffüberganges wichtige gesamte Oberfläche der Granulate in der Wirbelschicht unter Nutzung von Gl. (2.46), (2.52) und (2.53) wie folgt ausgedrückt werden:

$$A_{Granulat}^{gesamt} = \sum n_{Granulat} \cdot A_{Granulat}^{mittel} =$$

$$= \frac{M_{Bett}}{\frac{\pi}{24} \cdot \frac{\left(d_{Granulat,A}^4 - d_{Granulat,0}^4\right)}{\left(d_{Granulat,A} - d_{Granulat,0}\right)} \cdot \rho_{fest}} \cdot \frac{\pi}{3} \cdot \frac{\left(d_{Granulat,A}^3 - d_{Granulat,0}^3\right)}{\left(d_{Granulat,A} - d_{Granulat,0}\right)}, \tag{2.54}$$

oder:

$$A_{Granulat}^{gesamt} = \frac{8 \cdot M_{Bett}}{\rho_{fest}} \cdot \frac{\left(d_{Granulat,A}^3 - d_{Granulat,0}^3\right)}{\left(d_{Granulat,A}^4 - d_{Granulat,0}^4\right)}. \tag{2.55}$$

Analog dazu lässt sich nun auch die Zeit berechnen, die ein Granulat in der Wirbelschicht verweilt, bis es von der Größe $d_{Granulat,0}$ auf die Größe $d_{Granulat,A}$ angewachsen ist:

$$t_V = \frac{4 \cdot M_{Bett}}{\dot{m}_{flüss} \cdot (1-x)} \cdot \frac{\left(d_{Granulat,A}^3 - d_{Granulat,0}^3\right) \cdot \left(d_{Granulat,A} - d_{Granulat,0}\right)}{\left(d_{Granulat,A}^4 - d_{Granulat,0}^4\right)}. \tag{2.56}$$

2 Verfahrenstechnische Grundlagen des Coatings

und unter der weiteren Annahme, dass in der Wirbelschicht kein Abrieb, kein Partikelzerfall und kein Partikelagglomeration auftreten sollen, muss auch gelten:

$$\dot{n}_{Granulat,0} = \dot{n}_{Granulat,A} \tag{2.57}$$

Damit ergibt sich aus obigen Gleichungen:

$$\left(\frac{d_{Granulat,A}}{d_{Granulat,0}}\right)^3 = 1 + \frac{\dot{m}_{flüss} \cdot (1-x)}{\dot{m}_{Granulat,0}} \tag{2.58}$$

oder:

$$d_{Granulat,A} = d_{Granulat,0} \cdot \sqrt[3]{1 + \frac{\dot{m}_{flüss} \cdot (1-x)}{\dot{m}_{Granulat,0}}} \tag{2.59}$$

Unter den getroffenen Voraussetzungen, dass zunächst die Manteldichte gleich der Kerndichte sein soll, gibt es einen eindeutigen Zusammenhang zwischen Granulatdurchmesser am Eintritt in das System und Granulatdurchmesser am Austritt aus dem System mit der Eindüsungsrate und dem Keimstrom. Wenn mit $\dot{m}_{Granulat,0}$ der Massenstrom der in den Coater eintretenden Granulate und mit $\dot{m}_{Granulat,A}$ der Massenstrom der aus dem Granulator austretenden Granulate bezeichnet wird, dann muss unter den getroffenen Voraussetzungen gelten:

$$\dot{m}_{Granulat,0} + \dot{m}_{flüss} \cdot (1-x) = \dot{m}_{Granulat,A}. \tag{2.60}$$

Mit:

$$\dot{m}_{Granulat,0} = \dot{n}_{Granulat,0} \cdot \frac{\rho}{6} \cdot d^3_{Granulat,0} \cdot \rho_{fest} \tag{2.61}$$

und:

$$\dot{m}_{Granulat,A} = \dot{n}_{Granulat,A} \cdot \frac{\rho}{6} \cdot d^3_{Granulat,A} \cdot \rho_{fest}, \tag{2.62}$$

2.4 Grundlagen des Wirbelschichtcoatingprozesses

2.4.1 Grundlagen des Wirbelschichtprozesses

Wenn ein Partikelkollektiv von unten nach oben von einem fluiden Medium durchströmt wird, kommt es oberhalb einer bestimmten Fluidgeschwindigkeit dazu, dass sich die Feststoffteilchen des Partikelkollektivs zu bewegen beginnen und sich das gesamte Kollektiv wie eine Pseudoflüssigkeit verhält. Dieser Zustand wird als Wirbelschicht oder auch Fließbett bezeichnet. Wenn das fluide Medium ein Gas ist, bilden sich in der Wirbelschicht Gasblasen, die sich von unten nach oben bewegen und an der Oberfläche der Wirbelschicht zerplatzen. Die aufsteigenden Gasblasen führen hinter sich eine Schleppe aus Feststoffteilchen von unten nach oben mit, wodurch es zu einer intensiven Vermischung der Feststoffteilchen in der Wirbelschicht kommt. Durch diese intensive Vermischung und die vergleichsweise hohen möglichen Gasgeschwindigkeiten verlaufen die Wärmestoff- und Impulstransportvorgänge in Wirbelschichten sehr intensiv, und es können hohe Stoff- und Wärmeübergangskoeffizienten erreicht werden.

Der Zustand der Wirbelschicht für ein Partikelkollektiv ist hinsichtlich der Fluidgeschwindigkeit innerhalb zweier Grenzen stabil. Die untere Grenze der Fluidgeschwindigkeit ist dabei die sogenannte Lockerungs- oder Wirbelpunktgeschwindigkeit. Das ist die Geschwindigkeit, bei der sich die Teilchen zu bewegen beginnen und die Schicht sich auflockert. Die obere Grenze der Fluidgeschwindigkeit ist dann erreicht, wenn die Teilchen durch den Fluidstrom aus der Schicht ausgetragen werden. Dies ist dann die sogenannte Schwebe- oder Austragsgeschwindigkeit. Zwischen diesen beiden Grenzgeschwindigkeiten bleibt der Druckverlust, den das fluide Medium beim Durchströmen der Wirbelschicht erleidet, annähernd konstant, und die Schichthöhe vergrößert sich. Diese Vergrößerung der Schichthöhe ist auf eine Vergrößerung des relativen Lückenvolumens der Wirbelschicht zurückzuführen, wobei als relatives Lückenvolumen das Volumen des Gases, das sich zwischen den Feststoffpartikeln befindet, bezogen auf das Gesamtvolumen der Wirbelschicht definiert ist. Für eine ruhende Schicht monodisperser kugelförmiger Partikel beträgt der Wert des relativen Lückenvolumens einer Zufallsschüttung ca. 0,38 bis 0,42. Wenn die Gasgeschwindigkeit durch die Schüttung über den Wirbelpunkt hinaus vergrößert wird, erhöht sich das Lückenvolumen und erreicht beim Austrag der Partikel aus der Wirbelschicht den Wert 1.

Das pneumatische Verhalten einer Wirbelschicht lässt sich im Prinzip durch Kriterialgleichungen aus zwei dimensionslosen Kennzahlen beschreiben. Dies sind die Archimedes-Zahl, die in die stoffspezifischen Größen eingeht und die Reynolds-Zahl, die den Strömungszustand beschreibt. Beide Kennzahlen sind wie folgt definiert:

$$Ar = \frac{g \cdot d_{Granulat}^3 \cdot (\rho_{Granulat} - \rho_{Gas})}{v_{Gas}^2 \cdot \rho_{Gas}}, \quad (2.63)$$

und:

$$\mathrm{Re} = \frac{d_{granulat} \cdot w_{Gas}}{v_{Gas}}. \quad (2.64)$$

Dabei sind g die Erdbeschleunigung $\left[\dfrac{m}{s^2}\right]$, $d_{Granulat}$ der Granulatdurchmesser$[m]$, $\rho_{Granulat}$ die Granulatdichte $\left[\dfrac{kg}{m^3}\right]$, ρ_{Gas} die Gasdichte $\left[\dfrac{kg}{m^3}\right]$ und ν_{Gas} die kinematische Viskosität des Gases $\left[\dfrac{m^2}{s}\right]$.

Um die Grenzen des Existenzbereiches einer Wirbelschicht abschätzen zu können, ist es zweckmäßig, die Wirbelpunkt- oder Lockerungsgeschwindigkeit und die Schwebe- oder Austragsgeschwindigkeit für die betrachteten Granulate zu bestimmen. Da es sich beim Coatingprozess um annähernd kugelförmige monodisperse Granulate handelt, können dafür die folgenden Kriterialgleichungen genutzt werden. Es muss dabei allerdings beachtet werden, dass sich sowohl der Granulatdurchmesser als auch die scheinbare Granulatdichte während des Coatingprozesses ändert. Dadurch ändern sich auch die Wirbelpunkt- und Austragsgeschwindigkeit für das Partikelkollektiv und auch das relative Lückenvolumen. Diese Veränderungen können z. B. dazu führen, dass insbesondere bei großen Manteldicken die Wirbelschicht in einen instabilen Bereich gerät, was während des Prozesses aber leicht durch Veränderung der Fluidbelastung korrigiert werden kann.

Für die Re-Zahl am Wirbelpunkt gilt unter den oben getroffenen Voraussetzungen:

$$\mathrm{Re}_W = \dfrac{Ar}{1400 + 5{,}22 \cdot \sqrt{Ar}}. \tag{2.65}$$

Daraus berechnet sich die Wirbelpunktgeschwindigkeit:

$$w_W = \dfrac{\mathrm{Re}_W \cdot \nu_{Gas}}{d_{Granulat}}. \tag{2.66}$$

Für die Re-Zahl am Austragspunkt gilt unter den gleichen Voraussetzungen:

$$\mathrm{Re}_A = \dfrac{Ar}{18 + 0{,}61 \cdot \sqrt{Ar}}. \tag{2.67}$$

Daraus berechnet sich die Austragsgeschwindigkeit:

$$w_A = \dfrac{\mathrm{Re}_A \cdot \nu_{Gas}}{d_{Granulat}}. \tag{2.68}$$

Das relative Lückenvolumen $\left[\dfrac{m^3 L\ddot{u}cke}{m^3 Gesamtvolumen}\right]$ lässt sich mit folgender Kriterialgleichung berechnen:

$$\varepsilon_{eff} = \left(\dfrac{18 \cdot \mathrm{Re}_{eff} + 0{,}36 \cdot \mathrm{Re}_{eff}}{Ar}\right)^{0{,}21}, \tag{2.69}$$

mit:

$$\mathrm{Re}_{eff} = \frac{w_{eff} \cdot d_{Granulat}}{v_{Gas}}. \quad (2.70)$$

Dabei ist w_{eff} die effektive gewählte Gasgeschwindigkeit in der Wirbelschicht, bezogen auf den freien Apparatequerschnitt, die voraussetzungsgemäß zwischen Wirbelpunkt- und Austragsgeschwindigkeit liegen muss.

In Abb. 2.19 ist der Zusammenhang zwischen dem relativen Lückenvolumen der Wirbelschicht und der effektiven Re-Zahl für ein Beispiel dargestellt.

Der Existenzbereich der Wirbelschicht liegt definitionsgemäß zwischen Wirbelpunkt- und Austragsgeschwindigkeit der Granulate. Für monodisperse annähernd kugelförmige Granulate ist dieser Existenzbereich in Abb. 2.20 grafisch veranschaulicht.

Die Abb. 2.21 zeigt den allgemeinen Zusammenhang zwischen Re-Zahl und relativem Lückenvolumen im Existenzbereich der Wirbelschicht mit der Ar-Zahl als Parameter.

Die in Abb. 2.22 gezeigte halblogarithmische Darstellung lässt den Zusammenhang deutlicher erkennen.

2.4.2 Besonderheiten des Coatings in der Wirbelschicht

Beim Coating in der Wirbelschicht wird das Material des auf die Granulate aufzubringenden Mantels als Schmelze, Lösung oder Suspension in eine fluidisierte Schicht der

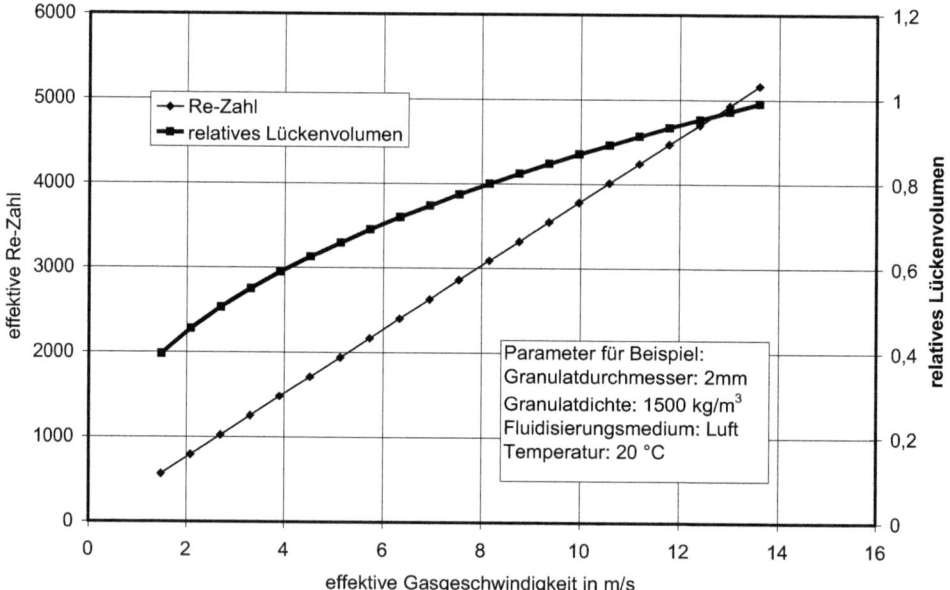

Abb. 2.19 Abhängigkeit der Re-Zahl und des relativen Lückenvolumens von der Gasgeschwindigkeit für ein Beispiel

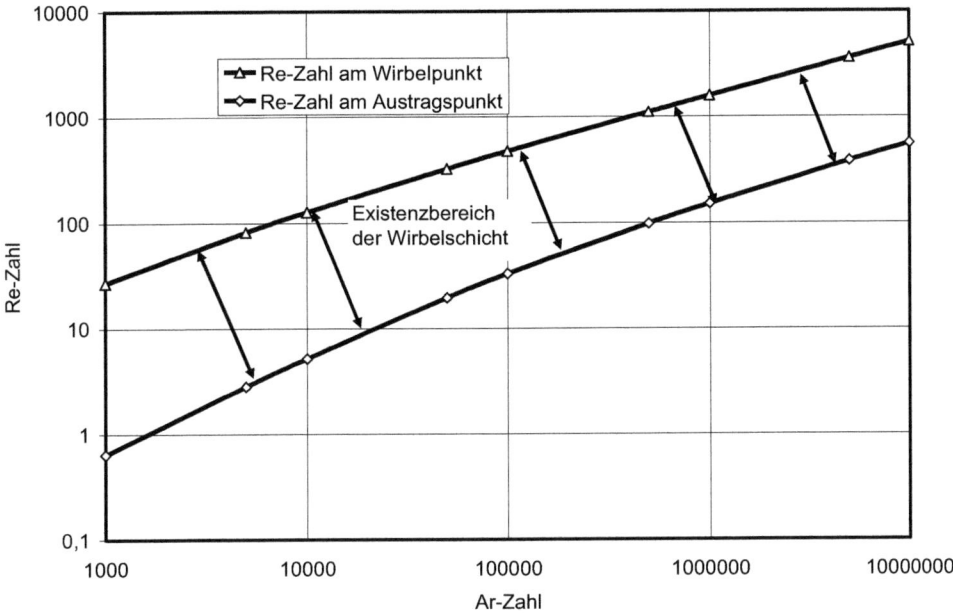

Abb. 2.20 Existenzbereich der Wirbelschicht als Funktion der Ar-Zahl

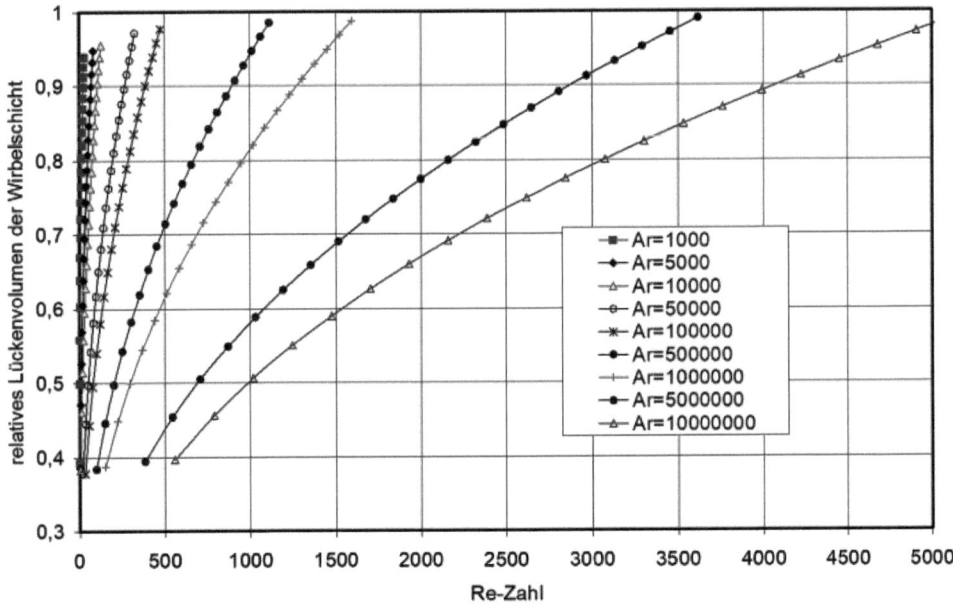

Abb. 2.21 Relatives Lückenvolumen im Existenzbereich der Wirbelschicht als Funktion der Re-Zahl

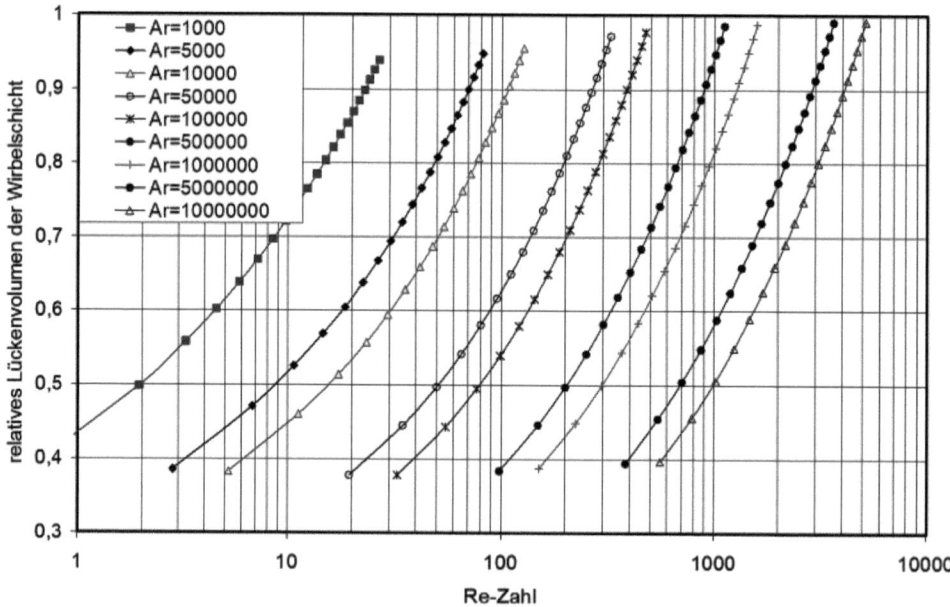

Abb. 2.22 Relatives Lückenvolumen der Wirbelschicht in Abhängigkeit von der Re-Zahl in halblogarithmischer Darstellung

zu ummantelnden Granulate fein verteilt eingebracht. Diese Einbringung geschieht in der Regel durch Verdüsen der Flüssigkeit über Ein- oder Zweistoffdüsen, in selteneren Fällen über Zerstäuberscheiben. Ein wesentlicher Vorteil des Coatingprozesses in der Wirbelschicht besteht vor allem darin, dass die in der Flüssigkeit enthaltene Lösungs- oder Suspendierungsflüssigkeit in das Fluidisierungsgas übergeht und von diesem mitgenommen wird. Da in einer Wirbelschicht die Wärme- Stoff- und Impulstransportvorgänge sehr intensiv vonstattengehen, können somit recht hohe Flüssigkeitseindüsungsraten realisiert werden, wie sie z. B. bei Trommel- oder Tellercoatern nicht erreicht werden können.

2.4.3 Stoffübergang beim Coating in der Wirbelschicht auf der Grundlage eines Benetzungsgradmodells

Beim Coatingprozess in der Wirbelschicht wird in der Regel das Mantelmaterial in supendierter oder gelöster Form in einem Lösungsmittel in die fluidisierte Schicht der zu ummantelnden Granulate eingedüst. Die Flüssigkeit, in der der Mantelfeststoff suspendiert oder gelöst ist, verdampft und geht in den Fluidisierungsgasstrom über, während sich der supendierte oder gelöste Feststoff auf der Oberfläche der Granulate anlagert, wodurch die letzteren kontinuierlich wachsen. Der reine Wachstumsprozess und die Bedingungen, die zur Feststofffluidisierung führen, wurden bereits in den obigen Abschnitten beschrieben. Für die Beantwortung der Frage, welcher Massenstrom an Flüssigkeit in die Wirbelschicht

2 Verfahrenstechnische Grundlagen des Coatings

eingedüst werden kann, ist es erforderlich, die Stoffübergangsbedingungen zwischen an der Oberfläche befeuchteten Granulaten und dem Fluidisierungsgas näher zu betrachten. In den folgenden Ausführungen soll angenommen werden, dass es sich bei dem Fluidisierungsgas um Luft und bei dem Lösungsmittel um Wasser handelt. Dies dürfte wohl für die meisten Fälle des Wirbelschichtcoating der Fall sein, die prinzipiellen Überlegungen gelten natürlich auch für andere Lösungsmittel oder Gase, wenn die entsprechenden Stoffwerte angepasst werden.

Für den Coatingprozess in einer Wirbelschicht wird eine den Mantelfeststoff enthaltende Flüssigkeit auf die fluidisierten Granulate in der Wirbelschicht eingedüst. Die Flüssigkeit benetzt dabei die Granulatoberflächen, und das Lösungsmittel verdampft an der Oberfläche der feuchten Granulate. Wie man sich leicht vorstellen kann, lässt sich die Flüssigkeitseindüsungsrate nicht beliebig steigern, da der die Wirbelschicht passierende Gasmassenstrom nur bis zur Sättigung Lösungsmittel aufnehmen kann. Um die Stoffübergangsprozesse in der flüssigkeitsbedüsten Wirbelschicht und damit auch die möglichen Flüssigkeitseindüsungsraten berechnen zu können, soll eine Modellvorstellung mit einem Benetzungsgradmodell zur Anwendung kommen. Ausgangspunkt ist dabei die in Abb. 2.23 gezeigte Vorstellung, dass die eingedüsten Flüssigkeitströpfchen auf die Granulate auftreffen, dort spreiten und die Granulatoberfläche teilweise benetzen [4, 6].

Der „Benetzungsgrad" soll wie folgt definiert werden:

$$\phi = \frac{A_{benetzt}}{A_{benetzt} + A_{unbenetzt}} = \frac{A_{benetzt}}{A_{gesamt}}. \qquad (2.71)$$

Für diese Definition des Benetzungsgrades gilt also:

- $\phi = 0$ Teilchenoberfläche ist völlig trocken
- $\phi = 1$ Teilchenoberfläche ist völlig mit Flüssigkeit benetzt

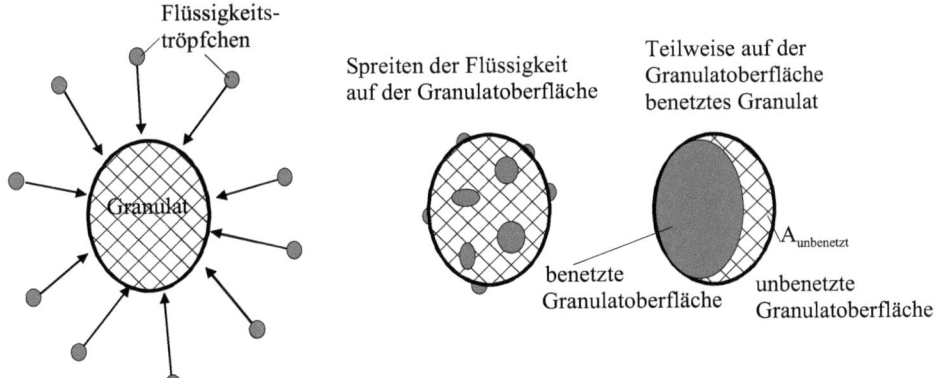

Abb. 2.23 Prinzipieller Aufbau eines ummantelten Feststoffteilchens

Für die Berechnung des Stoffübergangsprozesses werden nun folgende vereinfachende Voraussetzungen getroffen:

- Der Feststoff in der Wirbelschicht ist ideal durchmischt (Modell CSTR).
- Das Gas bewegt sich in idealer Pfropfenströmung von unten nach oben durch die Wirbelschicht (Modell PFTR).
- Die Wirbelschicht ist homogen, das heißt, dass das relative Lückenvolumen an allen Stellen der Schicht gleich ist.
- Der Stoffübergang vollzieht sich nur an der mit Flüssigkeit benetzten Granulatoberfläche.
- Der Prozess vollzieht sich unter adiabaten Bedingungen.
- Es tritt kein Abrieb, kein Partikelzerfall, keine Agglomeration von Partikeln untereinander und kein Overspray auf.

Unter den oben genannten vereinfachenden Voraussetzungen kann für das in Abb. 2.24 dargestellte infinitesimale Volumenelement der Wirbelschicht unter Berücksichtigung des Stefan-Stromes folgende Stoffbilanz formuliert werden:

$$\frac{d\dot{m}_{Wasser}}{dA_{benetzt}} = \dot{m}_{Gas} \cdot \frac{dY}{dA_{benetzt}} = \frac{P \cdot \beta \cdot M_{Wasser}}{R \cdot T} \cdot \ln\left(\frac{P - p_{Wasser}}{P - p_{Wasser,Sät}}\right) \quad (2.72)$$

Dabei sind $\dot{m}_{Wasser}$ der Wassermassenstrom, der im infinitesimalen Höhenabschnitt dz verdampft wird, $\dot{m}_{Gas}$ der Gasmassenstrom durch die Wirbelschicht, $A_{benetzt}$ der mit Flüs-

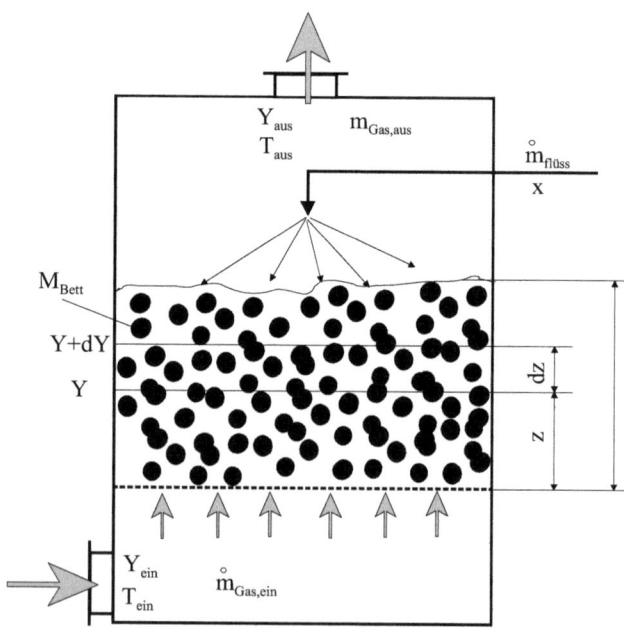

Abb. 2.24 Schema der flüssigkeitsbedüsten Wirbelschicht und Bezeichnungen

2 Verfahrenstechnische Grundlagen des Coatings

sigkeit benetzte Oberflächenanteil im infinitesimalen Höhenabschnitt dz, Y die Wasserbeladung des Gases, P der Systemdruck, β der Stoffübergangskoeffizient, M_{Wasser} die Molmasse des Wassers, R die allgemeine Gaskonstante, T
die Kelvintemperatur, p_{Wasser} der Partialdruck des Wasserdampfes im Gas, $p_{Wasser,sätt}$ der Sättigungsdampfdruck des Wassers bei der Temperatur T.

Der Zusammenhang zwischen Beladung des Gases mit Wasserdampf und Partialdruck kann durch folgende Gleichung ausgedrückt werden [4, 11]:

$$Y = \frac{M_{Wasser}}{M_{Gas}} \cdot \frac{p_{Wasser}}{P - p_{Wasser,Sät}} \tag{2.73}$$

oder:

$$p_{Wasser} = \frac{P \cdot Y}{\frac{M_{Wasser}}{M_{Gas}} + Y}. \tag{2.74}$$

Mit der obigen Gleichung ergibt sich aus der Bilanz:

$$\dot{m}_{Gas} \cdot \frac{dY}{dA_{benetzt}} = \frac{P \cdot \beta \cdot M_{Wasser}}{R \cdot T} \cdot \ln\left(\frac{\frac{M_{Gas}}{M_{Wasser}} + Y_{Sätt}}{\frac{M_{Gas}}{M_{Wasser}} + Y}\right). \tag{2.75}$$

Wenn der folgende Ausdruck als sogenannte Stefan-Korrektur definiert wird:

$$K_{SY} = \frac{\frac{M_{Wasser}}{M_{Gas}}}{(Y_{Sätt} - Y)} \cdot \ln\left(\frac{\frac{M_{Gas}}{M_{Wasser}} + Y_{Sätt}}{\frac{M_{Gas}}{M_{Wasser}} + Y}\right), \tag{2.76}$$

kann auch geschrieben werden:

$$\dot{m}_{Gas} \cdot \frac{dY}{dA_{benetzt}} = K_{SY} \cdot \frac{P \cdot \beta \cdot M_{Gas}}{R \cdot T} \cdot (Y_{Sätt} - Y). \tag{2.77}$$

Unter Einbeziehung des oben definierten Benetzungsgrades wird daraus:

$$\dot{m}_{Gas} \cdot \frac{dY}{dA_{gesamt}} = \phi \cdot K_{SY} \cdot \frac{P \cdot \beta \cdot M_{Gas}}{R \cdot T} \cdot (Y_{Sätt} - Y). \tag{2.78}$$

Wenn nun eine spezifische Granulatoberfläche in der Wirbelschicht wie folgt definiert wird,

$$a = \frac{A_{gesamt}}{V_{Bett}} = \frac{A_{gesamt}}{H_{Bett} \cdot A_{App}}, \tag{2.79}$$

dann gilt:

$$dA_{gesamt} = a \cdot A_{App} \cdot dz = \frac{A_{gesamt}}{H_{Bett} \cdot A_{App}} \cdot A_{App} \cdot dz = A_{gesamt} \cdot \frac{dz}{H_{Bett}}. \tag{2.80}$$

Durch Einsetzen von Gl. (2.80) in (2.78) ergibt sich:

$$\frac{dY}{\varphi \cdot A_{gesamt} \cdot \dfrac{dz}{H_{Bett}}} = K_{SY} \cdot \frac{P \cdot \beta \cdot M_{Gas}}{\dot{m}_{Gas} \cdot R \cdot T} \cdot (Y_{Sätt} - Y), \tag{2.81}$$

oder:

$$\frac{dY}{(Y_{Sätt} - Y)} = K_{SY} \cdot \frac{P \cdot \beta \cdot M_{Gas}}{\dot{m}_{Gas} \cdot R \cdot T} \cdot \phi \cdot A_{gesamt} \cdot \frac{dz}{H_{Bett}}, \tag{2.82}$$

oder mit:

$$\rho_{Gas} = \frac{P \cdot M_{Gas}}{R \cdot T} \text{ folgt} \tag{2.83}$$

$$\frac{dY}{(Y - Y_{Sätt})} = -K_{SY} \cdot \frac{\beta \cdot \rho_{Gas} \cdot A_{gesamt}}{\dot{m}_{Gas}} \cdot \phi \cdot \frac{dz}{H_{Bett}}. \tag{2.84}$$

Wenn nun ein NTU-Wert (Number of Transfer Units) wie folgt definiert wird

$$NTU = \frac{\beta \cdot A_{gesamt} \cdot \rho_{Gas}}{\dot{m}_{Gas}}, \tag{2.85}$$

und mit $\dfrac{z}{H_{Bett}} = \xi_{Bett}$ eine dimensionslose Schichthöhe benannt wird, dann ergibt sich:

$$\frac{dY}{(Y - Y_{Sätt})} = -K_{SY} \cdot \phi \cdot NTU \cdot d\xi_{Bett} \tag{2.86}$$

Nach [12] kann bei Temperaturen unter 60 °C in erster Näherung $K_{SY} = 1$ gesetzt werden. Damit lässt sich die obige Gleichung integrieren:

$$\int_{Y_{ein}}^{Y} \frac{dY}{(Y - Y_{Sätt})} = -\phi \cdot NTU \cdot \int_{\xi=0}^{\xi} d\xi_{Bett}. \tag{2.87}$$

2 Verfahrenstechnische Grundlagen des Coatings

Die Integration ergibt:

$$\ln\left[\frac{(Y-Y_{Sätt})}{(Y_{ein}-Y_{Sätt})}\right]=-\phi\cdot NTU\cdot\xi. \tag{2.88}$$

Wenn der Ausdruck $\frac{(Y-Y_{Sätt})}{(Y_{ein}-Y_{Sätt})}=\eta_{Gas}$ als dimensionsloses Trocknungspotenzial der Luft bezeichnet wird, dann ergibt sich schließlich die Abhängigkeit dieses dimensionslosen Trocknungspotenzials von der dimensionslosen Schichthöhe mit dem NTU-Wert und dem Benetzungsgrad als Parameter wie folgt:

$$\eta_{Gas}=\left[\frac{(Y-Y_{Sätt})}{(Y_{ein}-Y_{Sätt})}\right]=\exp(-\phi\cdot NTU\cdot\xi). \tag{2.89}$$

Für das dimensionslose Trocknungspotenzial am Austritt des Gases aus der Wirbelschicht gilt $\xi = 1$ und damit:

$$\eta_{Gas,Austritt}=\left[\frac{(Y_{aus}-Y_{Sätt})}{(Y_{ein}-Y_{Sätt})}\right]=\exp(-\phi\cdot NTU). \tag{2.90}$$

Daraus lässt sich auch die dimensionsbehaftete Austrittsbeladung des Gases mit Lösungsmitteldampf nun leicht angeben:

$$Y_{aus}=Y_{Sätt}+(Y_{ein}-Y_{Sätt})\cdot\exp(-\phi\cdot NTU). \tag{2.91}$$

In Abb. 2.25 ist das dimensionslose Trocknungspotenzial des Gases als Funktion der dimensionslosen Schichthöhe bei einem hundertprozentigen Benetzungsgrad dargestellt. Es zeigt sich dabei, dass das Trocknungspotenzial bei einem NTU-Wert von ca. 5 am Austritt des Gases aus der Schicht, also bei einem Wert von $\xi = 1$, bereits nahezu null ist. Das heißt, dass das Gas kein Lösungsmittel mehr aufnehmen kann. Wenn z. B. durch Vergrößerung der Granulatmasse in der Schicht der NTU-Wert auf 10 vergrößert wird, so ist das Trocknungspotenzial des Gases bereits bei der halben Schichthöhe nahezu erschöpft, und die andere Hälfte der Schichthöhe hat keine Wirkung mehr. In der Praxis bedeutet dies, dass die Ventilatorleistung für die Überwindung des Schichtdruckverlustes doppelt so hoch wie eigentlich nötig ist.

Beim Coating in der Wirbelschicht wird man allerdings in den meisten Fällen aufgrund der Klebrigkeit der Coatingflüssigkeit mit Benetzungsgraden von deutlich unter 100 % arbeiten. Dies ändert natürlich den Verlauf des Trocknungspotenzials über der dimensionslosen Schichthöhe, wie dies z. B. in Abb. 2.26 für einen Benetzungsgrad von 10 % gezeigt wird.

Hier hat das aus der Schicht austretende Gas selbst bei einem NTU-Wert von 20 noch ein deutliches Trocknungspotenzial von mehr als 10 %. Für die praktische Berechnung des

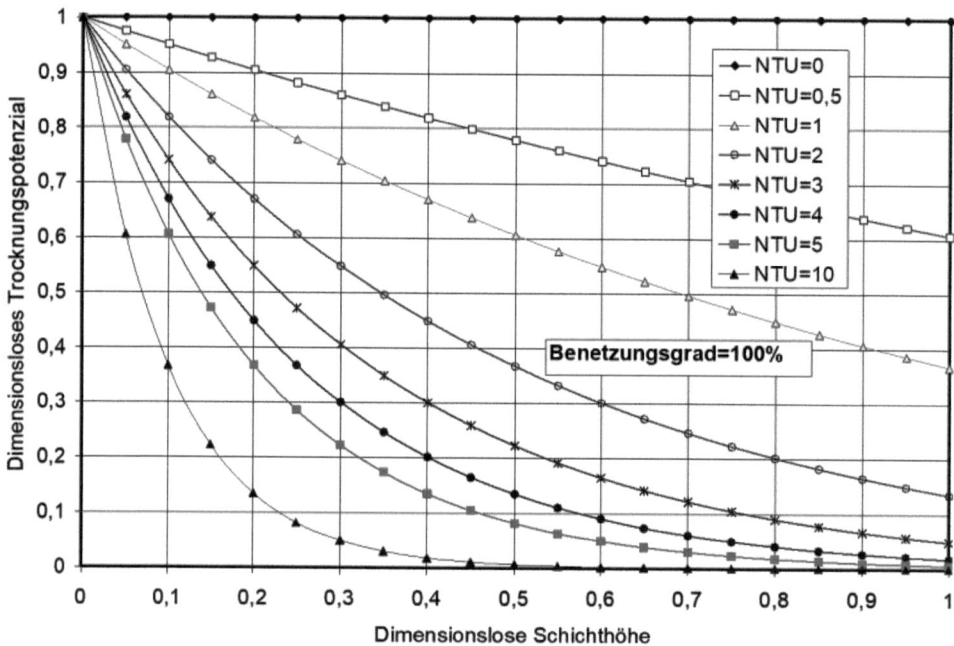

Abb. 2.25 Dimensionsloses Trocknungspotenzial des Gases als Funktion der dimensionslosen Schichthöhe mit dem NTU-Wert als Parameter für einen Benetzungsgrad von 100 %

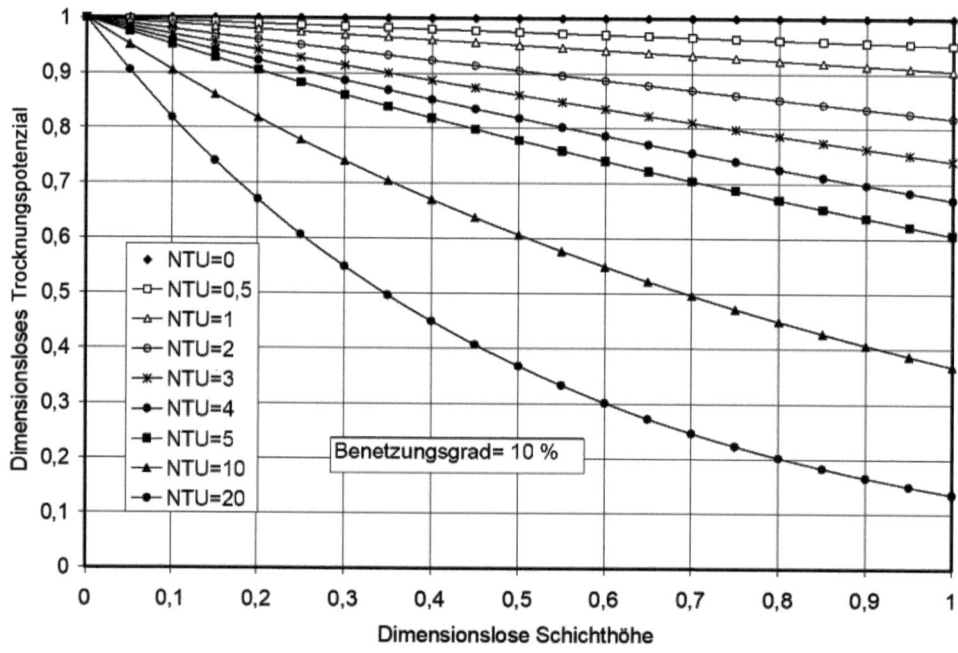

Abb. 2.26 Dimensionsloses Trocknungspotenzial des Gases als Funktion der dimensionslosen Schichthöhe mit dem NTU-Wert als Parameter für einen Benetzungsgrad von 10 %

2 Verfahrenstechnische Grundlagen des Coatings

Stoffüberganges in einem Wirbelschichtcoater ist es deshalb wichtig, den Benetzungsgrad zu kennen. Der Benetzungsgrad ist, sicher eine Funktion der Flüssigkeitseindüsung und des Lösungsmittelgehaltes der Flüssigkeit, aber auch des Gasmassenstromes und der Lösungsmittelbeladung des in die Wirbelschicht eintretenden Gases. Seine Berechnung kann unter vereinfachenden Voraussetzungen wie folgt geschehen. Es werden folgende vereinfachenden Annahmen getroffen:

- Alles in die Wirbelschicht eingedüste Lösungsmittel wird vollständig verdampft.
- Es gelten die gleichen Voraussetzungen, die zu Gl. (2.91) geführt haben.
- Es wird zunächst bei der diskontinuierlich chargenweisen Fahrweise nicht berücksichtigt, dass sich mit fortlaufendem Prozess der NTU-Wert u. a. durch die Vergrößerung der Partikeloberfläche ändert, sodass die Berechnung für einen beliebigen Zeitpunkt, bei dem gerade der NTU-Wert gilt, angewendet werden kann.
- Beim kontinuierlichen Coatingprozess ist das Modell ebenfalls anwendbar, und da sich dabei die gesamte Granulatoberfläche in der Schicht und auch die Fluidisierungsbedingungen nicht ändern, gelten die Beziehungen allgemein. Dabei muss allerdings berücksichtigt werden, dass sich die Wasserbeladung der zugeführten Keime nicht von der Wasserbeladung der die Schicht verlassenden Granulate unterscheiden darf. Wenn dies der Fall sein sollte, so kann die Differenz der Wassermasse zwischen Massenstrom der Keime und Massenstrom der abgezogenen Granulate leicht in der Berechnung berücksichtigt werden.

In Abb. 2.27 ist das Problem noch einmal veranschaulicht.

Aus der Bilanz um die eingedüste Flüssigkeit ergibt sich:

$$\dot{m}_{flüss} \cdot x = \dot{m}_{Gas} \cdot (Y_{aus} - Y_{ein}), \tag{2.92}$$

Abb. 2.27 Bilanz um den Wirbelschichtcoater zur Ermittlung des Benetzungsgrades

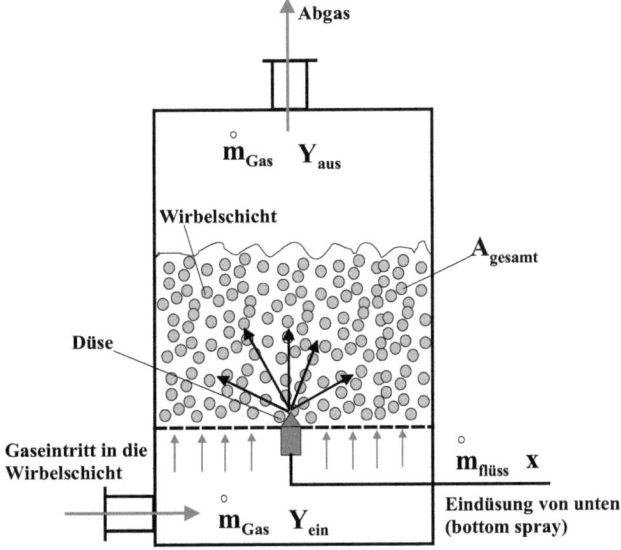

oder:

$$Y_{aus} = Y_{ein} + \frac{\dot{m}_{flüss} \cdot x}{\dot{m}_{Gas}}. \tag{2.93}$$

Durch Gleichsetzen von Gl. (2.91) und (2.93) erhält man:

$$Y_{ein} + \frac{\dot{m}_{flüss} \cdot x}{\dot{m}_{Gas}} = Y_{Sätt} + (Y_{ein} - Y_{Sätt}) \cdot \exp(-\phi \cdot NTU). \tag{2.94}$$

Daraus wird:

$$\exp(-\phi \cdot NTU) = 1 - \frac{\dot{m}_{flüss} \cdot x}{\dot{m}_{Gas} \cdot (Y_{Sätt} - Y_{ein})}, \tag{2.95}$$

oder:

$$\phi - \frac{1}{NTU} \cdot \ln\left[1 - \frac{\dot{m}_{flüss} \cdot x}{\dot{m}_{Gas} \cdot (Y_{Sätt} - Y_{ein})}\right]. \tag{2.96}$$

Wenn die folgende dimensionslose Flüssigkeitseindüsungsrate eingeführt wird

$$m^*_{flüss} = \frac{\dot{m}_{flüss} \cdot x}{\dot{m}_{Gas} \cdot (Y_{Sätt} - Y_{ein})}, \tag{2.97}$$

dann folgt:

$$\phi = -\frac{1}{NTU} \cdot \ln\left[1 - m^*_{flüss}\right]. \tag{2.98}$$

In Abb. 2.28 ist der Zusammenhang zwischen Benetzungsgrad und dimensionsloser Flüssigkeitseindüsungsrate mit dem NTU-Wert als Parameter grafisch dargestellt. Dabei ist zu beachten, dass sich der Benetzungsgrad in der vorliegenden Definition nur zwischen 0 und 1 bewegen kann.
oder (Abb. 2.29):
Nach diesen Überlegungen fehlt nun nur noch die Berechnung der Stoffübergangszahl β. Aus der Literatur sind dafür eine Reihe von Kriterialgleichungen bekannt, von denen hier als Beispiel nur zwei genannt werden sollen. Die Berechnung der Stoffübergangszahl erfolgt aus Kriterialgleichungen der Form:

$$Sh = f(\text{Re}, Sc). \tag{2.99}$$

Dabei sind die dimensionslosen Kennzahlen Sherwood-Zahl, Reynolds-Zahl und Schmidt-Zahl wie folgt definiert:

2 Verfahrenstechnische Grundlagen des Coatings

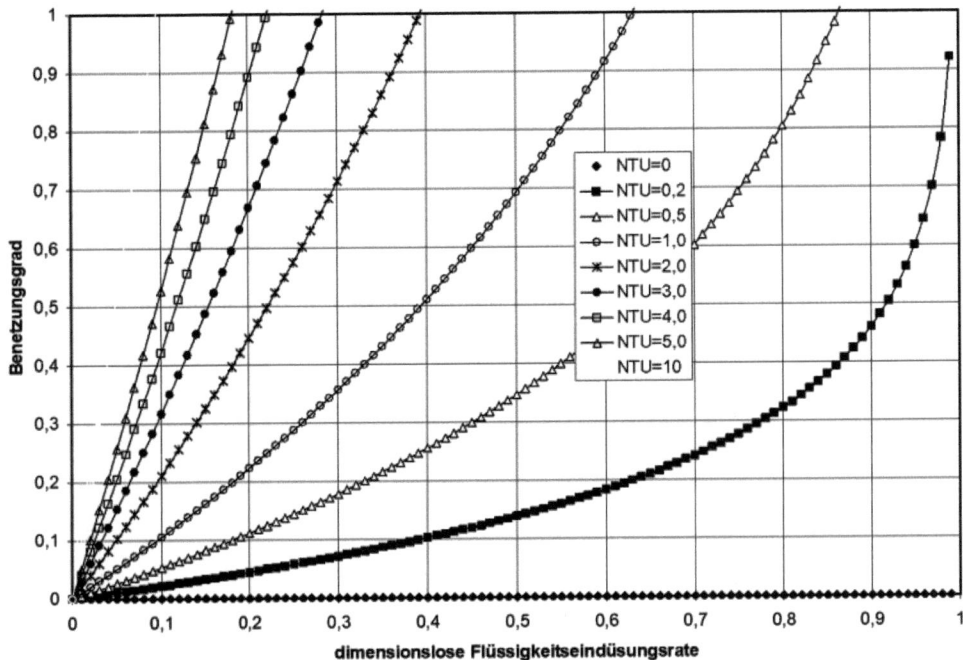

Abb. 2.28 Benetzungsgrad als Funktion der dimensionslosen Flüssigkeitseindüsungsrate mit dem NTU-Wert als Parameter

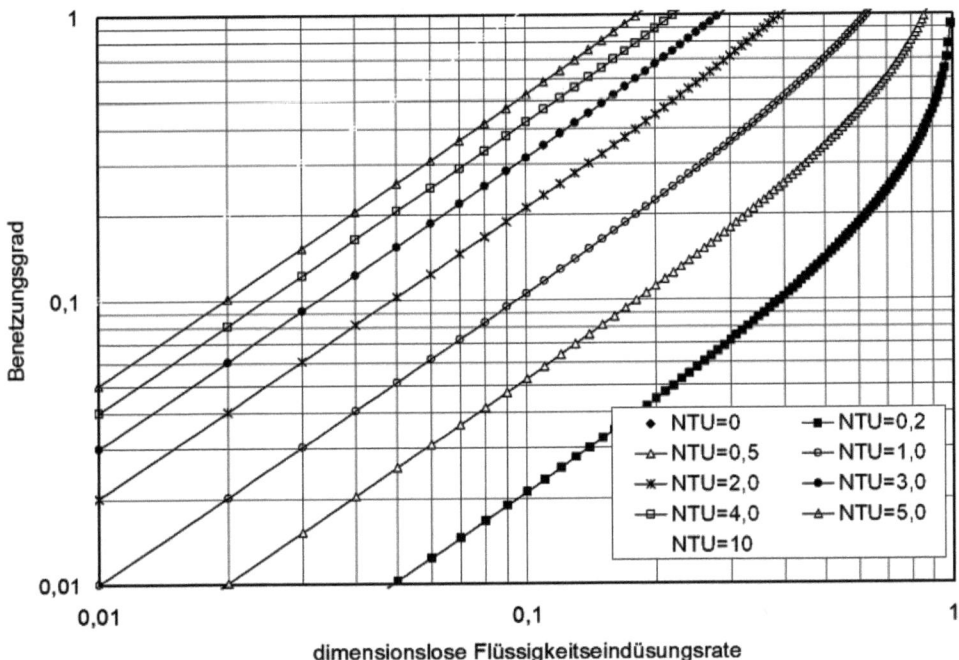

Abb. 2.29 Benetzungsgrad als Funktion der dimensionslosen Flüssigkeitseindüsungsrate mit dem NTU-Wert als Parameter (logarithmische Darstellung)

$$Sh = \frac{\beta \cdot d_{Granulat}}{D} \quad \text{und} \qquad (2.100)$$

$$Re = \frac{w_{Gas,eff} \cdot d_{Granulat}}{\nu_{Gas}} \quad \text{und} \qquad (2.101)$$

$$Sc = \frac{\nu_{Gas}}{D}. \qquad (2.102)$$

Dabei sind: D der Diffusionskoeffizient [10] von Lösungsmittelmolekülen in das Gas (äquimolare Diffusion), β der Stoffübergangskoeffizient, $d_{Granulat}$ der Granulatdurchmesser, $w_{Gas,eff}$ die effektive Gasgeschwindigkeit auf den freien Apparatequerschnitt bezogen und ν_{Gas} die kinematische Viskosität des Gases. Der Diffusionskoeffizient von Wasserdampf in Luft lässt sich nach Schirmer [11] als Funktion der Temperatur wie folgt bestimmen:

$$D = \frac{2{,}252}{P} \cdot \left(\frac{T + 273{,}15}{273{,}15} \right)^{1{,}81}. \qquad (2.103)$$

Nach Romankov [13] gilt:

$$Sh = 2 + 0{,}51 \cdot Re^{0{,}52} \cdot Sc^{0{,}33}. \qquad (2.104)$$

Gnielinski [7] berücksichtigte das relative Lückenvolumen der Wirbelschicht und kam zu folgendem Ergebnis:

$$Sh_{Wirbelschicht} = \left[1 + 1{,}5 \cdot (1 - \varepsilon)\right] \cdot Sh_{Einzelkugel}. \qquad (2.105)$$

Dabei berechnet sich:

$$Sh_{Einzelkugel} = 2 + \sqrt{Sh_{lam}^2 + Sh_{turb}^2} \qquad (2.106)$$

und

$$Sh_{lam} = 0{,}664 \cdot \sqrt{Re_\varepsilon} \cdot \sqrt[3]{Sc} \qquad (2.107)$$

sowie

$$Sh_{turb} = \frac{0{,}037 \cdot Re_\varepsilon^{0{,}8} \cdot Sc}{1 + 2{,}443 \cdot Re_\varepsilon^{-0{,}1} \cdot \left(Sc^{2/3} - 1\right)}, \qquad (2.108)$$

wobei für Re_ε gilt:

$$Re_\varepsilon = \frac{Re}{\varepsilon}. \qquad (2.109)$$

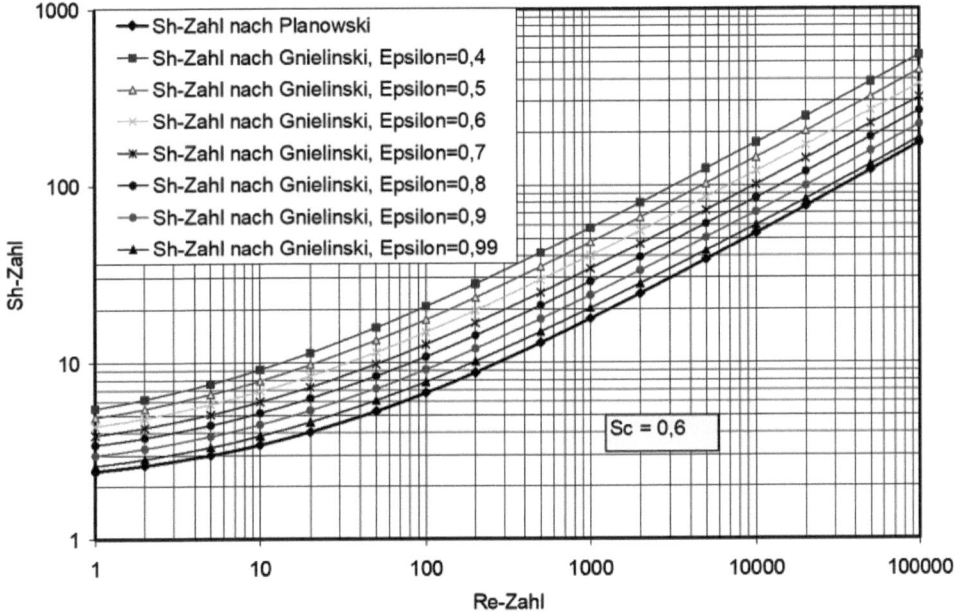

Abb. 2.30 Sherwood-Zahl als Funktion der Reynolds-Zahl nach Romankov und Gnielinski für eine konstante Schmidt-Zahl von 0,6

In Abb. 2.30 sind die beiden in Gl. (2.104) und (2.105) beschriebenen Abhängigkeiten in der Form Sh = f(Re) mit ε als Parameter für eine Sc-Zahl von 0,6 dargestellt.

Es zeigt sich dabei, dass die Sh-Zahlen nach Romankov in etwa den von Gnielinski ermittelten Werten bei einem relativen Lückenvolumen von 99 % entsprechen. Darüber hinaus gibt es noch eine große Zahl von Untersuchungen in der Literatur, die die Ermittlung der oben genannten Abhängigkeit zum Inhalt haben. Einige dieser Beziehungen sind z. B. in [14] oder [15] zusammengestellt.

Mit den oben hergeleiteten Zusammenhängen sollte nun die vereinfachte Berechnung einer Anlage zum Wirbelschichtcoating und deren Leistungsparameter möglich sein.

2.5 Symbolverzeichnis

Symbol	Dimension	Bedeutung
$A_{Granulat}$	m^2	Oberfläche eines Granulates in der Wirbelschicht
$A_{benetzt}$	m^2	Mit Flüssigkeit benetzte Granulatoberfläche
$A_{unbenetzt}$	m^2	Unbenetzte Granulatoberfläche
$A_{Granulat}^{gesamt}$	m^2	Gesamtoberfläche aller Granulate in der Wirbelschicht

(Fortsetzung)

Symbol	Dimension	Bedeutung
a	$\dfrac{m^2}{m^3}$	Spezifische Feststoffoberfläche in der Wirbelschicht
$A_{Granulat}^{mittel}$	m^2	Mittlere Oberfläche eines Granulates in der Wirbelschicht
$A_{Granulat}^{gesamt, dimensionslos}$	–	Dimensionslose Gesamtoberfläche aller Granulate in der Wirbelschicht
s_{Mantel}	–	Archimedes-Zahl
A_{App}	m^2	Apparatequerschnittsfläche
D	$\dfrac{m^2}{s}$	Diffusionskoeffizient
$d_{Granulat}^{dimensionslos}$	–	Dimensionsloser Granulatdurchmesser
$d_{Granulat}$	m	Granulatdurchmesser
K_{SY}	–	Stefan-Korrektur
$M_{Granulat}$	kg	Mittlere Masse eines Granulates
$M_{Granulat}^{mittels}$	kg	Dimensionslose Granulatmasse
$M_{Granulat}^{dimensionslos}$	–	Dimensionslose Granulatmasse
M_{Bett}	kg	Gesamte Schichtmasse
M_{Wasser}	$\dfrac{kg}{kmol}$	Molmasse des Lösungsmittels
$\dot{m}_{Flüss}$	$\dfrac{kg}{s}$	Massenstrom der eingedüsten Flüssigkeit
$m_{flüss}^{*}$	–	Dimensionslose Flüssigkeitseindüsungsrate
$\dot{m}_{Wasser}$	$\dfrac{kg}{s}$	Verdampfter Wasser-Massenstrom
$\dot{m}_{Granulat,0}$	$\dfrac{kg}{s}$	Massenstrom der zugegebenen Keime
$\dot{m}_{Granulat,A}$	$\dfrac{kg}{s}$	Massenstrom der austretenden Granulate
$\dot{m}_{Gas}$	$\dfrac{kg}{s}$	Gasmassenstrom durch die Wirbelschicht
NTU	–	NTU-Wert
P	Pa	Systemdruck
p_{Wasser}	Pa	Partialdruck des Lösungsmittels

(Fortsetzung)

Symbol	Dimension	Bedeutung
$p_{Wasser,Sätt}$	Pa	Partialdruck des Lösungsmittels bei Sättigung
R	$\dfrac{kJ}{kmol \cdot K}$	Allgemeine Gaskonstante
Re	−	Reynolds-Zahl
Re_ε	−	Reynolds-Zahl für die Zwischenraumgeschwindigkeit
Re_W	−	Reynolds-Zahl am Wirbelpunkt
Re_A	−	Reynolds-Zahl am Austragspunkt
Re_{eff}	−	Effektive Re-Zahl bei der gewählten Gasgeschwindigkeit
Sh	−	Sherwood-Zahl
Sh_{lam}	−	Laminarer Anteil der Sherwood-Zahl
Sh_{turb}	−	Turbulenter Anteil der Sherwood-Zahl
$Sh_{Einzelkugel}$	−	Sherwood-Zahl der Einzelkugel
s_{Mantel}	m	Manteldicke
$s_{Mantel}^{dimensionslos}$	−	Dimensionslose Manteldicke
$s_{Mantel}^{mittel,dimensionslos}$	−	Mittlere dimensionslose Manteldicke
Sc	−	Schmidt-Zahl
T	K	Temperatur
t	s	Zeit
t_V	s	Zeit, die ein Granulat benötigt um vom Durchmesser $d_{Granulat,0}$ auf den Durchmesser $d_{Granulat,A}$ anzuwachsen
$V_{Granulat}^{mittel}$	m^3	Mittleres Granulatvolumen
V_{Bett}	m^3	Volumen der Wirbelschicht
$V_{Granulat}$	m^3	Granulatvolumen
$w_{Granulat}$	$\dfrac{m}{s}$	Lineare Wachstumsgeschwindigkeit der Granulate
w	$\dfrac{m}{s}$	Gasgeschwindigkeit
w_W	$\dfrac{m}{s}$	Gasgeschwindigkeit am Wirbelpunkt
w_A	$\dfrac{m}{s}$	Gasgeschwindigkeit am Austragspunkt
w_{eff}	$\dfrac{m}{s}$	Effektive gewählte Gasgeschwindigkeit

(Fortsetzung)

Symbol	Dimension	Bedeutung
x	$\dfrac{kg\ Lösungsmittel}{kg\ Flüssigkeit}$	Massenanteil des Lösungsmittels in der Flüssigkeit
Y	$\dfrac{kg\ Lösungsmittel}{kg\ trockens\ Gas}$	Lösungsmittelbeladung des Gases
Y_{ein}	$\dfrac{kg\ Lösungsmittel}{kg\ trockens\ Gas}$	Lösungsmittelbeladung des in die Wirbelschicht eintretenden Gases
Y_{aus}	$\dfrac{kg\ Lösungsmittel}{kg\ trockens\ Gas}$	Lösungsmittelbeladung des aus der Wirbelschicht austretenden Gases
$Y_{sätt}$	$\dfrac{kg\ Lösungsmittel}{kg\ trockens\ Gas}$	Lösungsmittelbeladung des Gases bei Sättigung
z	m	Laufende Schichthöhe
β	$\dfrac{m}{s}$	Stoffübergangszahl
ϕ	–	Benetzungsgrad
ε	–	Relatives Lückenvolumen
ε_{eff}	–	Relatives Lückenvolumen bei der effektiv gewählten Gasgeschwindigkeit
η_{Gas}	–	Dimensionsloses Trocknungspotenzial des Gases
$\eta_{Gas,Austritt}$	–	Dimensionsloses Trocknungspotenzial des Gases beim Austritt aus der Wirbelschicht
ρ_{Mantel}	$\dfrac{kg}{m^3}$	Dichtes des Mantels
ρ_{Kern}	$\dfrac{kg}{m^3}$	Dichtes des Kerns
$\rho_{Granulat}$	$\dfrac{kg}{m^3}$	Granulatdichte
ρ_{Gas}	$\dfrac{kg}{m^3}$	Gasdichte
$\rho_{Granulat}^{mittel}$	$\dfrac{kg}{m^3}$	Mittlere scheinbare Granulatdichte
$\rho_{Granulat}^{dimensionslos}$	–	Dimensionsloses Dichtevehältnis

(Fortsetzung)

Symbol	Dimension	Bedeutung
$\rho_{Granulat}^{mittel, dimensionslos}$	–	Mittlere dimensionslose Granulatdichte
$\sum n_{Granulat}$	–	Gesamtanzahl aller Granulate in der Wirbelschicht
τ	–	Dimensionslose Zeit
ν_{Gas}	$\dfrac{m^2}{s}$	Kinematische Viskosität des Gases
ξ_{Bett}	–	Dimensionslose Schichthöhe

Literatur

1. Uhlemann H, Mörl L (2000) Wirbelschichtsprühgranulation. Springer, Berlin
2. Heinrich S, Blumschein J, Henneberg M, Ihlow M, Peglow M, Mörl L (2003) Study of dynamik multi-dimensional temperature and and concentration distributions in Liq-uid sprayed fluidized beds. Chem Eng Sci 58:5135–5160
3. Peglow M, Kumar J, Warnecke G, Heinrich S, Mörl L (2006) A new techniqueto determine rate constants for growth and agglomeration with size-andtime-depend nu-clei formation. Chem Eng Sci 61:282–292
4. Heinrich S (2000) Modellierung des Wärme- und Stoffüberganges sowie der Partikelpopulationen bei der Wirbelschicht-Sprühgranulation. Dissertation, Otto-von-Guericke-Universität Magdeburg, VDI-Fortschrittsbericht 675, Reihe 3, VDI
5. Mörl L et al (2007) Fluidized bed spray granulation. In: Salman AD et al (eds) Handbook of powder technology, granulation. Elsevier, Amsterdam
6. Mörl L, Mittelstrass M, Sachse J (1977) Zum Kugelwachstum bei der Wirbelschicht-trocknung von Lösungen oder Suspensionen. Chem Technol 29:540–542
7. Gnielinski V (1980) Wärme- und Stoffübertragung in Festbetten, VDI-Wärmeatlas.9th edn. VDI, Düsseldorf, pp Gf1–Gf3
8. Mörl L (1980) Granulatwachstum bei der Wirbelschichtgranulationstrocknung unter Berücksichtigung sich neu bildender Granulatkeime. Wiss Z Techn Hochsch Mag-deburg 24:13–19
9. Mörl L (1986) Growth of granules in fluidized-bed drying, taking into account the for-mation of nuclei. Int Chem Eng 26:236–242
10. Mörl L, Künne H-J (1982) Granulatwachstum während des instationären Betriebszu-standes in der flüssigkeitsbedüsten Wirbelschicht. Wiss Z Techn Hochsch Magde-burg 26:5–8
11. Schirmer R (1938) Die Diffusionszahl von Wasserdampf-Luft-Gemischen und die Ver-dampfungsgeschwindigkeit, VDI Beiheft Verfahrenstechnik 170
12. Gnielinski V, Mersmann A, Thurner F (1993) Verdampfung, Kristallisation, Trock-nung. Verlag Friedrich Vieweg & Sohn, Braunschweig/Wiesbaden
13. Romankov PG, Raschkovskaja NP (1968) Sushka wo bsveschennom sosojanii (Trocknung im fluidisierten Zustand). Verlag Chemie, Moskau
14. Mörl L (1980) Anwendungsmöglichkeiten und Berechnung von Wirbelschicht-granulation-strocknungsanlagen. Dissertation B, TH Magdeburg
15. Garner FH, Suckling RD (1958) Mass transfer from a soluble solid sphere. AICHE J 4:114–124

Coatings in der pharmazeutischen Industrie

3

Mont Kumpugdee Vollrath, Evrin Bakan, Jens-Peter Krause, Ulrich Müller und Gerhard Waßmann

3.1 Einleitung

Wenn Coatings in der pharmazeutischen Industrie verwendet werden sollen, sind folgende Fragen zu beantworten:

- Wofür soll dieses Coating dienen?
- Welche Materialien (Polymere, Weichmacher, Farb- und Zusatzstoffe) sollen genutzt werden?
- Sollen fertige Coatings eingesetzt oder die Formulierung selbst hergestellt werden?
- Welche Coatinganlage ist geeignet?
- Muss eine neue Coatinganlage beschafft werden?

M. Kumpugdee Vollrath (✉)
Labors Chemische und Pharmazeutische Technologie, Fachbereich II, Berliner Hochschule für Technik, Berlin, Deutschland
E-Mail: vollrath@bht-berlin.de

E. Bakan
GMP-Trainerin & Consultant, Berlin, Deutschland

J.-P. Krause
Analytica Alimentaria GmbH, Kleinmachnow, Deutschland
E-Mail: peter.krause@aalimentaria.com

U. Müller
Barentz GmbH, Oberhausen, Deutschland

G. Waßmann
Lehmann & Voss & Co KG, Hamburg, Deutschland
E-Mail: gerhard.wassmann@lehvoss.de

© Der/die Autor(en), exklusiv lizenziert an Springer-Verlag GmbH, DE, ein Teil von Springer Nature 2025
M. Kumpugdee Vollrath (Hrsg.), *Easy Coating*, https://doi.org/10.1007/978-3-662-71412-6_3

- Wieviel darf der Gesamtprozess kosten?
- Ist ein Lohnhersteller günstiger?

Überzüge haben sehr unterschiedliche Aufgaben zu erfüllen. Sie dienen z. B.:

- Dem Schutz der Wirkstoffe gegen Licht, Luftsauerstoff und Feuchtigkeit
- Der mechanischen Stabilisierung während Herstellung, Verpackung und Versand
- Dem Schutz des Wirkstoffs gegen den Einfluss von Verdauungssäften
- Der gesteuerten Freisetzung im humanen Körper
- Der Vermeidung von Nebenwirkungen des Wirkstoffs
- Der Erhöhung der Arzneimittelsicherheit durch farbliche Unterscheidung der Tabletten
- Der Identifizierung verschiedener Arzneimittel

In den folgenden Kapiteln sollen Antworten auf die gestellten Fragen gegeben und einige dieser Funktionen näher erläutert werden.

3.2 Coatingarten

Von funktionellen Coatings spricht man, wenn der Filmüberzug einen Einfluss auf die Freisetzung des Wirkstoffes aus dem Kern hat. Von besonderer Bedeutung sind dabei magensaftresistente Coatings (Enteric Coatings) und Coatings mit zeitlich verzögerter Freisetzung.

3.2.1 Magensaftresistente Coatings

Magensaftresistente Überzüge werden verwendet, um den Wirkstoff vor der Magensäure zu schützen (z. B. Pankreatin und andere Enzyme, Proteine sowie viele Antibiotika).

Die gecoatete Arzneiform passiert das saure Magenmilieu (pH 1–4). Erst im Dünndarm ab einem pH 5–7 löst das Coating sich auf und der Wirkstoff wird freigesetzt. Die Resistenz im sauren Milieu wird bei den häufig eingesetzten Coatingpolymeren üblicherweise durch den Einbau von Carboxylgruppen erreicht [1].

Bei Wurmmitteln oder Darmantiseptika ist eine Verdünnung des Wirkstoffes durch den Magensaft zu vermeiden. Bestimmte Wirkstoffe sollen erst im Dünndarm freigesetzt werden, weil deren Resorption dort besonders gut ist oder der Wirkstoff dort wirken soll. Ebenso häufig muss die Magenschleimhaut gegen die reizende oder schädigende Wirkung des Arzneistoffes geschützt werden (z. B. bei Acetylsalicylsäure, Diclofenac).

3.2.2 Coatings für verzögerte Freisetzung

Soll die Dosis eines Wirkstoffes über einen Zeitraum von mehreren Stunden konstant (niedrig) gehalten werden, um unerwünschte Nebenwirkungen oder Dosisspitzen zu ver-

3 Coatings in der pharmazeutischen Industrie

meiden, wird eine verzögerte Freisetzung benutzt. Dies ist z. B. bei Antibiotika, Hormonen oder Psychopharmaka der Fall. Positiver Nebeneffekt ist die einmalige Einnahme pro Tag („Once a Day"), wodurch längere Zeiträume der Verabreichung für den Patienten vereinfacht werden. Technologisch kann dies durch Ionenaustauscher, Matrixtabletten oder Schmelzeinbettung erreicht werden.

Die weitaus häufigste Methode ist jedoch die langsam freisetzende Tablette. Hierzu werden halbdurchlässige oder mikroporöse Überzüge verwendet. Häufig verwendete Polymere sind hierbei Polyacrylatmethacrylat (PAMA) oder Ethylcellulose (EC)-Latices.

3.2.3 Ästhetische Coatings

Ein rein ästhetisches Coating liegt vor, wenn der Filmüberzug die äußere Erscheinung der Tablette verändert, ohne im Idealfall die Freisetzung zu beeinflussen. Durch das Auftragen geringer Mengen eines leicht wasserlöslichen Films (1–5 % der Gesamtmasse) kann Farbe, Glätte und Glanz der Oberfläche geändert werden.

Dabei erfüllt das ästhetische Coating mehrere Ansprüche an das Produkt. Primär werden die Tablette vor Feuchte, Oxidation und UV-Licht geschützt, um Abbauprozesse der Inhaltsstoffe zu verhindern und die Haltbarkeit bzw. Lagerfähigkeit zu erhöhen.

Darüber hinaus kann dieses Coating aus anderen Gründen eingesetzt werden. So ist eine verbesserte Einnahmetreue („Compliance") des Patienten zu erreichen, wenn das Coating vor bitterem Geschmack bzw. unangenehmem Geruch, adstringierendem oder betäubendem Mundgefühl schützt. Bei stark färbenden Arzneistoffen schützt der Überzug Finger, Mund und Kleidung vor diesen Farbstoffen.

Eine verbesserte Schluckbarkeit erhöht ebenfalls die Compliance. Quellende Überzüge auf Basis von Pektin, Alginat oder Carrageen können durch Ausbildung einer Gelstruktur das Herunterschlucken wesentlich erleichtern.

Weiterhin dient der ästhetische Überzug auch der reinen Produktoptik. Die Akzeptanz von unästhetischen Kernen, wie Phytopharmaka, Enzym- oder Mineralstoffpräparaten wird damit verbessert.

Die Farbe erleichtert die Zuordnung und Wiedererkennung. Älteren Patienten mit Mehrfacheinnahmen fällt es leichter, Verwechslungen zu vermeiden. Die richtige Farbe unterstützt psychologisch die Wirkung durch den Placeboeffekt. Geschickte Marketingstrategen nutzen Farbe auch zur „Brand Recognition". Das beste Beispiel ist das patentierte Viagra-Blau von Pfizer.

In bestimmten Ländern dienen farbige Überzüge auch zur Zementierung sozialer Unterschiede. In Brasilien z. B. sind alle Tabletten aus dem Sozialprogramm für Arme aus Kostengründen ungefärbt, als Wohlhabender nimmt man also nur farbige Tabletten ein [2]. In der klinischen Prüfung egalisiert ein gleichfarbiger (weiß oder farbig) Überzug Placebo und Verum.

Die Applikation eines Überzugs führt zu einer signifikanten Verbesserung der mechanischen Oberflächeneigenschaften. Dies manifestiert sich in einer reduzierten Abriebneigung, wodurch die Staubentwicklung unterbunden wird. Darüber hinaus ermöglicht die optimierte Oberflächenbeschaffenheit in modernen Verpackungsanlagen eine Steigerung der Prozessgeschwindigkeit um bis zu 10 %.

3.2.4 Green Coatings

Aufgrund anhaltender Relevanz in Bezug auf einen Ersatz für das Weißpigment Titandioxid ergeben sich herausfordernde prozesstechnische und regulatorisch zu berücksichtigende Aspekte bei der Formulierungsentwicklung.

Derzeit ist anscheinend noch kein vollständig gleichwertiger funktionaler Ersatzstoff für das Titandioxid gefunden worden. Zudem sind die bis dato gefundenen Alternativen in der Regel sehr fein vermahlene Substanzen. Dies könnte zu einer späteren Diskussion im Rahmen der Definition von Nanopartikeln führen. Künftige eventuell notwendig werdende naturwissenschaftlich basierte Abgrenzungen, beispielsweise durch pharmakologisch gesicherte Studien, könnten sehr zeitintensiv und kostspielig ausfallen. Mit womöglich ungewissem Ausgang. Dies kann wirtschaftliche Fragen zur ökonomischen Sinnhaftigkeit aufwerfen.

Mittlerweile gibt es Ansätze aus der Nahrungsergänzungsmittelindustrie, auf Weißpigmente bei Neuformulierungen zu verzichten. Stattdessen erwägt man den Einsatz transparenter Überzüge. Im Marketing könnte dies entsprechend mit dem Hinweis auf die Vermeidung im Einsatz von Nanopartikeln und einer gefundenen möglichen Alternative ausgelobt werden. Optisch zu erkennende Auffälligkeiten, die nun sichtbar werden, beispielsweise durch oberflächlich erkennbare Partikel, könnten durch bewusstes ökologisch und nachhaltig begründetes Product-Placement gerechtfertigt werden.

Damit würden natürliche Polymere wieder mehr in den Fokus der Neuentwicklungen rücken. Beispielhaft sei hier nur der Shellack erwähnt, welcher aufgrund historischer Erfahrungen im funktionalen Überzugsbereich eine schlechte Reputation erworben hatte. Diese Erfahrungen müssen aufgrund aktueller Erkenntnisse nunmehr als überholt betrachtet werden. Fortschritte durch eine sorgfältigere Rohstoffselektion und logistische Steuerung bewirken eine signifikante Verbesserung in Bezug auf qualitative Reproduzierbarkeiten.

Multinationale Hersteller von Filmüberzügen mit Zielmärkten innerhalb und außerhalb Europas werden den Austausch von Titandioxid für deren Märkte womöglich kritisch hinterfragen. Dies könnte zu Auswirkungen auf die Versorgungssicherheit einzelner Pharmaka führen. Eventuelle künftig anstehende strategische Entscheidungen könnten dazu führen, den europäischen Markt künftig nicht mehr mit den Produkten zu beliefern, die Titandioxid enthalten. Hauptsächlich, um die aktuellen regulatorischen Herausforderungen und Unsicherheiten durch ein monetär gesteuertes Riskmanagement abzuschwächen.

Dies könnte aus pharmazeutisch technologischer Sicht spannende und herausfordernde künftige Ansätze ermöglichen, die unter Umständen auch zu einem Paradigmenwechsel in Bezug auf Ansätze zum Green Coating führen können.

3.2.5 Weitere Arten von Coatings

Neben der klassischen Dragierung und dem weit verbreiteten modernen Tablettenüberzug gibt es einige weitere Methoden des Coatings. Wegen geringer Stückzahlen, vieler und schwierig zu validierender Prozessparameter oder einfach aus Kostengründen spielen sie nur eine untergeordnete Rolle.

Manteltabletten gibt es schon seit Anfang des letzten Jahrhunderts. Allerdings konnte erst in den 1950er-Jahren eine hinreichende Genauigkeit bei der Positionierung des Kerns im umgebenden Pulver erreicht werden (s. a. Kap. 11). Vorteil ist die konsequente Vermeidung von Wasser oder Lösungsmitteln bei sensiblen Wirkstoffen. Nachteil ist die geringe Stückzahl und der komplizierte Prozess.

Beim Schmelzcoating wird der Tablettenkern bei erhöhter Temperatur im Fluidbett mit schmelzendem Pulver überzogen (s. a. Kap. 2 und 11). Nachteilig wirkt sich hier die thermische Belastung des Wirkstoffes aus.

Für kleinere Tabletten, Pellets oder Granulate eignen sich verschiedene Arten der Mikroverkapselung, wie Koazervation, Sprüh- und Schmelzverfahren. Eine Sonderform ist das „Einpacken" von Tabletten in einen fertigen Film.

Weitere Einzelheiten werden im Kap. 11 behandelt.

3.2.6 Zusammenfassung

Gegenwärtig werden hauptsächlich zwei Überzugsverfahren unterschieden – Dragierung und Filmüberzug. Das Dragieren umfasst vor allem Überzugsverfahren mit Saccharose und anderen zuckerhaltigen Überzugsmaterialien, die im Dragierkessel, Trommelcoater oder in der Wirbelschichtanlage auf den Arzneikern aufgetragen werden. Die aufgetragene Schichtdicke beim Dragieren ist größer als beim Filmüberzug. Unebenheiten der Arzneimitteloberfläche können durch die Dragierung überdeckt werden. Für das Dragieren eignen sich Tabletten mit einer hohen Wölbung und einem niedrigen Steg. Fehlerhafte Formen werden beim Auftragen der Siruplösungen ausgerundet. Der Materialverbrauch steigt bei einer nicht ovalen Form erheblich an.

Heutzutage besitzen nur noch wenige Mitarbeiter das Know-how für eine erfolgreiche Dragierung (teils noch von Hand mit der Kelle oder durch Verwendung von Sprühdüsen). Diese Prozesse sind schwer automatisierbar und finden teilweise in älteren Produktionsumgebungen statt. Die räumliche und technische Ausstattung entspricht oft nicht dem Stand der Technik und macht eine tägliche Adaption der Prozessführung notwendig. Hier sei nur beispielhaft ein fehlendes Zuluftaufbereitungssystem zur Temperatur und Luftfeuchtigkeitsregelung erwähnt.

Drohende Know-how-Verluste durch Abwanderungen dieser Spezialisten beim Wechsel ins Vorruhestandsmodell oder in die Rente haben die Thematik noch verschärft. Selbst heutzutage finden noch Abwanderungen von Fachwissen auf dem Weg von der Entwicklung bis zur Marktreife statt. Drohende Schadensersatzforderungen durch Lieferunfähigkeiten eines Lohnherstellers gegenüber ihren Kunden können Unternehmen in eine finanzielle Schieflage bringen. Tenderverträge mit Krankenkassen sowie „Knebelverträge" mit Kunden im internationalen Wettbewerb um die niedrigsten Preise sowie Aufträge mit unrealistisch kurzen Lieferzeiten haben diese Situation noch weiter verschärft.

Technische Fortschritte im Bereich der PAT durch bessere Sensorik und immer leistungsfähigere Steuerungsanlagen (SPS) ermöglichen nun ebenfalls, mehr in die Richtung einer automatisierten Prozessführung zu gehen.

Filmüberzüge werden meistens im Trommelcoater oder in der Wirbelschichtanlage aufgebracht. Die wichtigen Prozessparameter bei beiden Verfahren sind der Sprühdruck, die Sprühtemperatur, die Kernmenge und die Sprühgeschwindigkeit [1].

Filmüberzüge bilden dünnere Filme aus und benötigen weniger Material. Unebenheiten des Untergrunds wie Kerben und Gravuren werden nachgebildet. Außerdem können Filmüberzüge aufgrund ihrer Polymereigenschaft und ihres Löseverhaltens in verschiedenen Medien des humanen Körpers (Gastrointestinaltrakt) eingesetzt werden.

Generell ist das Herstellen von Filmüberzügen mit Dispersionslösungen weniger zeit- und energieintensiv als die Dragierung von Arzneiformen mit Siruplösungen bzw. Sirupdispersionen. Die Vorteile des Filmcoatings sind:

- Um 2/3 verkürzte Prozesszeiten und deutlich weniger Energieverbrauch
- Geringere Gewichtszunahme des Tablettenfilms (2–3 %) gegenüber dem Überzug beim Dragieren (30–50 %)
- Erhalt von Gravuren auch zur zusätzlichen Identifizierung
- Erleichterte Automatisierung und Validierung aufgrund Ein-Schritt-Prozessführung
- Vereinfachte Anpassung an spezifische Freisetzungsprofile
- Gleichmäßigere Freisetzung
- Höhere Auswahl an Polymeren

3.3 Coating von Arzneiformen

Insbesondere feste Arzneiformen wie z. B. Tabletten, Globuli, Pellets, Kapseln und Kristalle werden mit Coatingmaterialien überzogen. Dabei spielt die Auswahl der richtigen Anlage für das Coating vor allem von kleineren Partikeln eine erhebliche Rolle. In Abb. 3.1 sind verschiedene feste Arzneiformen dargestellt.

Sollen nicht kugelige Arzneiformen gecoatet werden, ist die Geometrie gesondert zu ermitteln. Bei ovalen Tabletten wird der Durchmesser gemessen. Bei Oblongtabletten wird aufgrund der Kernform zusätzlich Länge, Breite und Tiefe mit einem Messschieber ermittelt.

Generell sollten Tabletten beim Befilmen gewölbt sein, um ein Aufstapeln und Zusammenkleben der Tabletten (Twin-Bildung, Abb. 3.2) und Abrieb zu vermeiden. Für Filmüberzüge werden schwach gewölbte Formen bevorzugt [1].

3 Coatings in der pharmazeutischen Industrie

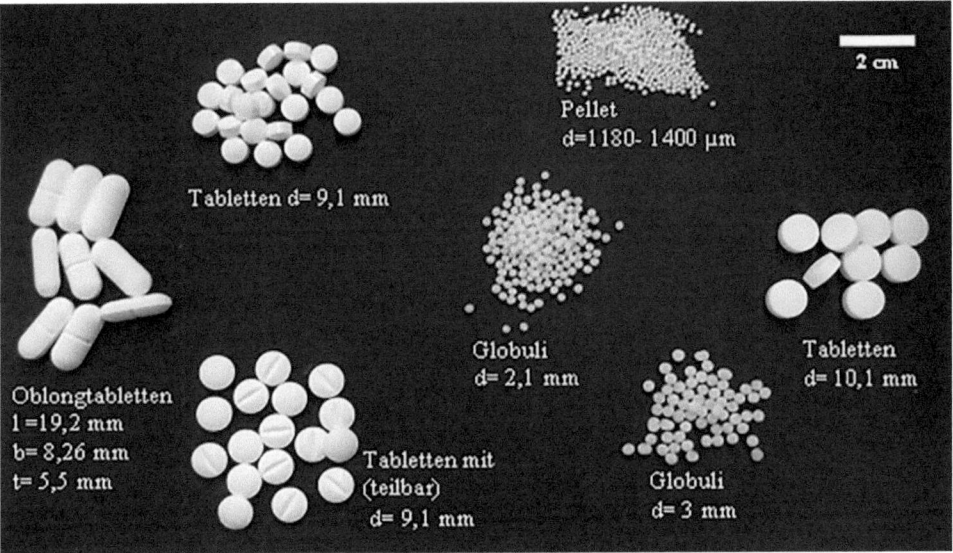

Abb. 3.1 Arzneiformen als Kern für die Überzüge

Abb. 3.2 Aufstapelung von Tabletten (planar) bzw. Twin-Bildung während des Coatingprozesses

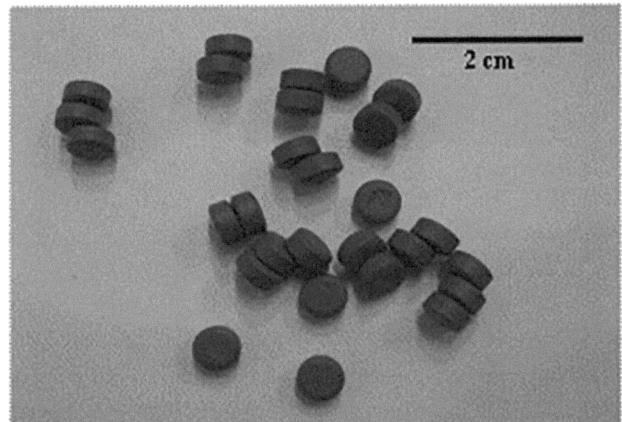

3.4 Filmbildner

Bei der Auswahl von Filmbildnern ist es von Interesse, wie sich die Filme formieren, für welchen Verwendungszweck welche Polymere benötigt und welche Zusatzstoffe den Filmbildner zugefügt werden, um homogene und glatte Filme zu erhalten [4].

3.4.1 Filmentstehungen

Bei der Filmentstehung verdunstet das Wasser bei konstanter Trocknungstemperatur. Die einzelnen Polymerpartikel rücken näher zusammen und bilden eine dichteste Kugelpackung (Abb. 3.3). Die Partikel werden durch Einflüsse wie Kapillarkräfte, Partikel-Wasser- und Partikel-Luft-Wechselwirkungen verformt und füllen nach und nach die verbleibenden Hohlräume. In einem dritten Schritt kommt es zur Ausbildung eines kontinuierlichen Films [5].

3.4.2 Auswahl von Filmbildnern

Die Auswahl des eingesetzten Polymerfilms für das Coating von Arzneikernen hängt davon ab, wo und in welcher zeitlichen Spanne der Wirkstoff freigesetzt werden soll. Ist eine schnelle Freisetzung (Fast Release) gewünscht, können die Kerne mit magensaftlöslichen Polymeren, die sich in einem pH-Milieu von 1–3,5 auflösen, überzogen werden. Wirkstoffe, die verzögert freigesetzt (Sustained Release) werden oder eine Empfindlichkeit gegenüber der Magensaftsäure aufweisen, werden dagegen mit Polymerschichten überzogen, die sich bei einem pH-Wert von 6,5–8,0 auflösen oder aufquellen, damit der Wirkstoff durch den gequollenen Film diffundieren kann [5].

Die Polymere müssen folgende Bedingungen erfüllen:

- Löslichkeit oder Dispergierbarkeit im gewünschten Lösungsmittel; meist Wasser
- Löslichkeit angepasst an die beabsichtigte Verwendung, wie schnell oder langsam wasserlöslich, oder pH-abhängig löslich
- Möglichkeit eine ästhetische/schöne Oberfläche zu bilden
- Stabilität gegenüber Hitze, Licht, Feuchte, Luft und das überzogene Substrat
- Keine Alterung unter definierten Bedingungen
- Geruchs-, Geschmacks- und Farblosigkeit sowie gesundheitliche Unbedenklichkeit
- Kompatibilität zu den Hilfs- und Wirkstoffen im Kern
- Kompatibilität mit den gängigen Filmzusätzen wie Weichmacher, Farb- und Füllstoffe
- Beständigkeit gegen mechanische Belastung; keine Rissbildung
- Ausbildung einer Barriere gegen Feuchte, Licht und Luft
- Keine Auffüllung der Gravur

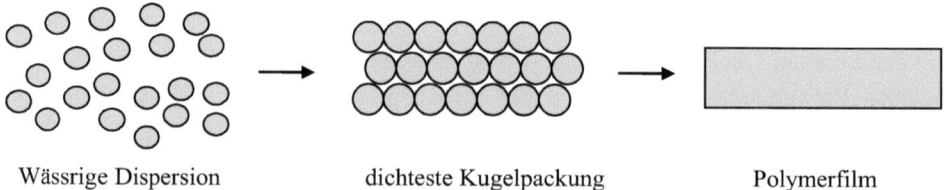

Abb. 3.3 Entstehung von homogenen Filmen [5]

3 Coatings in der pharmazeutischen Industrie

Keines der bis heute bekannten Polymere erfüllt alle Wunschkriterien für Überzugsmaterialien. Deshalb werden die Polymere jeweils für die drei Hauptanwendungen ausgewählt und mit anderen Hilfsstoffen passend kombiniert.

3.4.2.1 Magensaftresistente Überzüge

Bei den magensaftresistenten Überzügen dominierten lange die organisch aufgetragenen Celluloseacetatphthalate (CAP) den Markt und wurden dann von den wässrig eingesetzten Polyacrylatmethacrylaten (PAMA) abgelöst. Bedingt durch die isolierte Position auf dem japanischen Markt hat Hydroxypropylmethylcellulosephthalat (HPMC-P) dort einen bedeutsamen Anteil. Alle anderen Produkte sind bisher Nischenprodukte geblieben. So ergibt sich etwa folgendes Ranking:

PAMA-Polyacrylatmethacrylat	Eudragit/Evonik, Kollicoat/BASF
	Acrycoat/Corel Pharma
CAPorg.-Celluloseacetatphthalat (organic)	Eastman
HPMC-P-Hydroxypropylmethylcellulosephthalat	Shin Etsu
PVAP-Polyvinylacetatphthalat	Sureteric/Colorcon
HPMC-AS-Hydroxypropylmethylcellulose acetatsuccinat	Aqoat/Shin Etsu
CAPaq.-Celluloseacetatphthalat (aqueous)	Aquacoat CPD/FMC (Dupont)

Grundsätzlich lassen sich alle diese Polymere für farbige Überzüge verwenden und bieten auch entsprechenden Spielraum dafür, da die Auftragsmenge zwischen 3 und 10 % liegt. Jedoch hat bisher nur PAMA kommerziell eine solche Bedeutung erzielt, dass es davon fertige farbige Versionen auf dem Markt gibt.

Eine Sonderstellung nimmt das Nutrateric von Colorcon ein, das auf einem patentierten Ethylcellulosealginatüberzug beruht und für magensaftresistente Filme im Lebensmittelbereich zugelassen ist. Wegen des großen Marktes ist es nur eine Frage der Zeit, bis hiervon eine farbige Suspension verfügbar ist.

3.4.2.2 Verzögerte Freisetzung

An Polymere für funktionelles Coating werden hohe Ansprüche bezüglich mechanischer Festigkeit und gleichmäßiger Durchlässigkeit gestellt. Während früher vorwiegend organische Lösungen mit Ethylcellulose (EC), Celluloseacetat (CA), Celluloseacetatbutyrat (CAB) benutzt wurden, werden heute vor allem Polyacrylatmethacrylat (PAMA) [6] und ECaq. verwendet.

PAMA-Polyacrylatmethacrylat	Eudragit/Evonik, Kollicoat/BASF, Acrycoat/Corel Pharma
ECaq.-Ethylcellulose wässrig	Aquacoat/FMC (Dupont), Surelease/Colorcon
ECorg.-Ethylcellulose, organisch	Ethocel/Dupont
CA-Celluloseacetat	Eastman
CAB-Celluloseacetatbutyrat	Eastman

Überzüge für verzögerte Freisetzung sind komplizierte und störungssensible Systeme, die selten eingefärbt werden, da die Farbstoffdispersion einen Einfluss auf die Freisetzung haben kann. Hier ist ein zusätzlicher Farbüberzug mit schnell löslichen Polymeren die einfachere und ökonomischere Lösung.

3.4.2.3 Ästhetisches Coating

Beim ästhetischen Coating werden nahezu ausschließlich Polymere verwendet, die gut und schnell wasserlöslich sind. Etwa 60–70 % der Überzüge enthalten Hydroxypropylmethylcellulose (HPMC), die dadurch eine Sonderstellung einnimmt [7].

HPMC-Hydroxypropylmethylcellulose

Hersteller:	Metolose, Pharmacoat, Hypromellose/Shin Etsu
	Methocel/Dupont
	Walocel/Dow-Wolff-Cellulosics (Dupont)
	HPMC/Samsung, Korea
	HPMC/Shandong Huawei Chemical, China
	Vivapharm HPMC/JRS Pharma

HPMC ist ein weit verbreitetes und vielseitig eingesetztes wasserlösliches Polymer. Die globale Produktion beträgt etwa 200.000 t im Jahr, wovon ein Großteil in die Bauindustrie, die Papierverarbeitung und in die Lebensmittelindustrie geht.

In der pharmazeutischen Industrie wird HPMC neben den Überzügen für Matrixtabletten, zur Suspensionsstabilisierung und als Verdicker von Säften benutzt. Der Anteil am pharmazeutischen Coating beträgt etwa 10.000 t im Jahr [7].

HPMC bildet gut wasserlösliche Filme, die etwas zur Sprödigkeit neigen. Ein Zusatz von Weichmachern ergibt Filme mit guten mechanischen Eigenschaften.

MC- Methylcellulose

Hersteller:	Methocel/Dupont
	Tylose/Shin Etsu

MC ist ein wasserlösliches Polymer. Die hohe Viskosität der Lösung erschwert jedoch die Verarbeitung. Eine Tendenz zur Retardierung wurde auch beobachtet.

NaCMC-Natriumcarboxymethylcellulose

Hersteller:	Tylose/Shin Etsu
	Walocel/Dupont

3 Coatings in der pharmazeutischen Industrie

NaCMC ist ein weit verbreitetes und sehr gut wasserlösliches Polymer mit stark verdickender Wirkung. Ein deutlicher Nachteil sind die teilweise unzureichenden mechanischen Eigenschaften der Filme aus NaCMC.

HEC-Hydroxyethylcellulose

Hersteller:	Natrosol/Aqualon-Hercules (Ashland)

HEC wird wegen der starken Klebrigkeit selten als Filmüberzug verwendet, sondern häufiger als Haftvermittler zugesetzt.

HPC-Hydroxypropylcellulose

Hersteller:	Klucel (Ashland)/Kremer-Pigmente
	Nisso Japan

HPC ist ein extrem klebriges Polymer, das mechanisch stabile Filmen bildet. HPC wird allein kaum verwendet, als Co-Polymer jedoch deutlich besser zu verarbeiten.

PVP-Polyvinylpyrrolidon

Hersteller:	Kollidon/BASF
	Plasdone/ISP Pharmaceuticals (Ashland)

PVP allein bildet eine klebrige Lösung und einen spröden Film, erhöht aber den Glanz und die Farbhomogenität zusammen mit HPMC.

PVA-Polyvinylalkohol

Hersteller:	Polyviol/Wacker Polymers
	Selvol/Sekisui
	Poval/Kuraray
	MilliporeSigma
	TER Hell
	Ashland

PVA als Polymer allein ist stark klebrig. Als Co-Polymer (Kollicoat/BASF) verbessert es die mechanischen Eigenschaften (s. a. Kap. 6).

Die große Auswahl an Filmbildnern kann nach ihrer chemischen Grundstruktur (Cellulose oder Polyacrylsäure) oder anhand ihrer funktionellen Gruppen (z. B. Hydroxypropyl-, Methoxyl-, Phthalyl- oder Carboxymethylgruppe) eingeordnet werden. Die im pharmazeutischen Bereich gebräuchlichsten Filmbildner sind nochmals in Tab. 3.1 zusammengefasst.

Tab. 3.1 Gängige Filmüberzüge, die in der Industrie verwendet werden können [1, 6, 8]

Name	Milieu	Kommentar	Produktname
Methylcellulose	Magensaftlöslich schnell zerfallend	–	Methocel® Metolose® SM
Hydroxypropylmethylcellulose	Magensaftlöslich Schnell zerfallend	Spröde, Zusatz von Weichmachern nötig	Pharmacoat® 603 Pharmacoat® 606
Celluloseacetatphthalat	Magensaftresistent Darmsaftlöslich	–	Aquacoat® CPD
Hydroxypropylmethylcellulose-Phthalat	Magensaftresistent Darmsaftlöslich	–	HP-55
Methacrylsäure-Copolymere	Magensaftresistent Darmsaftlöslich	–	Eudragit® L100/S100/L30D/L100-55 Kollicoat® MAE 30DP/100 P
Aminoalkylmethacrylat-Copolymer	Magensaftlöslich Permeabel pH > 5	–	Eudragit® E 100
Methacrylester-Copolymer	Permeabel pH-unabhängig	Substanzpolymerisation	Eudragit® RL100/RS 100/RL30D/RS30 D
		Emulsionspolymerisation	Eudragit® NE 30 D
Polyvinylalkohol-Polyethylenglycol-Copolymer	Magensaftlöslich	–	Kollicoat® IR
	Magensaftlöslich	Kollicoat IR + Copovidone +Titan-dioxid + Kaolin	Kollicoat® IR White
–	–	Kollicoat IR + Polyvinylalkohol	Kollicoat® Protect

3.5 Auswahl der Farbstoffe

Farben spielten schon immer eine wichtige Rolle in der Zuordnung von Prestige, Intention des Ausdrucks und Wertempfinden von Produkten. Seit der industriellen Revolution bis zum Ende des Zweiten Weltkrieges dominierte Schwarz als Einheitsfarbe für Maschinen und Gebrauchsgegenstände. Bezeichnend ist ein Ausspruch von Henry Ford: „Bei mir können Sie Ihr Auto in jeder Farbe bekommen, solange es schwarz ist."

3.5.1 Psychologische Aspekte

Heute wird der Farbwirkung deutlich mehr Aufmerksamkeit in der Produktgestaltung, auch in der Pharmazie, gewidmet. Jedem leuchtet unmittelbar ein, dass man keine leuchtend roten Tranquilizer auf den Markt bringen kann. Bekanntlich scheiterten schon Ideologen der chinesischen Kulturrevolution daran, als sie versuchten, die Ampelfarben zu verändern [9]. Dieses Beispiel beschreibt deutlich die Notwendigkeit einer sorgfältigen Auswahl der Farbgebung der verschiedenen Produkte. Für Mitteleuropäer sind beliebte und unbeliebte Farben in der Tab. 3.2 zusammengefasst.

3 Coatings in der pharmazeutischen Industrie

Tab. 3.2 Beliebtheitsgrad von Farben in Mitteleuropa [10]

Unbeliebteste Farben	% der Bevölkerung	Besonders beliebte Farben	% der Bevölkerung
Braun	27	Blau	38
Orange	11	Rot	20
Violett	11	Grün	12
Rosa	9	Schwarz	8

Verschiedene psychologische Untersuchungen haben weiterhin gezeigt, dass *Blau* beruhigend und entspannend wirkt. Man assoziiert mit dieser Farbe Ferne, Weite, Tiefe, Meer, Wasser und Harmonie.

Rot wirkt anregend und stärkend. Es ist die Farbe des Feuers und des Blutes und wird mit Kraft, Aktivität, Wärme, Warnung, Zorn und Verbot assoziiert.

Grün wirkt ausgleichend. Es ist die Farbe der Natur und des Wachstums und wird mit dem Leben, der Natur, der Hoffnung, der Frische, der Jugend, aber auch mit Gift assoziiert.

Weiß ist das Symbol der Reinheit, des Lichts, der Sauberkeit, der Weisheit und der Leere.

Aus der Kombination dieser Daten und empirischen Studien vieler Firmen lassen sich für den europäischen und amerikanischen Raum folgende Zusammenhänge zwischen Farbe und Arzneimittelwirkung in etwa ableiten [11, 12]:

Blau	blutdrucksenkend, beruhigend, Atem entspannend
Grün	gegen Unwohlsein, Unruhe und Schlafstörungen (Image des „natürlichen" Arzneimittels)
Rot	kräftigend, stärkend, aufheiternd
Dunkelrot	Eisenpräparate, Blutbildung
Rosa	spezifisch gegen Frauenleiden, Antidepressiva, Psychopharmaka
Orange	Vitamine, Mineralien, Kinderarzneien
Braun	Magendarmerkrankungen

Dies gilt für den „westlichen Kulturkreis". In Japan ist ein *dunkles Violett* die unbeliebteste Farbe, sie symbolisiert böse Dämonen. *Dunkelrot* wird mit Blut, Sünde und Tod verbunden und *Grau* gilt als besonders unklar, als „schmutziges Weiß". *Weiß* hat den höchsten Stellenwert und ist mit 90 % die häufigste Tablettenfarbe [13].

In arabischen Ländern hat *Grün* als die Farbe des Korans, einen hohen Stellenwert. Darüber hinaus gilt *Gold* als stärkend und *Silber* als Potenz förderend. Daher gibt es dort auch vergoldete und versilberte Dragees [14].

Im lateinamerikanischen Raum ist ein klares *Hellblau* der Jungfrau Maria zugeordnet und wird mit Stärke und Vitalität, zum Teil auch mit Fruchtbarkeit verbunden. Die „Viagra-Farbe" lässt eine Assoziation mit dem Latino-Machismo vermuten [15].

Alle diese Fakten führen zu dem Schluss, dass man sich sehr frühzeitig überlegen muss, für welche Indikation das Medikament ist, welche Erwartung man wecken möchte und an welchen Kulturkreis bzw. welchem Klientel man das Produkt vermarkten möchte. Dazu kommen die Faktoren, von welchem eigenen Produkt man sich unterscheiden möchte.

Eine Differenzierung zum Wettbewerb oder Brand Recognition machen die Auswahl noch komplexer. Wegen des hohen Wiedererkennungswertes und der Kundentreue lohnt sich dieser Aufwand auf jeden Fall.

3.5.2 Regulatorische Aspekte

Wenngleich die Auswahl der richtigen Farbe eine wichtige, wenn auch schwierige Aufgabe ist, gestaltet sich die Auswahl der Pigmente albtraumhaft kompliziert. Hier hilft nur extrem systematisches Vorgehen. Dies geschieht in drei Schritten: geografische Zuordnung, Marktordnung und spezifische Anforderungen. Bei der geografischen Zuordnung prüft man, welche Farbstoffe in bestimmten Märkten oder Gültigkeitsräumen von Pharmakopöen zugelassen sind; so ist z. B. Tartrazin in Österreich, Schweiz, Griechenland und Skandinavien wegen allergischen Potenzials verboten. In neuen Zulassungen darf es in Deutschland und Japan nicht mehr eingesetzt werden. Erythrosin ist in Israel, Malaysia, Mexiko, Polen, Saudi-Arabien und Venezuela verboten. Amaranth ist in den USA und Indien nicht erlaubt [7, 16]. Hier gilt es sorgfältig zu recherchieren.

Die Marktzuordnung unterscheidet zwischen pharmazeutischem Produkt und Nahrungsergänzung. Während kein Pharmamarkt klar die entsprechende Pharmakopöe mit den FD&C-Farben in den USP und der Ph.Eur. in Europa die zugelassenen Farben definiert, gelten für die Nahrungsergänzungsmittel die Lebensmittelgesetze. Das sind vor allem die Zusatzstoffzulassungsverordnung und die daraus resultierenden E-Nummern. Allerdings schränken Marktsegmente diätetischer Lebensmittel und Medizinprodukte diese Auswahl ein [16]. Bei Produkten, die in beiden Marktsegmenten vermarktet werden sollen, bleiben oft nur die Eisenoxide, mit denen man fast immer auf der sicheren Seite ist. Bedauerlicherweise ist damit allerdings nur die Farbpalette Hellockergelb – Rot – Orange – Rotbraun – Schwarz zu realisieren [16]. Seit 2022 ist Titandioxid in Nahrungsergänzung und Lebensmitteln verboten, jedoch noch nicht in Pharmaprodukten.

Bei den spezifischen Anforderungen ist das jeweilige typische Kundenklientel und deren Erwartungshaltung zu berücksichtigen. So werden z. B. in den USA in der Pharmazie oft Aluminiumlacke verwendet. In ökologischen Marktsegmenten jedoch konnte Aluminium nie den Verdacht auf Alzheimer-Mitbeteiligung loswerden.

In der Homöopathie und den ganzheitlichen Phytopharmaka werden trotz der geringen Lichtechtheit und hoher Farbvarianz Pflanzenfarbstoffe wie Chlorophyll, Anthocyane oder Rote-Beete-Pulver eingesetzt. Im Zweifelsfall ist frühzeitig guter Rat von den Fachverbänden und den jeweiligen Lieferanten einzuholen, um unangenehme Überraschungen in der Zulassung zu vermeiden.

3.6 Rezepturfindung

Um eine neue Rezeptur zu entwickeln, ist eine schrittweise Rezepturfindung zu empfehlen wie in Tab. 3.3 dargestellt.

Tab. 3.3 Rezepturfindung modifiziert nach [1]

Schritt	Kommentar
1. Erstellung von Grundrezepturvorschlägen	Geeignete Auswahl an Lösemitteln, Weichmachern, Zusätzen, Farbstoffen bzw. Aromastoffen
2. Überprüfung der unter 1 hergestellten, frei gegossenen Filme	Überprüfung des Films auf wichtige Eigenschaften (Wasserdampf- und Gasdurchlässigkeit, mechanische Festigkeit, Löslichkeit etc.)
Überprüfung der Weichmacherauswahl	Verträglichkeit zwischen Polymer und Weichmacher durch Bestimmung der Löslichkeit des Weichmachers in Polymeren und umgekehrt. Bestimmung des mindestmöglichen Weichmachergehaltes, der noch klare Filme ergibt.
3. Nach Erlangung von befriedigenden Ergebnissen (Ltf.2): Beginn von ersten Sprühversuchen an Kernen im Labormaßstab	Überprüfung an überzogenen Arzneiformen und durch Kurzzeitstabilitätsprüfung werden die besten Rezepturen ausgewählt
4. Optimierung der Rezeptur im Bezug auf die verwendeten Coatinggeräte	Optimierung der Filmbildnerkonzentration sowie der Gehalt an Antiklebemitteln (z. B. Talkum, Magnesiumstearat) und Farbpigmenten. Auf erprobten Standardrezepturen kann zurückgegriffen werden
5. Festlegung der Lackmenge, die auf die Kerne aufgesprüht werden soll	Die Angabe erfolgt üblicherweise in **mg** Lacktrockensubstanz pro **cm²** Kernoberfläche
6. Erprobung der Überzugsrezeptur im Technikumsmaßstab an größeren Chargen	Ermittlung der Parameter z. B. Zuluftmenge, Zulufttemperatur, Abluftmenge, Ablufttemperatur, Produktbetttemperatur, Zubereitungsmenge, Kernmenge, Prozesszeit, Luftfeuchte
7. Nach Festlegung der Sprühparameter (Ltd.6): Scaling-up-Versuche für Produktionsmaßstab	Die einzelnen Parameter sind neu zu optimieren. Beinhaltung ausreichender Anpassungsmöglichkeiten an schwankende Klimaverhältnisse (Zuluft) und Rohstoffqualitäten (Kerne)

3.7 Herstellung der Coatingflüssigkeit

Die Coatingflüssigkeit besteht meistens aus Polymer, Lösemittel (meistens Wasser) bzw. Dispergiermittel, Weichmacher und Farbstoff oder Pigmenten. Das Polymer wird in einem Teil des Lösemittels gelöst und anschließend mit dem Weichmacher versetzt. Dieser muss so lange eingerührt werden, bis die makromolekularen Strukturen des Polymers mit dem Weichmacher durchsetzt sind. Anderenfalls ändert sich die Filmqualität der überzogenen Arzneiform nach längerer Lagerung, da der Weichmacher schneller ausdiffundiert, der Film an Elastizität verliert und dadurch spröde und brüchig wird. In dem restlichen Lösemittel wird das Pigment angesetzt. Dabei wird ein Homogenisator (z. B. Ultra-

Turrax®) verwendet, um die Pigmente so fein wie möglich in der Dispersion zu verteilen. Die Pigmentdispersion wird anschließend unter Rühren mit der Polymerdispersion bzw. -lösung versetzt. Es muss beachtet werden, dass anschließend kein Homogenisator mehr verwendet wird, da die entstandenen Polymerstrukturen mechanisch zerstört werden könnten. Durch z. B. veränderte Quelleigenschaften kann es dazu kommen, dass sich kein Polymerfilm mehr ausbilden kann [1, 5]. Des Weiteren ist darauf zu achten, dass die Konzentration der Polymere gut mit dem Pigmentanteil abgestimmt wird, damit sich in dem Sprühsystem keine Sedimente absetzen, die Verstopfungen und somit Prozessunterbrechungen verursachen könnten. Bei Einsatz von Talkum ist Vorsicht geboten, da dieses eine hohe Dichte besitzt und somit den Prozess beeinflussen kann.

Gängige Filmbildner in Form von Fertigprodukten werden in Konzentrationen von 5 bis 15 % hergestellt. Es wird eine definierte Menge an destillierten bzw. demineralisierten Wasser in ein Becherglas gegeben und mit einem Magnetstab oder Propellerrührer so zügig gerührt, dass eine Trombe entsteht. Um die Bildung von Schaum zu unterbinden, sollte darauf geachtet werden, dass keine Blasen eingezogen werden. Anschließend wird das genau abgewogene Coatingpulver oder Granulat langsam in die entstandene Trombe vollständig eingestreut. Danach wird die Geschwindigkeit des Magnetrührers erhöht, um die Trombe zu halten. Die Rührzeit beträgt in der Regel 45 bis 60 min, bei Einsatz von HPMCs kann außerdem die Temperatur erhöht werden. Abschließend sollte die Dispersion durch einen Filter (100 µm) abfiltriert werden [8].

3.8 Befilmungstechnologie

Die Auswahl einer geeigneten Befilmungsapparatur und die Einstellung optimaler Prozessparameter richten sich nach dem zu befilmenden Kern sowie nach dem eingesetzten Filmbildner bzw. der Befilmungsrezeptur.

Wichtige Faktoren sind [17]:

- Menge und Abrieb der Kerne
- Mindestfilmbildnertemperatur
- Temperaturempfindlichkeit von Wirk- und Hilfsstoffen
- Art des Lösungs- bzw. Dispergiermittels
- Aus der Rezeptur zu entfernende Flüssigkeitsmenge

In pharmazeutischen Betrieben werden bevorzugt Arzneikerne im Trommel- und Wirbelschichtcoater befilmt. Hierbei gibt es in den technischen Verfahren zusätzlich verschiedene Prozeduren (wie zum Beispiel kontinuierliche und diskontinuierliche Verfahren). Das Wirbelschichtcoating ist ausführlich in den Kap. 2, 4 und 5 beschrieben. Deshalb wird nur kurz auf das Trommelcoating eingegangen.

3 Coatings in der pharmazeutischen Industrie

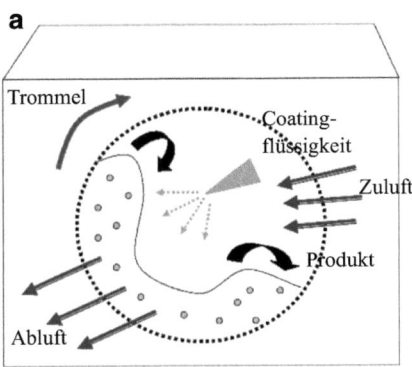 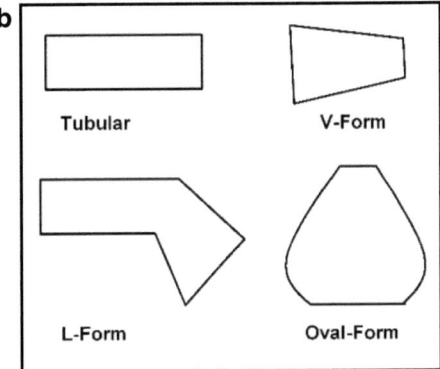

Abb. 3.4 a Trommelcoater mit perforierter Trommel und Stoffströmen, b verschiedene Typen der Schikane für Trommelcoater [18]

3.8.1 Trommelcoater

Die Trommelcoater (Abb. 3.4a) besitzen eine rotierende, zylinderförmige Trommel, die horizontal angeordnet ist. Beim Rotieren wird das Produkt (Tablettengut) durchmischt, gleichzeitig über eine Sprühdüse mit der Coatingflüssigkeit besprüht und von einem temperierten Zuluftstrom getrocknet.

Die Trommelcoater können je nach Typ mit einer oder mehreren Ablufttaschen versehen werden. Der Einsatz von Schikanen in Trommelcoatern kann die Durchmischung des zu besprühenden Gutes erhöhen (Abb. 3.4b). Dabei ist jedoch darauf zu achten, dass keine Totzonen in der Mischtrommel entstehen [1, 18].

3.9 Einflussfaktoren auf den Prozess

Der Prozessverlauf hängt von der Produktbewegung, dem Sprühsystem und Zerstäuberluftdruck bzw. der Produktmenge ab. Für eine ordnungsgemäße Produktbewegung ist die Einfüllmenge des Materials in den Produktbehälter (Chargengröße) zu beachten. Die maximale und minimale Befüllungsgrenze des Geräts laut Hersteller ist einzuhalten. Die Anlage darf nicht überfüllt werden, da die maximale Lufteinstellung ausreichen sollte, um eine gute Verwirbelung (im Wirbelschichtverfahren) des Materials zu gewährleisten. Jedoch sollte die Luftgeschwindigkeit wiederum nicht zu hoch sein, um Abrieb zu vermeiden (Abb. 3.5, Abb. 3.6).

Die Tablettenform und -größe sowie die Tablettendichte sind weitere Kriterien für eine gute Produktbewegung. Bei Trommelcoatern ist die Drehgeschwindigkeit der Trommel ausschlaggebend. Zu hohe Drehzahlen können den Abrieb der Kerne fördern und die schon bereits aufgetragene Schicht abreiben. Beim Einbau von Schikanen sind die Anzahl und das Design zu beachten, sodass für jede Technologie eine optimale Produktbewegung erfolgt [1, 18].

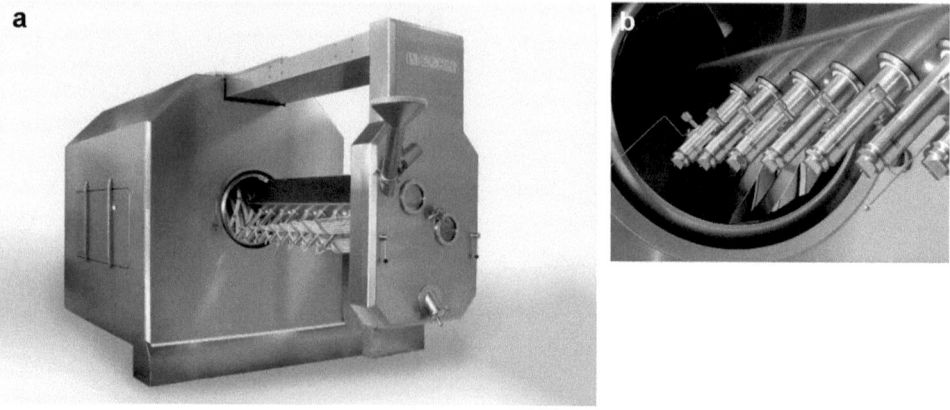

Abb. 3.5 a Trommelcoater für den Industrieeinsatz, b mit Sprüheinsatz (Fa. Bohle)

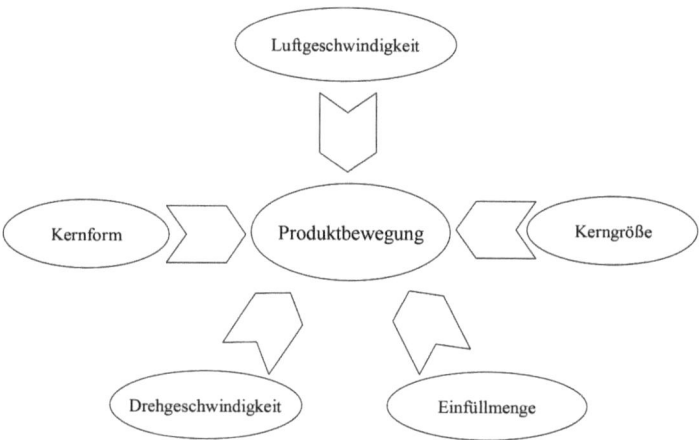

Abb. 3.6 Einflussfaktoren auf die Produktbewegung

Nachstehend werden einige Parameter und ihr Einfluss auf die Coatingergebnisse erläutert (Abb. 3.6).

Zuluft

Besondere Beachtung ist der relativen Luftfeuchtigkeit der Trocknungsluft zu schenken. Saisonale Schwankungen können den Prozessablauf durch die unterschiedliche Trocknungskapazität beeinflussen.

Klimatisierte Zuluft schafft hier Abhilfe. Sollte eine solche Anlage nicht vorhanden sein, kann mithilfe eines Mollier-h-x-Diagramms aus Messung der Temperatur und der relativen Luftfeuchtigkeit bzw. des Taupunktes die aktuelle Trocknungskapazität ermittelt werden.

Kerne (Tabletten)

Die zu überziehenden Kerne sollten eine ausreichende Festigkeit aufweisen, um den Befilmungsprozess und die sich anschließenden Verpackungsoperationen unbeschadet zu überstehen. Zu harte Tablettenkerne mit eventuell zu glatter Oberfläche können ebenfalls Probleme im Hinblick auf die Haftung des Filmbildners haben.

Sprühen

Der Zerstäuberdruck ist der hauptsächliche Einflussfaktor auf die Tröpfchenverteilung und die Gleichmäßigkeit des Filmüberzuges. Hohe Zerstäuberdrücke führen zur Ausbildung sehr kleiner Tropfen. Durch die Vergrößerung der für die Verdunstung zur Verfügung stehenden Oberfläche kann es zur Sprühtrocknung der Tropfen auf dem Weg zur überziehenden Arzneiform kommen. Dabei ist es möglich, dass die sprühgetrockneten Teilchen Luft einschließen und sich damit die Dichte des Films verändert [19].

Besondere Sorgfalt sollte der Pflege der Sprühdüseneinsätze gewidmet werden. Beschädigte Sprühdüseneinsätze ergeben ein anderes Sprühbild und somit einen anderen Sprühauftrag. Die Anzahl der Sprühdüsen und deren Abstand zum Tablettenbett sollten sorgsam gewählt werden. Überschneidungen der einzelnen Sprühdüsen können zu lokalen Überfeuchtungen und dem Kleben der Kerne an der Trommelwand oder zu einem ungleichmäßigen Filmüberzug führen. Dies gilt ebenso für einen zu geringen Abstand der Sprühdüse zum Bett. Ein zu großer Abstand der Sprühdüse zum Bett kann hingegen die Gefahr der Sprühtrocknung erhöhen. Bei thermosensitiven Polymeren sollten niedrige Filmbildungstemperatur ausgewählt werden. Die Optimierung der Sprührate sowie des Flüssigkeitsdurchsatzes an der Sprühdüse muss sorgfältig erfolgen.

Technologisch ist es auch möglich, die Polymerdispersion und den Weichmacher unter Verwendung einer Dreistoffdüse erst am Düsenausgang zu vermischen. Dabei kann es notwendig sein, höhere Polymerkonzentrationen einzusetzen, als es bei wässrigen Polymerdispersionen sonst der Fall ist [20].

Allgemein gilt, dass die Trocknungskapazität an die Sprührate angepasst werden muss. Beim Ansatz der Sprühlösung sollten die Angaben der Polymerhersteller beachtet werden. Dies gilt insbesondere für die Verwendung eines geeigneten Weichmachers.

Mischen

Die Durchmischung der Kerne im Coater sollte gleichmäßig und ohne zu große mechanische Beanspruchung der Kerne erfolgen. Eine nicht ausreichende homogene Bewegungsführung der Kerne führt in der Regel auch zu nicht befriedigenden Filmüberzügen. Diese Filmüberzüge zeichnen sich dann eventuell durch veränderte Zerfallszeiten oder Freisetzungseigenschaften aus. Die Form der Prallbleche und die Neigung der Trommel beeinflussen ebenfalls die Bewegungsführung der Kerne. Zusammengefasst bleibt zu erwähnen, dass die Trommelgeschwindigkeit dem jeweiligen Produkt (Polymer) und Beladungszustand angepasst sein sollte, um einen Filmüberzug mit den gewünschten technologischen Eigenschaften zu erhalten.

Polymerauswahl

Je nach Zielsetzung des verwendeten Polymers und seiner gewünschten Funktion im Filmüberzug (mit oder ohne Veränderung der Freisetzungseigenschaften) sollte die Polymerauswahl stattfinden. Dabei sind die Verträglichkeit des Polymers mit dem Wirkstoff, die Lagerstabilität der jeweiligen Arzneiform sowie die mögliche Verarbeitungstechnik in Betracht zu ziehen.

Bei der Notwendigkeit eines Subcoatings (Zwischenschicht) ist die Verträglichkeit mit dem späteren Topcoating (Außenschicht) zu prüfen. Bezüglich der Durchführung des Ansatzes der Polymere und den notwendigen Filmauftragsmengen im Prozessablauf sollte auf die Erfahrungen des Polymerherstellers zurückgegriffen werden. Beim Ansatz der Polymerlösungen oder Polymerdispersionen sind insbesondere die Reihenfolge und Zeitdauer der Einarbeitung der Komponenten zu beachten. Dispersionen sollten gekühlt gelagert und verarbeitet werden, um die Koagulationsneigung zu reduzieren. Der Sedimentationsneigung von Dispersionen ist durch ständiges, aber moderates Rühren entgegenzuwirken. Ein zu hoher Energieeintrag durch zu intensives Rühren kann die Koagulationsneigung vergrößern. Bei einem Heißansatz oder bei der Verwendung von Lösungsmitteln sind die Verdunstungsverluste zu beachten.

Der Polymerhersteller oder dessen Vertriebspartner verfügen meist über Beispielformulierungen. Diese Beispielformulierungen enthalten dann auch oft die Angaben der jeweiligen Prozessparameter. Dies kann wertvolle Entwicklungszeit sparen.

Anlagenwartung

Die Anlagen zum Filmcoating sollten regelmäßig gewartet und Instand gehalten werden. Dies gilt insbesondere für die prozessrelevanten Temperaturfühler sowie Vorfilter und Filter.

Reinigung

Vor dem Einsatz eines Polymers sollte man sich Gedanken über die spätere Reinigung des vorhandenen Coaters machen. Im Idealfall wird man dies eng mit der Qualitätssicherung abstimmen, um keine Überraschungen bei der Reinigungsvalidierung zu erleben. Eine weitere Möglichkeit ist die Erstellung einer Standardarbeitsanweisung (SOP) [21].

3.9.1 Risikoanalyse

In der Praxis ist es aufgrund der vielen Einflussfaktoren kompliziert, ein optimales Coatingverfahren zu finden. Eine Risikoanalyse hilft, die jeweils entscheidenden Parameter für den Prozess zu ermitteln und einer genaueren Analyse zu unterziehen. Hierdurch kann die Zeit gespart und die Versuchsanzahl reduziert werden. In diesem Abschnitt werden zwei Methoden der Risikoanalyse vorgestellt [22]:

- Die Fischgrätenmethode bzw. das Ishikawa-Diagramm
- Die Fehlerbaumanalyse oder Fault Tree Analysis (FTA)

3 Coatings in der pharmazeutischen Industrie

Beide Methoden können verschiedene Einflussmöglichkeiten erfassen und einen guten Überblick geben. Das Ishikawa-Diagramm ermöglicht einen Überblick über alle Ursachen, die zu einem Problem beim Coating (Abb. 3.7) oder am überzogenen Produkt (Abb. 3.8) führen können. Die FTA-Methode beinhaltet mehrere Ebenen. Die höchste Ebene wird Top Event genannt. Um ein Top Event zu erreichen, müssen alle Ursachen oder wenigstens eine Ursache in der mittleren Ebene (Intermediate Event) auftreten. Um die mittlere Ebene zu erreichen, muss mindestens eine Ursache von allen Grundebenen (Basic Event) auftreten. Die Abhängigkeit kann somit auf mehrere Ebenen heruntergebrochen werden. Deshalb ermöglicht die FTA-Methode den Einblick auch in die Tiefe, nicht nur als Überblick.

Am Beispiel der Twin-Bildung soll die Methode kurz erläutert werden (Abb. 3.9). Viele Ursachen können der Grund für die Twin-Bildung sein. Tritt nur eine Ursache auf, führt dies nicht zwangsläufig zur Twin-Bildung. Wenn aber alle Ursachen gleichzeitig auftreten, ist die Wahrscheinlichkeit sehr hoch, dass Twins entstehen.

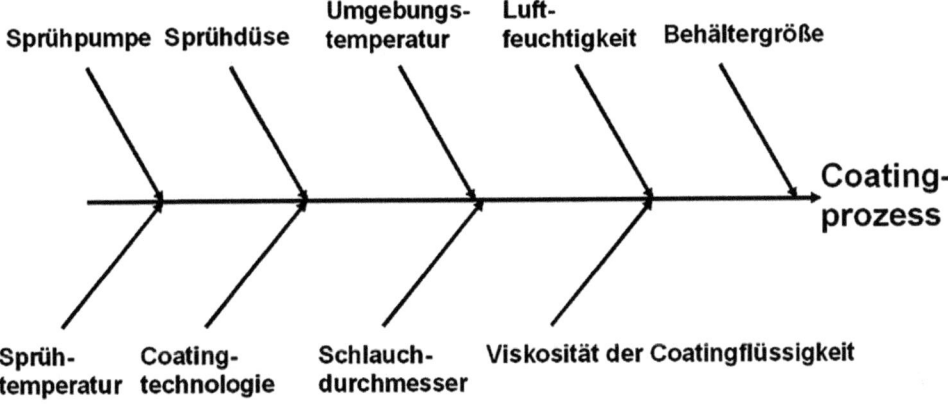

Abb. 3.7 Ishikawa-Diagramm der Einflüsse auf den Coatingprozess

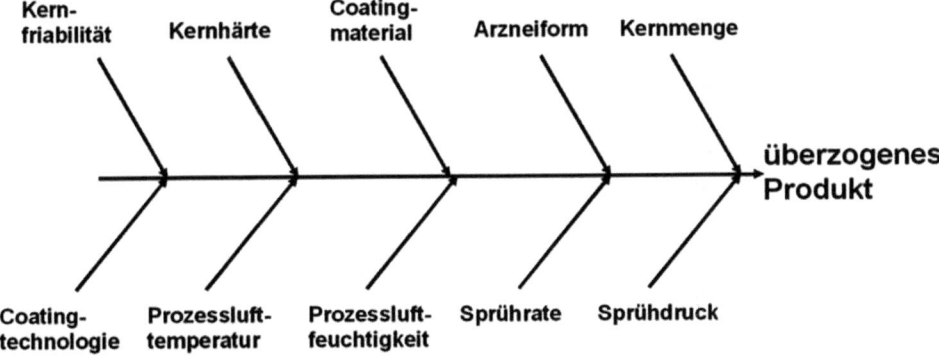

Abb. 3.8 Ishikawa-Diagramm der Einflüsse auf das überzogene Produkt

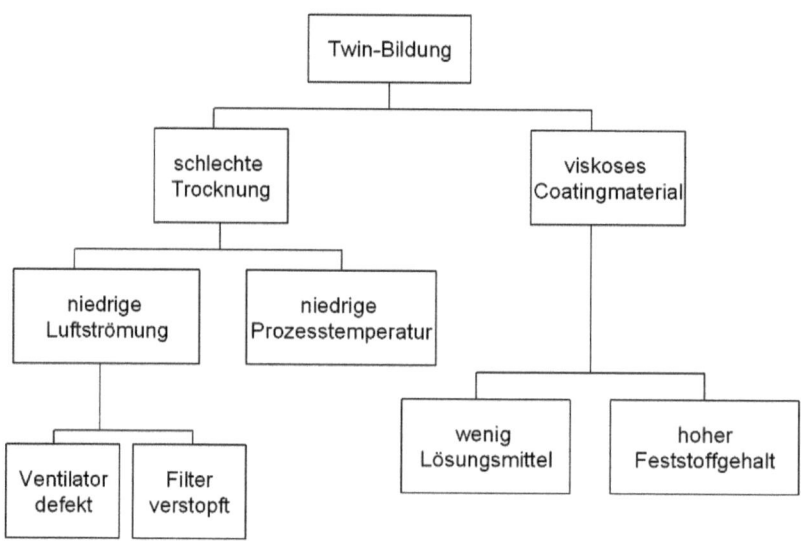

Abb. 3.9 FTA-Diagramm der Einflüsse auf die Twin-Bildung

3.10 Probleme beim Coating

Bei nicht sachgerechter Abstimmung können während des Coatingprozesses Probleme auftreten, die in Extremfällen zum Verlust ganzer Chargen führen. Beispiele der Probleme sind in diesem Abschnitt aufgeführt.

Die Abbildungen befinden sich am Ende des Kapitels und in Farbe im Anhang.

3.10.1 Orangenhaut

In Abb. 3.10 sind dünn überzogene Tabletten zu erkennen, deren Oberfläche rau und das Coatingmaterial inhomogen verteilt ist. Dieser Zustand wird Orangenhaut (engl. „Orange Skin") genannt und kann durch eine zu große Distanz zwischen Sprühdüse und Tablettengut oder durch einen zu großen oder falschen Sprühwinkel entstehen. Der Sprühtrocknungsprozess kann auch die Ursache sein. Weiterhin ist die Rührgeschwindigkeit in der Filmdispersion ein wichtiger Faktor. Wenn die Drehzahl zu niedrig ist, können sich die Pigmente und andere Bestandteile im Behälter, Schlauch und letztendlich in der Düse absetzen. Auch hier entsteht eine raue inhomogene Oberfläche.

Mögliche Abhilfe:

- Sprührate erhöhen und/oder Trocknungskapazität senken
- Zerstäuberluftdruck verringern
- Lösungsmittelanteil erhöhen
- Düsenabstand verringern

Abb. 3.10 Orangenhaut („Orange Skin")

Abb. 3.11 Abblättern an der Kante der Tablette („Peeling and Flaking")

3.10.2 Abblättern (Peeling and Flaking)

In Abb. 3.11 ist ein Abblättern des Films zu erkennen [8]. Dieser Effekt kann durch eine hohe Drehzahl der Trommel zustande kommen. Durch eine zu geringe Menge an Weichmacher und zu hohem Feststoffgehalt in der Filmbildnerdispersion wird die Elastizität des Coatingmaterials herabgesetzt, was wiederum zum Abblättern führt. Auch Tablettenkerne mit hoher Abriebseigenschaft und geringer Härte fördern diesen Effekt.

Mögliche Abhilfe:

- Drehzahl der Trommel reduzieren
- Menge an Weichmacher erhöhen
- Feststoffgehalt reduzieren
- Rezeptur des Tablettenkernes überarbeiten

3.10.3 Abplatzen

Wenn sich quellbare Hilfsstoffe in der Arzneiform befinden und sehr viel Wasser in den Kern eindringen kann, kommt es zum Abplatzen des Films (Abb. 3.12).

In manchen Fällen platzt der Film an der Oberfläche ab [23]. Das Erscheinungsbild ähnelt dem von abblätternder Farbe.

Mögliche Abhilfe:

- Erhöhung der Filmbildnerkonzentration
- Erhöhung des Weichmacheranteils
- Trommeldrehzahl reduzieren
- Sprührate erhöhen

3.10.4 Pickelbildung

Pickelbildung entsteht durch Überfeuchtung des Arzneimittelgutes oder durch eine zu niedrige Prozesstemperatur. Auch inhomogene Verteilung des Weichmachers kann zu diesem Problem führen. Wenn der Prozess beim Filmcoaten inhomogen anfängt, muss er abgebrochen werden, da dieser Zustand nicht mehr korrigierbar ist. Dies könnte durch eine zu hohe Viskosität der Filmdispersion verursacht werden und die Öffnungen der Sprühdüse werden blockiert. Die Dispersion wird inhomogen und diskontinuierlich auf das Sprühgut aufgetragen (Abb. 3.13) [23].

Mögliche Abhilfe:

- Erhöhung der Prozesstemperatur
- Rezeptur der Coatingflüssigkeit überarbeiten

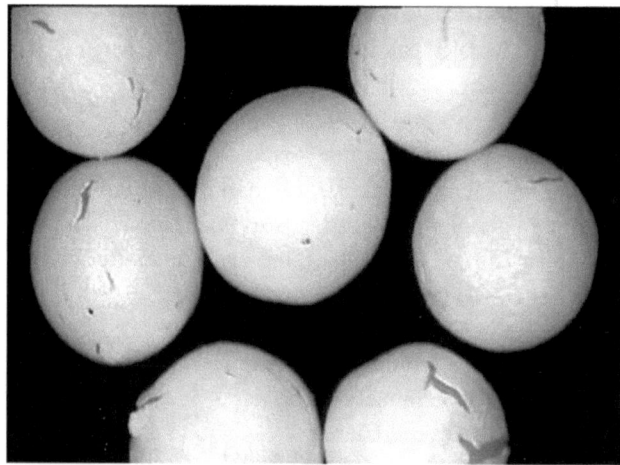

Abb. 3.12 Abplatzen des Films durch Quellung des Kerns

Abb. 3.13 Pickelbildung an der Oberfläche des Pellets

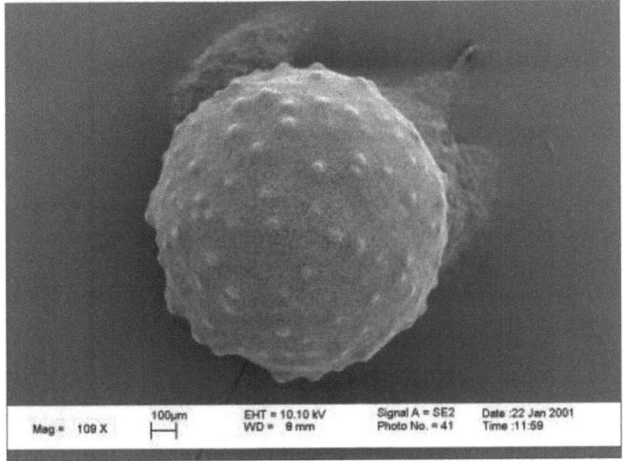

3.10.5 Twin-Bildung/Zwillingsbildung/Agglomeratbildung

Durch einen zu hohen Feuchtegehalt während des Sprühens und durch eine zu geringe Prozessluftmenge haften zwei oder mehrere Kerne aneinander fest. Leicht konvexe Kerne eignen sich daher besser zum Befilmen, da sie sich beim Prozess nicht aufstapeln können und ihr Mangel an planarer Oberfläche weniger Anhaftungsmöglichkeiten bietet. Der Ausschuss wird in Massenprozent angegeben. Im Extremfall kann es statt zur Twin-Bildung (Abb. 3.2) sogar zur Agglomeratbildung kommen, in deren Folge eine gesamte Charge verworfen werden muss (Abb. 3.14).

Mögliche Abhilfe:

- Sprührate reduzieren
- Trocknungskapazität erhöhen
- Vermeidung zu flacher Tablettenkerne
- Vermeidung zu hohen Stegen

3.10.6 Bruchstellen/Krater auf der Filmoberfläche

Durch zu hohe mechanische Beanspruchung während des Coatingprozesses platzen Teile der befilmten Oberfläche ab. Bei einer zu geringen Prozesstemperatur, Drehzahl bzw. zu geringem Zuluftstrom und Sprühdruck können Bruchstellen und Krater entstehen. Dieses wird noch verstärkt, wenn bereits Agglomeratbildung vorliegt und wenn die Agglomerate durch starke Luftbewegung zerfallen (Abb. 3.15).

Mögliche Abhilfe:

- Einsatz von Trennmitteln

Abb. 3.14 Agglomeratbildung

Abb. 3.15 Bruchstellen/Krater (Pitting and Cratering)

3.10.7 Porenbildung

In Abb. 3.16 ist die Oberfläche eines befilmten Pellets dargestellt. Das Bild wurde mittels Raster-Elektronen-Mikroskopie (REM) aufgenommen [23]. Die Oberfläche ist nicht glatt, sondern es sind Poren zu erkennen.

Mögliche Abhilfe:

- Erhöhung der Prozesstemperatur

3.10.8 Faserige Struktur

Eine faserige Struktur (Abb. 3.17) kann durch zu niedrige Prozesstemperatur, keine kontinuierliche Filmbildung oder zu niedrigen Weichmacheranteil entstehen [23].

Abb. 3.16 Porenbildung an der Oberfläche

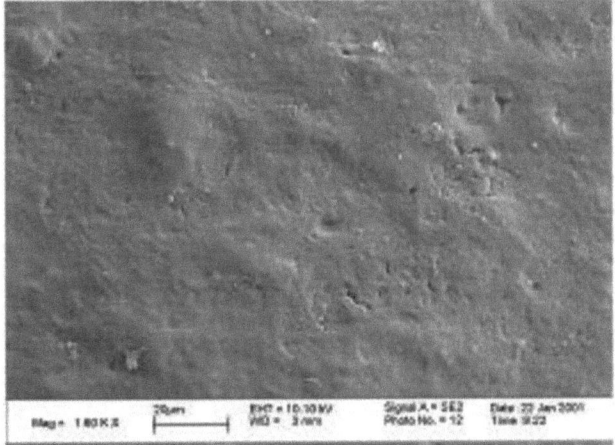

Abb. 3.17 Faserige Struktur der Filmschicht

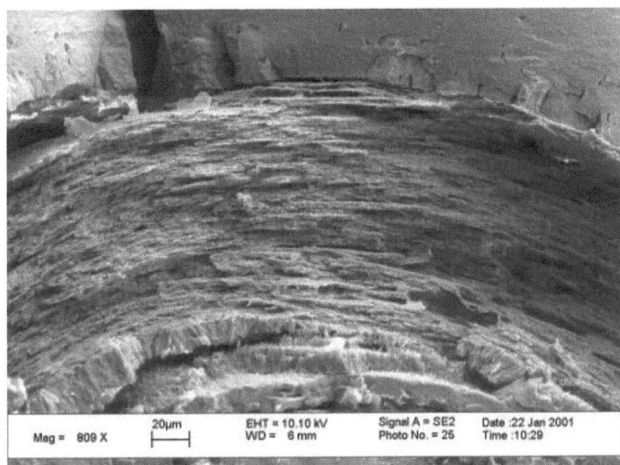

Mögliche Abhilfe:

- Erhöhung der Prozesstemperatur
- Rezeptur der Coatingflüssigkeit überarbeiten

3.10.9 Rissbildung

Die Rissbildung entsteht beim Einsatz von Coatingmaterialien, die zu wenig oder nicht homogen verteilte Weichmacher enthalten, bei einer zu hohe Sprührate oder einer zu hohen Zulufttemperatur. Sie kann aber auch von der Quellung des Tablettenkerns verursacht werden. (Abb. 3.18) [8, 23].

Abb. 3.18 Rissbildung und Spaltung an einer Oberfläche („Cracking and Splitting")

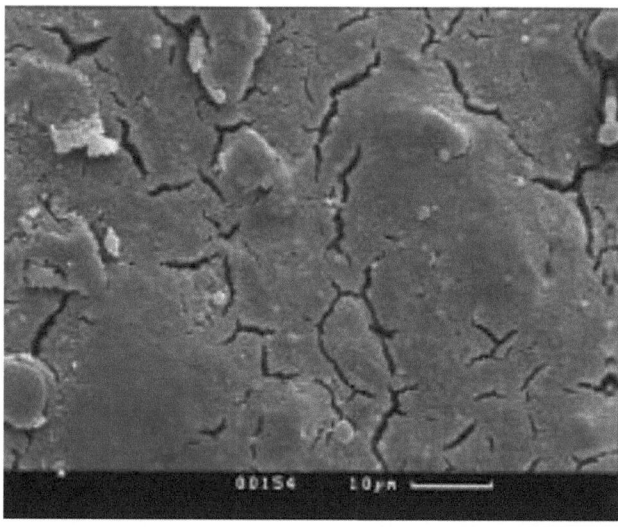

Mögliche Abhilfe:

- Mögliche Quellung des Kerns durch Subcoating verhindern
- Formulierung überarbeiten (wenn möglich)
- Anfangs langsamer sprühen

3.10.10 Inselbildung

Abb. 3.19 zeigt ein befilmtes Pellet. An der Oberfläche haben sich inselartige Wölbungen gebildet [23]. Ein zu hoher Feuchtegehalt während des Besprühens und eine zu geringe Zulufttemperatur können die Ursache sein.
Mögliche Abhilfe:

- Erhöhung der Prozesstemperatur

3.10.11 Luftblaseneinschlüsse

Luftblaseneinschlüsse sind in Abb. 3.20 an der Filmoberfläche zu erkennen. Diese kommen durch einen zu großen Druck der Sprühluft zustande. Die Luftblasen werden beim Sprühprozess in das Coatingmaterial eingeschlossen. Auch eine zu hohe Sprühgeschwindigkeit der Filmdispersion kann Blasen und Schaumbildung verursachen, die nach dem Prozess an der Oberfläche oder innerhalb der Filme erkennbar sind.

3 Coatings in der pharmazeutischen Industrie

Abb. 3.19 Inselbildung („Island")

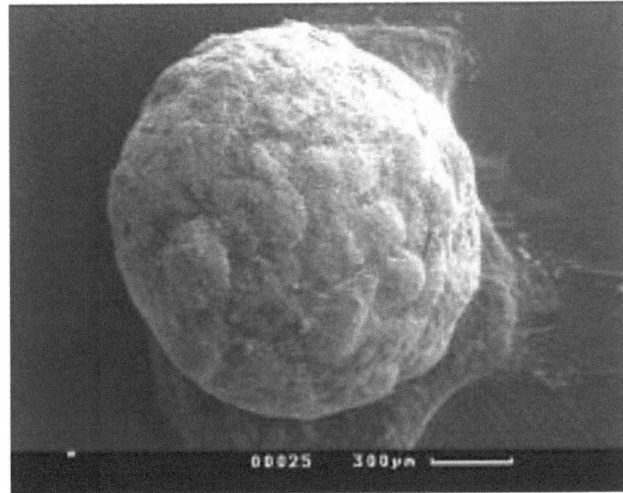

Abb. 3.20 Luftblaseneinschlüsse an einer Filmschicht

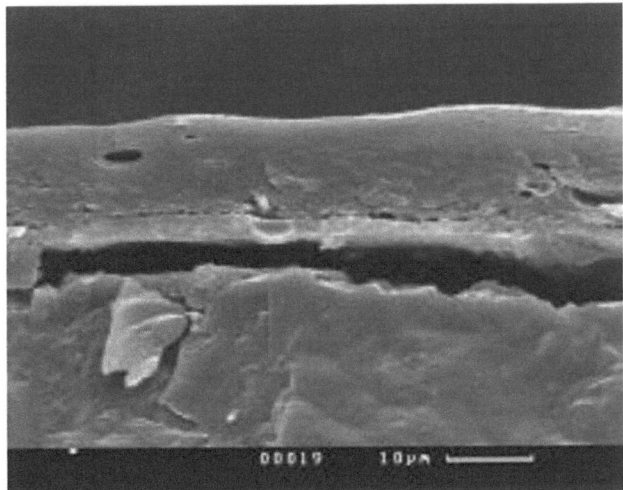

Mögliche Abhilfe:

- Reduzierung des Sprühdrucks
- Reduzierung der Sprühgeschwindigkeit

3.10.12 Nasenbildung (bzw. Nabelbildung)

Die Nasenbildung kann durch den Einsatz von hochviskosen Sprühflüssigkeiten und durch einen zu hohen Abrieb des Arzneikerns entstehen (Abb. 3.21).

Abb. 3.21 Nasenbildung

Mögliche Abhilfe:

- Reduzierung der Viskosität der Sprühflüssigkeit

3.10.13 Deckelbildung

Der Grund für die Deckelbildung ist die Diffusion von zu viel Feuchtigkeit in dem Kern. Die Feuchtigkeit quillt den Kern auf und verursacht das Aufsprengen. Ein verstärkter Effekt tritt bei Zusatz von quellbaren Hilfsstoffen z. B. Sprengmittel im Arzneigut auf (Abb. 3.22).

Mögliche Abhilfe:

- Erhöhung der Prozesstemperatur
- Einsatz von Subcoating

3.10.14 Scuffing

Die grauen Punkte auf der Filmoberfläche werden Scuffing genannt (Abb. 3.23) [24]. Dieser Effekt wird durch zu hohen Anteil von Titandioxid in dem Coatingmaterial erzeugt. Besonders nach der Trocknung werden diese Punkte sichtbar. Andere Möglichkeit von Scuffing-Bildung entsteht, wenn Tablettenkernen mit stark abrasiven Wirkstoffen, wie Magnesiumoxid oder Calciumcarbonat (GCC = Ground Calcium Carbonate) oder stabil

Abb. 3.22 Deckelbildung

Abb. 3.23 Scuffing

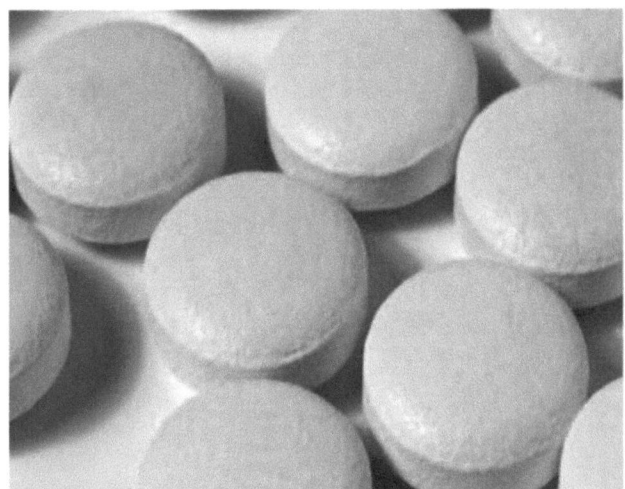

kristallinen Hilfsstoffen wie Di-Calciumphosphat, genutzt wurden, dann können zu Beginn des Coatingprozesses Abrasionen an der Trommel entstehen, die sich später auf dem Film abbilden. Bei der Nutzung von weichem Calciumcarbonat (PCC = Precipitated Calcium Carbonate) das Problem von scuffing nicht. [25]

Mögliche Abhilfe:

- Reduzierung des Titandioxidanteils
- Spezielle Kunststoffmatten als Einlage oder Sub-Coating der leeren Trommel vor Prozessbeginn

3.10.15 Farbvariationen (Ausbleichen, Wolkenbildung, Fleckenbildung)

Die wasserlöslichen Farbstoffe können aus dem Film diffundieren oder die Farbe wird durch Lichteinflüsse gebleicht. Es entstehen unterschiedliche, inhomogene Farbschattierungen. Dies wird „Ausbleichen" (Abb. 3.24) genannt. Eine weitere Farbvariation ist die Wolkenbildung (Abb. 3.25), welche durch die inhomogene Verteilung der Farbe erzeugt wird. Die Fleckenbildung entsteht durch flächenweise Ansammlung von Farbstoff, sodass einige Stellen mehr Farbstoff enthalten und dadurch eine dunkle Färbung auftritt.

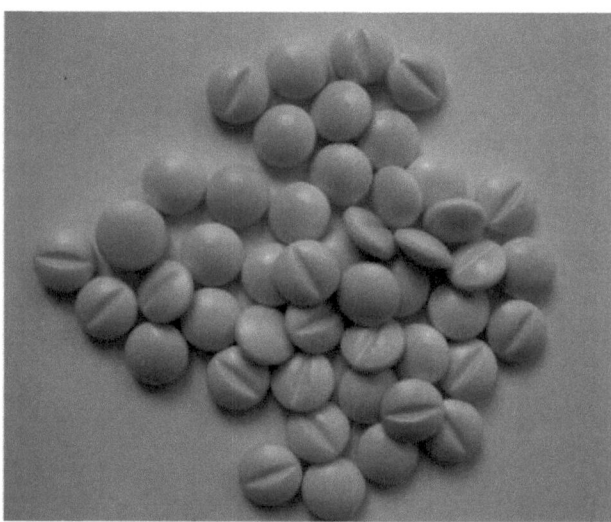

Abb. 3.24 Farbvariation durch Ausbleichen

Abb. 3.25 Wolkenbildung

Mögliche Abhilfe:

- Einsatz von wasserunlöslichen Farbpigmenten

3.10.16 Brückenbildung (bei Prägungen, Logos etc.)

Die Prägung oder das Logo wirken unklar und sind stellenweise nicht mehr lesbar oder erkennbar, sodass sie bei näherer Betrachtung wie übermalt wirken.
Mögliche Abhilfe:

- Sprührate kontrollieren (eventuelle Schwankung der Sprührate minimieren)
- Trocknungsparameter optimieren

Literatur

1. Bauer KH, Lehmann K, Osterwald HP, Rothgang G (1988) Überzogene Arzneiformen, Grundlagen, Herstellungstechnologien, biopharmazeutische Aspekte, Prü-fungsmethoden und Rohstoffe. Wissenschaftliche Verlagsgesellschaft mbH, Stuttgart
2. Valentim R (2009) Interne Information von Blanver Pharmaquimica. Sao Paulo
3. Uhlmann Verpackungstechnik GmbH (2009), Laupheim
4. Bühler V (2004) Pharmaceutical technology of BASF excipients.2nd edn. BASF, Ludwigshafen
5. Workshopscript (1995) Wässrige Filmüberzüge für feste Arzneiformen, für Pharmazeutische Verfahrenstechnik e.V., Kurs 156 vom 22.03.–24.03.1995. Maritim Konferenzhotel, Darmstadt
6. Lehmann K (2003) Praktikum zum Filmcoaten von pharmazeutischen Arzneiformen mit EUDRAGIT, Pharma Polymere. Röhm GmbH, Darmstadt
7. Durge S (2009) Interne Information von Pharmaceutical Coating, Mumbai
8. Bühler V (2007) Kollicoat grades, functional polymers for the pharmaceutical industry. BASF, Ludwigshafen
9. Lüscher M (1984) Capsugel-Mitteilungsblatt, Die psychologische Wirkung von Kapselfarben auf den Therapieerfolg eines Arzneimittels, Basel
10. Heller E (1995) Wie Farben wirken. Rowohlt, Reinbek
11. Kutz G, Wolff A (2007) Pharmazeutische Produkte und Verfahren. Wiley-VCH, Weinheim
12. Stegemann S (2004) Capsugel, Zielgruppenorientierte galenische Maßnahmen wie Färben und Aromatisieren, APV Seminar Galenische Maßnahmen zur Steigerung der Compliance, Darmstadt
13. Maruyama J (2009) interne Information. Asahi-Kasei Chemicals Corp, Tokyo
14. Gnädig H (2009) Interne Information. Lomapharm, Emmertal
15. Adams FM, Osgood CE (1973) J Cross-Cult Psychol 4:135–156
16. Ritschel WA, Bauer-Brandl A (2002) Die Tablette. Editio Canto Verlag, Aulendorf
17. Schaal G (2004) Untersuchungen einer Befilmungsmöglichkeit fester Arzneiformen mit modifizierten Triglycerid-Dispersionen, Dissertation der Biologisch-Pharmazeutischen Fakultät der Friedrich-Schiller-Universität Jena
18. Workshopscript (2008) From polymer research to pharmaceutical applications. In: Seminar vom 09–10.07.2008. BASF, Ludwigshafen

19. Kobuko H, Nishiyama Y, Brunemann J (2002) A plasticizer seperation system for aqueous coating using a concentric dual-feed spray nozzle. Shin-Etsu, Tokyo, Pham. Tech. Europ. 14
20. Hercules Incorporated, Aqualon Division, Klucel Brochure: Physical and chemical properties, 250-2F REV. 10-01 500, Wilmington
21. Gögebakan E, Kumpugdee-Vollrath M (2009) EASY COATING: Filmcoaten im Labormaßstab: Einführung in den Coatingprozess. Technische Fachhochschule, Berlin
22. Geiger W, Willi K (2005) Handbuch Qualität: Grundlagen und Elemente des Qualitätsmanagements. Vieweg Verlag, Wiesbaden
23. Kumpugdee M (2002) Coating of pellets with aqueous dispersions of enteric polymer by using a Wurster-based fluidized bed apparatus. Dissertation der Universität Hamburg
24. Cech T, Wildschek F (2008) ExAct „excipients & actives for pharma": film coating: scuffing, no. 21, October. BASF, Ludwigshafen
25. Lehmann & Voss & Co.KG (2023), persönliche Kunden-Erfahrung, Hamburg

GLATT-Wirbelschichttechnologie zum Coating von Pulvern, Pellets und Mikropellets

Annette Grave und Norbert Pöllinger

4.1 Einleitung

Wirbelschichtverfahren wurden ursprünglich in der chemischen Verfahrenstechnik angewandt. Ende der 1950er-Jahre fand die Wirbelschichttrocknung Eingang in die pharmazeutische Industrie, da eine verbesserte Trocknungseffizienz im Vergleich zu bestehenden Verfahren erzielt werden konnte. Viele Granulationsprozesse wurden durch Feuchtgranulation in einem Zwangsmischer durchgeführt, worauf ein Trocknungsschritt in einem Hordentrockner folgte. Je nach Produktqualität kann eine Hordentrocknung allerdings mehrere Tage dauern. Derart lange Trocknungszeiten können bei Anwendung der Wirbelschichttrocknung häufig auf weniger als eine Stunde verkürzt werden. Die Wirbelschichttrocknung ist eine besonders effektive und schonende Art der Trocknung, da die gesamte Oberfläche der einzelnen Partikel für den Wärme- und Feuchteübergang zur Verfügung steht.

Durch den Einsatz von Sprühdüsen entwickelten sich Wirbelschichtanlagen schnell zu Wirbelschichtgranulatoren, bei denen eingesprühte Flüssigkeit zur Agglomeration von Pulverpartikeln führt. Es entstehen lockere, poröse Agglomerate, in die Flüssigkeiten wie Wasser, Magen- und Darmsaft schnell eindringen können. Hierdurch wird eine rasche Auflösung von Granulaten und daraus hergestellten Tabletten unterstützt. Die Wirbelschicht-Wurster- oder -Bottom-Spray-Technologie ermöglicht schließlich ein höchst effektives Coating von Pulvern, Granulaten, Pellets und Tabletten. Mit modernen Filmcoatingrezepturen können ganz gezielt die definierten Eigenschaften pharmazeutischer Produkte generiert werden. Wichtig ist hierbei ein sehr gleichmäßiger und

A. Grave (✉) · N. Pöllinger (✉)
Glatt Pharmaceutical Services GmbH & Co. KG, Binzen, Deutschland
E-Mail: annette.grave@glatt.com; Norbert.Poellinger@glatt.com

kontrollierter Auftrag der Coatingmaterialien. Die entstehenden Überzüge müssen dicht und frei von mechanischen Schäden oder Rissen sein. Mit der Wirbelschicht-Rotor-Technologie wurde eine weitere Technik entwickelt, die die Herstellung von Pellets und Mikropellets im Sinne der Direktpelletisierung und der Powderlayering-Technologie ermöglicht. Durch die zentrifugale Produktbewegung entstehen Agglomerate, die sich zu gleichmäßigen und dichten Pellets ausrunden lassen. Weitere innovative Wirbelschichtpelletisierungstechniken erlauben die Herstellung von Mikropellets und Pellets mit unterschiedlichen Wirkstoffbeladungen sowie Wirkstofffreisetzungseigenschaften sowohl im batch- als auch im kontinuierlichen Herstellungsmodus; sie stellen ein ideales Substrat für das Aufbringen unterschiedlichster funktioneller Überzüge dar.

Darüber hinaus trägt die Wirbelschichttechnologie den gestiegenen verfahrenstechnischen Anforderungen Rechnung: Explosionsschutz, Qualifizierung und Validierung, moderne Steuerungstechnik, geschlossene Systeme (Total Containment), automatisierte Reinigungssysteme (WIP = Wash in Place, CIP = Clean in Place) und die Anbindung an übergeordnete Materialwirtschaftssysteme stellen nur einige Optionen dar, die bei der Installation und Nachrüstung moderner Anlagen realisiert werden können.

4.2 Beschreibung und Basisaufbau einer Wirbelschichtanlage

Als Wirbelschicht wird ein Zustand von Feststoffpartikeln bezeichnet, in dem diese von einem aufwärts gerichteten Trägerstrom angehoben, durchströmt und dadurch verwirbelt werden. Dieser Trägerstrom besteht meist aus Luft, kann aber auch durch den Einsatz anderer Gase erzeugt werden.

Insbesondere für Prozesse, bei denen ein homogenes Coating auf Partikel aufgetragen werden muss, ist eine gleichmäßige Bewegung aller Partikel von größter Bedeutung. Die Wurster-Technologie verfügt über technische Möglichkeiten und Konfigurationen, die für jede Produktqualität eine optimale Fluidisierung und damit höchste Coatingqualität gewährleisten.

Eine ruhende Schüttschicht, die von unten nach oben mit Luft oder einem anderen Gas durchströmt wird, beginnt sich aufzulockern bzw. auszudehnen, sobald die Geschwindigkeit der durchströmenden Luft bzw. des durchströmenden Gases erhöht wird. Nach Überschreiten der minimalen Wirbelgeschwindigkeit entsteht eine Wirbelschicht (Abb. 4.1). Dies ist dann der Fall, wenn der Druckverlust des einströmenden Gases in der Wirbelschicht (Δp) gleich dem Gewicht des Festbettes (Masse m x Gravitationskonstante g) pro Fläche des Anströmbodens (A) ist:

$$\Delta p = m \cdot g / A \qquad (4.1)$$

Wirbelschichten verhalten sich wie stark sprudelnde Flüssigkeiten. Die einzelnen Feststoffpartikel sind praktisch vollständig von Luft oder Gas umströmt und berühren sich

4 GLATT-Wirbelschichttechnologie zum Coating von Pulvern, Pellets und Mikropellets

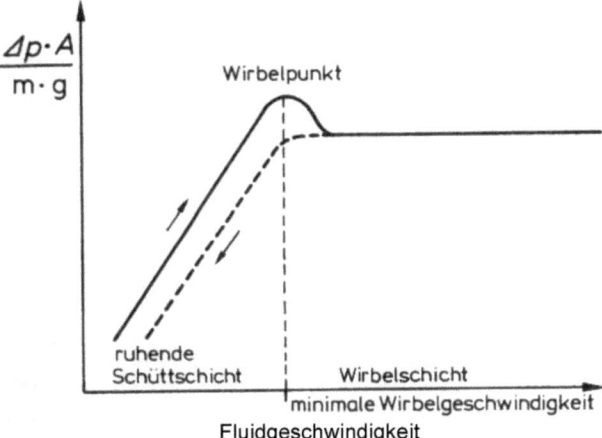

Abb. 4.1 Grafische Darstellung der Druckverluste über die Fluidgeschwindigkeiten in der Wirbelschicht. (Aus [1])

durch die ständige Bewegung nur kurzzeitig. Mit modernen computergestützten Modellierungsmethoden wie der Computational Fluid Dynamics-Discrete Computational FluElement Method (CFD-DEM-Methode) kann die Produktbewegung in der Wirbelschicht und ihre Abhängigkeit von den angewandten Prozessparametern sehr genau beschrieben werden [2].

Wirbelschichtanlagen bestehen aus folgenden **Hauptkomponenten** (Abb. 4.2):

- Zuluftaufbereitung
- Arbeitsturm
- Abluftaufbereitung inklusive Lösemittelentsorgung
- Ventilator und Schalldämpfer

Zuluftaufbereitung

Die Komponenten der Zuluftaufbereitung sind:

- Zuluftfiltration mit Grob- und Feinpartikelfilter (HEPA-Filter)
- Zuluftentfeuchtung und Zuluftbefeuchtung (optional) und
- Zuluftheizung und Zuluftkühlung

Für den Prozess wird Luft in einer geeigneten Qualität benötigt – zum Verdampfen von Wasser oder Lösemittel im Zuge eines Coatingprozesses, aber auch zum Trocknen und Kühlen des Produktes. Die Qualität der Zuluft muss reproduzierbar sein, damit reproduzierbare Prozesse und Produktqualitäten gewährleistet sind. Qualität der Zuluft bedeutet hier: konstante Temperatur, Feuchte und Reinheitsgrad.

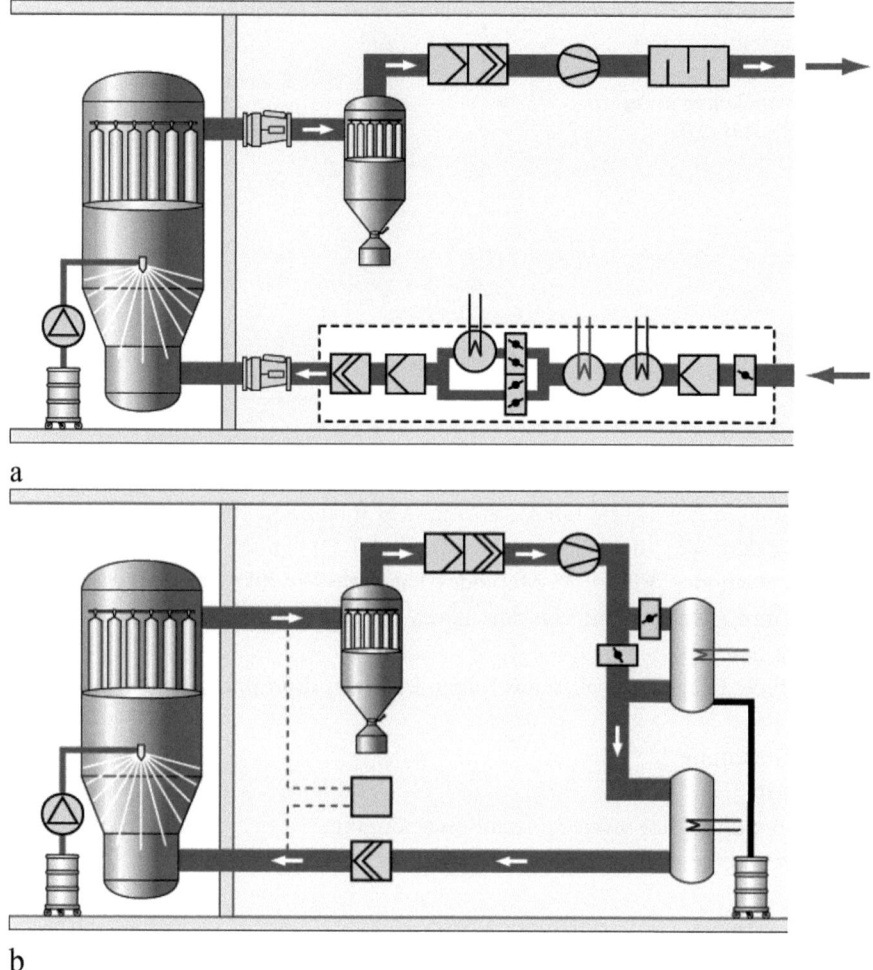

Abb. 4.2 Aufbau einer Wirbelschichtanlage. **a** Frischluftfortluftsystem, **b** Kreislaufsystem mit N_2-Inertisierung und Rückgewinnung für organische Lösungsmittel

Arbeitsturm (Abb. 4.3)

Die Komponenten des Arbeitsturms sind:

- Zuluftteil
- Produktbehälter
- Sprühdüse(n)
- Entspannungsgehäuse
- Filtergehäuse mit Produktfilter oder Fangkorb

4 GLATT-Wirbelschichttechnologie zum Coating von Pulvern, Pellets und Mikropellets 93

Abb. 4.3 Arbeitsturm einer GLATT-Wirbelschichtanlage vom Typ GPCG

Im Arbeitsturm der Wirbelschichtanlage findet der Wirbelschichtprozess statt. Durch das Zuluftteil tritt die Prozessluft in den Produktbehälter ein.

Mithilfe einer oder mehrerer Düsen werden die Granulations- oder Coatingflüssigkeiten in das Wirbelbett eingesprüht. Der Raum oberhalb des Produktbehälters fungiert als Entspannungszone, in der sich die Fluidisierluft verlangsamt und es dem Produkt erlaubt, in Richtung des Anströmbodens und damit in die Prozesszone zurückzufallen. Im obersten Teil der Prozesskammer – oberhalb der Entspannungszone – befindet sich das Filtergehäuse; hier werden die hochfliegenden Partikel aus der Fluidisierluft abgeschieden und in der Prozesskammer zurückgehalten (Abb. 4.4). Damit feinpartikuläres oder staubförmiges Material die Produktfilter nicht dauerhaft verstopfen und so den Luftstrom behindern kann, muss es aus den Produktfiltern zurück in das Produktwirbelbett befördert werden. Die Produktfilter können aus feinmaschigem Stoffgewebe bestehen; die Filterstrümpfe können zur Rückführung von Stäuben in die Wirbelzone mechanisch abgerüttelt oder mit Druckluft ausgeblasen werden. Für Coatingprozesse mit Pellets werden in der

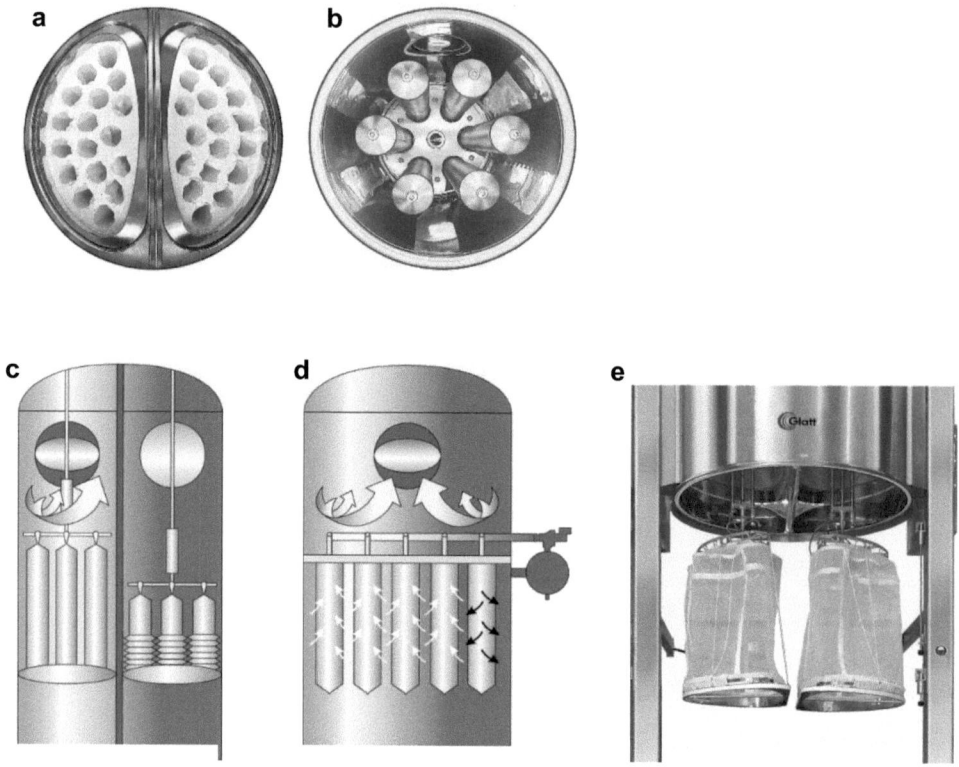

Abb. 4.4 Produktfiltersysteme, Fangkörbe

Regel grobmaschigere Fangkörbe eingesetzt, die zwar feine staubartige Partikel durchlassen, die Pellets aber im Arbeitsturm zurückhalten.

Für vollautomatisch abreinigbare Anlagen (CIP = Clean in Place) können Filterpatronen oder Fangkörbe aus Edelstahl eingesetzt werden, die während des Prozesses mithilfe von Druckluft abgereinigt werden. Filterpatronen oder Fangkörbe aus Edelstahl verbleiben bei der Nassreinigung in der Anlage.

Abluftaufbereitung
Die Prozessabluft wird zunächst im Arbeitsturm mithilfe der Produktfilter abgereinigt. Um den umweltrechtlichen Anforderungen an die Reinheit der Abluft sowie entsprechenden Sicherheitsanforderungen gerecht zu werden, sind zusätzlich Nachentstauber unterschiedlicher Bauart im Einsatz. Mithilfe sogenannter „Polizeifilter" (z. B. HEPA-Filter) werden auch feinste Partikel aus der Abluft quantitativ abgeschieden (Abb. 4.2).

Der Ventilator (Abb. 4.2) ist die eigentliche Triebkraft für den Prozess. Wie ein überdimensionaler Staubsauger saugt er die Zuluft durch die Anlage und bewirkt die Fluidisierung des Produktes. Der Geräuschpegel des Ventilators kann durch einen Schalldämpfer wirksam reduziert werden.

Explosionsschutz und Lösemittelentsorgung

Für die Verarbeitung von wirkstoffhaltigen Flüssigkeiten und verschiedener Lackrezepturen kommen regelmäßig organische Lösemittel zum Einsatz, die meist brennbar sind und bei Vorhandensein von Zündquellen zu Explosionen führen können. Staub- und Lösemittelgemische stellen naturgemäß ein gewisses Explosionsrisiko und damit eine potenzielle Gefahrenquelle für Mensch und Maschine dar. Entsprechend sind für die Verarbeitung organischer Lösemittel wie Ethanol, Methanol, Isopropanol oder Aceton vorgesehene Wirbelschichtanlagen sicherheitstechnisch auszurüsten (Abb. 4.5). Moderne Wirbelschichtanlagen von GLATT verfügen über eine Druckstoßfestigkeit von 12 bar – damit können alle gängigen Produkte der Pharmaindustrie sicher verarbeitet werden. Selbst im Falle einer Explosion besteht keine Gefahr für Mensch und Technologie.

Im Unterschied zu Anlagen, deren Sicherheitskonzept auf einer Druckentlastung im Explosionsfall und einer damit verbundenen möglichen Freisetzung von Produkt aus der Anlage beruht, bleiben moderne 12-bar-druckstoßfeste Anlagen auch im Falle einer Explosion geschlossen. Somit verbleibt auch das gerade bearbeitete Produkt in der geschlossenen Anlage. Die Gefahr einer Kontamination von Umgebung und Umwelt ist dadurch ausgeschlossen.

Kommen organische Lösemittel für Wirbelschichtprozesse zum Einsatz, müssen insbesondere die einschlägigen Vorschriften des Emissionsschutzrechts beachtet werden. Wasserlösliche Lösemittel wie Ethanol, Isopropanol oder Aceton können beispielsweise über Abluftwäscher aus der Abluft entfernt werden. Alternativ kommen Adsorptionssysteme oder katalytische Verbrennungsverfahren zum Einsatz, die auch für die Abreinigung wasserunlöslicher Lösemittel aus der Abluft geeignet sind.

Durch die Verwendung von Kreislaufanlagen, die mit Kondensationssystemen ausgestattet sind (Abb. 4.2), können Emissionen ebenfalls wirksam vermieden werden; die

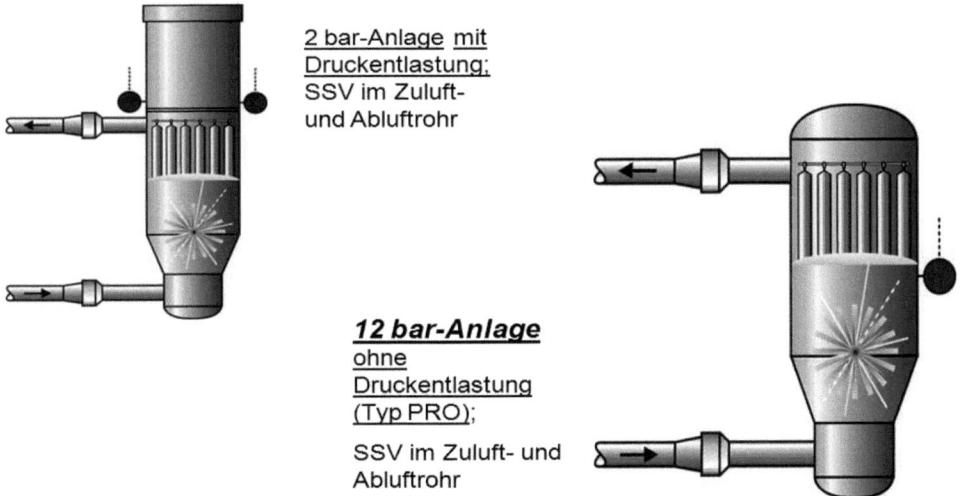

Abb. 4.5 Sicherheitskonzepte für Wirbelschichtanlagen (SSV: Schnellschlussventil)

zurückgewonnenen Lösemittel können unter Umständen wiederverwendet werden. Das mit eingesprühtem organischem Lösemittel oder Lösemittelgemischen beladene Fluidisier- oder Kreislaufgas wird bei jeder Zirkulation im Teilstrom über einen Kondensator geführt, der bei entsprechend tiefer Temperatur die Lösemittel durch Kondensation aus dem Kreislaufgas abscheidet.

Reinigungssysteme
Wirbelschichtanlagen werden meist für die Herstellung mehrerer Produkte eingesetzt. Um eine „Cross Contamination" zu vermeiden, ist eine effektive Abreinigung von Produktionsrückständen von größter Bedeutung. Für die Reinigung moderner Systeme werden halb- oder vollautomatisch arbeitende technische Systeme eingesetzt.

Unter einer WIP (Washing-in-Place)-Reinigung versteht man eine gründliche maschinelle Vorreinigung, die in der Regel noch einer manuellen Nachreinigung bedarf. Nach einer Benetzung der Prozessanlage mit Wasser oder wässrigen Reinigungsflüssigkeiten werden die nassen und damit nicht mehr staubigen Filter oder Fangkörbe aus der Anlage entnommen und in einer Waschmaschine gewaschen. Die wieder geschlossene Anlage wird dann mittels eingebauter spezieller Waschdüsen gründlich weitergereinigt. Mögliche, noch vorhandene Restverschmutzungen werden manuell entfernt.

Unter einer CIP (Cleaning-in-Place)-Reinigung ist ein voll automatisierter Reinigungsprozess zu verstehen, für den die Prozessanlage zu keinem Zeitpunkt geöffnet werden muss. Von einem CIP-Reinigungsprozess im engeren pharmazeutischen Sinne kann gesprochen werden, wenn das Akzeptanzkriterium der Reinigungsvalidierung mit einer automatischen Reinigung erreicht wird.

Für die CIP-Technologie sind Filterpatronen oder Fangkörbe aus Edelstahl zu verwenden, die während der CIP-Reinigung in der Anlage verbleiben können (SC-Super-Clean-Ausblasfilter und SC-Super-Clean-Fangkörbe, s. Abb. 4.4). Derartige geschlossene Systeme werden beispielsweise bei der Verarbeitung hochwirksamer pharmazeutischer Produkte eingesetzt.

4.3 GLATT-Wirbelschichtverfahren

GLATT-Wirbelschichtanlagen können für unterschiedliche pharmazeutische Herstellprozesse eingesetzt werden:

- Batch-Prozesse für Trocknung/Granulation/Pelletisierung/Coating
- Kontinuierliche Prozesse zur Pelletisierung

4.3.1 Batch-Prozesse

Die zumeist für die Granulation genutzte Top-Spray-Wirbelschichttechnik (Abb. 4.6b) wurde in der Folge auch eingesetzt, um Partikel wie Granulate oder Pellets zu lackieren.

4 GLATT-Wirbelschichttechnologie zum Coating von Pulvern, Pellets und Mikropellets

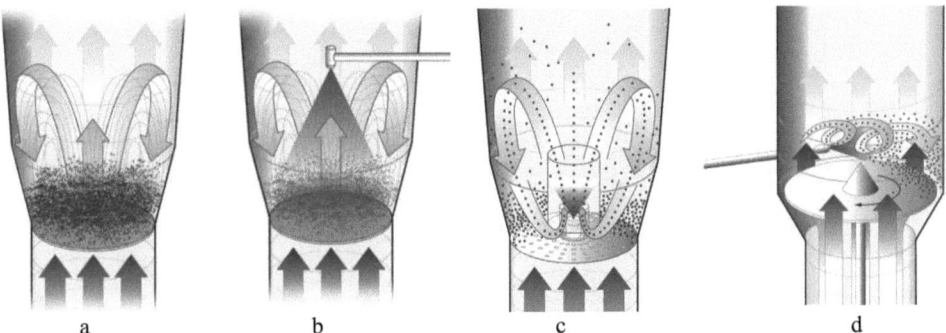

Abb. 4.6 GLATT-Batch-Prozesse. **a** Wirbelschichttrocknung, **b** Wirbelschicht-Top-Spray-Granulation, **c** Wirbelschicht-Wurster-(Bottom-Spray)-Coating, **d** Wirbelschicht-Rotor-Pelletisierung

Unter entsprechenden Prozessbedingungen können zumindest größere Partikel gecoatet werden. Eine oder mehrere Sprühdüsen sprühen eine Flüssigkeit im Gegenstrom auf das Produkt.

Das *Wirbelschicht-Top-Spray-Verfahren* ist eine für die Agglomeration von Partikeln entwickelte Prozesstechnologie. Diese Granulationstechnik ist für das Überziehen von einzelnen Partikeln daher nur mit Einschränkungen geeignet, da bei Coatingprozessen eine Agglomeration von einzelnen Partikeln weitestgehend vermieden werden muss.

Einen Sonderfall stellt die *Hotmelt-Technologie* dar, bei der geschmolzene Substanzen wie Lipide, Polyethylenglykole oder Tenside im Top-Spray-Verfahren auf das Substrat aufgesprüht werden.

Ein weiteres Wirbelschichtverfahren nutzt eine rotierende Scheibe in einem zylindrischen Produktbehälter (Abb. 4.6d), um das zu verarbeitende Material in eine rotierende Bewegung zu versetzen. Die dabei erreichte spiralförmige Gutbewegung kann zum Aufbau, aber auch zum Lackieren von Pellets verwendet werden. Tangential montierte Zweistoffdüsen bringen die Coatingflüssigkeit in das Produktbett ein. Ursprünglich für die Produktion von Granulaten mit höherer Dichte konzipiert, hat sich das *Wirbelschicht-Rotor-Verfahren* zu einem Prozess entwickelt, mit dem sphärische Granulate – Pellets – in unterschiedlicher Größe hergestellt werden können. Insgesamt wirken unterschiedliche physikalische Kräfte auf das Produkt ein: Die drehende Scheibe bewirkt Zentrifugalkraft, durch die eintretende Luft entsteht eine vertikale Fluidisierungsbewegung und schließlich die Gravitation, welche bewirkt, dass sich das Produkt kaskadenförmig wieder nach unten auf die rotierende Scheibe zu bewegt. Das resultierende Bewegungsmuster des Produktes kann als eine Spirale beschrieben werden. Eine oder mehrere Düsen sind so angeordnet, dass Flüssigkeiten tangential im Gleichstrom in das fluidisierte Produktbett gesprüht werden.

4.3.1.1 CPS™ (Complex-Perfect-Spheres)-Technologie

Ein weiterentwickeltes, optimiertes Rotorverfahren stellt die CPS™-(Complex-Perfect-Spheres)-Technologie (Abb. 4.7) dar, die nach dem Rotorgrundprinzip arbeitet, aber einen optimierten Produktfluss und damit eine optimierte Prozessführung und Produktqualität ermöglicht. Im Gegensatz zur Rotortechnologie verfügt die CPS™-Technologie über eine

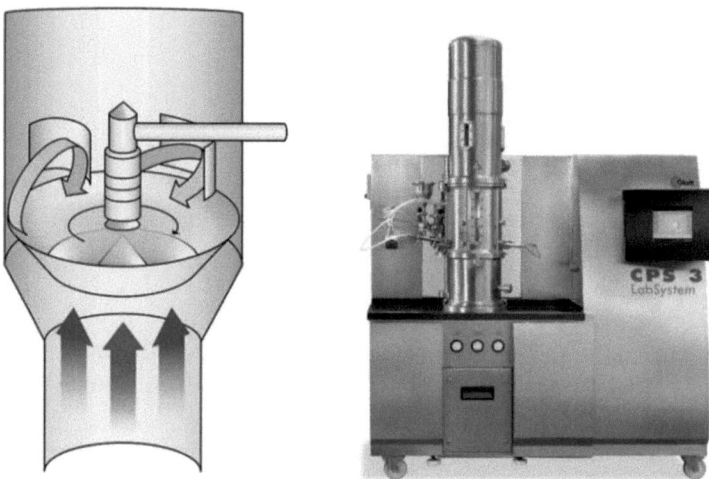

Abb. 4.7 GLATT-CPS™-Technologie/Laboranlage

konische Drehscheibe, welche eine hocheffektive Übertragung der zentrifugalen Kräfte in die entstehenden Pellets erlaubt; verschiedene Typen von CPS™-Scheiben stehen für eine Prozess- und Produktoptimierung zur Verfügung. Weiterhin sind in der Entspannungszone speziell geformte Leitbleche angebracht, die nach oben fluidisiertes Produkt wieder in das rotierende Produktbett zurückbefördern.

Neben der Anwendung als Pelletisierungstechnologie können Rotor- und CPS™-Technologie auch für Wirkstofflayering und Partikelcoatingapplikationen eingesetzt werden.

4.4 Wurster- oder Bottom-Spray-Technologie

Fast gleichzeitig mit der Entwicklung der Wirbelschichtgranulationstechnologie wurden Wirbelschichttechniken entwickelt, die eine Beschichtung von feinen Pulvern, Granulaten, Pellets und Tabletten zum Ziel haben. Die sogenannte Wurster-Technologie, die in Abb. 4.6c) dargestellt ist, wurde in den 50er-Jahren von dem amerikanischen Pharmazeuten Dale Wurster [3] erfunden, der zu dieser Zeit Professor an der University of Wisconsin war.

Für das Coating von sehr kleinen Partikeln, Mikropellets, Pellets und Minitabletten stellt die Wurster-Technologie ein optimales Verfahren dar. Aufgrund des hier stattfindenden Fluidisierungsmusters ist eine sehr starke Vereinzelung der Partikel gegeben, wenn diese durch die Düse(n) mit Coatingflüssigkeit besprüht werden. Die Einbringung der Coatingflüssigkeit erfolgt im Gleichstrom mit der Fluidisierluft. Die Gefahr einer unerwünschten Partikelagglomeration kann damit weitestgehend ausgeschlossen werden, sofern geeignete Prozessparameter gewählt werden. Die Gefahr einer Agglomeration ist bei Coatingverfahren, bei denen die Sprühflüssigkeiten unter Bett eingesprüht werden, naturgemäß größer.

4 GLATT-Wirbelschichttechnologie zum Coating von Pulvern, Pellets und Mikropellets

Das Wurster- oder Bottom-Spray-Verfahren ist eine Wirbelschichtmethode der Wahl für Partikelcoatingprozesse; hierzu sind auch die Prozesse zu rechnen, bei denen Starterpellets mit einer Wirkstoffschicht überzogen werden (Wirkstoff-Layering). Die Grundlage dieser Technologie ist eine zirkulierende Wirbelschicht. Dazu werden Bereiche mit stärkerem und schwächerem Luftdurchsatz geschaffen. Die Wirbelschicht wird durch das Wurster-Steigrohr in Bereiche mit unterschiedlichem Luftdurchsatz eingeteilt.

Der Bereich unterhalb des Steigrohres – der sogenannte Up-Bed-Bereich – wird stärker durchströmt als seine Down-Bed-Umgebung; auf diese Weise entsteht eine definierte und kontrollierte Feststoffumwälzung. In der Up-Bed-Bewegung innerhalb des Steigrohrs steigen die Partikel auf, in der Down-Bed-Umgebung sinken sie ab. In den aufsteigenden Partikelstrom wird die Coatingflüssigkeit im Gleichstrom eingedüst [4].

Beim Wirbelschichtcoatingprozess ist ein häufiges, wiederholt dünnes Auftragen von Flüssigkeitstropfen auf das vorgelegte Substrat in einer Umgebung mit hohem Wärme- und Stofftransport anzustreben (Abb. 4.8).

Der Bewegungsablauf im Wurster-Prozess kann in 4 Zonen aufgeteilt werden (Abb. 4.9):

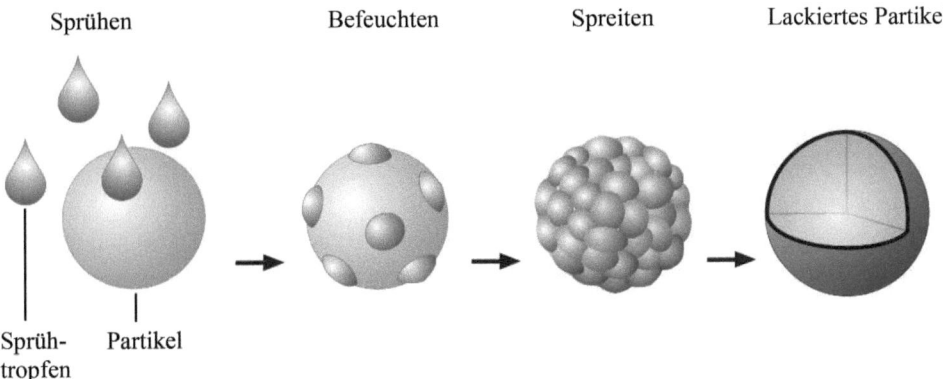

Abb. 4.8 Prinzip des Layerings bzw. Coatings von Partikeln

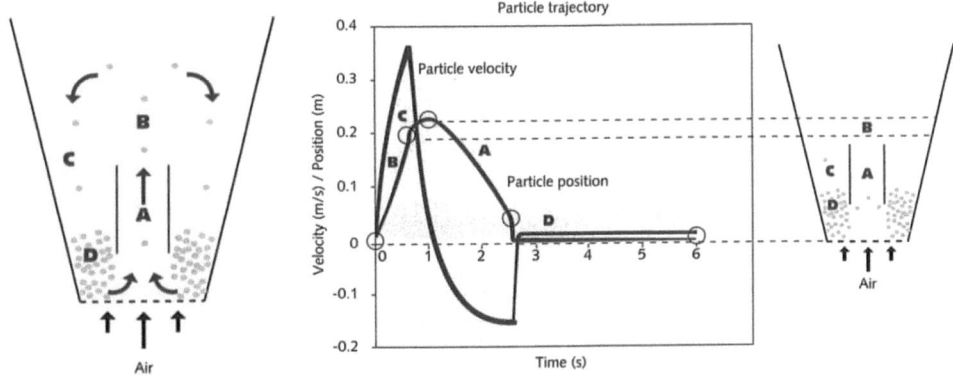

Abb. 4.9 4-stufige Bewegung und Bewegungsablauf der fluidisierten Partikel im Wirbelschicht-Wurster-Prozess [5]

Zone A: Up-Bed-Zone
Die Luftgeschwindigkeit ist in dieser Zone viel höher als die finale Geschwindigkeit der Partikel. Die Partikel werden durch pneumatischen Transport vertikal nach oben befördert. In der Up-Bed-Zone werden die Partikel, die hier ihre höchste Geschwindigkeit erreicht haben, mit der feinverdüsten tropfenförmigen Sprühflüssigkeit benetzt und beginnen bereits abzutrocknen, bevor sie die Zone B erreichen.

Zone B: Zone mit verlangsamter Aufwärtsbewegung
Die Partikel verlassen die Up-Bed-Zone und treten in die Entspannungszone über, in der sie langsamer werden. Sie fliegen in einer parabolischen Bewegung noch eine Strecke aufwärts, bevor sie die Auftriebskraft verlieren und in den Down-Bed-Bereich zu fallen beginnen. Die Partikel trocknen in dieser Phase weiter ab.

Zone C: Down-Bed-Zone
Die Partikel bewegen sich in der Down-Bed-Zone mit dem wirbelnden Produktbett weiter abwärts, bevor sie den Spalt zwischen Down-Bed- und Up-Bed-Bereich erreichen. In dieser Phase müssen die Partikel bereits weitestgehend abgetrocknet sein, damit sie in den Zonen C und D nicht zusammenkleben können.

Zone D: kompaktes Produktbett
Aus dieser Zone, die ein kompaktes Produktbett darstellt, bewegen sich die Partikel langsam in Richtung des „Up-Bed-Bereichs".

Insgesamt verbringen die Partikel somit nur kurze Zeit in den Zonen A, B und C. Diese Zeit muss dazu ausreichen, um die zuletzt auf die Partikel aufgebrachte Coatingschicht abzutrocknen. Ist dies nicht der Fall, können die Partikel in Zone D zusammenkleben und Agglomerate bilden, da es in dieser Zone zu einer starken Akkumulation der Partikel kommt.

Die Partikel verbringen demnach eine vergleichsweise längere Zeit im Bereich D. Es ist wichtig, dass die an dieser Stelle herrschenden Temperaturen insbesondere bei der Verarbeitung temperaturempfindlicher Wirk- und Coatingsubstanzen nicht zu hoch werden, da sonst die Produktqualität negativ beeinflusst werden kann. Die Verweilzeit in diesem Bereich hängt in starkem Maße von der Beladung der Anlage sowie von den Fluidisierungsbedingungen ab. In einer GLATT-Laboranlage und einer Batchgröße von 1,35 kg wurde für einen Fluidisierungszyklus beispielsweise eine Dauer von 6 sec experimentell ermittelt [5].

In Abb. 4.9 ist eine Variante dieses Verfahrens mit einem einzelnen Steigrohr dargestellt; diese Konfiguration wird für Batchgrößen von bis zu 100 kg angewandt. Größere pharmazeutische Produktionsanlagen verfügen über bis zu sieben Steigrohre und Sprühdüsen. Ein oder mehrere „Wurster-Steigrohre" teilen den Apparat in zwei Bereiche: den sogenannten „Up-Bed- und den „Down-Bed-Bereich". Die in den „Up-Bed-Bereich" und den „Down-Bed-Bereich" einströmenden Luftmengen werden über die Konfiguration der Bodenplatte kontrolliert.

Abb. 4.10 Wurster-(Bottom-Spray)-Bodenplatte für den Lufteintritt

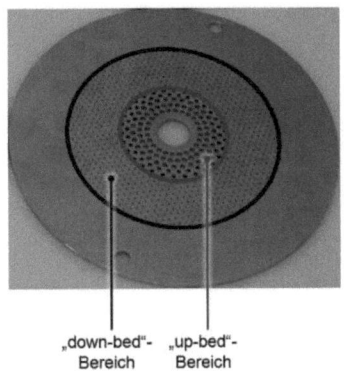

„down-bed"-Bereich   „up-bed"-Bereich

- Die Luftführung im „up-bed"-Bereich ist wichtig für eine homogene Applikation des Filmes.
- Für jede Applikation und Produktqualität kann die optimale Konfiguration ausgewählt werden.

Der „Down-Bed-Bereich" des Wurster-Produktbehälters nimmt die Partikel auf, die aus dem Steigrohr nach oben ausgetragen wurden und im „Down-Bed-Bereich" wieder nach unten fallen. Hier ist die Bodenplatte vergleichsweise gering perforiert (Abb. 4.10). Die Perforation im „Down-Bed-Bereich" ist so bemessen, dass eine Gasgeschwindigkeit entsteht, die nur wenig oberhalb der Lockerungsgeschwindigkeit für das Produkt liegt und das Produkt konstant in Bewegung halten soll. Ein Zurückfallen der besprühten Partikel in die Sprühzone ist aufgrund der dort eingetragenen hohen Luftmengen nicht möglich.

Der vom Wurster-Steigrohr überdeckte „Up-Bed-Bereich" ist hingegen stark perforiert. In dieser Zone, in der der Auftrag der zerstäubten Coatingflüssigkeit auf die Partikel stattfindet, sollen die Bedingungen einer „Flugförderung" vorliegen. Das bedeutet, dass die Gasgeschwindigkeit höher ist als die Einzelkornsinkgeschwindigkeit. Alle Teilchen befinden sich in diesem Bereich im freien Flug. Die Turbulenz der Strömung ist groß genug, um sowohl feinere als auch gröbere Partikel gleichmäßig über den Querschnitt zu verteilen. Im Interesse einer gleichmäßigen Besprühung aller vorgelegten Partikel ist die beschriebene Qualität der Fluidisierung von großer Wichtigkeit.

Die Luft- oder Gasgeschwindigkeit im Wurster-Steigrohr entscheidet über die Art des pneumatischen Produkttransports: Sie ist beim Umhüllen der Partikel kleiner als die Sinkgeschwindigkeit der Partikel, aber doch so groß, dass die Schicht bis zur Oberkante des Steigrohrs expandiert. Die Partikel werden aus dem Steigrohr ausgetragen, indem sie im Wurster-Steigrohr pneumatisch transportiert und anschließend aus dem Steigrohr geschleudert werden. Bis die Partikel in den „Down-Bed-Bereich" zurückgelangen und sich dort in engem Kontakt mit dem restlichen Produktbett befinden, sollte ihre Oberfläche weitgehend abgetrocknet sein, damit eine unerwünschte Agglomeration durch das Zusammenkleben noch feuchter Partikel vermieden wird.

Oberhalb des Wurster-Steigrohres vereinigen sich die beiden Gasströmungen aus dem „Up-Bed- und dem „Down-Bed-Bereich" wieder. Hier herrscht für beide Strömungen der gleiche Druck. Weil aber der Druckverlust für das Durchströmen des „Down-Bed-Bereichs" durch die große Produktmenge in diesem Bereich bedeutend höher ist als im Coatingbereich des Steigrohres, herrschen in der Nähe der Bodenplatte unterschiedliche Drucke: Im „Up-Bed-Bereich" ist der Druck bedeutend höher als im „Down-Bed-Bereich".

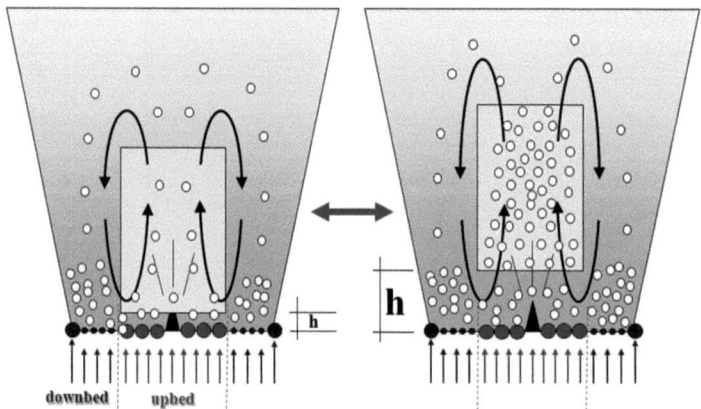

Abb. 4.11 Einfluss der Wurster-Rohrhöhe auf das Fluidisierungsverhalten

Dieser Druckunterschied sorgt für einen Venturi-„Einsaugeffekt", der eine Gasströmung zur Folge hat, die die Partikel in Richtung der Sprühdüse antreibt. Da das Wurster-Steigrohr höhenverstellbar ist, kann die Spalthöhe so verändert werden, dass konstant eine ausreichende Anzahl der Partikel in die Coatingzone im „Up-Bed-Bereich" eintreten kann und eine gleichmäßige und quantitative Beschichtung der Partikel bei minimierten Sprühverlusten stattfindet (Abb. 4.11).

Die erforderliche Steigrohrhöhe hängt in starkem Maße von der Fließfähigkeit oder – anders ausgedrückt – vom Fließwiderstand der zu coatenden Partikel ab: Bei runden, ideal fließfähigen Pellets ist eine geringere Spalthöhe ausreichend als bei weniger gut fließfähigen Partikeln. Üblich sind Spalthöhen von 20 bis 40 mm, in besonderen Fällen 80 bis 100 mm. Die resultierende Partikelbewegung wird vor allem durch die Fluidisierluftmenge und die Höhe des Wurster-Steigrohrs beeinflusst [2].

Die Coatingflüssigkeit wird von unten in das zirkulierende Wirbelbett eingedüst. Ein sogenannter Düsenkragen umhüllt den Sprühstahl der Düse bei Prozessanlagen, die mit Highspeed-Düsen vom Typ HS™ oder LD™ arbeiten (Abb. 4.12). Durch spezielle Verdüsung und Luft- bzw. Produktführung im Coatingbereich kann ein vorzeitiger Kontakt zwischen Substrat und Coatingflüssigkeit verhindert werden. Bei HS-Düsen schließt der Düsenkragen als zusätzliche mechanische Barriere eine Produktüberfeuchtung direkt am Flüssigkeitsaustritt der Düse aus.

Ziel des Partikelcoatens ist eine dichte Beschichtung der Partikel, um beispielsweise eine Geschmacksmaskierung, eine Magensaftresistenz oder eine kontrollierte oder verzögerte Freisetzung des Wirkstoffes zu gewährleisten. Die Qualität einer Lackschicht wird von der Verdüsung der Coatingflüssigkeit, der Fluidisation im „Up-Bed- und im „Down-Bed-Bereich", der Partikeldichte in der Coatingzone im Steigrohr sowie der Spalthöhe des Wurster-Steigrohrs neben anderen Prozessparametern wie der Luft- und Produkttemperatur maßgeblich beeinflusst. Im Steigrohr ist eine so hohe Partikelkonzentration an-

Abb. 4.12 GLATT-Highspeed-Düsensystem

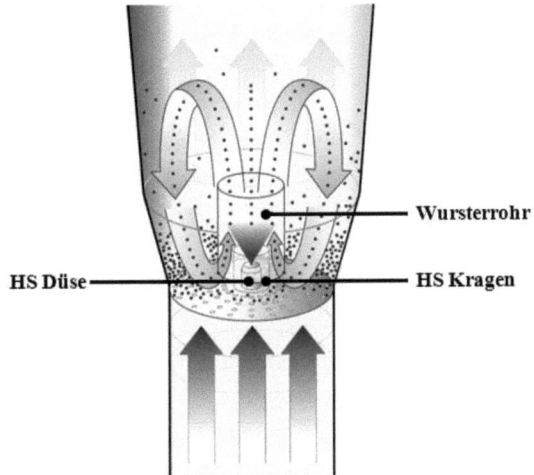

zustreben, dass die Sprühtropfen weitestgehend durch die vorbeifliegenden Partikel aufgenommen werden können. Würden beispielsweise aufgrund einer nicht optimalen Spalthöhe zu wenig Partikel das Steigrohr passieren, könnten die durch die Düse erzeugten Sprühtropfen sprühgetrocknet werden, weil sie keine vorbeifliegenden Partikel treffen können (Abb. 4.11). Dadurch können Sprühverluste entstehen und die Produktqualität und Produktausbeute negativ beeinflusst werden. Sprühverluste können auch die Filtereinheiten blockieren, was eine schrittweise Verringerung der verfügbaren Fluidisierluftmenge zur Folge hat. Ein optimaler Lackauftrag erfordert eine sorgfältige Synchronisation der entsprechenden Parameter.

In [6] ist ein innovatives technologisches Konzept für das Coating von Mikropartikeln mit verzögerter Freisetzung beschrieben (Abb. 4.13). Als Coatingmaterialien werden wässrige Dispersionen von Eudragit® NM 30 D und Eudragit® RS/RL 30 D auf sehr kleine Partikel der Größe < 150 µm in einer Wurster-Wirbelschichtanlage aufgetragen. In periodischen Abständen wurden kleine Mengen von Magnesiumstearat als Antiklebmittel durch einen speziellen Port in die Down-Bed-Zone der Mini-GLATT-Wirbelschichtanlage eingegeben. Durch die Zugabe eines Antiklebmittels nicht nur mit der Polymerdispersion, sondern auch in Pulverform, konnte ein zunächst schwieriger Prozess optimiert werden: signifikante Verbesserung der Ausbeute auf bis zu 99 % bei gleichzeitiger Minimierung von Überkorn. Für die untersuchte Rezeptur mit dem sehr gut wasserlöslichen Wirkstoff Metoprolol Succinat wurden ein reproduzierbarer Prozess und reproduzierbare Pelleteigenschaften wie die In-vitro-Freisetzungsrate erzielt. Wenn die Agglomerationsneigung der Pellets durch eine intermittierende Zugabe von Antiklebmittelpulver optimiert werden kann, ist auch eine Beschleunigung von Coatingprozessen denkbar.

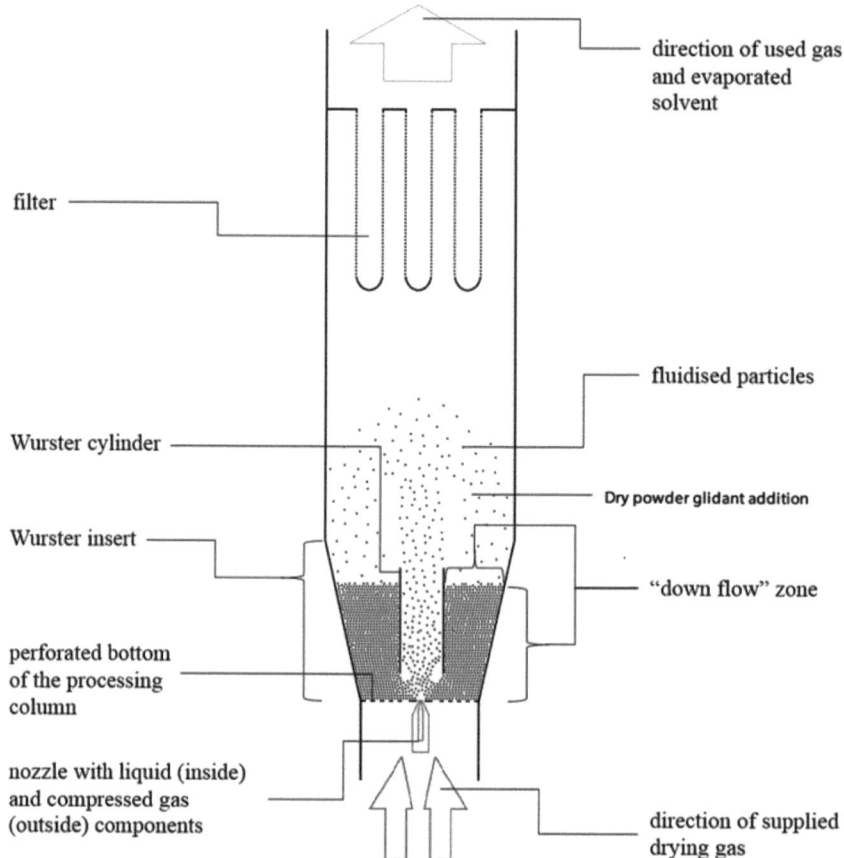

Abb. 4.13 Schematische Darstellung eines Wirbelschicht-Wurster-Coatingprozesses inkl. Zugabe von Antiklebmittelpulver in die Down-Bed-/Downflow-Zone [6]

4.4.1 Kontinuierliche Prozesse

Mit der *MicroPx™-Technologie* (Abb. 4.14a) lassen sich insbesondere Mikromatrixpellets herstellen, die durch sehr hohe Wirkstoffgehalte (≥95 %) und kleine Partikelgrößen (Bereich ~ 100–400 µm) bei sehr enger Korngrößenverteilung gekennzeichnet sind.

Die *ProCell™-Technologie* (Abb. 4.14b) stellt ein Verfahren dar, mit dem vor allem großvolumige Produkte mit großem Durchsatz besonders ökonomisch gefertigt werden können. Bei der dem ProCell™-System zugrunde liegenden Strahlschichttechnologie tritt die Prozessluft mit hoher Geschwindigkeit durch Luftspalte in die Prozesskammer ein; der Kontakt von Produkt mit heißen Oberflächen wird somit weitestgehend vermieden. Aus diesem Grund können mithilfe der ProCell™-Technologie auch temperatursensitive Stoffe bei hohen Zulufttemperaturen verarbeitet werden, was einen kostengünstigen Herstellprozess ermöglicht.

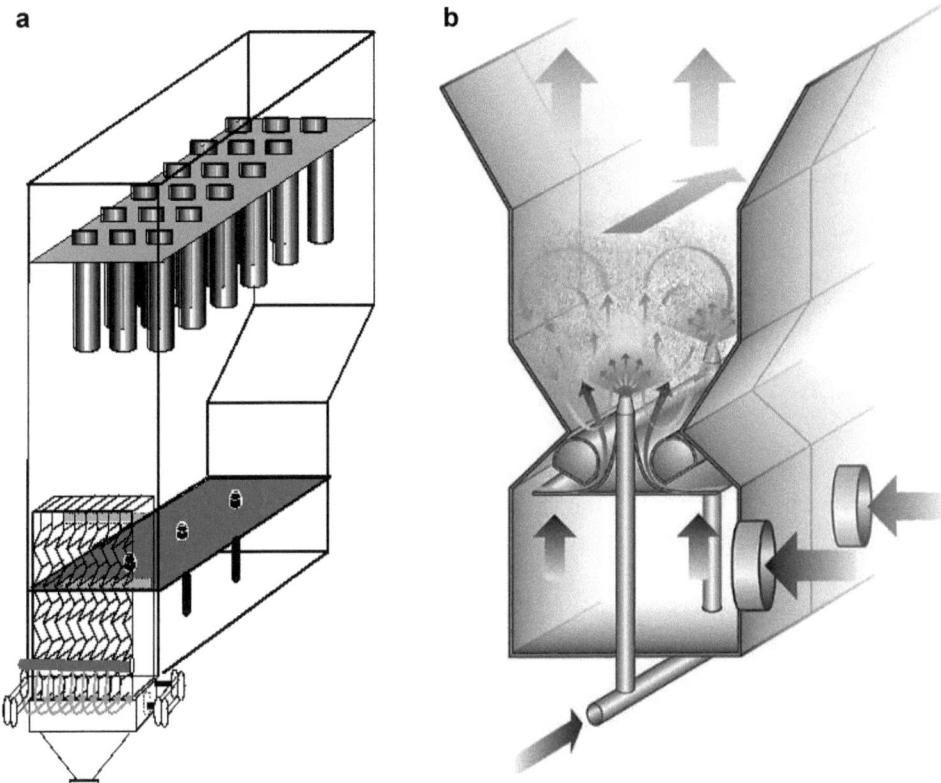

Abb. 4.14 GLATT-kontinuierliche Prozesse. **a**) MicroPx™-Technologie, **b**) ProCell™-Technologie

4.5 Auswahl von produktspezifischen Anlagenkonfigurationen

Durch eine geeignete Konfiguration aller Komponenten des Arbeitsturms wird dafür gesorgt, dass eine optimale Produktbewegung gewährleistet ist und jeder Partikel mit derselben Lackdicke und Lackqualität versehen wird. Darüber hinaus entspricht es den Anforderungen an moderne Produktionsanlagen, dass der Filmcoatingprozess möglichst effizient und wirtschaftlich gestaltet werden kann.

4.5.1 Auswahl der geeigneten Konfiguration der Wurster-Bodenplatte unter Berücksichtigung der Qualität des zu coatenden Produkts

Je größer bzw. je schwerer die zu coatenden Partikel sind, umso mehr Fluidisierluft wird benötigt, um sie im „Down-Bed-Bereich" in permanenter Bewegung und schwereloser Schwebe zu halten und sie zu einer permanenten Fluidisierung zu zwingen.

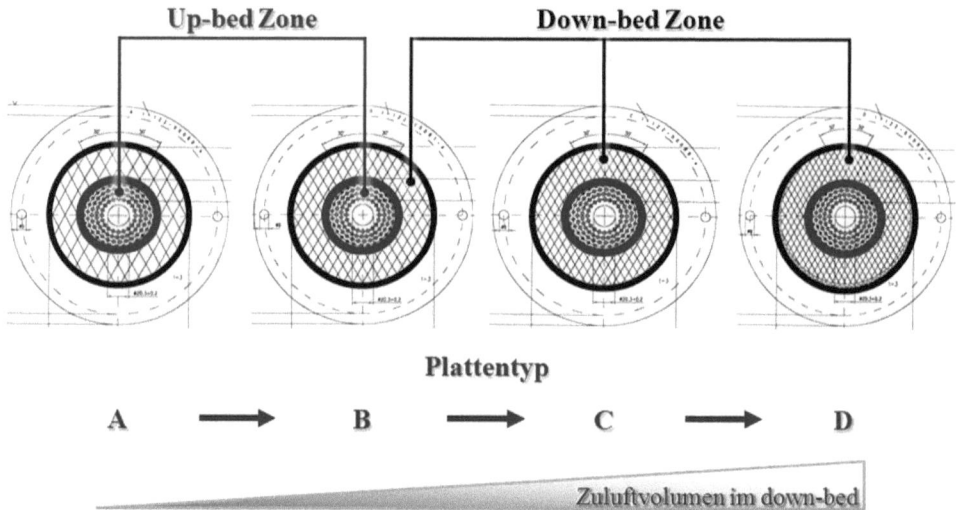

Abb. 4.15 Verteilung der Luftlöcher im „Up-Bed" und „Down-Bed"

Die freie Fläche im „Down-Bed-Bereich" der Bodenplatten steigt von Typ A nach D an; entsprechend steigt das für den „Down-Bed-Bereich" verfügbare Luftvolumen von Bodenplatte Typ A nach D an (Abb. 4.15).

Um Pulverpartikel und sehr kleine Pellets zu fluidisieren, reichen geringe Luftvolumina aus. Für die Fluidisierung von größeren Pellets oder Tabletten wird dagegen eine sehr viel höhere Zuluftmenge benötigt. Durch den Einsatz geeigneter Zuluftbodenplatten kann ein optimales Fluidisierverhalten für jede beliebige Produktqualität sowie eine optimale Prozessführung im Hinblick auf Prozessgeschwindigkeit und -zeit erzielt werden.

Die Wirbelschicht-Wurster-Technologie kann auf einfache Art und Weise für jedes herzustellende Produkt optimal konfiguriert werden; damit ist eine optimale pharmazeutische Qualität für das jeweils herzustellende Produkt erreichbar.

4.5.2 Sprühdüse

Beim Coaten von Partikeln in der Wirbelschicht wird auf vorgelegtes Startmaterial schichtweise Coatingmaterial aufgetragen. Um eine den pharmazeutischen Ansprüchen genügende Qualität des Lacks zu erreichen, muss eine möglichst gleichmäßig dicke, dichte Schicht erreicht werden. Weiterhin ist eine Agglomeration von Partikeln weitestgehend zu vermeiden.

Die von der Düse erzeugten Tropfen müssen so fein sein, dass sie sich durch Spreiten auf der Partikeloberfläche zu einer gleichmäßigen Bedeckung der besprühten Oberfläche formieren. Sind die Tropfen zu klein, wenn sie die Düse verlassen, kommt es zu Sprühtrocknung und Sprühverlusten und damit zu einer möglicherweise ungenügenden Produktqualität hinsichtlich der Wirkstofffreisetzung. Sind die Tropfen zu groß, wird die unerwünschte Agglomeration von Partikeln begünstigt.

Coatingflüssigkeiten werden meist mithilfe von Zweistoffdüsen verarbeitet. Die über eine geeignete Pumpe zur Düse geförderte Flüssigkeit wird mit Druckluft in feine Tropfen zerstäubt (Abb. 4.16 und 4.17).

Folgende Konfigurationen hinsichtlich der Sprühdüse und damit verbundener Aggregate müssen definiert werden:

- Düsentyp (z. B. GLATT-Highspeed-Düsen vom Typ HS™-Düse oder LD™-Düse):
  Die Verwendung von Highspeed-Düsen ermöglicht aufgrund des hohen Sprühluftdurchsatzes auch bei hohen Sprühraten die Erzeugung sehr feiner Tropfen und damit ökonomisch optimierte Prozesse.

  Neben den bekannten HS™-Düsen (Abb. 4.18) steht seit einiger Zeit die GLATT-LD™-Düse zur Verfügung, die im Falle einer Düsenverstopfung während eines laufenden Prozesses rasch und einfach und ohne Werkzeug ausgetauscht werden kann. Die LD™-Düsen sind hinsichtlich Ein- und Ausbau optimiert und bieten größte Effektivität im Prozess bei einfachster Konstruktion. Die bei herkömmlichen Düsentypen bekannten vielfältigen Verschraubungen und Dichtungen entfallen ebenso wie die in dem Zusammenhang möglichen Probleme mit der Düsenfunktionalität.

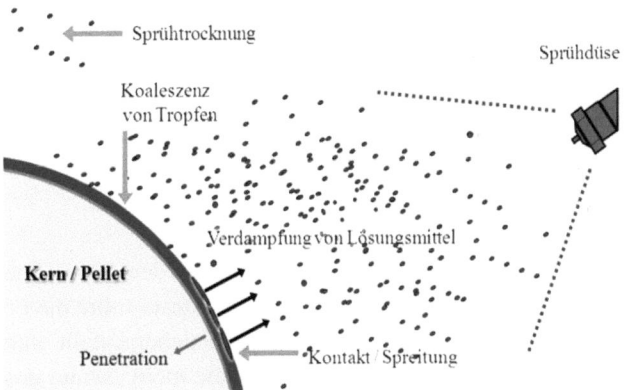

Abb. 4.16 Prinzip der Coatingzone

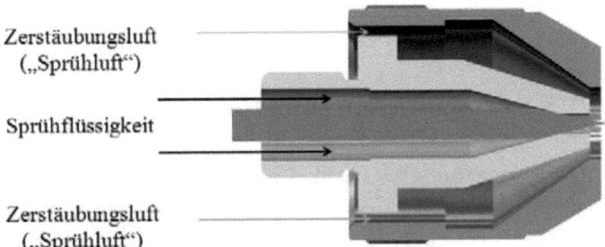

Abb. 4.17 Schematischer Aufbau einer Zweistoffdüse

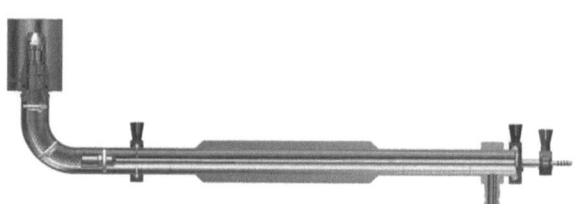

Abb. 4.18 GLATT-LD™-Düse für die Highspeed-Wurster (Bottom-Spray)-Technologie

- Düsenkerndurchmesser:
  Der Durchmesser des Düsenkerns soll so gewählt werden, dass die zu fördernde Flüssigkeitsmenge ohne zu großen Widerstand zur Düsenöffnung befördert werden kann.
- Düsenkappenstellung:
  Die Positionierung der Düsenkappe beeinflusst neben dem Luftdurchsatz auch die Breite des Sprühwinkels.
- Flüssigkeitszufuhrleitung (z. B. Silikonschlauch):
  Das Material der Flüssigkeitszufuhrschläuche sollte so gewählt werden, dass es gegenüber den verwendeten Lösemitteln chemisch und physikalisch stabil ist. Der Schlauchdurchmesser sollte eine möglichst hohe Fließgeschwindigkeit der Sprühflüssigkeit erlauben; diese Anforderung ist insbesondere bei der Verarbeitung von Suspensionen von Bedeutung, da damit einer schnellen Sedimentation partikulärer Bestandteile entgegengewirkt werden kann.
- Pumpe:
  Die Auswahl der Förderpumpe sollte die Zusammensetzung und Qualität der Sprühflüssigkeit berücksichtigen.

Düsen sollten sorgfältig gehandhabt werden, damit mechanische Beschädigungen vermieden werden. Durch geeignete Sprühtests sollte die Funktionalität von Sprühdüsen vor Verwendung im Prozess getestet und sichergestellt werden. Liegen Beschädigungen an Teilen einer Düse vor oder ist eine Düse nicht absolut gasdicht zusammengebaut, kann die Qualität des von der Düse erzeugten Sprühnebels und damit die Qualität des herzustellenden Produktes hinsichtlich der Lackqualität und Agglomeratbildung negativ beeinflusst werden.

4.5.3 Produktfilter, Fangkörbe

Um die zu coatenden Partikel am „Verlassen" des Wirbelschichtarbeitsturms zu hindern, sind je nach Partikelgröße Feststoffvorlage entweder Produktfilter oder Fangkörbe zu wählen (s. Abb. 4.4). Sollen feine Pulverpartikel überzogen werden, wird die Verwendung eines Produktfilters mit einer Maschenweite von 3–5 µm bis zu 10–20 µm empfohlen. Die Produktfilter müssen während des Coatingprozesses regelmäßig vom Staub befreit werden. Werden Stofffilter verwendet, so sind diese in regelmäßigen Abständen mechanisch abzurütteln oder auszublasen. Dabei muss sichergestellt werden, dass die Fluidisierung des Produktes nicht unterbrochen wird, da sonst mit Agglomeration gerechnet werden muss.

Sollen Pellets gecoatet werden, ist es in der Regel von Vorteil, wenn im Prozess entstehende Pulverpartikel aus dem Prozess ausgetragen werden; sie können sich sonst auf der Oberfläche der zwischenzeitlich feuchten Pellets festsetzen und zu einer rauen, Orangenhaut-ähnlichen Oberfläche führen. Hierdurch kann nicht nur das Aussehen der Pellets, sondern auch die Funktionalität negativ beeinflusst werden. Fangkörbe weisen in der Regel eine Maschenweite im Bereich von 100 µm bis 500 µm auf. Fangkörbe sollten – wenn überhaupt erforderlich – in längeren Intervallen von beispielsweise 30 sec oder länger abgerüttelt werden.

Für sogenannte Wirkstofflayeringprozesse, bei denen vorgelegte Pellets mit einer Wirkstofflösung oder -suspension beschichtet werden, werden regelmäßig Produktfilter anstelle von Fangkörben eingesetzt, um wirkstoffhaltige Stäube bewusst und unter Inkaufnahme der beschriebenen möglichen Oberflächenrauigkeit nicht mit der Abluft auszutragen, sondern auf den Pellets zu fixieren.

4.5.4 Allgemeine Prozessparameter für den Wurster-Coatingprozess [7–9]

Verschiedene Parameter beeinflussen auf unterschiedliche Weise den Coatingprozess. In Abb. 4.19 sind Einflussfaktoren und Prozessparameter bei Wurster-Prozessen schematisch dargestellt, deren Einfluss näher untersucht werden soll (Tab. 4.1).

4.5.4.1 Feuchtehaushalt im Prozess

Die *Zulufttemperatur* ist im Hinblick auf eine maximale Beschleunigung des Coatingprozesses von Bedeutung. Insbesondere auch bei der Verarbeitung von funktionellen pharmazeutischen Polymeren aus wässriger Dispersion kann durch die Auswahl ungeeigneter Zulufttemperaturen die Filmbildung und damit die Produktqualität negativ beeinflusst werden.

Das *Zuluftvolumen* sollte so gewählt werden, dass über die gesamte Prozessdauer eine optimale Verwirbelung des Produktes gegeben ist. Totzonen im Wirbelbett sind ebenso zu vermeiden wie eine mögliche intermediäre, reversible Agglomerationsbildung. Beide Phänomene können die Produktqualität vermindern. Das Zuluftvolumen kann über den Prozessfortgang konstant gehalten oder im Sinne einer Rampe gesteigert werden.

Das Fluidisierverhalten in der Down-Bed-Zone spielt eine erhebliche Rolle für die Produktqualität. Ist die Bewegung in dieser Zone zu schwach, können Totzonen entstehen, die es einzelnen Partikeln erlauben, nicht dauerhaft an der definierten Partikelzirkulation

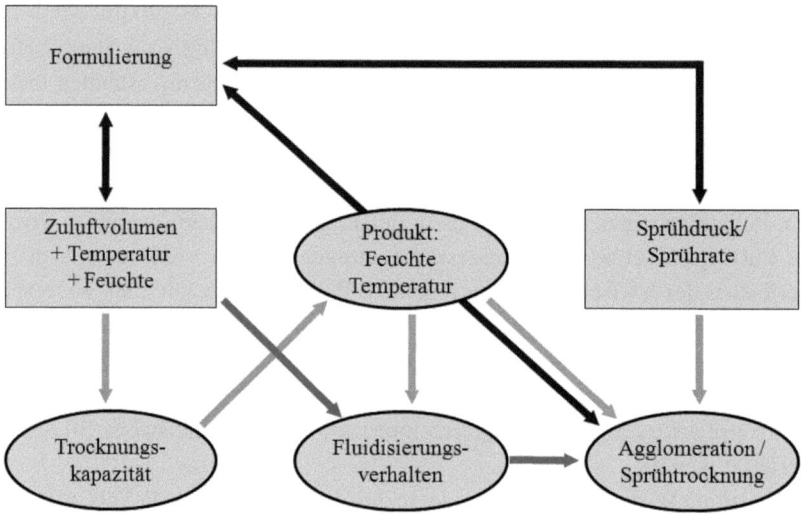

Abb. 4.19 Einflussfaktoren und Prozessparameter bei Coatingprozessen

Tab. 4.1 Einfluss von Parametern auf das Coating und den Coatingprozess in der Wirbelschicht

Prozessparameter	Einfluss auf Prozess	Einfluss auf Produkt
Steigrohrhöhe	Fluidisierungsverhalten	Gleichmäßiges Coating, Reproduzierbarkeit
Bodenplatte	Fluidisierungsverhalten Verteilung Zuluft auf Up-Bed-Zone und Down-Bed-Zone	Gleichmäßiges Coating, Reproduzierbarkeit
Zuluftvolumen	Fluidisierungsverhalten Energieeintrag	Gleichmäßiges Coating, Reproduzierbarkeit
Zulufttemperatur Zuluftfeuchte	Energieeintrag Prozessfeuchte/ Produkttemperatur	Agglomeration, Sprühtrocknung, gleichmäßiges Coating, Reproduzierbarkeit
Sprühdruck	Tröpfchengröße	Agglomeration, Sprühtrocknung, gleichmäßiges Coating, Reproduzierbarkeit
Sprührate	Prozessfeuchte/ Produkttemperatur	Agglomeration, Sprühtrocknung, gleichmäßiges Coating, Reproduzierbarkeit

teilzunehmen. Im Ergebnis würden einzelne Partikel mit weniger Lack beschichtet werden als die dauerhaft zirkulierenden und besprühten Partikel. Insbesondere bei Prozessen, in denen Pellets mit einem geschmacksmaskierenden Lack überzogen werden sollen, würde dieser Vorgang unmittelbar zu einer unzureichenden Produktqualität führen.

Eine turbulente Fluidisierung im „Down-Bed-Bereich" stellt sicher, dass alle zu lackierenden Partikel permanent in Bewegung sind und dauerhaft am Coatingprozess teilnehmen; sie kann folgendermaßen erreicht werden:

- Erhöhung des Zuluftvolumens bei unveränderter Konstellation der Bodenplatte
- (Abb. 4.20)

4 GLATT-Wirbelschichttechnologie zum Coating von Pulvern, Pellets und Mikropellets 111

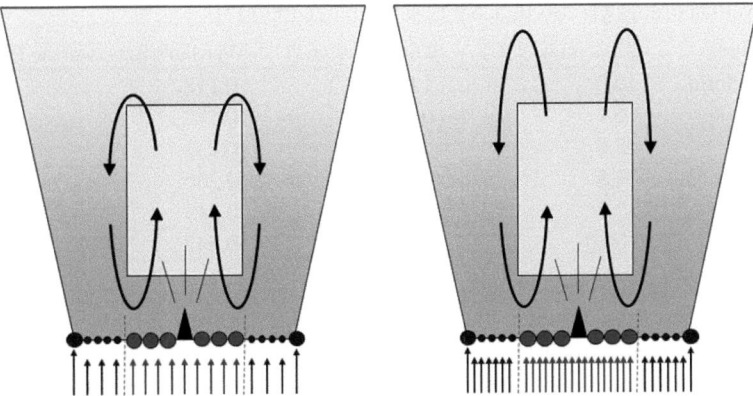

Abb. 4.20 Stärkere Fluidisierung im Down-Bed durch *Erhöhung des Zuluftvolumens* bei unveränderter Konstellation der Bodenplatte

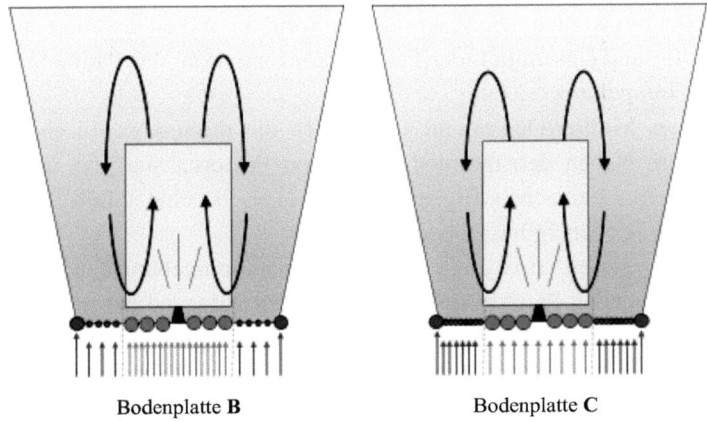

Bodenplatte **B** Bodenplatte **C**

Abb. 4.21 Stärkere Fluidisierung im Down-Bed durch *optimierte Konstellation der Bodenplatte* bei unverändertem Zuluftvolumen

- Konstantes Zuluftvolumen bei optimierter Konstellation der Bodenplatte (Abb. 4.21)
- Erhöhung des Zuluftvolumens und Optimierung der Konstellation der Bodenplatte

Die Feuchte der in den Prozess eintretenden Zuluft, die **Zuluftfeuchte**, bestimmt in wesentlichem Maße die Aufnahmefähigkeit der Zuluft für die aus dem Prozess resultierende, verdampfte und abzutransportierende Feuchte. Zu hohe resultierende ***Produktumgebungsfeuchten*** können die unerwünschte Agglomeratbildung unterstützen und führen zu verlangsamten Prozessen sowie zu ungenügenden Trocknungsmöglichkeiten.

Für die Verarbeitung von funktionellen Coatings mit dem Ziel einer verlangsamten oder kontrollierten Freisetzung ist es darüber hinaus von großer Wichtigkeit, dass die Zuluftfeuchte unabhängig von den herrschenden Witterungsbedingungen stets konstant ge-

Tab. 4.2 Verdampfungswärmen üblicher Lösungsmittel. (Aus [7])

Lösungsmittel	Siedepunkt (°C)	Dichte (g/cm3)	Verdampfungswärme (kcal/ml)
Methylenchlorid	40,0	1,327	0,118
Aceton	56,2	0,7899	0,172
Methanol	65,0	0,7914	0,232
Ethanol	78,5	0,7893	0,266
Isopropanol	82,4	0,7855	0,213
Wasser	100,0	1,000	0,542

halten wird. Ansonsten können die Filmqualität, das Freisetzungsverhalten von Wirkstoffen sowie die Reproduzierbarkeit von Prozessen negativ beeinflusst werden.

Weiterhin beeinflusst vor allem die *Sprührate*, mit der die Coatingflüssigkeit in den Prozess eingeführt wird, den Feuchtehaushalt des Prozesses und damit die Produktfeuchte. Die Coatingflüssigkeit ist gekennzeichnet durch die Konzentration an Feststoffen (Feststoffgehalt in % w/w) sowie durch das verwendete Lösemittel. Die unterschiedlichen Verdampfungswärmen der Lösungsmittel (Tab. 4.2) müssen bei der Auswahl der Prozessparameter berücksichtigt werden. Die Viskosität der Sprühflüssigkeit resultiert aus der Qualität der Einsatzstoffe und Lösemittel, der Feststoffkonzentration, der Partikelgröße der Feststoffe und der Temperatur.

Mithilfe eines Mollier-Diagramms lassen sich die thermodynamischen Zusammenhänge darstellen. Neben den thermodynamischen Faktoren sind die für die jeweilige Coatingflüssigkeit spezifischen Eigenschaften wie z. B. eine durch Temperatur oder Feuchte bedingte Klebeneigung zu beachten.

Bei Coatingprozessen ist besonders auf die Produktumgebungsfeuchte zu achten. Je kleiner die zu coatenden Partikel sind, desto höher ist aufgrund der größeren Oberfläche ihre Neigung zu agglomerieren. Die unerwünschte Agglomeration wird besonders durch hohe Produktfeuchten und Produktumgebungsfeuchten gefördert. Aus diesem Grund sind die Sprühraten bei Coatingprozessen limitiert und häufig niedriger als bei Agglomerationsprozessen. Anhand des Mollier-Diagramms kann auf theoretischer Basis bei Kenntnis der Zuluftkonditionen eine geeignete Produktumgebungsfeuchte und die damit verbundene *Produkt(umgebungs)temperatur* festgelegt werden.

4.5.4.2 Parameter, die die Tropfengröße der Sprühflüssigkeit beeinflussen

Je höher der *Sprühdruck* und damit der Durchsatz der Zerstäubungsluft (*Sprühluftvolumen*) ist, umso kleiner sind bei einem gegebenen Flüssigkeitsdurchsatz die aus der Düse austretenden Flüssigkeitströpfchen.

Die Tröpfchengröße wird von der Sprührate, dem Sprühluftvolumen (und damit dem Sprühdruck) sowie von der Viskosität der Sprühflüssigkeit beeinflusst.

Eine geeignete, nicht zu hohe Viskosität der Sprühflüssigkeit unterstützt die Spreitungseigenschaften der Tröpfchen auf der Partikeloberfläche. Es ist darauf zu achten, dass die Viskosität der Sprühflüssigkeit während der Verarbeitung konstant bleibt und dass eine Viskositätserhöhung etwa durch Verdampfen von Wasser oder Lösemittel verhindert wird.

Für Partikelcoatingprozesse sollten die Flüssigkeitströpfchen im Verhältnis zur Größe der zu beschichtenden Partikeln kleiner sein, um Agglomeration zu vermeiden. Wenn sehr kleine Pellets (Mikropellets, ca. 100–400 µm) effizient und agglomeratfrei lackiert werden sollen, müssen Düsen eingesetzt werden, die auch bei hohen Sprühraten sehr feine Tröpfchen in einer Größe von <20 µm erzeugen können.

Die GLATT-Highspeed-Düsen (HS™-Düse und LD™-Düse) erlauben aufgrund ihrer speziellen Konstruktion den Durchsatz hoher Sprühluftvolumina und daher die Erzeugung feinster Tropfen auch bei hohen Sprühraten.

Die GLATT-Highspeed-Wurster-Technologie ist deshalb in der Lage, hocheffektive industrielle Coatingprozesse mit einer sehr geringen Anzahl von Düsen zu bewerkstelligen. Eine Produktionsanlage für Batchgrößen von 600–1000 kg sprüht mit lediglich 6 bzw. 7 HS-Düsen. Werden weniger effektive Düsen für Partikelcoatingprozesse eingesetzt, ist eine erheblich höhere Anzahl von Düsen notwendig, um ähnliche Prozessgeschwindigkeiten wie mit der GLATT-Highspeed-Technologie zu erzielen.

4.5.5 Prozessüberwachung und PAT (Process Automation Technology)

Wirbelschichtprozesse können mit geeigneten Instrumenten überwacht werden. Damit kann festgestellt werden, ob der Gesamtprozess innerhalb der vorgegebenen Parameter und fehlerfrei abläuft.

4.5.5.1 Standardprozessüberwachung

Folgende Parameter werden u. a. regelmäßig gemessen:

Zuluftvolumen	(m^3/h)
Zulufttemperatur	(°C)
Zuluftfeuchte (absolut/relativ)	(g/m^3/% rF)
Temperaturkondensator (bei SRS-Systemen)	(°C)
Luftvolumen durch Kondensator (bei SRS-Systemen)	(m^3/h)
Sprühdruck und/oder Sprühluftvolumen	(bar bzw. m^3/h)
Sprührate	(g/min)
Versprühte Menge an Sprühflüssigkeit	(kg)
Produkttemperatur	(°C)
Ablufttemperatur	(°C)
Abluftfeuchte (absolut/relativ)	(g/m^3/%rH)
Differenzdruck Produktfilter	(Pa)
Differenzdruck Anströmboden Produktbehälter	(Pa)
Differenzdruck Sprühflüssigkeitsleitung zu(r) Düse(n)	(Pa)
Differenzdruck Filter Zuluft	(Pa)
Differenzdruck Nachentstauber Abluft	(Pa)
Differenzdruck Polizeifilter Abluft	(Pa)

4.5.5.2 Weitere PAT-Systeme zur Prozessüberwachung

Folgende Systeme können beispielsweise zur Überwachung und Steuerung von Partikelcoatingprozessen eingesetzt werden:

- NIR-Messung oder Microwave Resonance Technology zur Online-Feuchtemessung
- Laserdiffraktometrie zur Online-Partikelmessung
- Direct Imaging zur Online-Partikelmessung
- Microwave Technology zur Massenflussmessung im Steigrohr
- FT-IR-Messung zur Online-Gehaltsbestimmung

Allen Systemen ist gemeinsam, dass sie nicht als „gebrauchsfertige", für jedes Produkt und jeden Prozess sofort nutzbare Lösungen zu verstehen sind.

Vielmehr sind PAT-Systeme an jeweilige Produkte und Prozesse anzupassen und für einen definierten Prozess zu kalibrieren. Bereits geringfügige Veränderungen der Prozessparameter können zu einer Änderung der PAT-Signale führen, sodass eine erneute Kalibrierung eines Messinstruments erforderlich werden kann.

Die beschriebenen Kalibrierungsarbeiten sind mitunter aufwändig, weshalb die aufgeführten Messverfahren noch nicht standardmäßig für alle Herstellprozesse eingesetzt werden.

4.5.5.3 Das Konzept der spezifischen Pelletoberflächen (Abb. 4.22, 4.23)

Variable Menge an Coatingmaterial anstelle festgeschriebener Coatingmenge [10]

In der Regel werden die Rezepturen für pharmazeutische Produkte wie Tabletten oder Pellets in Kapseln festgeschrieben: Auf eine definierte Menge Wirkstoffpellets wird die immer gleiche definierte Menge an Coatingmaterial aufgetragen. Mögliche Variationen in der Partikelgröße der zu coatenden Wirkstoffpellets, wie sie von Batch zu Batch vorkommen können, werden bei diesem Konzept nicht berücksichtigt.

Das Konzept der spezifischen Pelletoberflächen verfolgt eine alternative Zielsetzung: Pro Flächeneinheit von Wirkstoffpellets ist stets dieselbe Menge an funktioneller Lacksubstanz aufzutragen, damit immer dieselbe Lackschichtdicke und damit immer dieselben funktionellen Eigenschaften wie die Freisetzung des Wirkstoffs erzielt werden.

Beim herkömmlichen Konzept der starren Mengen von Wirkstoffpellets und Lack kann es – bei Variationen in der Partikelgröße der Wirkstoffpellets – von Batch zu Batch zu unterschiedlichen Dicken der Lackschicht und damit unterschiedlichem Wirkstofffreisetzungsverhalten kommen. Das ist insbesondere der Fall, wenn eher dünne Lackschichten aufzutragen sind.

Mit dem Konzept der spezifischen Pelletoberflächen wird eine Batch-weise Anpassung der Coatingmengen in Abhängigkeit von der Partikelgrößenverteilung der Wirkstoffpellets möglich. Die Menge an Lacktrockensubstanz pro cm^2 Oberfläche der Wirkstoffpellets ist festgelegt und kann nicht verändert werden.

Die pro Batch aufzutragende Menge an Lack ist jedoch angepasst an die Partikelgröße und damit die spezifische Oberfläche der Wirkstoffpellets. Durch diese Vorgehensweise ist

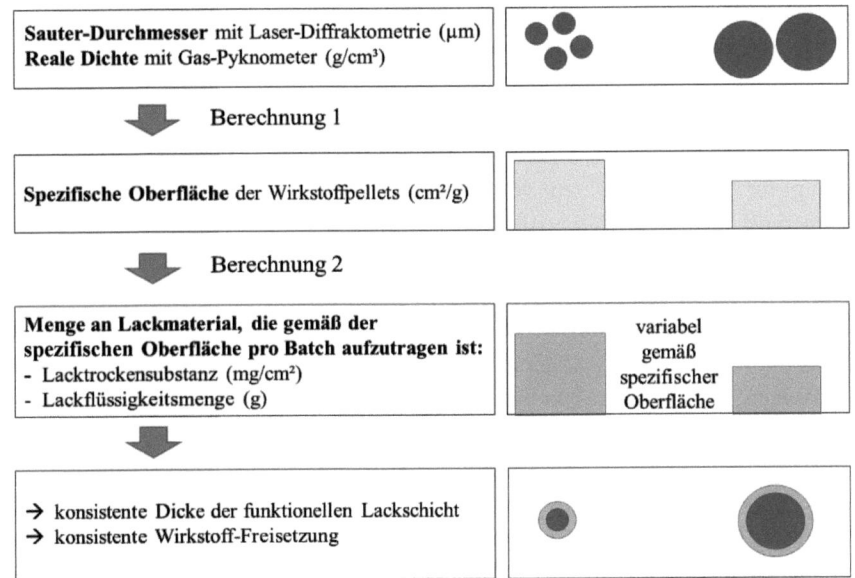

Abb. 4.22 Bestimmung der aufzutragenden Lackmenge in Abhängigkeit von der spezifischen Oberfläche der Wirkstoffpellets

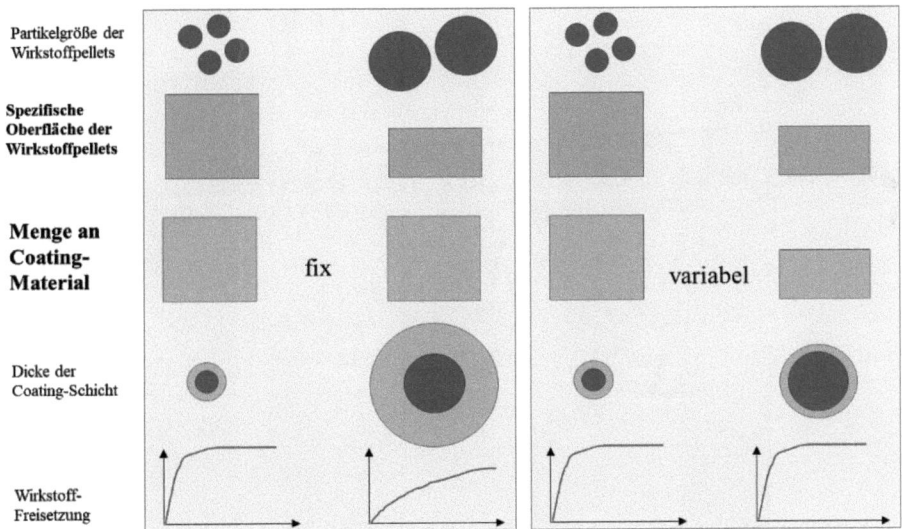

Abb. 4.23 Konzept von fixer und variabler Lackmenge

eine oberflächenbezogene Anpassung der zu verarbeitenden Lackmengen möglich. Dadurch werden konsistente Lackschichtdicken und damit Freisetzungsraten realisiert.

Natürliche Variabilitäten in der Partikelgrößenverteilung von Wirkstoffpellets und damit ihrer spezifischen Oberfläche können durch das Modell der spezifischen Oberfläche und der variablen Lackauftragsmengen kompensiert werden.

4.5.6 GLATT-Highspeed-Wurster-System in Total-Containment-Ausführung

Die Verarbeitung von hochwirksamen pharmazeutischen Wirkstoffen erfordert aufwändige Schutzmaßnahmen für das Bedienpersonal und die Umwelt. Um eine Vollschutzausrüstung für das Personal zu vermeiden, werden spezielle Anforderungen an die Herstelltechnik gestellt. Dies betrifft die Einhaltung der jeweiligen OEL-Levels (Overall Exposure Limits) ebenso wie die geschlossene Reinigung von Anlagen nach einem Prozess oder einer Herstellkampagne.

Zum Einsatz kommen ausschließlich geschlossene Systeme in einer 12 bar druckstoßfesten Ausführung. Vor- und nachgeschaltete Prozessanlagen werden in das System der „geschlossenen Anlage" eingebunden.

Die Beschickung und Entleerung müssen absolut staubfrei erfolgen. Spezielle Klappensysteme gewährleisten eine sichere Handhabung hochwirksamer Substanzen.

In Abb. 4.24 ist eine GLATT-GPCG 2-Laboranlage in Isolatorausführung dargestellt. Eine modulare Erweiterung des Systems erlaubt eine Kombination von unterschiedlichen Fertigungsprozessen wie Einwaage, Mischen, Sieben, Granulation, Tablettierung und Tablettencoating in einem geschlossenen System.

Abb. 4.24 GLATT-GPCG 2 in Isolatorausführung

Abb. 4.25 GLATT-GPCG
5 in Containment-Ausführung

Abb. 4.25 zeigt eine GLATT-GPCG-5-Laboranlage in Containment-Ausführung mit Klappensystemen für eine geschlossene und staubfreie Befüllung und Entleerung von Produkten.

Abschn. 5.4 beschreibt die Anwendung der Pelletplattform sowie der GLATT-Wurster-Technologie für die Herstellung von geschmacksmaskierten Pellets mit dem hochwirksamen Stoff Hydrocortison. Durch die Anwendung des Pelletkonzepts kann die Herstellung hochwirksamer Arzneimittel im Vergleich zu mehrstufigen Prozessen, wie sie für die Tablettenherstellung verwendet werden, erheblich vereinfacht werden. Der direkte Umgang mit hochpotenten Wirkstoffen kann auf wenige Herstellschritte reduziert werden (Abb. 4.26).

4.5.7 Scale-up von Wurster-Coatingprozessen in den Produktionsmaßstab

Dem GLATT-Wurster-Verfahren liegt eine klare und durchgängige Scale-up-Strategie zugrunde.

Folgende Parameter werden für eine Scale-up-Rechnung genutzt:

- Berechnung der Batchgröße basierend auf dem Nutzvolumen der Wurster-Produktbehälter
- Berechnung des Energieeintrags basierend auf Zuluftmengen, Zulufttemperatur und Zuluftfeuchte

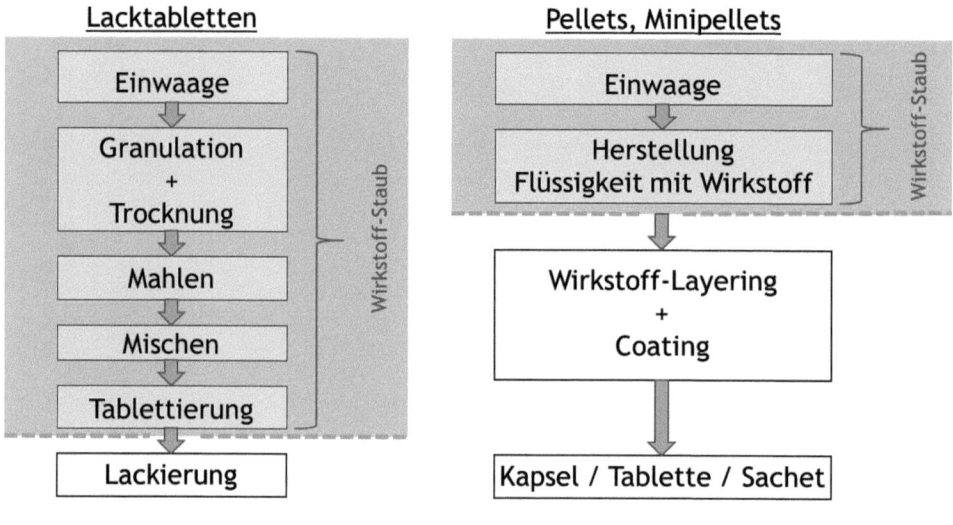

Abb. 4.26 Vergleich der Herstellungsschritte für Tabletten und Pellets/Mikropellets mit hochpotenten Wirkstoffen

- Ermittlung des Sprühluftvolumens bzw. Sprühluftdrucks mit dem Ziel einer konstanten Tropfengröße der Sprühflüssigkeit
- Als konstant angenommene Produktfeuchte/Produkttemperatur

Der Aufbau der kleinen Versuchsanlagen vom Minimaßstab bis zum Labormaßstab unterscheidet sich von den Pilotmaßstab- und Produktionsanlagen. Im Kleinmaßstab werden die Grundlagen für die späteren Herstellprozesse erarbeitet; hierbei kommt es noch nicht auf die Abbildung größtmöglicher Prozessgeschwindigkeiten an, sondern auf die Entwicklung stabiler und reproduzierbarer Produkte und Prozesse. Insbesondere der Energiehaushalt von Coatingprozessen muss so definiert werden, dass Prozesse möglich sind, die innerhalb erlaubter Bandbreiten auch bei Prozessschwankungen im stabilen Zustand verbleiben. Der Parameter, der die hierbei besonders relevante Produkt- und Produktumgebungsfeuchte beschreibt, ist die Produkttemperatur oder Produktumgebungstemperatur.

Sind geeignete Parameter für Zuluftvolumen, Zulufttemperatur, Zuluftfeuchte, Sprühate, Produkttemperatur und Sprühdruck erarbeitet und auf ihre Stabilität und Reproduzierbarkeit im Kleinmaßstab bis in den Labormaßstab belegt, können diese Parameter im Zuge einer Scale-up-Rechnung für Prozesse im 18″-Wurster-Pilotmaßstab festgelegt werden.

Der 18″-Wurster stellt das wichtigste Instrument für die Erarbeitung der Scale-up-Parameter für den Produktionsmaßstab im 24″- oder 32″- oder 46″- Wurster dar (Tab. 4.3, Abb. 4.27). Bereits in der 18″-Wurster-Pilot-Anlage sind genau die Komponenten enthalten, die für die größeren Produktionsmaschinen übernommen werden. Hierbei handelt es

4 GLATT-Wirbelschichttechnologie zum Coating von Pulvern, Pellets und Mikropellets   119

Tab. 4.3 Grundlagen des Scale-up für Wirbelschicht-Wurster-Prozesse

Anlage/Wurster	Mini-GLATT	Labormaßstab 6/7/9/12″ Wurster	Pilotmaßstab 18″ Wurster	Produktionsmaßstab 24/32/46″ Wurster
Batchgröße	5–300 g	0,3–20 kg	20–100 kg	150–1.000 kg
Anzahl der Düsen	1	1	1	2/3/6/7
Düsentyp	Mini	Standard	*Highspeed Düse (HS™-Düse, LD™-Düse)*	

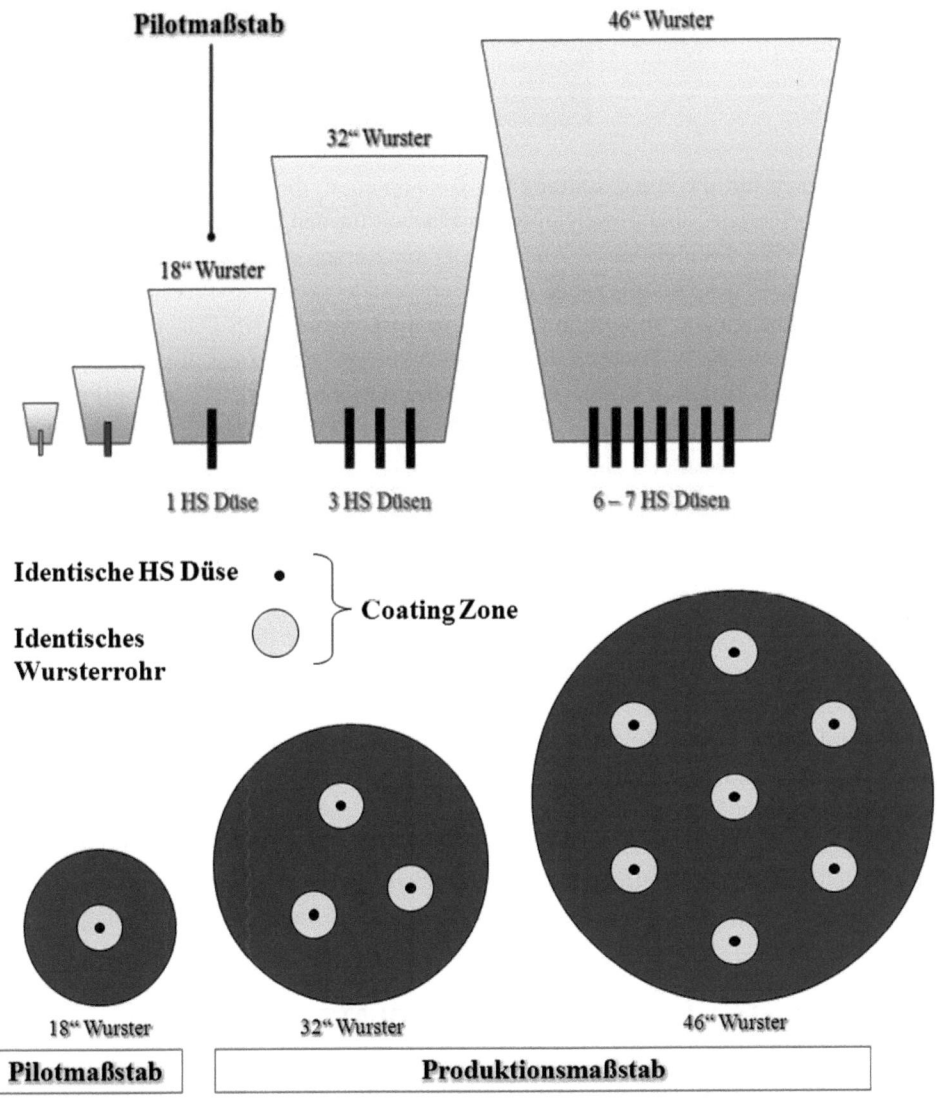

Abb. 4.27 Scale-up-Konzept für GLATT-Wirbelschicht-Wurster-Prozessanlagen

Abb. 4.28 GLATT-46″-Wirbelschicht-Wurster-Produktionsanlage mit 6 Steigrohren und 6 Highspeed-Düsen

sich zum einen um die Ausgestaltung der Bodenplatten, die im „Up-Bed-Bereich" und „Down-Bed-Bereich" über dieselben freien Flächen für den Lufteintritt verfügen wie die 18″-Wurster-Pilot-Konfiguration. Auch der Durchmesser der Wurster-Steigrohre sowie die Abmessungen des Düsenkragens werden unverändert vom 18″-Wurster auf die größeren Anlagen übertragen. Von größter Wichtigkeit ist, dass die HS-Düsen in völlig unveränderter Form von der 18″-Wurster-Pilotanlage in die großen Prozessanlagen übernommen werden und sich lediglich die Anzahl der Düsen erhöht. Für den Scale-up-Prozess bedeutet dies: Sind beispielsweise in einem 32″- Wurster 3 Coatingzonen mit 3 Sprühdüsen enthalten, so wird die für die 18″-Anlage ermittelte Sprührate mit 3 multipliziert; die für den 18″-Wurster ermittelten Sprühluftvolumina bzw. der Sprühdruck bleiben für jede der 3 Highspeed-Düsen des 32″-Wursters unverändert erhalten.

Analog ist die Situation für eine große 46″-Wurster-Anlage mit beispielsweise 6 HS-Sprühdüsen (Abb. 4.28). Die gesamte Sprührate berechnet sich aus der 18″-Wurster-Sprührate durch Multiplikation mit dem Faktor 6, während der an jede Düse angelegte Sprühdruck wiederum unverändert übernommen werden kann. Mit dem klar definierten Scale-up-Konzept gelingt die Maßstabvergrößerung in den Großmaßstab sehr zuverlässig.

Voraussetzung hierfür ist, dass verlässliche Prozessgrundlagen im Labormaßstab erarbeitet werden und diese korrekt in den 18″-Wurster-Pilot-Maßstab hochskaliert werden. Mit einer größeren Zahl von Kleinversuchen etwa im 1–4-kg-Maßstab lässt sich die Zahl der Pilotversuche im kleinen Umfang halten. Ist ein Prozess im 18″-Wurster-Pilot-Maßstab erfolgreich und reproduzierbar durchgeführt sowie die gewünschte Produktqualität erreicht worden, dann wird das Scale-up in den Produktionsmaßstab sicher gelingen.

4.6 Fallbeispiele aus der Praxis von GLATT Pharmaceutical Services

In multipartikulären Arzneiformen ist eine Arzneistoffdosis auf eine Vielzahl von Untereinheiten, z. B. Mikropellets, Pellets oder Minitabletten, verteilt; dadurch unterscheiden sich diese Formulierungen von Tabletten, welche eine sogenannte Single-Unit-Form dar-

4 GLATT-Wirbelschichttechnologie zum Coating von Pulvern, Pellets und Mikropellets

stellen. Die Herstellung multipartikulärer Formen ist aufgrund ihrer besonderen Eigenschaften und Wirkungsweisen häufig komplexer als die von klassischen schnellfreisetzenden Tabletten. Dafür bieten diese Formulierungen eine Vielzahl von Vorteilen für die Therapie von Patienten: Spezielle Wirkstofffreisetzungsprofile und Abgabe eines Wirkstoffs an vordefinierter Stelle des Magen-Darm-Traktes wie im Colon sind ebenso erzielbar wie eine perfekte Geschmacksmaskierung winziger kleiner Mikropellets einer Größe von < 500 μm.

Im Gegensatz zu nicht zerfallenden monolithischen Arzneiformen wie z. B. Matrixtabletten oder OROS-Tabletten, welche ihre Struktur im Gastrointestinaltrakt beibehalten, bestehen die multipartikulären Formen aus zahlreichen Untereinheiten, die jeweils als einzelne Einheiten mit definiertem Wirkstofffreisetzungsprofil angesehen werden können. Als solche bieten diese Arzneiformen verschiedene Vorteile und Optionen:

- Reduziertes Risiko für Dose Dumping im Vergleich zu monolithischen Arzneiformen
- Geringere inter- und intraindividuelle Variabilität bezüglich Bioverfügbarkeit
- Geringere Abhängigkeit von Nahrungszufuhr und gastrointestinaler Motilität bezüglich der Bioverfügbarkeit
- Minimiertes Risiko von hohen lokalen Wirkstoffkonzentrationen im Magen-Darm-Trakt und damit verbundener Nebenwirkungen
- Kontrollierbare Wirkstofffreisetzungsprofile
- Weiterverarbeitung zu diversen Arzneiformen (s. Abb. 4.29)

Der Herstellungsprozess für Pellets beginnt häufig mit einem Wirkstofflayering auf vorgelegte Starterkerne (z. B. Zuckerpellets, Cellulosepellets). Um ein bestimmtes Wirkstofffreisetzungsprofil zu erhalten, werden in der Folge auf die Wirkstoffpellets ein oder mehrere funktionelle Coatings aufgetragen. Alternativ können auch Pellets, die mittels CPS™-, MicroPx™-, ProCell™-, Rotor- oder Extrusionstechnologie hergestellt wurden, mit funktionellen Coatings überzogen werden.

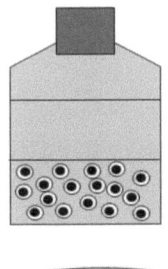
Orale Suspension
(Trockensaft, Suspension)
Partikelgröße
< 500 μm

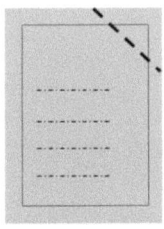
Sachet
Partikelgröße
< 500 μm

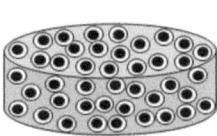
Tablette
Partikelgröße
< 800 – 1.000 μm

Kapsel
Partikelgröße
bis 3 mm

Abb. 4.29 Pellets und Mikropellets enthaltende Arzneiformen

Sowohl für den Schritt des Wirkstofflayerings als auch für die anschließenden funktionellen Coatings ist es von großer Bedeutung, dass die Schichten möglichst agglomeratfrei und verlustfrei verarbeitet werden.

Anhand ausgewählter Fallbeispiele aus der Praxis der GLATT Pharmaceutical Services wird der erfolgreiche Einsatz des Wirbelschicht-Wurster-Verfahrens dargestellt. Aus Vertraulichkeitsgründen können Wirkstoffe und vollständige Rezepturen nicht genannt werden.

4.6.1 Fallstudie 1: Wirkstofflayering auf Starterpellets im GLATT-Highspeed-Wurster-Verfahren

Wirkstoffpellets mit einem Wirkstoffgehalt von 50 % sind mit dem GLATT-Wurster-Verfahren herzustellen (Abb. 4.30). Die Wirkstoffsuspension mit einem Feststoffgehalt von 25 % w/w wird auf Starterpellets der Größe 600–800 µm aufgesprüht. Neben gängigen Anforderungen wie Wirkstoffgehalt und Restfeuchte ist eine spezifizierte Schüttdichte einzuhalten, damit eine vorgegebene Wirkstoffdosis in Kapseln einer definierten Größe abgefüllt werden kann.

Von erheblicher Bedeutung bei der Entwicklung des Prozesses für den Produktionsmaßstab ist die Prozessökonomie. Ökonomische Kriterien sind:

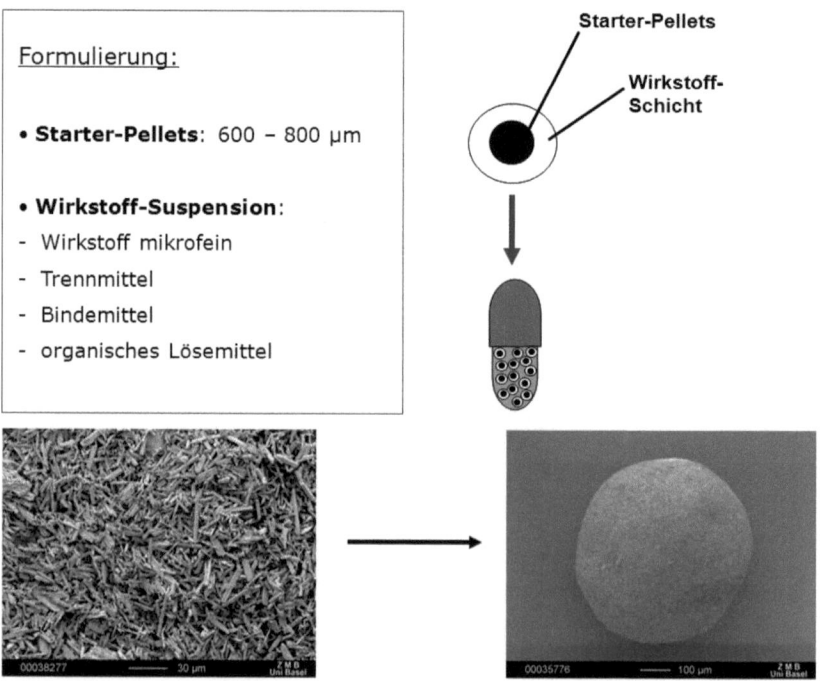

Abb. 4.30 Wirkstofflayering auf Starterpellets in der GLATT-Wurster-Technologie

- Angestrebte Ausbeute im 600-kg-Produktionsmaßstab: >95 %
- Angestrebte Prozesszeit im 600-kg-Maßstab: <12 h
- 1400 kg Wirkstoffsuspension sind auf 300 kg Starterpellets aufzusprühen

Die Prozessentwicklung und -optimierung wurde in einer Laboranlage vom Typ GPCG 3 mit 7″ Wurster und einer Batchgröße von 4 kg durchgeführt.

Folgende Prozess- und Einflussvariablen wurden im Zuge der Prozessoptimierung im Rahmen einer multifaktoriellen DoE-Studie untersucht:

- Zulufttemperatur
- Sprühdruck
- Produkttemperatur
- Feststoffkonzentration der Sprühflüssigkeit
- Unterschiedliche Wirkstoffchargen

Für jeden der Parameter wurden 3 Niveaus bzw. 3 Qualitäten definiert. Mithilfe der Resultate der Prozessoptimierung wurden die Parameter ausgewählt, die die gewünschte Produktqualität sowie die geforderten ökonomischen Rahmenbedingungen wie die Prozessdauer und die Produktausbeuten erfüllen. Unter Berücksichtigung dieser Ergebnisse wurde das Scale-up in den Produktionsmaßstab geplant und durchgeführt.

Alle Scale-up-Batches, durchgeführt im 18″-, 32″- und 46″-Wurster-Maßstab (Abb. 4.31) führten zu erfolgreichen Ergebnissen. Das Scale-up in den industriellen 600-kg-Maßstab wurde auf einer GLATT-GPCG-300-Wirbelschichtanlage/46″-Wurster mit zwei Versuchsprozessen abgeschlossen. Der so entwickelte Prozess wurde auf die beim pharmazeutischen Hersteller installierte, baugleiche Anlage erfolgreich übertragen und validiert.

Mit nur 6 Glatt-Highspeed-Sprühdüsen vom Typ LD™-Düse werden 1400 kg Wirkstoffsuspension enthaltend organisches Lösungsmittel mit einer Sprührate von ~ 7 kg/min und damit ~ 1,16 kg/Düse/min innerhalb von ~ 3,5 h versprüht; die ursprünglich geforderte maximale Prozessdauer von 12 h konnte schließlich um mehr als den Faktor 3 auf 3,5 h verkürzt werden. In der kommerziellen Herstellung treten Agglomerate lediglich in einer vernachlässigbaren Menge von <0,5 % auf. Die Produktausbeute beträgt 98–99 %.

4.6.2 Fallstudie 2: Geschmacksmaskierung von Mikropellets im GLATT-Highspeed-Wurster-Verfahren

Für den extrem bitter schmeckenden antibiotischen Wirkstoff Clarithromycin entwickelte GLATT mit einem industriellen Partner einen geschmacksmaskierten Trockensaft für Kinder [11].

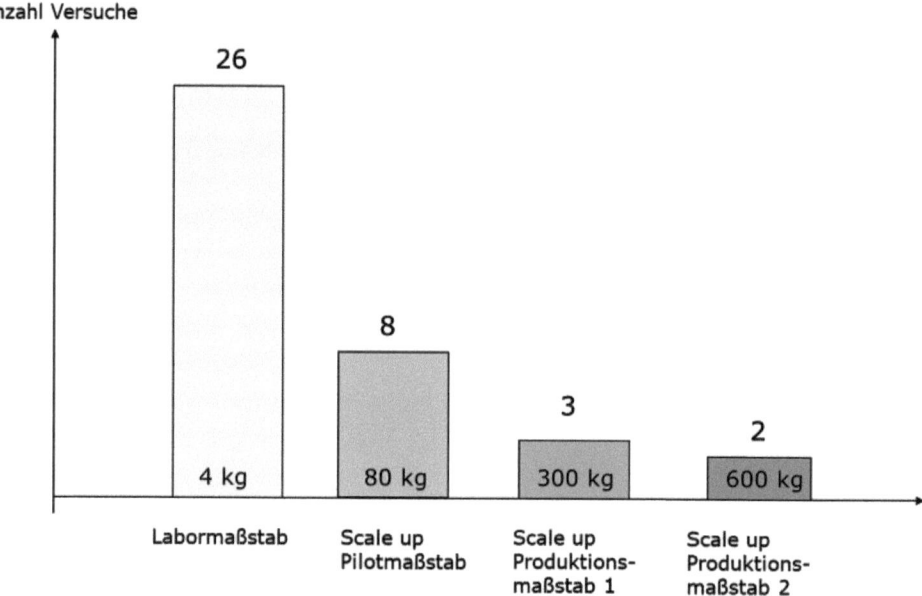

Abb. 4.31 Anzahl der Versuche für Prozessoptimierung im Labormaßstab und Scale-up in den Pilot- und Produktionsmaßstab

Neben den üblichen pharmazeutischen Anforderungen waren spezielle Qualitätskriterien einzuhalten:

- Die Geschmacksmaskierung der Mikropellets in wässriger Saftsuspension muss über 2 Wochen bei Raumtemperatur gemäß Spezifikation gegeben sein.
- Neben der Geschmacksmaskierung ist eine schnelle In-vitro-Freisetzung von >80 % nach 30 min bei pH 6,8 gefordert.
- Die zu erreichende Ausbeute im ~350 kg Produktionsmaßstab wurde mit >95 % festgelegt.

Um für den schlecht wasserlöslichen, mikrofeinen Wirkstoff eine optimale Geschmacksmaskierung zu erzielen, wurden zunächst Mikropellets in einer Größe von ~250–400 µm mithilfe der GLATT-MicroPx™-Technologie entwickelt (Abb. 4.32 und 4.33).

Die lackierten Mikropellets sollten <500 µm sein, damit eine angenehme Einnahme ohne „sandiges" Mundgefühl möglich ist. Um Inkompatibilitäten zwischen Wirkstoff und geschmacksmaskierendem Lack auszuschließen bzw. um eine Migration des Wirkstoffs in die geschmacksmaskierende Schicht zu verhindern, wurde auf die Wirkstoffpellets ein sogenanntes Schutzcoating (Trennschicht, Seal Coating) aufgebracht. Das Coating der Mikropellets wird mithilfe der GLATT-Wurster-Wirbelschichttechnologie durchgeführt: Die sphärischen Mikropellets werden zunächst mit einem wässrigen Schutzcoating und

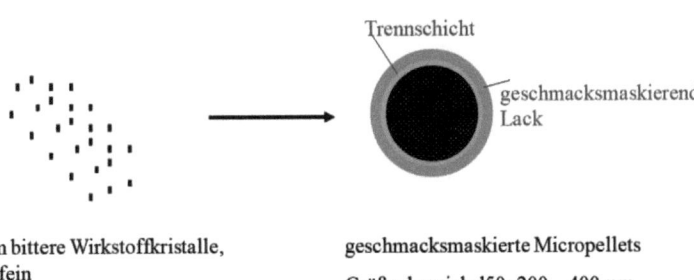

Abb. 4.32 Formulierungskonzept für geschmacksmaskierte Mikropellets

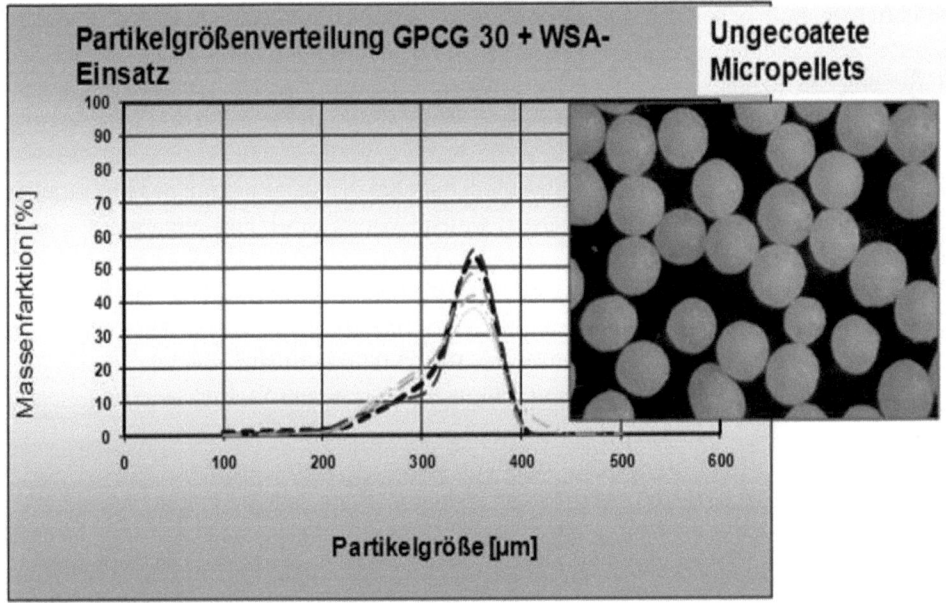

Abb. 4.33 Partikelgröße von ungecoateten Mikropellets, hergestellt mit GLATT-MicroPx™-Technologie

anschließend mit einem wässrigen, geschmacksmaskierenden Polymethacrylatpolymer überzogen (Abb. 4.34).

Gerade bei Coatingprozessen, bei denen eine geschmacksmaskierende Schicht auf Wirkstoffpellets aufgebracht werden muss, ist darauf zu achten, dass alle Pellets am Ende perfekt lackiert sind, da ansonsten der schlechte Geschmack des Wirkstoffs sofort erkennbar wäre. Um ein dichtes Coating erzielen zu können, ist eine ideale Partikelbewegung in der „Down-Bed-Zone" des Wurster-Prozesses von elementarer Bedeutung. Wie bereits

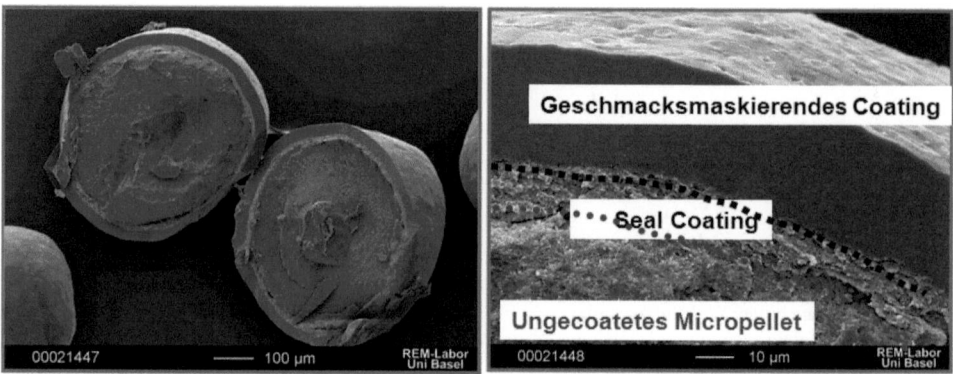

Abb. 4.34 Geschmacksmaskierte Mikropellets mit 2-Schicht-Coating für einen Trockensaft

beschrieben, muss neben der Wahl der optimalen Zuluftbodenplattenkonfiguration die geeignete Zuluftmenge gewählt werden, um eine ausreichend turbulente „Down-Bed-Bewegung" zu erzielen.

Eine optimale Geschmacksmaskierung wird weiterhin nur erreicht werden, wenn die vorgesehene Lackmenge verlustfrei auf die Wirkstoffpellets auflackiert wird. Andererseits sind die Prozessparameter so zu wählen, dass bei der Verarbeitung der Mikropellets möglichst keine Agglomerate entstehen, welche vom Gutprodukt abgetrennt werden müssten.

Die Prozesse für die Verarbeitung des beschriebenen Schutzcoatings und des geschmacksmaskierenden Coatings wurden im 0,5-kg-Maßstab durch GLATT entwickelt und optimiert und schließlich in den 18″-Wurster-Pilot-Maßstab übertragen. Die Übertragung in den Produktionsmaßstab von ~350 kg konnte mit wenigen Versuchen erfolgreich erreicht werden. Das Gesamtprojekt wurde mit der erfolgreichen Validierung der Coatingprozesse im GLATT-32″-Highspeed-Wurster erfolgreich abgeschlossen.

Geschmacksmaskierte Wirkstoffpellets können auch komplett mit der GLATT-Wirbelschicht-Wurster-Technologie hergestellt werden. Zunächst wird ein Wirkstofflayering auf Starterpellets (Zucker- oder Cellulosepellets von z. B. 100–200 µm) aufgetragen. In darauffolgenden Schritten werden optional ein Schutzcoating und schließlich eine geschmacksmaskierende Schicht auf die so erhaltenen Wirkstoffpellets aufgebracht. Dieses Verfahren ist für Wirkstoffe mit niedriger und mittlerer Dosierung sehr gut anwendbar (s. auch Abschn. 5.4).

Das GLATT-Wurster-Verfahren ist gerade für die Herstellung von Mikropellets außerordentlich gut geeignet. Die häufig extrem kleinen Starterpellets werden mit „Höchstgeschwindigkeit" an den mittels Düsenkragen optimal abgeschirmten Sprühdüsen vorbeigeführt, sodass die Gefahr einer Partikelagglomeration minimiert werden kann. Die zirkulierende Wirbelschicht des Wurster-Verfahrens erlaubt schnelle Prozesse auch bei der Verarbeitung von sehr kleinen Partikeln.

Derartig geschmacksmaskierte Mikropellets werden häufig auch in der Veterinärmedizin eingesetzt, wo ein optimales Coating im Sinne der Compliance ebenso wichtig ist wie in der Humanmedizin.

4.6.3 Fallstudien 3 und 4: Prozessentwicklung für Modified Release Coatings im GLATT-HS-Wurster-Verfahren

Die Entwicklung geeigneter und optimaler Prozessparameter ist dann von größter Bedeutung, wenn Modified Release Coatings auf Partikel wie Pellets aufzubringen sind, um eine definierte Freisetzungskinetik zu erreichen.

Unterschiedliche Lackrezepturen verhalten sich mehr oder weniger empfindlich gegenüber den angewandten Prozessparametern. Anhand von zwei Beispielen soll der Einfluss unterschiedlicher Prozessparameter auf das In-vitro-Freisetzungsverhalten von pharmazeutischen Pellets dargestellt werden.

4.6.3.1 Modified Release Coating mit hoher Empfindlichkeit auf Prozessparameter

Die in Abb. 4.35 gezeigte Basisrezeptur wurde im Labormaßstab von 3 kg untersucht. Insgesamt wurden 19 Wurster-Coatingversuche nach einem multifaktoriellen DoE-Versuchsdesign durchgeführt, um den Einfluss unterschiedlicher Niveaus von Zuluftvolumen, Zulufttemperatur, Sprühdruck und Produkttemperatur auf das In-vitro-Freisetzungsverhalten der lackierten Pellets zu untersuchen.

Die angestrebte In-vitro-Freisetzungskinetik ist in Abb. 4.36 dargestellt. In Abb. 4.37 wird die gesamte Bandbreite der mit den verschiedenen Prozessparameterkombinationen

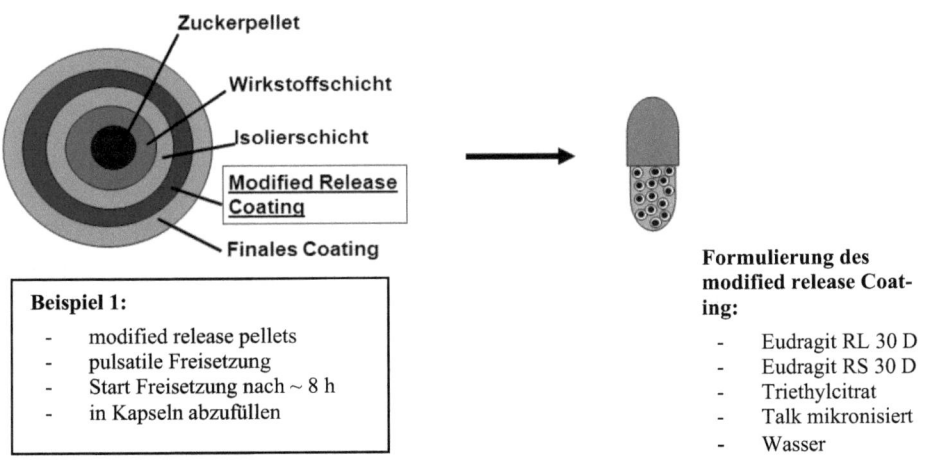

Abb. 4.35 Modified-Release-Pellets mit pulsatiler Wirkstofffreisetzung: Aufbau und Basisrezeptur

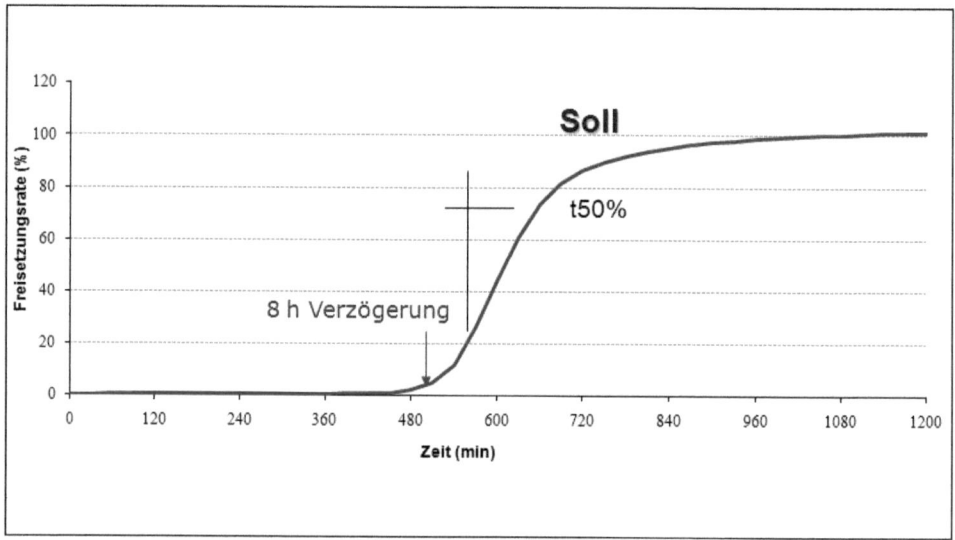

Abb. 4.36 Spezifizierte pulsatile Freisetzungskinetik von Modified-Release-Pellets

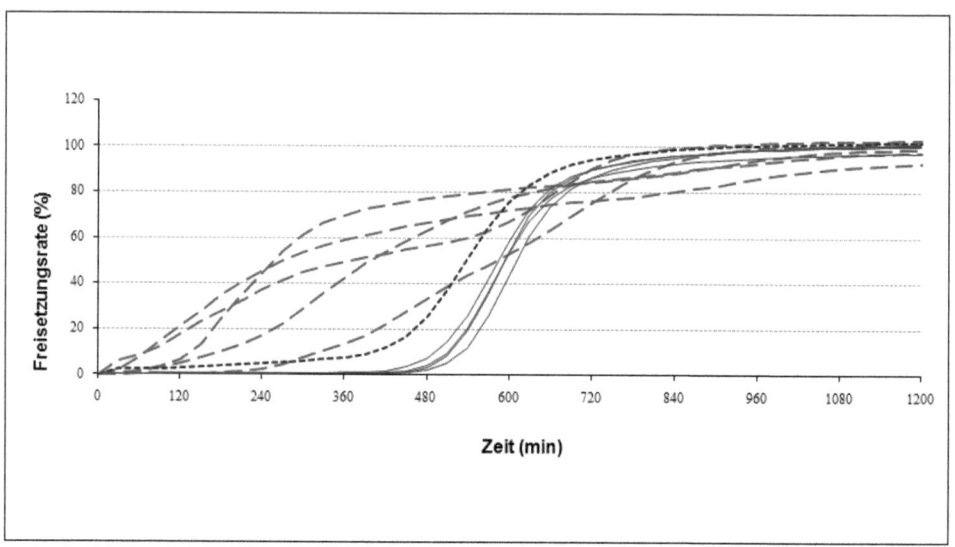

Abb. 4.37 Bandbreite der bei der Prozessoptimierung festgestellten Freisetzungsprofile mit einem Modified Release Coating, welches *empfindlich* auf unterschiedliche Prozessparameter reagiert

erzielten Wirkstofffreisetzungsergebnisse gezeigt. Es ist unschwer zu erkennen, dass die Verarbeitung der gegebenen Coatingrezeptur bei unterschiedlichen Herstellungsparametern zu sehr unterschiedlichen Freisetzungsverhalten führen kann und somit „sensibel" auf unterschiedliche Prozessparameter reagiert. Entsprechend sorgfältig muss die Prozessoptimierung durchgeführt und das Scale-up geplant und untersucht werden.

4.6.3.2 Modified Release Coating mit „geringer" Empfindlichkeit auf Prozessparameter

Die in Abb. 4.38 gezeigte Basisrezeptur wurde ebenfalls im Labormaßstab von 3 kg untersucht. Wiederum wurden 19 Wurster-Coatingversuche nach einem multifaktoriellen DoE-Versuchsdesign durchgeführt, um den Einfluss unterschiedlicher Niveaus von Zuluftvolumen, Zulufttemperatur, Sprühdruck und Produkttemperatur auf das In-vitro-Freisetzungsverhalten der lackierten Pellets zu untersuchen.

Die angestrebte In-vitro-Freisetzungskinetik ist in Abb. 4.39 dargestellt. Die gesamte Bandbreite der mit den verschiedenen Prozessparameterkombinationen erzielten Ergebnisse wird in Abb. 4.40 gezeigt.

Die hier vorgestellte Modified-Release-Coatingrezeptur führt selbst bei sehr unterschiedlichen Prozessparametern zu wenig unterschiedlichem Freisetzungsverhalten und kann somit als „robust" gegenüber unterschiedlichen Prozessparametern beschrieben werden.

4.6.4 Fallstudie 5: Herstellung von Hydrocortisonmikropellets für eine Kinderarzneiform

Beispiel für eine Technologieplattform für hochpotente Wirkstoffe [12, 13]

GLATT entwickelte im Rahmen eines EU-Förderprojektes TAIN (Treatment of Adrenal Insufficiency in Neonates and Infants) ein neues Hydrocortisonarzneimittel für Kinder. Für die Behandlung der seltenen Erkrankung der adrenalen Insuffizienz war bisher kein Fertigarzneimittel für Kinder verfügbar, sodass Hydrocortisontabletten für Erwachsene zerstoßen und in Kapseln abgefüllt wurden. Problematisch ist hierbei vor allem die er-

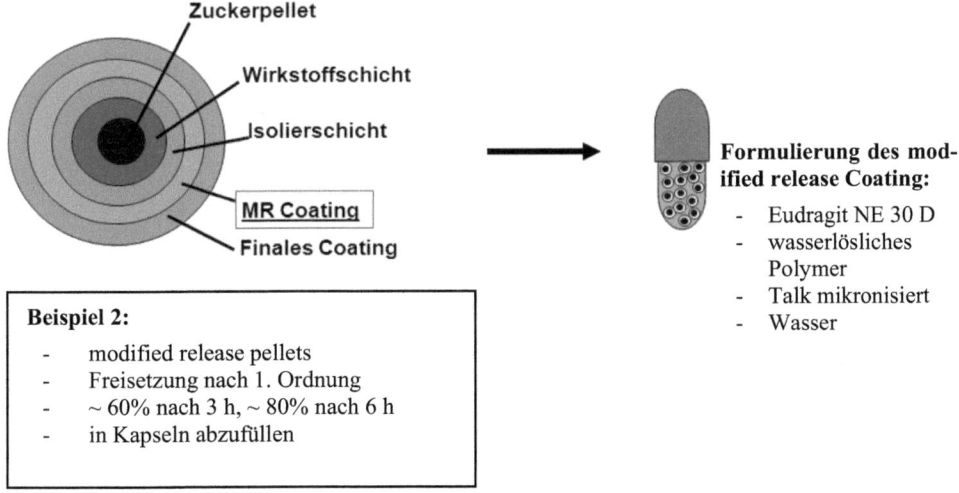

Abb. 4.38 Modified-Release-Pellets mit Wirkstofffreisetzung 1. Ordnung: Aufbau und Basisrezeptur

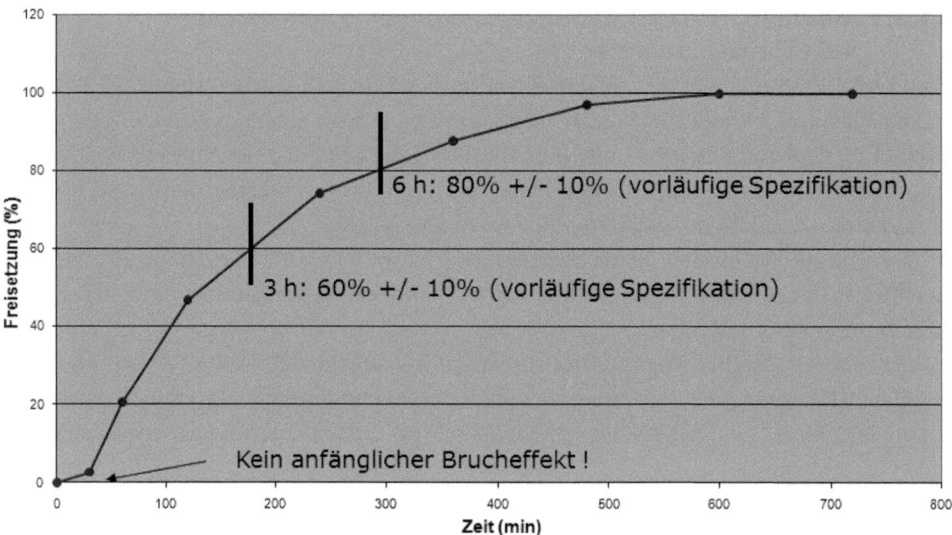

Abb. 4.39 Spezifizierte Freisetzungskinetik von Modified-Release-Pellets

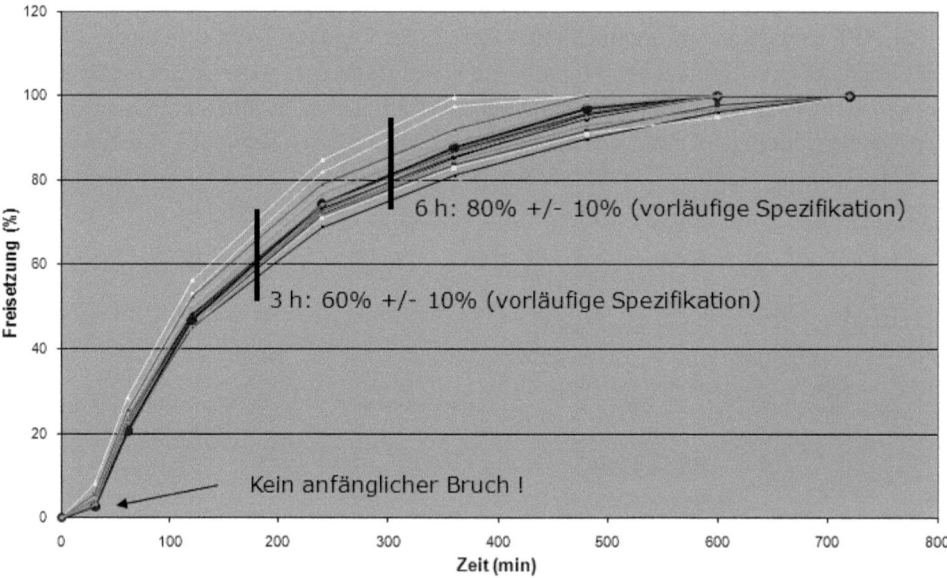

Abb. 4.40 Bandbreite der bei der Prozessoptimierung ermittelten Freisetzungsprofile mit einem Modified Release Coating, welches *wenig empfindlich* auf unterschiedliche Prozessparameter reagiert

reichbare Gehaltseinheitlichkeit, die häufig nicht den industriell erreichbaren Standards entspricht. Da Neugeborene und Kleinkinder Kapseln nicht schlucken können, ist auch der sehr bittere Geschmack des Wirkstoffs sehr problematisch, wenn der Kapselinhalt als solcher appliziert werden muss.

Das neu zu entwickelnde Arzneimittel soll bereits für Neugeborene und Kinder, die jünger als 2 Jahre sind, eingesetzt werden. Eine peroral verabreichbare Form mit genauer Dosierung und guter Akzeptanz durch alle Altersgruppen vom Neugeborenen über heranwachsende Kinder bis zum Jugendlichen wurde angestrebt. Da für Kleinkinder auch perorale Flüssigkeiten besonders geeignet sind, soll das neue Arzneimittel sowohl in fester als auch in flüssiger Form verabreicht werden können. Der extrem bittere Geschmack des Wirkstoffs muss hierfür maskiert werden. Der Wirkstoff muss im Magen schnell freigesetzt werden.

Geschmacksmaskierte Mikropellets <0,5 mm enthalten den Wirkstoff in geschmacksmaskierter Form. Die Mikropellets werden in Kapseln der Größe 00elongated zu Dosen von 0,5/1/2,5/5 mg abgefüllt.

Die Kapsel stellt nur das Primärpackmittel für die Mikropellets dar und muss nicht geschluckt werden. Der Kapselinhalt kann direkt in den Mund des Patienten gestreut oder in Flüssigkeiten oder Brei eingerührt und dann verabreicht werden. Aufgrund ihrer Größe können die Mikropellets sogar über eine Nasen- oder Magensonde appliziert werden.

Abb. 4.41 zeigt den Aufbau der geschmacksmaskierten Hydrocortisonmikropellets. Bei der Auswahl der Hilfsstoffe wurde besonderer Wert auf die Eignung für die Patientenzielgruppe Kinder gelegt. Aus diesem Grund wurden ausschließlich natürliche Hilfsstoffe sowie Derivate davon ausgewählt (Cellulose und Celluloseether).

Das Formulierungskonzept erlaubt die Herstellung der mehrschichtigen Pellets in einem unterbrechungsfreien Wurster (Bottom-Spray)-Wirbelschichtprozess (Abb. 4.42). Nacheinander werden die Wirkstoffschicht, das Schutzcoating und die geschmacks-

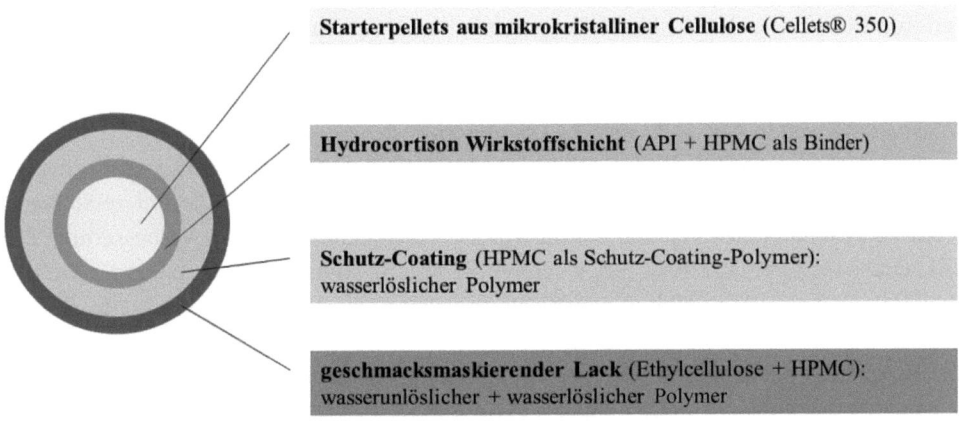

Abb. 4.41 Aufbau der geschmacksmaskierten Hydrocortisonmikropellets für Kinder (Alkindi®, Diurnal/UK)

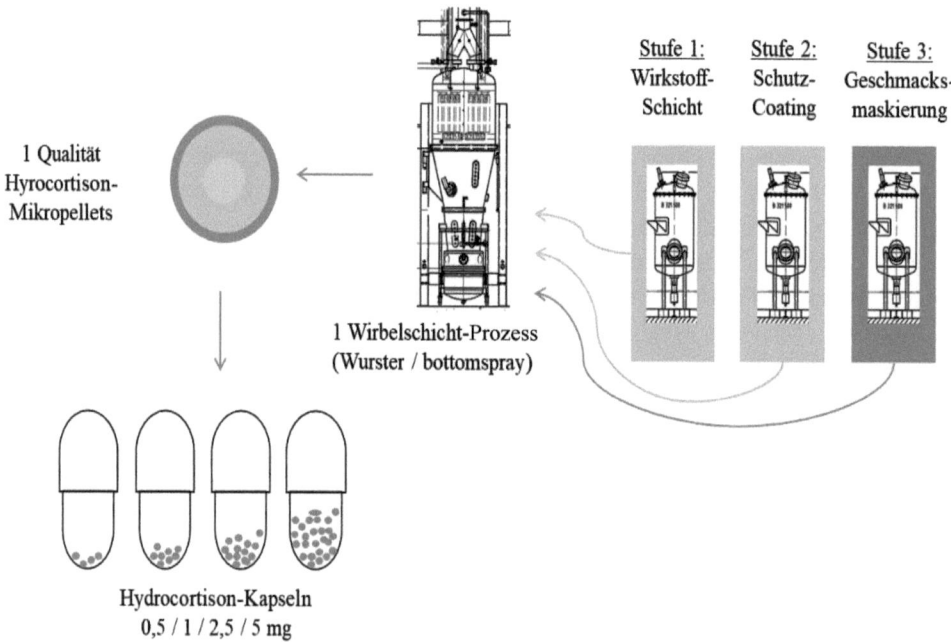

Abb. 4.42 Herstellung von Hydrocortisonmikropellets/-kapseln für Kinder (Alkindi®, Diurnal/UK)

maskierende Schicht auf Cellulose-Starter-Pellets aufgetragen, ohne dass ein Unterbruch der Herstellung erforderlich ist. Wenn die fertig lackierten Pellets aus der Wirbelschichtanlage entladen werden, ist der hochpotente Wirkstoff mit mehreren Schichten funktionellen Coatings abgedeckt und tritt nicht mehr in der gefährlichen Staubform auf. Der gesamte Pelletherstellprozess findet in einem geschlossenen Wirbelschichtsystem statt. Anstelle verschiedener Prozesstechnologien, wie sie für die Herstellung von Tabletten erforderlich sind, ist für die Herstellung von Pellets lediglich die Wurster (Bottom-Spray)- Wirbelschichttechnologie einzusetzen.

Die Ergebnisse der In-vitro-Freisetzungsprüfung sowie der Prüfung auf Geschmacksmaskierung sind in Abb. 4.43 und 4.44 dargestellt.

Die Prüfung auf Gehaltseinheitlichkeit, durchgeführt mit der niedrigsten Dosierung von 0,5 mg Hydrocortison/Kapsel, ergab im Vergleich zu Kapseln, die mit zerstoßenen Hydrocortisontabletten manuell befüllt worden waren, eine erhebliche Verbesserung: Der Akzeptanzwert gemäß EP ist 2,2, während die relative Standardabweichung des Gehalts bei 0,9 % liegt (Vergleich handbefüllte Kapseln: rel. Standardabweichung: 2,9 %, Akzeptanzwert gemäß EP 2.9.40: 15,5).

Durch die Anwendung der Pellet-Technologieplattform sowie einer bewährten Standardherstellungsmethode können auf vereinfachte Weise hochpotente Wirkstoffe in feste orale Arzneimittel überführt werden. Verschiedene Herstellschritte wie sie für die Herstellung von Lacktabletten unter vollem Containment angewandt werden müssen, sind nicht notwendig (Abb. 4.26).

4 GLATT-Wirbelschichttechnologie zum Coating von Pulvern, Pellets und Mikropellets 133

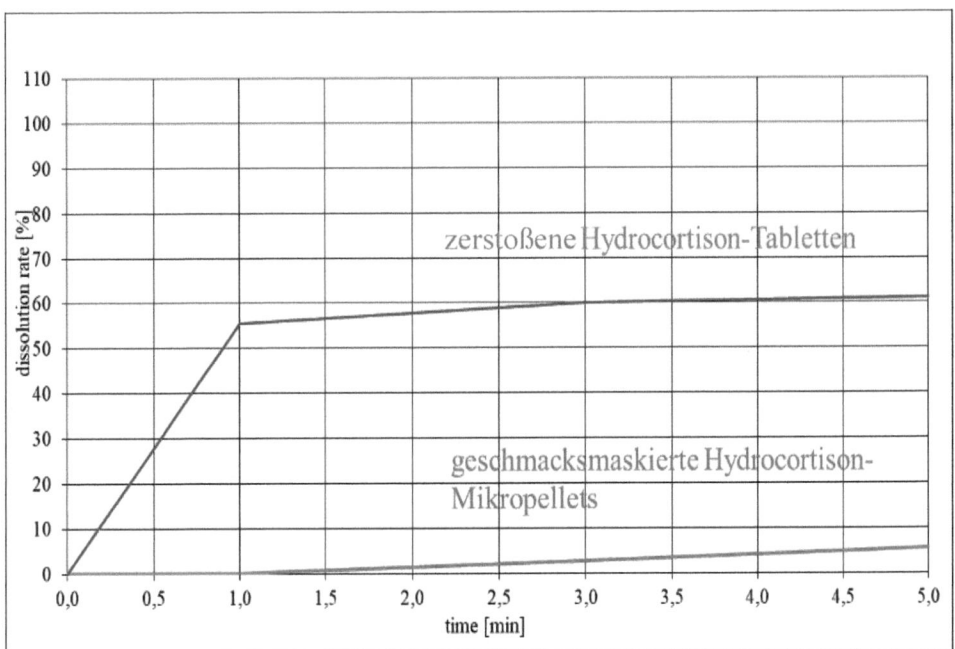

Abb. 4.43 Prüfung auf Geschmacksmaskierung

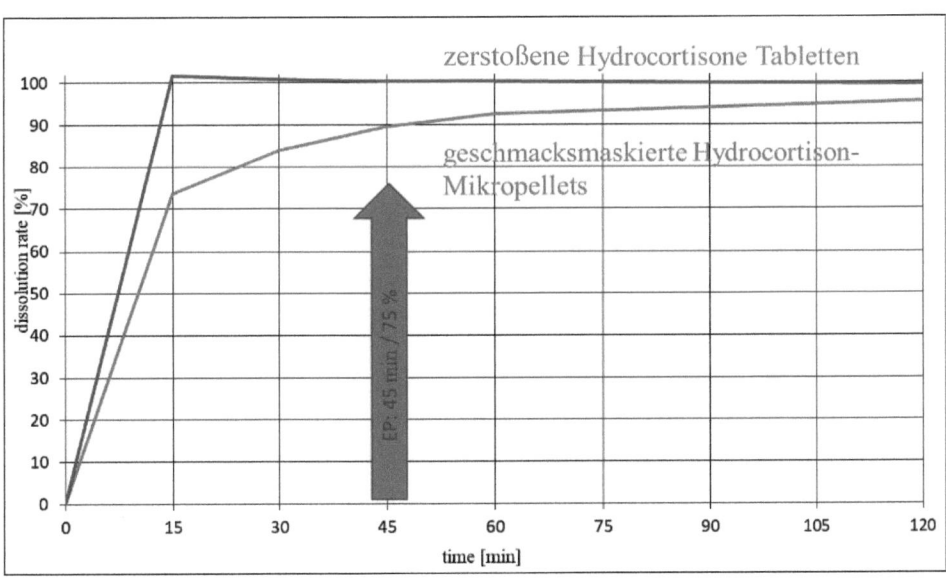

Abb. 4.44 Prüfung auf In-vitro-Freisetzung von Hydrocortison aus Hydrocortisonmikropellets (untersuchte Dosis: 0,5 mg)

4.7 Zusammenfassung

Die GLATT-Highspeed-Wurster-Technologie ist eine weltweit verbreitete und bestens etablierte Coatingtechnologie für Partikel wie Pulver, Mikropellets, Pellets und Minitabletten; vereinzelt wird sie auch für die Lackierung von Tabletten mit funktionellen Lacken eingesetzt.

Die Möglichkeit, für jedes Produkt eine optimale Fluidisierung durch frei wählbare Anlagenkomponenten und -parameter (Anströmboden, Wurster-Rohr-Position) zu gewährleisten, bietet höchste Flexibilität zum Erreichen einer optimalen Produktqualität.

Das Highspeed-Wurster-System erlaubt hocheffiziente und wirtschaftliche Prozesse: hohe Sprühraten durch die Funktionalität der Highspeed-Düsen vom Typ HS™ und LD™, geringste Agglomeration durch die zirkulierende Wirbelschicht, höchste Ausbeuten durch quantitativen Auftrag von Wirkstoff- und Lackschichten. Mit einer geringen Zahl hocheffizienter Sprühdüsen wird eine maximale Prozessgeschwindigkeit erreicht; die GLATT-LD™-Düse, die neue Generation von Highspeed-Düsen, ist einfach konstruiert und während eines laufenden Prozesses im Falle einer Verstopfung ohne technische Hilfsmittel rasch austauschbar.

Die GLATT-Scale-up-Strategie ist klar aufgebaut und für unterschiedlichste Prozesse erfolgreich angewandt; ab dem 18″-Wurster-Pilot-Maßstab müssen entsprechend dem GLATT-Wurster-Scale-up-Konzept die Sprühparameter wie Sprühdate und Sprühdruck nicht mehr neu erarbeitet werden, da exakt dieselben Düsen im Pilot- und Produktionsmaßstab genutzt werden. Durch die geometrische Anordnung der Sprühdüsen in Großanlagen ist eine einheitliche Beschichtung der Partikel im gesamten Batch sichergestellt.

Besonders für die vereinfachte Verarbeitung hochpotenter Wirkstoffe zu multipartikulären Pellets ist die GLATT-Wurster-Technologie ein hochinteressantes zukunftsorientiertes Herstellverfahren, welches die Fertigung innovativer multipartikulärer Produkte in Single-Unit-Prozessen zu interessanten Kosten ermöglicht.

Das Wurster-Verfahren ist nur eines von mehreren Wirbelschichtverfahren, das in einer Wirbelschichtbasiseinheit betrieben werden kann.

In einer GLATT-GPCG-Einheit können diskontinuierliche chargenweise Prozesse wie Trocknung, Granulation, Wurster-Layering und -Coating und Rotor- bzw. CPS™-Pelletisierung ausgeführt werden. Darüber hinaus sind in dieselbe GPCG-Grundeinheit kontinuierliche Wirbelschichtprozesse wie die MicroPx™-Pelletisierungstechnologie und die ProCell™-Granulations- und Pelletisierungstechnologie implementierbar. Mit einer GLATT-GPCG-Anlage sind somit unterschiedlichste Prozessvarianten realisierbar (Abb. 4.45).

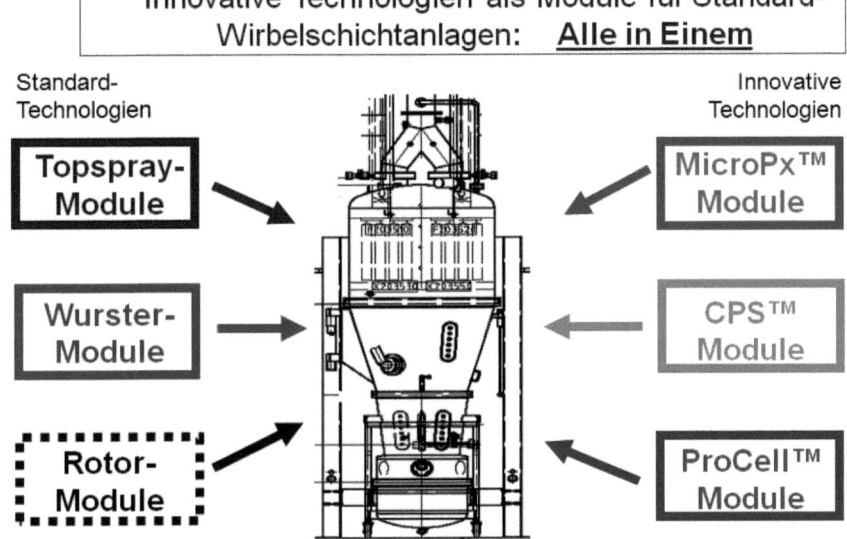

Abb. 4.45 Konfigurationsmöglichkeiten für eine GLATT-GPCG-Multipurpose-Wirbelschichtanlage

4.8 Abkürzungen

CIP	Clean in Place
CPS	Complex Perfect Spheres
DoE	Design of Experiments
FT-IR	Fourier-Transformations-Infrarot
GPCG	GLATT-Partikel-Coater-Granulator
HEPA-Filter	High Efficiency Particular Air Filter
HS	Highspeed
MicroPx	Mikropellets
MIN	Minute
NIR	Near Infrared
OEL	Overall Exposure Limit
PAT	Process Automation Technology
SC	Superclean
Sec	Sekunde
SRS	Solvent Recovery System (Lösemittelrückgewinnungssystem)
SSV	Schnellschlussventile
WIP	Wash in Place

Literatur

1. Bauer K, Frömming K-H, Führer C (1999) Lehrbuch der pharmazeutischen Technologie. Wissenschaftliche Verlagsgesellschaft, Stuttgart
2. Böhling P, Khinast J, Jajcevic D, Davies C, Carmody A, Doshi P, Am EM, Sarkar A (2019) Computational fluid dynamics-discrete element method modeling of an industrial-scale Wurster coater. J. Pharm. Sci. 108:538–550
3. Wurster DE (1953) Method of applying coatings to tablets or the like. U. S. Patent 2,648,609
4. Uhlemann H, Mörl L (2000) Wirbelschicht-Sprühgranulation. Springer, Berlin
5. El Mafadi S (2002) Glatt International Times Nr. 14
6. Mohylyuk V, Patel K, Scott N, Richardson C, Murnana D, Liu F (2020) AAPS Pharm Sci Tech 21:3
7. Luy B (1991) Vakuum-Wirbelschicht. Inauguraldissertation Universität Basel
8. Pöllinger N (2008) GLATT Int Times 25:2–7
9. Jones MD (1988) Controlling particle size and release properties – secondary processing techniques, Chapter 17. American Chemical Society, Washington, D.C.
10. Rubino O, Jones D, Femia R, Mueller O, Rangunathan N, Pöllinger N, Prasch A, Ettner A (2011) US 2011/0014295 A1
11. Prasch A, Luy B, Pöllinger N, Struschka M, Schwarz FX (2008) EP 1 631 373 B1
12. Grave A (2013) 5th EuPFI conference Barcelona
13. Pöllinger N, Grave A (2014) 6th EuPFI conference Athens

5 Coating- und Granulierverfahren mittels ROMACO-INNOJET-Verfahren

Herbert Hüttlin

5.1 Einleitung

Die unterschiedlichen physikalischen Eigenschaften der in der pharmazeutischen Industrie vorkommenden Feststoffprodukte, wie z. B. Pulver, Kristalle, Granulate, Pellets und Tabletten unterschiedlicher Form, Größe, Dichte und Wichte, wie auch befüllte Hart- und Weichgelatinekapseln, bringen es mit sich, dass diese nicht nach dem gleichen Verfahren, d. h. nicht mit der gleichen Technologie in der geforderten Qualität gecoatet und getrocknet werden können. So weisen z. B. kleinere und leichter fluidisierbare Charaktere bei deren Behandlung stärker ausgebildete Flug- und Schwebeeigenschaften auf als größere und weniger leicht fluidisierbare Teilchen.

Dieser Tatsache Rechnung tragend hat Dr. h. c. Herbert Hüttlin (ROMACO INNOJET Herbert Hüttlin) eine neue Technologie auf Basis der Luftgleitschicht (nicht DER Wirbelschicht) entwickelt, die eine optimale Prozessführung mit dem gewünschten Ergebnis sicherstellt. Für kleinere und leichter fluidisierbare Partikel steht somit die Technologie VENTILUS zur Verfügung. Die Basisphilisopie der Entwicklungsarbeit beruht auf einem linearen Scale-up. Die Einteilung der Produktspezies ist der nachstehenden Tabelle zu entnehmen (Tab. 5.1).

Produktionsgrößen
VENTILUS-System (bis 1500 L)
    Sepajet-Filter notwendig

H. Hüttlin (✉)
Steinen, Deutschland
E-Mail: herbert.huettlin@t-online.de

Tab. 5.1 Einteilung der Produktspezies nach VENTILUS

Pulver, Kristalle	Granulate	Kleine Pellets	Große Pellets	Mikrotabletten
2–20 µm	20–200 µm	0,1–0,4 mm	0,4–1,2 mm	1,5–2,5 mm

Labor- und Pilotgrößen
VENTILUS-Laborgerät (V 2,5)
VENTILUS-Pilotmaßstab (V 25)

5.2 ROMACO INNOJET VENTILUS int. Pat. Dr. h.c. Herbert Hüttlin

ROMACO-INNOJET-VENTILUS-Prozessgeräte und -anlagen sind als Luftgleitschichttechnologie (nicht DER Wirbelschicht) für die Durchführung effizienter Granulier-, Coating- und Trocknungsprozesse entwickelt worden. Die wesentlichen Funktionskomponenten im Prozessbehälter sind der Treibsatz Orbiter und die in dessen Zentrum dynamisch arbeitende Sprühdüse Rotojet. Im sog. Filterdom ist das kontinuierlich arbeitende Pulverrückführungssystem Sepajet integriert. Mit dem klaren, konsequenten und zylindrischen Gehäuse entstand eine Prozesseinheit, die in ihrer Form DEN höchsten Pharmastandards in der jeweiligen Anwendung entspricht.

ROMACO-INNOJET-VENTILUS-Anlagen sind grundsätzlich mit einem formintegrierten, hocheffizienten Washing-in-Place-System (WIP) ausgestattet. Befüllung und Entleerung des Produktes erfolgen pneumatisch über ein automatisch verschließbares Kugelventil im Produktbehälter, direkt über dem Treibsatz Orbiter. Alle Anlagen- bzw. Gerätekomponenten sind zur Reinigung gut zugänglich. Zur Wartung und Demontage sind keine der üblichen Werkzeuge notwendig. Ein in der Reinraumwand integriertes Touchscreen-Panel gestattet eine einfache Bedienung.

Die ROMACO-INNOJET-VENTILUS-Prozessgeräte bzw. -anlagen gibt es für Chargenvolumen von 1 L bis 1500 L (Abb. 5.1).

5.2.1 Fallbeispiel

Wirkstoffauftrag und Retardcoating auf Pellets
Startermaterial: Zuckerpellets
   Partikelgröße: 200–300 µm
   Wirkstoffcoating: wässrige Wirkstoffdispersion; Konzentration: 32 % Feststoffanteil
   Retardcoating: neutrales Methacrylatpolymer + Trennmittel (Tab. 5.2)

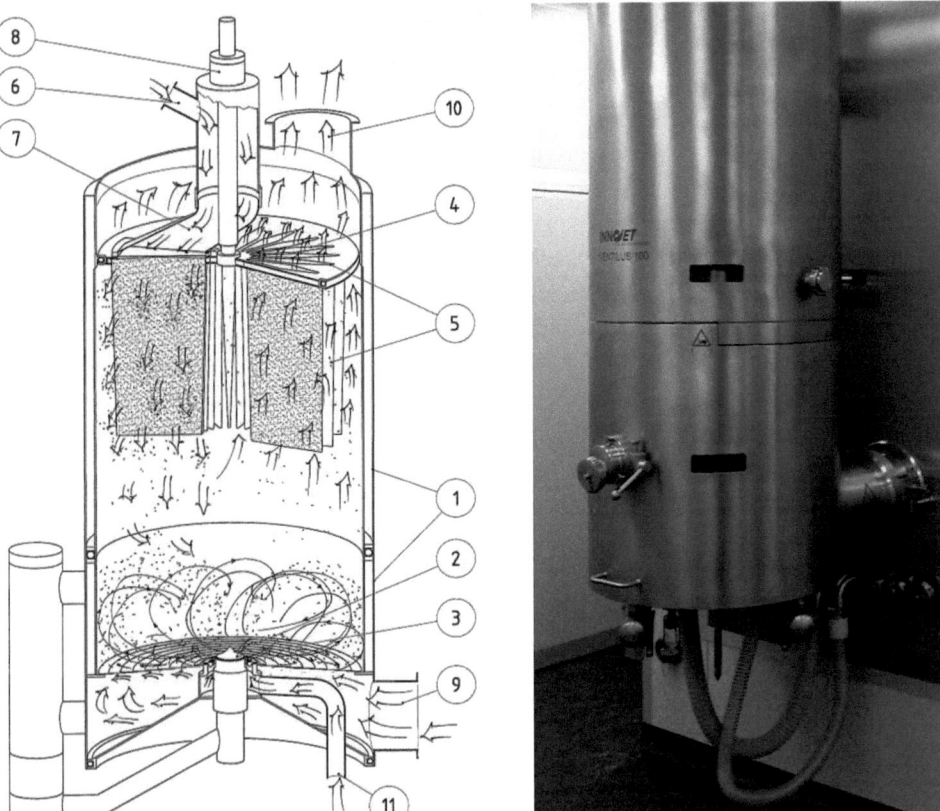

Abb. 5.1 ROMACO INNOJET VENTILUS. 1 Prozessgehäuse/Produktbehälter/Filterdom, 2 Treibsatz *Orbiter*, 3 Sprühdüse Rotojet, 4 Pulverrückführungssystem Sepajet (Inprozessfilter), 5 Filterplatine, Filtertragkörbe und Filtermedien, 6 Blaslufteintritt (Teilstrom aus konditionierter Prozesszuluft), 7 Blasluftrotor (zur kontinuierlichen Filterabreinigung), 8 Antrieb für Blasluftrotor (stufenlos regelbar), 9 Prozesslufteintritt (konditioniert), 10 Prozessluftaustritt, 11 Zentral angeordnete Stützluft

Tab. 5.2 Übersicht der Prozessdaten eines Coatingprozesses im V 2.5 und V 600

Prozessdaten	Bsp. – V 2.5		Bsp. – V 600	
	Wirkstoffcoating	Retardcoating	Wirkstoffcoating	Retardcoating
Chargengröße Start	600 g	900 g	150 kg	250 kg
Ausbeute	1800 g	1450 g	450 kg	410 kg
Produkttemperatur	45 °C	20–25 °C	45 °C	20–25 °C
Luftmenge	50–80 m^3/h	60–70 m^3/h	2000–3500 m^3/h	3000–4800 m^3/h
Sprühdruck	1,8 bar	1,8 bar	1,0–3,5 bar	1,0–3,5 bar
Sprührate	7–10 g/min	4–10 g/min	200–1200 g/min	200–1200 g/min
Sprühzeit	7 h	6 h	12–15 h	14–18 h
Kühl-/Trocknungszeit	10–5 min	10–15 min	10–15 mn	10–15 min
Entleerzeit	1–2 min	1–2 min	5–10 min	5–10 min

5.3 ROMACO-INNOJET-Sprühdüse *Rotojet*

Die Sprühdüse Rotojet ist als Single-Unterbett-Sprühsystem für ROMACO-INNOJET-Granulier- und Coatinganlagen des Typs VENTILUS entwickelt worden.

Sie arbeitet im Zentrum des Produktbehälters und grundsätzlich unterbett (Bottom-Spray), d. h. im Zentrum des Treibsatzes Orbiter. Im Interesse einer schnellen und homogenen Verteilung der Sprühflüssigkeit (Kleber oder Coatingmedien) weist die Sprühdüse Rotojet einen nahezu horizontalen, schräg nach oben gerichteten Sprühspalt auf, der über den gesamten Umfang des rotierenden Sprühkopfes ausgebildet ist. Dieser kreisförmige Sprühspalt ist jeweils ober- und unterhalb von einem Sprühluftspalt und einem Stützluftspalt umgeben und kann je nach Viskosität des zu versprühenden Coatingmediums auf eine Spaltgröße von 0,15–0,3 mm eingestellt werden. Die Düsenmündungsteile unterhalb des Flüssigkeitsquerschnittes sind statisch ausgebildet, während die Düsenmündungsteile oberhalb des Flüssigkeitsquerschnittes rotierend ausgebildet sind. Damit wird der Sprühspalt stetig dynamisiert. Eine Blockade desselben ist daher nahezu ausgeschlossen.

Während des Sprühprozesses gestattet die Sprühdüse Rotojet die Bildung eines sich annähernd horizontalen, radial in einem Umschlingungswinkel von 360° austretenden Sprühnebels. Die feinstverteilten Flüssigkeitströpfchen gehen aufgrund der radialen Ausbreitung auf Abstand zueinander, was Zwillingstropfenbildung vermeidet und zwangsläufig zu einer homogenen Beschichtung des zu behandelnden Produktes führt (Abb. 5.2).

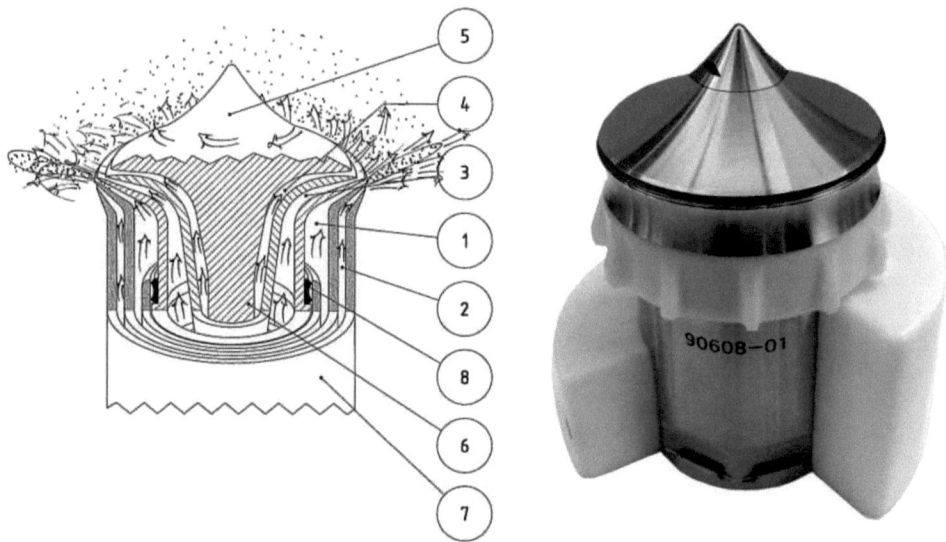

Abb. 5.2 Sprühdüse Rotojet. 1 Sprühflüssigkeitskammer und -spalt (umgeben von einem statischen und einem rotierenden Rohr), 2 Untere Sprühluft (2 statische Rohre mit Mündungen), 3 Obere Sprühluft (2 rotierende Rohre mit Mündungen), 4 Stützluftspalt oben (gebildet von 2 rotierenden Teilen), 5 Stützluftkegel (rotierend), 6 Antriebswelle (rotierend), 7 Düsenprimärkörper, 8 Dichtung

5.4 ROMACO-INNOJET-Treibsatz Orbiter

Der Treibsatz Orbiter vermittelt dem zu behandelnden Produkt eine schonende am Zentrum orientierte, konsequent orbitale Spiralbewegung. Dies bedeutet, dass das Produkt wie auf einem Luftkissen getragen, radial tangential zur zylindrischen Behälterwand gleitend, den steilen Wandwinkel von 90° schraubenförmig auflösend nach oben geführt wird, um (inzwischen getrocknet) wieder zum Zentrum zurückzufallen. Von dort aus beginnt die orbitale spiral-und Kreisbewegung erneut. Die Applikation der flüssigen Coating- oder Klebermedien erfolgt mittels der im Zentrum des Treibsatzes Orbiter arbeitenden ROMACO-INNOJET-Sprühdüse Rotojet. Über deren vollumfänglichen, nahezu horizontal angelegten Sprühspalt wird das flüssige Coating- oder Klebermedium feinstverteilt sowie sicher und reproduzierbar versprüht (Abb. 5.3).

5.5 ROMACO-INNOJET-Pulverrückführungssystem *Sepajet*

Die kontinuierliche Rückführung DES pulverigen und windsichtigen Produktes in den laufenden Granulier- oder Feinstpartikelcoatingprozessen erfolgt über das im Filterdom mit konditionierter Prozesszuluft arbeitende Pulverrückführungssystem Sepajet sicher und reproduzierbar.

Das kontinuierlich abreinigende Pulverrückführungssystem Sepajet (eine sog. lnprozessfiltereinrichtung) besteht aus einer kreisrunden Filtertragplatine, in der eine Vielzahl VON Filtertaschen sternförmig angeordnet, hängend, formschlüssig und dichtend befestigt sind. Die Filtertragplatine ist mittels pneumatischer Dichtung gegen die lnnenwandung des zylindrischen Filterdomes gasdicht abgedichtet. Die einzelnen Filtertaschen bestehen aus einem patentierten Filtertragkörper aus gefaltetem Edelstahlfeinblech, auf denen die antistatischen PE Textilmedien (Bags) aufgezogen sind. Die kontinuierliche Abreinigung der einzelnen Filtertaschen nacheinander wird durch den auf der Filtertrag-

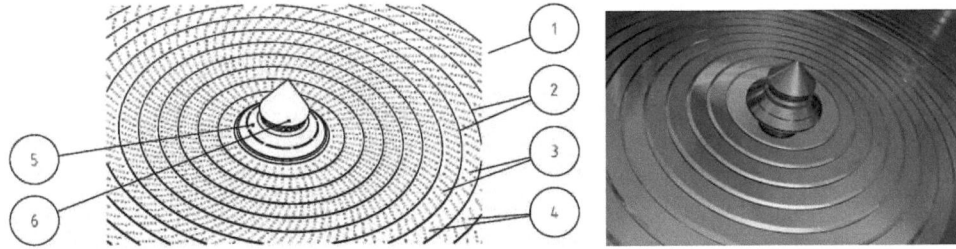

Abb. 5.3 ROMACO-INNOJET-Treibsatz *Orbiter*. 1 Treibsatzringe mit dazwischenliegenden, horizontal angelegten Prozessluftaustrittsspalten, 2 Prozessluftführungsfinger (radial-tangential) (an den Unterseiten der Treibsatzringe), 3 Prozessluftkanäle (radial-tangential) (zwischen den Treibsatzringen), 4 Zentralkegel für zentrale Blaslufteinführung, 5 ROMACO-INNOJET-Sprühdüse *Rotojet*

platine mittig gelagerten Blasluftrotor erzeugt. Die langsame Drehung des Blasluftrotors garantiert eine gleichmäßige und vollständige Abreinigung der einzelnen Filtertaschen durch definierte Abreinigungszeitintervalle. Die Blasluft für den Blasluftrotor wird der zentralen Prozessluftzuluftaufbereitung entnommen. Dies bedeutet, dass für die Abreinigung des Sepajet-Pulverrückführungssystems keine Druckluft verwendet wird (Abb. 5.4 und 5.5).

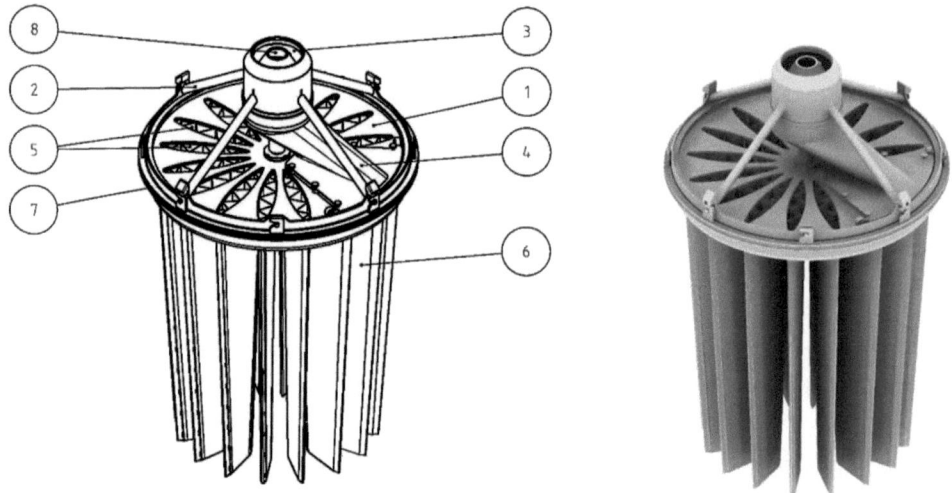

Abb. 5.4 ROMACO-INNOJET-Pulverrückführungssystem *Sepajet*. 1 Filtertragplatine, 2 Filterhalterung (4 Traversen), 3 Blaslufteintrittsstutzen, 4 Blasluftrotor (zur kontinuierlichen Abreinigung der Filterbags), 5 Reinluftaustrittsquerschnitte (Abluft), 6 Filterbags (Ellipse) (bestehend aus Tragkörper und textilen, antistatischen PE-Filterbags oder Edelstahlmehrschichtsiebgewebe), 7 Pneumatische Dichtung (rundum), 8 Pneumatischer Antriebsmotor für Blasluftrotor

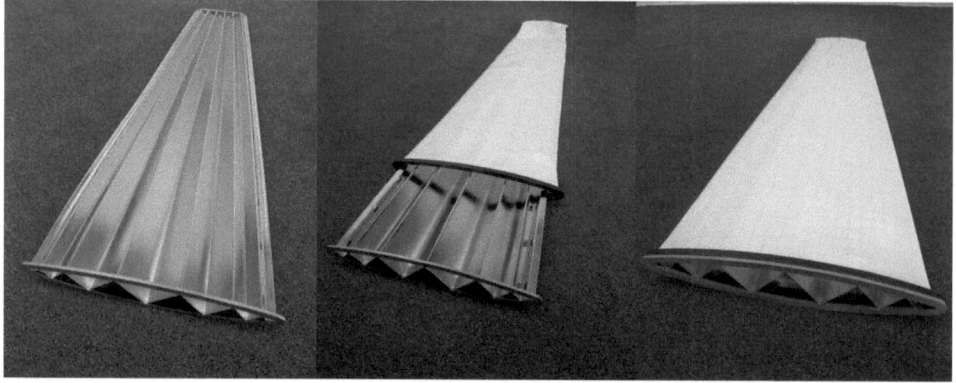

Abb. 5.5 Filtertragkörper aus gefaltetem Edelstahlfeinblech und antistatischen PE-Textilmedien

5.6 Zusammenfassung

Grundsätzlich abweichend von Verfahren, die auf der sog. „Wirbelschicht" basieren, ist es Herbert Hüttlin gelungen, mit der von ihm genannten „Luftgleitschicht" eine vom Zentrum eines zylindrischen Produktbehälters (Behandlungsraum) ausgehende, toroidale, somit homogen-umfassende und schonende Produktumwälzung sicher zu schaffen, die in einer Art konzertierten Aktion, zusammen mit der zentral angeordneten Sprühdüse „Rotojet", eine ebenso homogene Applikation der flüssigen Coating- oder Granuliermedien auf die Oberflächen der meist fein strukturierten Produktteilchen sicherstellt, was zu der gewünschten Schichtdickenhomogenität eines wässrigen oder organischen Coatings führt.

Coating mit Kollicoat® 6

Thorsten Cech

6.1 BASFs Coatingportfolio

Seit Jahrzehnten ist BASF ein etablierter Lieferant von qualitativ hochwertigen pharmazeutischen Hilfsstoffen. In den vielfältigen pharmazeutischen Anwendungen gibt es kaum ein Formulierungskonzept, das nicht von BASF-Hilfsstoffen unterstützt wird. Im Einklang mit dem restlichen Produktportfolio erstrecken sich auch die Coatingpolymere über ein breites funktionales Spektrum und bedienen umfassend eine große Vielfalt von Formulierungskonzepten. Zudem unterstreichen einige speziell für die Filmcoatingapplikation entwickelte Produkte den innovativen Geist des gesamten Portfolios.

Kollicoat® ist der registrierte Handelsname der Polymere, deren Hauptanwendung im Bereich der Filmüberzüge liegt. Hinter den jeweiligen Produkten (Tab. 6.1) verbergen sich verschiedene primäre Funktionalitäten: schnell freisetzend (IR), Feuchteschutz (MP), geschmacksmaskierend (TM), magensaftresistent (ER) oder retardierend (SR). Darüber hinaus können die Polymere auch sekundäre Funktionen haben, zum Beispiel Nassbinder oder Porenbildner.

Neben den filmbildenden Polymeren befinden sich noch eine ganze Reihe weiterer Produkte im BASF-Hilfsstoffportfolio, die ebenfalls in Filmcoatingformulierungen Verwendung finden können (Tab. 6.2).

Neben sprühgetrockneten Polymeren oder Polymermischungen befinden sich im Kollicoat®-Portfolio auch einige wässrige Dispersionen (Tab. 6.1). Solche Latexdispersionen sind thermodynamisch stabilisierte Systeme, welche es ermöglichen, Polymere homogen

---

T. Cech (✉)
Application Expert Pharmaceutical Technology, Manager European Pharma Application Lab,
BASF SE, G-ENP/SE, Ludwigshafen am Rhein, Deutschland
E-Mail: thorsten.cech@basf.com

Tab. 6.1 Übersicht Kollicoat®-Portfolio

Produkt	Feststoff	Wässrige Dispersion	Anwendung
Kollicoat® IR	X	–	IR
Kollicoat® Protect	–	–	MP, IR
Kollicoat® Smartseal 30 D	–	X	TM, MP, IR
Kollicoat® Smartseal 100 P	X	–	TM, MP, IR
Kollicoat® MAE 30 DP	–	X	ER, TM
Kollicoat® MAE 100-55	X	–	ER, TM
Kollicoat® MAE 100 P	X	–	ER, TM
Kollicoat® SR 30 D	–	X	SR

Tab. 6.2 Übersicht weiterer ausgewählter Hilfsstoffe für Coatingformulierungen

Produkt	Monografie Name	Funktion
Kollidon® 25 Kollidon® 30	Povidone	Porenbildner, Filmbildner
Kollidon® CL-M	Crospovidone	Porenbildner, Weißpigment
Kollidon® VA 64	Copovidone	Porenbildner, Filmbildner
Kolliphor® RH 40	Macrogolglycerol hydroxystearate	Netzmittel
Kolliphor® SLS	Sodium laurylsulfate	Netzmittel
Kolliphor® PS 80	Polysorbate 80	Netzmittel
Kollisolv® GTA	Triacetin	Weichmacher
Kollisolv® P 124	Polyoxyethylene (20) polyoxypropylene (20) glycol	Weichmacher
Kollisolv® PEG 300/400	Macrogols	Weichmacher
Kollisolv® PG	Propylene glycol	Weichmacher
Kolliwax® GMS II	Glycerol monostearate 40–55 (type II)	Gleitmittel
Kolliwax® HCO	Castor oil, hydrogenated	Feuchtebarriere
Kolliwax® S Fine	Stearic acid 50	Feuchtebarriere

in einem Medium (in diesem Fall Wasser) zu dispergieren, in dem sie unlöslich sind. Hierfür müssen bei der Entwicklung dieser Systeme zwei essenzielle Voraussetzungen geschaffen werden:

a) Die Partikel müssen so klein sein, dass diese aufgrund der Brownschen Molekularbewegung ein sich selbst stabilisierendes dispergiertes System bilden (keine Sedimentation). Die typische Partikelgröße bei wässrigen Dispersionen in der pharmazeutischen Anwendung beträgt hierbei etwa 100 bis 300 nm – dies ist auch an der charakteristischen, leicht bläulichen Färbung vieler Dispersion erkennbar (Tyndall-Effekt).

b) Um ein Aggregieren der Partikel (Koagulation) zu verhindern, müssen die Dispersionen physikalisch stabilisiert werden. Dies erfolgt beispielsweise durch eine elektrische Ladung auf der Oberfläche der Latexteilchen (Zeta-Potenzial). Diese führt zu einer Abstoßung der Partikel untereinander und verhindert ein zufälliges Aufeinandertreffen und ein daraus resultierendes aggregieren.

Bei den meisten pharmazeutisch relevanten Latexdispersionen liegt der Feststoffgehalt bei 30 %. Diese Angabe bezieht sich auf das Polymer sowie zusätzlich enthaltene Dispersionsstabilisatoren, welche die Bildung einer Latexdispersion überhaupt erst erlauben. Der Feststoffanteil stellt hierbei einen Kompromiss aus Polymerkonzentration und Lagerstabilität dar. Generell wären auch höhere Feststoffanteile denkbar, allerdings würde dies die Dispersion anfälliger für Scherbelastungen (z. B. beim Pumpen) bzw. Temperaturschwankungen machen.

Bei niedrigeren Temperaturen besteht auch bei Latexdispersionen das Risiko des Gefrierens. Die hierbei entstehenden Eiskristalle wachsen, ohne die Latexpartikel in sich einzubetten. Somit steigt der Feststoffanteil in der zurückbleibenden flüssigen Phase stark an. Ab einer gewissen „Verdichtung" sind die Latexpartikel so hoch konzentriert, dass selbst die Abstoßung aufgrund der Oberflächenladung nicht mehr ausreicht, um die Partikel zu separieren. Folglich kommt es zur Koagulation. Dieser Effekt ist nicht reversibel.

Auch bei zu hohen Temperaturen kann es zur Koagulation der Dispersion kommen. Daher erfolgt die Auslieferung dieser Produkte in temperierten Frachtbehältern mit einer Empfehlung hinsichtlich der Lagerbedingung (Temperatur). Die Lagerung sollte grundsätzlich in einem Temperaturbereich zwischen 5 und 25 °C erfolgen.

Neben Temperatur und Scherung können auch Formulierungsbestandteile einen Einfluss auf die Stabilität einer Latexdispersion haben. Als Faustregel gilt: Alle Formulierungsbestandteile, die entweder einen Einfluss auf den pH-Wert der Dispersion oder das Zeta-Potenzial der Latexpartikel haben, oder selbst eine Ladung aufweisen, können potenziell problematisch sein. Aber auch umgekehrt kann der pH-Wert der Dispersion einen Einfluss auf manche Formulierungsbestandteile haben. In einem stark sauren Milieu[1] sind manche Farbstoffe (z. B. Aluminiumlacke) nicht stabil. Nach einiger Zeit lösen sich die Farben vom Aluminiumkern, welcher wiederum mir der sauren Dispersion interagiert – es kommt zur Koagulation. Im Gegensatz hierzu sind manche Weichmacher im alkalischen Milieu[2] nicht stabil, wie zum Beispiel Triethylcitrat (Citronensäuretriethylester). Triethylcitrat unterläuft bei pH-Werten über 5 in wässrigen Systemen einer Hydrolyse, die zur Bildung freier Zitronensäure führt. Aus der Formulierungsperspektive führt dies zu zwei Problemen: Zum einen reduziert sich die Weichmacherkonzentration beträchtlich (was Auswirkungen auf die Mindestfilmbildetemperatur bzw. die Elastizität des Films hat), zum anderen verschiebt sich der pH-Wert der Dispersion, was zu einer Destabilisierung dieser führen kann.

Beim Einsatz von Dispersionen ist daher generell auf spezielle Formulierungsratschläge zu achten. Beachtet man diese, ist ein problemloses Arbeiten mit Latexdis-

---

[1] Beispiel: Kollicoat® MAE 30 DP hat als wässrige Dispersion einen pH-Wert von 2 bis 3.
[2] Beispiel: Kollicoat® Smartseal 30 D hat als wässrige Dispersion einen pH-Wert von 8 bis 10.

persionen problemlos möglich. Denn prinzipiell stellen Latexdispersionen eine sehr effiziente Basis für das Formulierungskonzept dar. Ohne die Notwendigkeit einer Redispergierung stehen sie unmittelbar für die Anwendung in einem Filmcoatingprozess zur Verfügung. Lediglich kann es erforderlich sein, die Dispersion vor deren Einsatz zu verdünnen, um beim Arbeiten mit niedrigerem Feststoffanteil eine höhere Homogenität des Filmüberzugs zu erreichen. Zudem ist bei den meisten Polymeren die Zugabe eines Weichmachers erforderlich, um entweder die Elastizität des Films zu erhöhen, die Mindestfilmbildetemperatur abzusenken oder die Filmbildung im Allgemeinen positiv zu beeinflussen.

6.2 Kosmetische Filmüberzüge

6.2.1 Kollicoat® IR

Kollicoat® IR wurde von BASF speziell für die Anwendung als Filmbildner für schnell freisetzende, pharmazeutische Filmüberzüge entwickelt und repräsentiert die neueste Generation dieser Hilfsstoffklasse [1]. Chemisch handelt es sich um ein Pfropf-Copolymer aus Polyethylenglykol und Polyvinylalkohol (Monografie Name [Ph.Eur.]: Macrogol-poly (vinyl alcohol) Grafted Copolymer). Dieses innovative Polymer vereint alle Bedürfnisse und Vorteile, die für einen sicheren, schnellen und reproduzierbaren Prozess relevant sind:

a) *Hohe Flexibilität und Elastizität* des reinen Polymerfilms, daher besteht keine Notwendigkeit für den Einsatz eines Weichmachers [2]
b) *Niedrige Viskosität* der Polymerlösungen, was einen hohen Feststoffgehalt der Filmcoatinglösung/-dispersion erlaubt und somit zu kurzen und kostengünstigeren Prozesszeiten führt [1]
c) *Keine Sprödigkeit* des Films, selbst bei hohen Prozesstemperaturen, was Vorteile bei feuchtesensitiven Wirkstoffen bietet [3]
d) *Keine Klebrigkeit* des Überzugs selbst bei niedrigen Prozesstemperaturen bzw. erhöhter Prozessfeuchte, was sowohl zu einer hohen Prozesssicherheit führt, ein einfaches Scale-up erlaubt, aber auch Vorteile bei temperatursensitiven Wirkstoffen bietet [4]

Diese einzigartigen Eigenschaften erlauben die Anwendung von Kollicoat®-IR-basierten Formulierungen in einem breiten Prozessfenster. Prinzipiell kann jede Prozesseinstellung eines Coaters, die bereits zu einem erfolgreichen Beschichtungsprozess geführt hat (unabhängig vom verwendeten Polymer), auf Kollicoat®-IR-basierte Formulierungen übertragen werden. Diese Prozessparameter werden auch in diesem Fall zu einem exzellenten Ergebniss führen [5].

Darüber hinaus können die Prozessparameter so spezifisch gewählt werden, dass sie an die individuellen Bedürfnisse eines Wirkstoffs angepasst werden können:

a) *Keine besonderen Voraussetzungen:* In diesem Fall liegt der Fokus auf der ökonomischen Optimierung des Prozesses. Hierbei wird eine vergleichsweise niedriger Zulufttemperaturen von 30 bis 40 °C gewählt, um Energiekosten zu sparen [6]. Die Produkttemperatur bewegt sich in diesem Fall im Bereich 25 bis 30 °C.

b) *Feuchteempfindlichkeit:* Bei feuchteempfindlichen Wirkstoffen wird der Prozess bei erhöhten Temperaturen gefahren, um die relative Prozessfeuchte auf ein Minimum zu beschränken. Hohe Zulufttemperaturen von bis zu 70 °C und moderate Sprühraten halten hierbei die Produkttemperatur in einem Bereich von über 50 °C [7].

c) *Temperaturempfindlichkeit:* In diesem Fall wird die Produkttemperatur auf ein absolutes Minimum abgesenkt. Die Prozessparameter ähneln der ersten Variante (a), allerdings wird die Sprührate angehoben. Um die benötigte Trocknungseffizienz zu erreichen, wird zeitgleich die Luftmenge bzw. Luftgeschwindigkeit maximiert. So können Produkttemperaturen während des Prozesses zwischen 15 und 25 °C erreicht werden [6].

d) *Standardparameter:* Im Bereich von schnell freisetzenden Filmüberzügen werden typischerweise Parameter als ‚Standard' bezeichnet, die zu einer Produkttemperatur zwischen 34 bis 38 °C führen. Diese Parameter basieren auf den Erfahrungen mit Filmbildnern wie Hypromellose oder Polyvinylalkohol, die kein so breites Prozessfenster erlauben wie Kollicoat®-IR-basierte Formulierungen. Wie erwähnt, können auch diese Parameter Verwendung finden. Allerdings ist in diesem Fall das Potenzial des Polymers nicht voll ausgeschöpft.

Das Formulieren von Kollicoat® IR ist denkbar einfach. Im simpelsten Fall wird das Polymer ohne weitere Zusatzstoffe als wässrige Lösung direkt appliziert (z. B. als Subcoat). Die hohe Flexibilität und Elastizität des Polymers erlaubt ebenfalls die einfache Einarbeitung von großen Mengen an Pigmenten und Farbstoffen (Tab. 6.3). Alternativ kann der Film auch mit großen Mengen Wirkstoff beladen werden, um zum Beispiel Pellets mit einem Wirkstoff zu überziehen (Drug Layering).

Tab. 6.3 Formulierungskonzepte Kollicoat®-IR-basierte Filmüberzüge

Produkt	Farbloser Coat (z. B. Subcoat)	Weißer Coat (z. B. kosmetischer Coat)	Farbiger Coat	Farbiger Coat (Lichtschutz)
Kollicoat® IR	100 %	55 %	53 %	50 %
Talk	–	40 %	40 %	40 %
Weißpigment (z. B. Titandioxid)	–	5 %	3 %	2 %
Farbpigment (z. B. Eisenoxid)	–	–	4 %	8 %

6.3 Protektive Filmüberzüge

6.3.1 Feuchteschutz

Kollicoat® Protect

Kollicoat® Protect ist eine Polymermischung, bestehend aus 60 % Kollicoat® IR und 40 % Polyvinylalkohol. Durch die Kombination der beiden Polymers werden Filme noch einmal deutlich weicher und elastischer und erlauben so die Einarbeitung noch größerer Pigmentmengen. Zudem steigt die generelle Resistenz gegen Feuchtepermeation. Allerdings bietet das unformulierte Produkt per se nur eine schwache Barrierewirkung. Der eigentlich Feuchteschutz ergibt sich aus dem eigentlichen Formulierungskonzept (Tab 6.4). Hierbei wird die theoretische Schichtdicke des Films durch die Zugabe unlöslicher Formulierungsbestandteile (Pigmente, z. B. Talk oder Eisenoxid) vergrößert. Pigmente stellen eine Barriere für Wassermoleküle dar. Hierbei können sie die Permeation zwar nicht komplett unterbinden, jedoch die Permeationsstrecke deutlich verlängern (Abb. 6.1). Daraus ergibt sich in Analogie zum Fickschen Gesetz eine Reduktion der Wasserdampfpermeationsrate.

Prinzipiell gilt: je höher die Pigmentbeladung des Films, desto niedriger die Feuchtepermeation. Allerdings ergibt sich bei der Formulierung eine physikalische Grenze bei etwa 75 % Pigmentbeladung. Steigt die Pigmetkonzentrationen über dieses Limit, beginnt der Film zu verspröden und die Feuchtepermeation nimmt zu [8].

Die Zugabe von Kollidon® VA 64 (Copovidone) und Kolliphor® SLS (Natriumlaurylsulphat) als weitere
    Formulierungskomponenten erhöhen hierbei die Integrität des Films. Dies hat einen positiven Effekt auf die Barrierewirkung. Im richtigen Verhältnis (Tab. 6.4) reduziert sich die Wasserdampfpermeation um bis zu 30 % [9].

Tab. 6.4 Formulierungskonzepte für Feuchteschutz (FSC) und Sauerstoffschutz (SSC)

Produkt	FSC (wässrig)	FSC (wässrig)	FSC (wässrig)	FSC (organisch)	SSC (wässrig)
Kollicoat® Protect	25,0 %	37,5 %	–	–	50.0 %
Kollicoat® Smartseal 30 D	–	–	86,6 %	–	–
Kollicoat® Smartseal 100 P	–	–	–	93,5 %	–
Kollidon® VA 64	–	12,5 %	–	–	–
Kolliphor® SLS	–	2,0 %	–	–	–
Weichmacher (z. B. ATBC)	–	–	11,2 %	4,6 %	–
Anatioxidant (z. B. BHT)	–	–	2,2 %	1,9 %	–
Talk	67,0 %	43,0 %	–	–	35,0 %
Farbpigment (z. B. Eisenoxid)	8,0 %	5,0 %	–	–	15,0 %

Abb. 6.1 Querschnitt eines Kollicoat®-Protect-basierten Films. Talkpartikel (gelb) umgeben von Eisenoxid und Titandioxidpartikeln (violett)

Prinzipiell gelten für Kollicoat®-Protect-basierte Formulierungen ähnliche Prozessempfehlungen wie für Kollicoat® IR. Aufgrund der Funktionalität ist aber davon auszugehen, dass die Formulierungen in der Regel bei feuchteempfindlichen Wirkstoffen zum Einsatz kommen. Daher ist beim Prozessieren eine erhöhte Produkttemperatur im Bereich von 40 bis 45 °C anzustreben.

Kollicoat® Smartseal
Dieser Filmbildner steht sowohl als wässrige Latexdispersion (Kollicoat® Smartseal 30 D) als auch als sprühgetrocknetes Pulver (Kollicoat® Smartseal 100 P) zur Verfügung. In beiden Fällen handelt es sich um das gleiche Polymer: Methyl-Methacrylat-Diethylamino-Ethyl-Methacrylat-Copolymer. Das Produkt liegt in der Dispersion mit einem Feststoffanteil von 30 % vor. Hierbei entfallen 28,6 % auf das eigentliche Polymer sowie 0,6 % auf Kolliphor® CS 20 (Macrogolcetostearylether 20) bzw. 0,8 % auf Kolliphor® SLS (Natriumlaurylsulphat) als Dispersionsstabilisatoren. Während der Sprühtrocknung wird die Wasserphase entfernt, das Verhältnis der Feststoffanteile bleibt jedoch konstant.

Kollicoat® Smartseal 30 D wurde ursprünglich für die Geschmacksmaskierung entwickelt (Abschn. 6.3.4) und bietet daher eine pH-Wert-abhängige Löslichkeit. Da jedoch die Löslichkeit im sauren Milieu (Magensaft) gegeben ist, erfüllt das Produkt alle Voraussetzungen, um für die Entwicklung schnell freisetzender Darreichungsformen eingesetzt zu werden. Neben den geschmacksmaskierenden Eigenschaften bietet Kollicoat® Smartseal aufgrund seines lipophilen Charakters auch einen hervorragenden Feuchteschutz. Im Gegensatz zu Kollicoat® Protect ist dies bedingt durch die chemische Natur des Polymers und muss nicht über Formulierungsbestandteile erreicht werden [10]. Neben dem wässrigen Filmcoating bietet Kollicoat® Smartseal 100 P auch die Möglichkeit, den Prozess basierend auf organischen Lösungsmitteln zu basieren. Beispiele für Formulierungen sind nachfolgend aufgeführt (Tab. 6.4).

Beim wässrigen Feuchteschutz-Coating mit Kollicoat® Smartseal sollten ebenfalls erhöhte Produkttemperaturen angestrebt werden, um die relative Prozessfeuchte auf einem niedrigen Niveau zu halten. Produkttemperaturen im Bereich von 38 bis 45 °C sind hierfür gut geeignet. Es ist allerdings zu beachten, dass diese Temperaturen über der Glasübergangstemperatur des formulierten Polymers liegen. Wenn sich während des Beschichtungsprozesses die Substrate in Bewegung befinden, stellt dies in der Regel kein Problem dar, allerdings dürfen diese nach der Beschichtung nicht als Bulk über der Glasübergangstemperatur gelagert werden, da sonst ein Verkleben droht. Daher ist vor der Entnahme der überzogenen Substrate entweder die Produkttemperatur abzusenken oder ein Topcoat (z. B. Kollicoat® IR) aufzubringen.

6.3.2 Sauerstoffschutz

In seltenen Fällen dienen Filmüberzüge auch als Sauerstoffbarriere. Diese Funktionalität ist schwieriger zu erzielen als die des Feuchteschutzes. Die Gratwanderung zwischen Maximierung der Barrierewirkung und Versprödung des Films ist sehr schmal. Dennoch kann mit Kollicoat® Protect ein ähnliches Formulierungskonzept zum Tragen kommen, wie es bereits beim Feuchteschutz diskutiert wurde. Der primäre Unterschied liegt darin, dass beim Feuchteschutzcoating die Art der Pigmente keine Rolle spielt (z. B. hinsichtlich PSD), beim Sauerstoffschutz hingegen schon. Es hat sich gezeigt, dass sich ein hoher Anteil von Pigmenten mit einem d_{50}-Wert von <5 µm positiv auf die Funktionalität auswirkt. Zudem wird das Optimum der Barrierewirkung bereits bei einer niedrigeren Pigmentkonzentration von etwa 50 % erreicht [11]. Eine beispielhafte Formulierung ist in Tab. 6.4 aufgezeigt.

6.3.3 Lichtschutz

Nifedipin ist wohl eines der prominentesten Beispiele für lichtempfindliche Wirkstoffe. Bei der Verarbeitung des Wirkstoffs ist während des gesamten Herstellungsprozesses darauf zu achten, dass keine Exposition von Licht erfolgt. Für die finale Darreichungsform bedeutet dies, dass eine lichtundurchdringliche Befilmung aufgebracht werden sollte. In der Regel kann dies einfach mit einem kosmetischen Filmüberzug erreicht werden. Hierbei wird eine erhöhte Menge eines dunklen Farbpigments, wie zum Beispiel Sicovit® Brown 75 E 172 (braunes Eisenoxid), in die Formulierung eingearbeitet (Tab. 6.3) [12].

6.3.4 Geschmacksmaskierung

Insbesondere im Bereich der nicht verschreibungspflichtigen Darreichungsformen (Selbstmedikation) stellt die Maskierung des schlechten oder bitteren Geschmacks eines Wirkstoffs ein entscheidendes Qualitätsmerkmal dar. Ein exzellentes Formulierungskonzept kann die Kaufentscheidung des Patienten nachhaltig beeinflussen. Daher unterliegt die Erfüllung dieses Kriteriums während der Formulierungsentwicklung einer hohen Priorität. Hierbei müssen Formulierungsstrategien sowohl auf den Wirkstoff und dessen spezifischen Eigenschaften sowie auf die Art der finalen Darreichungsform abgestimmt sein.

Das Überziehen der Oberfläche entweder des Wirkstoffs oder der Darreichungsform (z. B. Tablette) stellt hierbei eine der möglichen Optionen dar. Die Formulierungen können hierbei recht einfach sein und den Formulierungsempfehlungen folgen, die bereits im Kapitel „kosmetische Filmüberzüge" (Abschn. 6.2) diskutiert wurden (Tab. 6.3). Allerdings können auch rein polymerbasierte Formulierungen zum Einsatz kommen, die lediglich dem Ziel der Geschmacksmaskierung dienen. Mögliche Formulierungskonzepte variieren hierbei leicht, abhängig von der Natur des Polymers, das zur Geschmacksmaskierung eingesetzt werden soll.

Kollicoat® IR/Protect
Prinzipiell kann eine geschmacksmaskierende Wirkung bei Tabletten bereits mit einem konventionellen kosmetischen Filmüberzug erreicht werden (Tab. 6.3). Beispielhaft seien hier Ibuprofen-Filmtabletten erwähnt, die in der Regel lediglich einen kosmetischen Filmüberzug tragen und dennoch ein sowohl angenehmes als auch „geschmacksneutrales" Schlucken erlauben (sofern dieses zügig erfolgt). Bei diesem Formulierungsansatz muss lediglich sichergestellt werden, dass die Tablette über eine ausreichende Filmdicke verfügt, sodass nicht beim ersten Kontakt mit Speichel eine sofortige Wirkstofffreisetzung einsetzt.

Allerdings ist dieses Formulierungskonzept nur bei Substraten anzuwenden, die eine vergleichsweise geringe Oberfläche besitzen, und deren Wirkstoff nicht bereits in kleinen Dosen bitter schmeckt. Es gilt hierbei: je intensiver der bittere Geschmack, desto geringer die exponierte Oberfläche. Daher funktioniert dieser Ansatz meist nur bei Tabletten.

Kollicoat® Smartseal
Kollicoat®-Smartseal-basierte Filmüberzüge stellen die effizienteste Methode zur Geschmacksmaskierung von festen oralen Darreichungsformen dar. Aufgrund seines lipophilen Charakters und seiner ausschließlichen Löslichkeit in sauren Medien ist ein Filmüberzug basierend auf diesem Polymer im menschlichen Speichel vollkommen unlöslich. Erst seine Interaktion mit dem sauren Magensaft erlaubt eine Protonierung der Aminogruppe mit einer damit einhergehenden Löslichkeit des Polymers [2, 10].

Entscheidend für die Funktionalität ist lediglich ein homogener Überzug. Bereits dünne Filme sind völlig ausreichend, um eine Wirkstofffreisetzung im Mund völlig zu unterbinden [13]. Wird die Darreichungsform geschluckt und kommt mit Magensaft in Berührung, erfolgt die vollständige Auflösung des Films und der Kern kann ebenfalls in Wechselwirkung mit dem Magensaft treten (Abb. 6.2). Im Umkehrschluss bedeutet dies, dass bei einem entsprechend formulierten Kern alle Aspekte einer schnell freisetzenden Darreichungsform erfüllt sind, obgleich ein funktionelles Polymer mit einer pH-Wert-abhängigen Löslichkeit als Filmbildner eingesetzt wird.

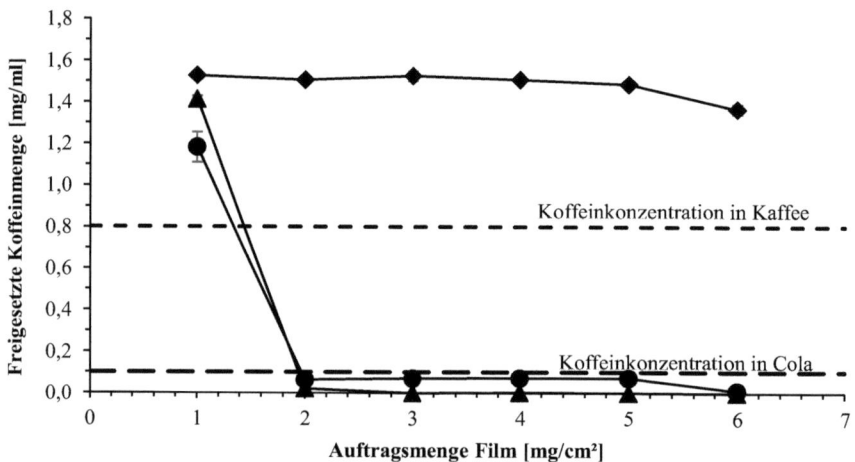

Abb. 6.2 Koffeinfreisetzung aus Minitabletten, überzogen mit Kollicoat® Smartseal. Testmedien: HCl pH 1,0 (◊), Phosphatpuffer pH 6,8 (Δ) und künstlichem Speichel (o); V = 5 ml, t = 5 min

Die beschriebene Wechselwirkung des Polymers mit Säuren beschränkt sich nicht nur auf das Freisetzungsmedium, sondern erstreckt sich auch auf entsprechende Wirkstoffe. Bei sauren Wirkstoffen ist daher ein Subcoat (z. B. Kollicoat® IR) vorzusehen.

Zudem muss beachtet werden, dass sich Substrate kleiner als 2 bis 3 mm im Magen als Fluid verhalten. Somit gelangen sie über die sogenannte Magenstraße innerhalb weniger Minuten in den oberen Teil des Dünndarms und werden dort einem neutralen pH-Wert ausgesetzt [14]. Die kurze Verweilzeit für Partikel dieser Größe gilt auch dann, wenn sich der Magen im nicht nüchternen Zustand befindet, das heißt gefüllt ist [15]. Werden überzogene Partikel mit viel Flüssigkeit als Suspension verabreicht, ist zu beachten: Die Flüssigkeit kann als Puffersystem wirken und das Auflösen des Films verzögern. Zwar konnte gezeigt werden, dass mit Kollicoat® Smartseal überzogene Substrate in biorelevanten Medien auch bei pH-Werten >5,5 freisetzen, allerdings kann die Freisetzung hierbei um bis zu 60 min verzögert sein [16]. Beim Überziehen von kleinen Substraten, wie Partikeln oder Pellets, mit Kollicoat® Smartseal ist daher die Filmauftragsmenge so zu bemessen, dass eine zumindest teilweise Auflösung bereits nach kurzer Verweilzeit im Magen auftritt. Nur so kann sichergestellt werden, dass auch eine schnelle Wirkstofffreisetzung erfolgt.

Für große Substrate wie Tabletten ist Kollicoat® Smartseal die ideale Wahl. Das Polymer kann sogar als Standard-Coating für schnell freisetzende Darreichungsformen angesehen werden:

a) Für Tabletten gilt, dass eine ausreichend lange Verweilzeit im Magen gegeben ist, um ein schnelles Auflösen sicherzustellen. Hieraus ergibt sich eine Übereinstimmung mit der Monografie für schnell freisetzende Darreichungsformen.

b) Aufgrund der geringen Viskosität der wässrigen Dispersion (oder des redispergierten Pulvers) können sehr hohe Feststoffanteile und somit kurze Prozesszeiten erreicht werden.
c) Neben der geschmacksmaskierenden Wirkung bietet das Polymer aufgrund seines lipophilen Charakters auch einen effektiven Feuchteschutz (Abschn. 6.3.1).
d) Filme basierend auf Kollicoat® Smartseal habe eine hohe Robustheit und überstehen auch aggressive Handhabung, zum Beispiel beim Verpacken.
e) Neben schneller Freisetzung bietet Kollicoat® Smartseal somit mehrere weiterführende Funktionen, die einer Darreichungsform zu zusätzlichen positive Produktattributen, wie einer verlängerten Stabilität, verhelfen können.

Kollicoat® Smartseal ist zudem einfach zu prozessieren. Eine potenzielle Überfeuchtung des Prozesses hat keine negativen Auswirkungen auf das Aussehen des Films oder dessen Funktionalität. Es ist jedoch sicherzustellen, dass sich die Produkttemperatur oberhalb der Mindestfilmbildetemperatur bewegt. Abhängig vom gewählten Weichmacher und dessen Konzentration bewegt sich diese im Bereich 25 bis 32 °C. Aufgrund des lipophilen Charakters des Polymers agiert Wasser kaum als Weichmacher. Daraus resultiert, dass sich die Glasübergangstemperatur des Films in einem ähnlichen Bereich bewegt. Daher ist darauf zu achten, befilmte Tabletten nicht als Bulk zu lagern. Potenzielle Klebeneigungen können entweder durch Zugabe von Gleitmitteln (z. B. Talk) (Tab. 6.5) oder einem Abmischen mit Magnesiumstearat eliminiert werden.

Kollicoat® MAE
Obgleich das Polymer eigentlich für magensaftresistente Filmüberzüge gedacht ist (Abschn. 6.3.5) stellt es bei kleinen Substraten (<2 mm) im Bereich der Geschmacksmaskierung eine interessante Alternative zu Kollicoat® Smartseal dar. Prinzipiell ist das Polymer im pH-Bereich über 5,5 löslich, braucht aber Puffersysteme als Gegenspieler, die eine entsprechende Salzbildung erlauben. Diese Situation ist im Speichel nicht gegeben,

Tab. 6.5 Formulierungskonzepte Kollicoat®-Smartseal-basierter Filmüberzüge

Produkt	Farbloser Coat (wässrig)	Weißer Coat (wässrig)	Farbiger Coat (wässrig)	Farbloser Coat (organisch)
Kollicoat® Smartseal 30 D	86,6 %	52,0 %	43,3 %	–
Kollicoat® Smartseal 100 D	–	–	–	93,5 %
Weichmacher (z. B. ATBC)	11,2 %	6,7 %	5,6 %	4,6 %
Anatioxidant (z. B. BHT)	2,2 %	1,3	1,1 %	1,9 %
Talk	–	40,0 %	44,0 %	–
Farbpigment (z. B. Eisenoxid)	–	–	6,0 %	–

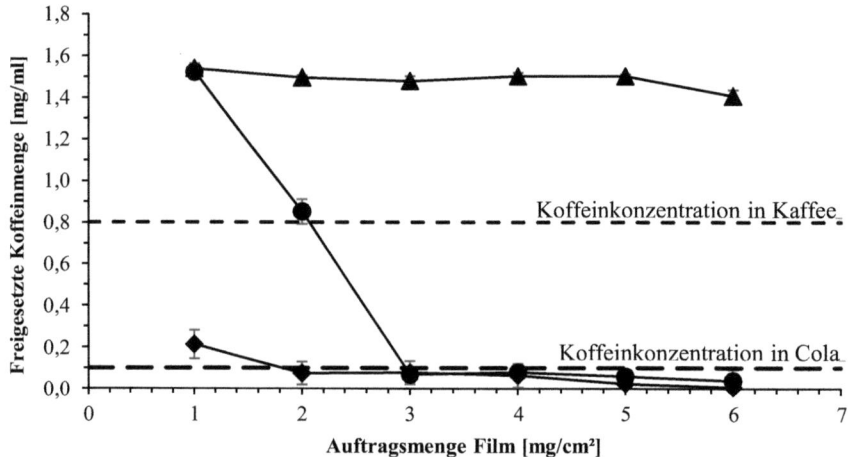

Abb. 6.3 Koffeinfreisetzung aus Minitabletten, überzogen mit Kollicoat® MAE. Testmedien: HCl pH 1,0 (◊), Phosphatpuffer pH 6,8 (Δ) und künstlichem Speichel (o); V = 5 ml, t = 5 min

sodass magensaftresistente Filmüberzüge auch bei längerem Aufenthalt im Mund keinen Schaden nehmen und somit das Polymer auch zur Geschmacksmaskierung eingesetzt werden kann (Abb. 6.3). Insbesondere bei kleinen Substraten wie Minitabletten, Pellets oder bei Partikeln, bietet sich daher der Einsatz von Kollicoat® MAE zur Geschmacksmaskierung an. Das Polymer ist im Speichel unlöslich (Geschmacksmaskierung) und die kleinen Partikel verhalten sich im Magen wie ein Fluid. Innerhalb weniger Minuten gelangen sie in den Darm, wo das Polymer löslich ist. Obwohl ein magensaftresistenter Filmüberzug aufgetragen ist, erfüllt das Produkt somit dennoch alle Voraussetzungen einer schnell freisetzenden Darreichungsform. Kollicoat® MAE ist daher das bevorzugte Polymer für die Geschmacksmaskierung kleiner Partikel.

Aufgrund der gewollten pH-Wert-abhängigen Interaktion mit den Medien des Gastrointestinaltrakts unterliegt das Polymer grundsätzlich auch potenziellen Interaktionen mit Wirkstoffen. Im Gegensatz zu Kollicoat® Smartseal sind bei Kollicoat® MAE jedoch basische Wirkstoffe problematisch. Gegebenenfalls ist daher auch bei Kollicoat®-MAE-basierten Formulierungen ein Subcoat (z. B. Kollicoat® IR) vorzusehen.

Kollicoat®-MAE-basierte Coatingformulierungen zur Geschmacksmaskierung können recht einfach gehalten werden. Da bei kleinen Substraten häufig keine Farbgebung verlangt ist, kann die Formulierung lediglich aus Polymer mit 15 % Weichmacher (z. B. Triethylcitrat) bestehen. Der Feststoffanteil kann hierbei für die wässrige Dispersion Kollicoat® MAE 30 DP bis auf 34,5 % gesteigert werden. Unabhängig vom Feststoffanteil sollte sich die Produkttemperatur während des Coatingprozesses im Bereich von 32 bis 45 °C bewegen. Hierbei gilt: je höher die Temperatur, desto geringer die Wahrscheinlichkeit der feuchtebedingten Aggregatbildung.

Alternativ kann auch ein organisches Coating basierend auf Kollicoat® MAE 100-55 erfolgen. Auch hierbei sind 15 % Weichmacher vorzusehen. Abhängig vom Lösungsmittel liegt die Produkttemperatur während des Prozesses in diesem Fall bei 23 bis 28 °C.

Kollicoat® SR 30 D
Kollicoat® SR 30 D wird üblicherweise zur Retardierung von Darreichungsformen eingesetzt (Abschn. 6.4). Eine Verzögerung der Wirkstofffreisetzung ist jedoch auch im Rahmen der Geschmacksmaskierung erwünscht. Daher findet auch Kollicoat® SR 30 D häufig für diese Formulierungskonzepte Beachtung [16]. Im Gegensatz zu den beiden Methacrylat-basierten Produkten Kollicoat® Smartseal und Kollicoat® MAE handelt es sich bei Polyvinylacetat um ein sehr weiches, kaugummiähnliches Coatingpolymer. Dies bietet Vorteile bei der Formulierung von Wirkstoffen in zum Beispiel Kautabletten.

Sowohl bei Kautabletten als auch bei anderen oral zerfallenden Darreichungsformen kann eine Geschmacksmaskierung mittels Befilmung nur dann erfolgreich sein, wenn der Wirkstoff direkt überzogen wird. Das Überziehen der Tablette hat in diesem Fall keinen nachhaltigen Effekt. Um nach dem Zerfall der Darreichungsform ein angenehmes Mundgefühl zu erreichen, sollten die dispergierten Formulierungsbestandteile eine Partikelgröße von 100 µm nicht überschreiten.[3] Dies gilt neben den Hilfsstoffen auch für den Wirkstoff.

Ein Überziehen dieser feinen Wirkstoffe stellt prozesstechnisch eine Herausforderung dar. In der Praxis führt der Coatingprozess in der Regel zu einem Aggregataufbau (ähnlich dem der Nassgranulation). Erfolgt das Befilmen nun mit den eingangs erwähnten Methacrylaten (Kollicoat® Smartseal oder Kollicoat® MAE), so sind die resultierenden Aggregate sehr fest, spröde und unangenehm auf der Zunge. Im Gegensatz hierzu kann Kollicoat® SR 30 D zwar die Aggregatbildung nicht verhindern, allerdings sind die Partikel nach der Befeuchtung mit Speichel sehr weich und flexibel. Auch bei größeren Aggregaten im Bereich 300 bis 400 µm ist das Mundgefühl daher nicht negativ beeinflusst [17].

Im Gegensatz zu Kollicoat® Smartseal und Kollicoat® MAE verhindert Kollicoat® SR 30 D nicht die Wirkstofffreisetzung im Mund, sondern verzögert diese lediglich. Die Auftragsmenge an Filmbildner ist daher so zu wählen, dass die Freisetzung des Wirkstoffs um einige Minuten verzögert wird, aber danach recht zügig erfolgt. Erleichtert wird dieses Formulierungskonzept durch die Tatsache, dass das Speichelvolumen limitiert ist. Im Magen bzw. Darm steht jedoch deutlich mehr Flüssigkeit zur Verfügung, was die Wirkstofffreisetzung beschleunigt.

Kollicoat® SR ist das bevorzugte Polymer bei wenig bitteren Wirkstoffen, die als Partikel zum Beispiel in Kautabletten oder ODTs verarbeitet werden sollen. Somit stehen für die Vielzahl möglicher Substrate verschiedene Formulierungskonzepte zur Verfügung (Tab. 6.6).

---
[3] Partikel oder feste Aggregate über 100 µm werden von der Zunge als Objekt wahrgenommen, es entsteht ein sandiges und somit sehr unangenehmes Mundgefühl.

Tab. 6.6 Formulierungskonzepte zur Geschmacksmaskierung für verschiedene Substrate

Produkt	Tabletten	Mini-Tabetten	Pellets	Partikel
Kollicoat® IR	Ja	Nein	Nein	Nein
Kollicoat® Protect	Ja	Nein	Nein	Nein
Kollicoat® Smartseal	Ja	>2 mm	Nein	Nein
Kollicoat® MAE	Nein	<2 mm	Ja	Ja
Kollicoat® SR 30 D	Nein	Nein	Nein	Ja

6.3.5 Magensaftresistenz

Darreichungsformen mit einem magensaftresistenten Film zu überziehen, ist ein weit verbreiteter Formulierungsansatz. Entweder soll hierbei der Wirkstoff vor Wechselwirkungen mit der Magensäure (Säuresensitivität) bewahrt werden oder umgekehrt, die Magenschleimhaut vor dem Wirkstoff. Entsprechend der jeweiligen Funktionalität schlagen die Arzneibücher (z. B. Ph. Eur.) zwei Prüfmethoden vor:

1. *Freisetzungstest:* Hierbei darf die Darreichungsform in künstlichem Magensaft (HCl, 0,1 M) nicht mehr als 10 % Wirkstoff innerhalb von zwei Stunden abgeben.
2. *Modifizierter Zerfallstest:* Hierbei wird ebenfalls im künstlichen Magensaft ein Zerfallstest ohne Disks durchgeführt und der Massezuwachs des Substrates nach einer und zwei Stunden betrachtet.

Im ersten beschriebenen Test geht es offensichtlich um den Schutz der Magenschleimhaut. Hierbei ist das Testkriterium von „nicht mehr als 10 % Wirkstofffreisetzung" in der Regel sehr einfach einzuhalten. Kollicoat®-MAE-basierte Filme bilden eine sehr effiziente Barriere gegenüber Säure aus [18], sodass bereits mit sehr einfachen Formulierungen in der Regel gar keine Wirkstofffreisetzung während dieses Tests detektiert werden kann.

Unabhängig vom Polymer ist die Funktionalität hierbei allerdings auch stark von der Kernformulierung abhängig. Geringe Mengen an Wasser können während des Tests den Filmüberzug passieren und in eine Wechselwirkung mit dem Kern eintreten. Dies ist insbesondere dann kritisch, wenn der Kern große Mengen an Sprengmittel oder anderen quellbaren Hilfsstoffen wie mikrokristalline Cellulose enthält. Diese Hilfsstoffe unterlaufen in diesem Fall einem Quellvorgang, erhöhen dramatisch das Volumen des Substrates, und führen zu Rissen im funktionellen Überzug. In diesem Fall ist eine Magensaftresistenz nicht mehr gegeben [19]. Daher ist bereits bei der Kernentwicklung darauf zu achten, dass nur nicht quellende Füllstoffe (z. B. laktosebasiertes Ludipress®) zum Einsatz kommen.

Alternativ zu einer angepassten Kernformulierung kann auch ein Subcoat aufgebracht werden. Dies verhindert zwar nicht die Permeation von Flüssigkeit in den Kern, separiert diesen aber vom funktionellen Überzug. Dadurch kann der Kern quellen und der Überzug (im wässrigen Medium sehr elastisch, da Wasser als Weichmacher wirkt) kann die Volumenänderung kompensieren [20]. Diese Kompensation kann nicht erfolgen, wenn der funktionelle Überzug direkt auf dem quellenden Kern aufsitzt. In diesem Fall sind die lokal entstehenden Spannungen so hoch, dass sich meist Defekte im Film ausbilden und die Funktionalität verloren geht.

Erkenntnisse aus dem modifizierten Zerfallstest sind daher hilfreich, um die Formulierung zu verstehen und zu optimieren. Wichtig ist in diesem Zusammenhang, dass das Polymer sicher als Barriere gegen Säuren schützt, aber dennoch für Wasser permeabel bleibt [18]. Daher kann auch bei hoher Massezunahme während des Tests von einer protektiven Wirkung des Films ausgegangen werden.

Die Menge an Wasser, die während des Tests den Coat durchdringt, ist vom prinzipiellen Formulierungskonzept des Überzugs, dessen Auftragsmenge und der Kernformulierung abhängig. Der Massezuwachs des Kerns kann mit einfachen Mitteln auf weniger als 5 % begrenzt werden (Tab. 6.7). Bei schlecht formulierten Produkten kann sie jedoch auch bei Werten von über 40 % annehmen.

Per se ist die Wasseraufnahme während der ersten zwei Stunden des Freisetzungstests nur relevant, wenn der Wirkstoff stark hydrolyseempfindlich ist. Allerdings kann sich ein Problem beim Umpuffern ergeben. Ein durch Wasseraufnahme gequollener Kern wird seinen Sprengdruck verloren haben. Nach dem Umpuffern löst sich dann zwar der Film in wenigen Minuten auf, der Kern bleibt aber intakt auf dem Boden des Prüfbehälters liegen und erodiert nur langsam ab. Gemessen wird in diesem Fall nur eine sehr langsame Freisetzung bei pH 6,8. Dies ist aber ein reines In-vitro-Problem, da der Kern in diesem Fall recht weich ist, würde er in vivo durch die Darmperistaltik dispergiert [21]. Dennoch sollte dieser Effekt durch eine angemessene Formulierung ausgeschlossen werden.

Im BASF-Portfolio befinden sich drei Kollicoat® MAE-Produkte. Jedes einzelne ermöglicht ganz spezielle Formulierungskonzepte, die im Anschluss diskutiert werden sollen.

Tab. 6.7 Formulierungskonzepte Kollicoat®-MAE-basierter Filmüberzüge

Produkt	farbloser Coat (wässrig)	farbloser Coat (wässrig)	farbiger Coat (wässrig)	farbloser Coat (organisch)
Kollicoat® MAE 30 D	87,0 %	–	43,5 %	–
Kollicoat® MAE 100-55	–	–	–	87,0 %
Kollicoat® MAE 100 P	–	52,0 %	–	–
Weichmacher (z. B. TEC)	13,0 %	6,7 %	6,5 %	13,0 %
Kolliwax® GMS II	–	9,0 %	–	–
Kolliphor® PS 80	–	1,0 %	–	–
Talk	–	–	44,0 %	–
Farbpigment (z. B. Eisenoxid)	–	–	6,0 %	–

Kollicoat® MAE 30 DP

Kollicoat® MAE 30 DP (Monografie Name [Ph.Eur.]: Methacrylic Acid-Ethyl Acrylate Copolymer (1:1) Dispersion 30 Per Cent) ist eine wässrige Latexdispersion mit einem Feststoffanteil von 30 %. Hierbei beträgt der eigentliche Polymeranteil 29,1 %, der Rest beläuft sich auf 0,7 % Kolliphor® PS 80 (Polysorbat 80) und 0,2 % Kolliphor® SLS (Natriumlaurylsulfat). Die beiden Netzmittel sorgen für die Stabilisierung der Latexpartikel.

Kollicoat® MAE 100-55

Bei Kollicoat® MAE 100-55 (Monografie Name [Ph.Eur.]: Methacrylic Acid – Ethyl Acrylate Copolymer (1:1), Type A) handelt es sich um eine sprühgetrocknete Variante des Kollicoat® MAE 30 DP. Zur Herstellung einer Coatingdispersion muss Kollicoat® MAE 100-55 zuerst in Wasser suspendiert und dann mit einer spezifischen Menge einer alkalischen Komponente (z. B. Natronlauge oder Ammoniak) teilneutralisiert werden. Hierbei werden die Partikel hydrophiler und ein Redispergieren ermöglicht.

Kollicoat® MAE 100 P

Auch Kollicoat® MAE 100 P ist eine sprühgetrocknete Variante des Kollicoat® MAE 30 DP (Monografie Name [Ph.Eur.]: Methacrylic Acid-Ethyl Acrylate Copolymer (1:1), Type B). Der große Unterschied zu Kollicoat® MAE 100-55 liegt darin, dass vor der Sprühtrocknung bereits ein Teil der funktionellen Gruppen neutralisiert wird. Dadurch ist Kollicoat® MAE 100 P ohne die Zugabe einer Base direkt in Wasser redispergierbar. Dies macht das Arbeiten mit diesem speziellen Produkt einfacher und auch die Herstellung der Dispersion sicherer, da keine stark alkalischen Hilfsstoffe verwendet werden müssen [22].

Für die beiden Pulvertypen ist zu beachten, dass deren Teilneutralisierung auch nach dem Beschichtungsprozess erhalten bleibt. Daraus ergibt sich ein hydrophilerer Charakter des Coats im Vergleich zu Kollicoat®-MAE-30-DP-basierten Filmen. Dadurch nimmt die Permeation in den ersten beiden Stunden des Freisetzungstest zu. Um diesen Effekt auszugleichen, sollten für beide Produkte um 30 bis 50 % erhöhte Auftragsmengen gewählt werden [21].

Zudem muss beachtet werden, dass sich in Abhängigkeit vom Grad der Teilneutralisation (Anzahl der teilneutralisierten funktionellen Gruppen) eine Änderung des Öffnungs-pH-Wertes ergibt. Kollicoat®-MAE-30-DP-basierte Filme (ohne Teilneutralisation) öffnen sehr scharf bei pH 5,5. Ein mit 6 mol% teilneutralisiertes Polymer aber bereits im pH-Wert-Bereich von 3,5 bis 4,5 (abhängig vom Puffermedium). Das bedeutet, dass bei einer Gabe nach dem Essen die Magensaftresistenz des Filmüberzugs verloren gehen kann. In Konformität mit der Ph.Eur. Monografie ist Kollicoat® MAE 100 P mit 6 mol% teilneutralisiert und unterliegt damit dem beschriebenen Effekt. Bei Kollicoat® MAE 100-55 kann hingegen der Teilneutralisationsgrad frei gewählt werden. Aufgrund der engen Molekulargewichtsverteilung des Produktes ist eine Teilneutralisationsquote von 4 mol% für eine Redispergierung ausreichend. Die resultierenden Filmüberzüge zeigen in diesem Fall den gleichen Öffnungs-pH-Wert wie die ursprüngliche Dispersion [21].

Es sei noch erwähnt, dass Kollicoat® MAE neben der eigentlichen Magensaftresistenz auch eine Feuchtebarriere aufbaut. Das heißt, es handelt sich hier auch um ein Polymer, das zum Feuchteschutz eingesetzt werden kann. Wegen seiner pH-Wert abhängigen Löslichkeit wird es in diesem Zusammenhang jedoch nur selten diskutiert. Darüber hinaus bedient Kollicoat® MAE auch Formulierungskonzepte zur Geschmacksmaskierung, was zuvor bereits beschrieben wurde (Abschn. 6.3.4).

Formulierungskonzepte
Als Methacrylat-basiertes Polymer ist der geformte Film, unabhängig vom gewählten Kollicoat®-MAE-Typ, vergleichsweise spröde. Daher wird zur Formulierung wenigstens ein Weichmacher benötigt. Aufgrund seiner globalen Akzeptanz (Monografie in allen relevanten Arzneibüchern) wird häufig Triethylcitrat eingesetzt. Aber auch Kollisolv® GTA (Triacetin), Kollisolv® PEG 400 (Polyethylenglykol) oder Kollisolv® PG (Propylenglykol) finden regelmäßige Anwendung [23]. Propylenglykol ist hierbei vor allem in älteren Formulierungen zu finden und würde heute nicht mehr berücksichtigt werden. Der Grund hierfür ist der vergleichsweise hohe Dampfdruck bzw. niedrige Siedepunkt (121 °C) des Weichmachers. Relevante Mengen gehen in der Regel bereits während des Coatingprozesses (Wasserdampfflüchtigkeit) verloren. Aber auch während der Lagerung als Bulk bzw. während der Stabilitätstests kann der Weichmacher verdampfen, was zu einer nachträglichen Versprödung des Films führt. Daher ist Polyethylenglykol für moderne Formulierungskonzepte im Allgemeinen nicht empfohlen.

Unabhängig vom gewählten Weichmacher beträgt dessen empfohlene Konzentration in Kollicoat®-MAE-Formulierungen 15 % (bezogen auf das Polymer). In Fällen, bei denen das Coating auf Substrate aufgebracht wird, die im Nachgang einer intensiven mechanischen Belastung unterlaufen, beispielsweise beim Verpressen von überzogenen Pellets zu Tabletten (z. B. MUPS®), ist jedoch eine erhöhte Weichmachermenge angeraten (bis zu 25 % bezogen auf das Polymer).

Kollicoat®-MAE-basierte Filme sind bei Raumtemperatur nicht klebrig. Auch mit der empfohlenen Weichmacherkonzentration bewegt sich die Glasübergangstemperatur (abhängig von der Art des gewählten Weichmachers) im Bereich von 63 bis 107 °C (Abb. 6.4). Das eröffnet die Möglichkeit, Magensaftresistenz als funktionalen Überzug lediglich bestehend aus Polymer und Weichmacher auf ein Substrat aufzubringen. Gewählt werden kann zum Beispiel auch ein Formulierungskonzept mit einem farbigen Subcoat und einem farblosen funktionellen Kollicoat®-MAE-Topcoat. Dieser Ansatz bietet mehrere Vorteile im Vergleich zu pigmentierten Formulierungen oder auch Ready-to-use-Systemlösungen [20]:

a) Hoher Feststoffgehalt der Sprühformulierung bis zu 34,5 % bei direkter Zugabe des Weichmachers zur Dispersion
b) Keine Interaktion von Formulierungsbestandteilen (z. B. Farbstoffen) mit der Polymerdispersion
c) Geringere Auftragsmengen

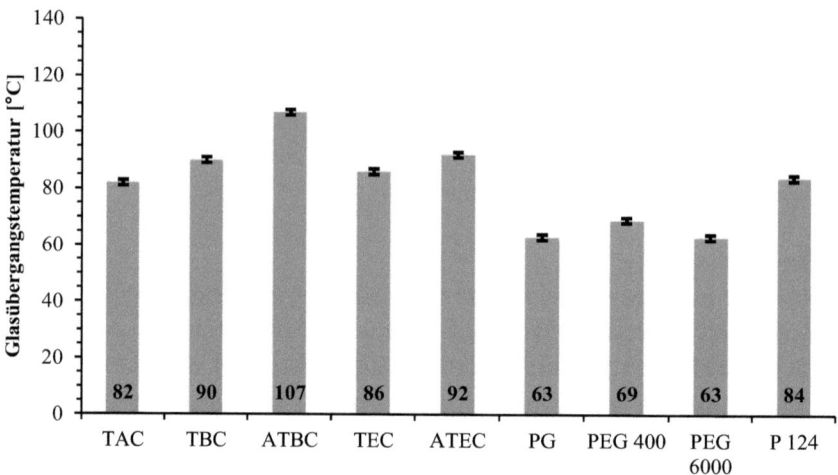

Abb. 6.4 Glasübergangstemperatur von Kollicoat®-MAE-basierten Filmen, in Abhängigkeit vom eingearbeiteten Weichmacher (Konzentration: 15 %)

d) Kürzeste Prozesszeit
e) Kostengünstiges Prozessieren

Alternativ können Farben auch in den Kollicoat® MAE-Film eingearbeitet werden. Auch die Zugabe von z. B. Kolliwax® S (Stearinsäure) ist möglich, um die Wasserpermeation zu minimieren [24]. Beim Überziehen von kleinen Substraten wie Pellets ist zudem ein Gleitmittel wie Kolliwax® GMS II (Glycerolmonostearat) empfohlen (Tab. 6.7). Generell ist aber zu beachten, dass bei der Zugabe dieser Komponenten die Filmauftragsmenge zu erhöhen ist.

6.4 Retardformulierungen

Die Entwicklung von Formulierungen, bei denen der Wirkstoff mit konstanter Freisetzungsrate über einen Zeitraum von 8 bis 24 h hinweg abgegeben wird, stellt eine der größten Herausforderungen in der galenischen Entwicklung dar. In vielen Fällen wird dem Patienten eine hohe Dosis verabreicht, die bei einem „Burst-Release" zu gravierenden Nebenwirkungen führen kann. Daher steht neben dem eigentlichen Freisetzungsprofil auch die Patientensicherheit im Vordergrund.

Prinzipiell stehen zwei Hauptformulierungskonzepte zur Auswahl:

a) *Matrixtabletten:* Hierbei werden Hilfsstoffe als Füllmaterial verwendet, die im menschlichen Körper nicht oder nur langsam löslich sind. Der Wirkstoff wird hierbei entweder durch Permeation oder durch Erosion der Matrix abgegeben.

b) *Überzogene Substrate:* Hierbei wird ein Film auf der Oberfläche des Substrats aufgebracht, der als eine Art Membran dient. Der Wirkstoff wird durch Diffusion freigesetzt und die Menge über die Diffusionsrate kontrolliert. Kritisch sind Defekte in der Membran, da diese zum „Burst-Release" führen können. Daher sieht man meist Formulierungen mit einer Vielzahl überzogener Substrate (z. B. Pellets in einer Kapsel oder Pellets in einer Tablette).

Kollicoat® SR 30 D
Auch Kollicoat® SR 30 D (Monografie Name [Ph.Eur.]: Poly (Vinyl Acetate) Dispersion 30 Per Cent) liegt als eine wässrige Latexdispersion vor. Wie auch bei den anderen bereits diskutierten Dispersionen besteht der Feststoffanteil aus Polymer, in diesem Fall 27,0 % Polyvinylacetat, und den beiden Dispersionsstabilisatoren: 2,7 % Kollidon® 30 (Povidon) und 0,3 % Kolliphor® SLS (Natriumlaurylsulphat) [25].

Kollicoat® SR 30 D ist ebenfalls als sprühgetrocknete Variante (Kollidon® SR) verfügbar. Allerdings kann dieses Produkt nicht redispergiert werden und steht daher für Filmcoatingprozesse nicht zur Verfügung. Die Hauptanwendung von Kollidon® SR liegt in der Direkttablettierung als Matrixbilder für Retardtabletten [26]. In der Formulierungsentwicklung können hierbei Kombinationen der beiden Produkte zum Einsatz kommen. Zum Beispiel können Mischungen von Wirkstoff und Kollidon® SR mit Kollicoat® SR 30 D granuliert werden [27]. Hierbei wird die Retardwirkung der Formulierung verstärkt, ohne einen weiteren Hilfsstoff in die Formulierung einzuführen [28]. Nachfolgend soll aber der Einsatz von Kollicoat® SR 30 D als Filmcoatingpolymer diskutiert werden.

Formulierungskonzepte
Die Mindestfilmbildetemperatur von Kollicoat® SR 30 D liegt bei 18 °C. Dennoch empfiehlt sich der Einsatz eines Weichmachers, um die Verfilmung zu optimieren. Beim Verarbeiten von Latexdispersionen gilt, dass die Produkttemperatur wenigstens 5 K über der Mindestfilmbildetemperatur liegen muss, um eine homogene Verfilmung sicher zu stellen. Die Wahrscheinlichkeit, dass sich die Freisetzungskinetik während der Lagerzeit bzw. unter Lagerbedingungen erhöhter Temperatur ändert, nimmt jedoch weiter ab, je höher die Produkttemperatur während des Beschichtungsprozesses über der Mindestfilmbildetemperatur einer Formulierung liegt. Daher ist generell eine maximal hohe Produkttemperatur anzustreben. Zudem kann es ratsam sein, nach dem Coaten die befilmten Substrate für eine gewisse Zeit Lagerbedingungen bei erhöhter Temperatur und Feuchte auszusetzen (Curing). Dies dient der Verbesserung der Filmintegrität und nimmt potenzielle Änderungen, die während der Lagerzeit auftreten könnten, vorweg.

Als Weichmacher können zum Beispiel Kollisolv® GTA (Triacetin) oder auch Triethylcitrat zum Einsatz kommen. Eine Zugabe von 5 % senkt hierbei die Mindestfilmbildetemperatur auf 8 °C ab, 10 % Weichmacher sogar auf 1 °C. Zu beachten ist, dass neben der Mindestfilmbildetemperatur auch die Glasübergangstemperatur abnimmt. Durch Zugabe von 10 % Kollisolv® GTA senkt sich diese von 39 °C auf 18 °C. Das bedeutet, dass schon bei Raumtemperatur die Glasüberganstemperatur überschritten wird. Daher erscheinen

Tab. 6.8 Formulierungskonzepte Kollicoat®-SR-30-D-basierter Filmüberzüge

Produkt	Farbloser Coat (wässrig)	Weißer Coat (wässrig)	Farbiger Coat (wässrig)
Kollicoat® SR 30 D	81,9 %	45,5 %	54,5 %
Weichmacher (z. B. TEC)	8,1 %	4,5 %	5,5 %
Kolliwax® GMS II	9,0 %	–	–
Kolliphor® PS 80	1,0 %	–	–
Talk	–	40,0 %	22,0 %
Porenbildner (z. B. Kollicoat® IR)	–	10,0 %	15,0 %
Farbpigment (z. B. Eisenoxid)	–	–	3,0 %

Filmüberzüge als klebrig und verlangen nach einem Gleitmittel. Hierfür können Standardformulierungskonzepte zum Einsatz kommen: wie die Zugabe von Talk oder Mischungen von Kolliwax® GMS II (Glycerolmonostearat) und Kolliphor® PS 80 (Polysorbat 80).

Kollicoat® SR 30 D liefert eine sehr starke Retardwirkung. Neben Weichmacher und Gleitmittel sind daher in der Regel weitere Formulierungsbestandteile wie Porenbildner erforderlich, mit deren Hilfe das Freisetzungsprofil individuell anpassbar ist (Tab. 6.8). Kollicoat® IR ist hierfür ideal geeignet, da das Polymer wegen seiner Elastizität und Flexibilität sehr gut mit den physikalischen Eigenschaften von Kollicoat® SR 30 D harmoniert [29]. Alternativ kann auch Kollidon® CL-M (Crospovidon) Verwendung finden. Bei letzterem handelt es sich um ein unlösliches Produkt, was aber ebenfalls als Porenbildner eingesetzt werden kann. Der Vorteil von Kollidon® CL-M liegt darin, dass die porenbildende Wirkung bereits nach wenigen Sekunden einsetzt und dadurch eine Verzögerung vor der ersten Wirkstofffreisetzung verkürzt wird. Insbesondere für Schwimmtabletten [30] ist das ein entscheidender Vorteil.

Im Rahmen der Formulierungsentwicklung ist darauf zu achten, dass die Formulierung eine ausreichend hohe Menge an Porenbildner enthält. Zwar kann prinzipiell das Freisetzungsprofil auch über die Schichtdicke des Films eingestellt werden, leichte Schwankungen bei der Auftragsmenge haben in diesem Fall aber eine enorme Auswirkung auf die Freisetzungsrate.

In vielen Fällen wird bei der Formulierungsentwicklung eine Darreichungsform mit konstanter Wirkstofffreisetzungsrate (lineare Freisetzung) angestrebt. Auch wenn dies generell möglich ist, stellt dieses Ziel eine enorme Herausforderung dar. Aus physikalischen Gesichtspunkten muss die Freisetzung zuerst langsam beginnen (Permeation von Medium in das Substrat, Lösen des Wirkstoffs, langsam beginnende Diffusion) und sich gegen Ende wieder verlangsamen (Reduktion des Konzentrationsgefälles). Hieraus ergibt sich eine S-Freisetzungskurve, deren Steigung zwar beeinflussbar ist, schwieriger jedoch deren genereller Verlauf. Bei mehrfach dosierten Arzneiformen ist dies jedoch auch nicht zwangsläufig erforderlich (Abb. 6.5). Wenn die Steigung der S-Kurve mit der Frequenz der Dosierung abgestimmt ist, kompensieren sich Anflutung und Reduktion und die Gesamtfreisetzungsrate nähert sich der linearen Freisetzung an.

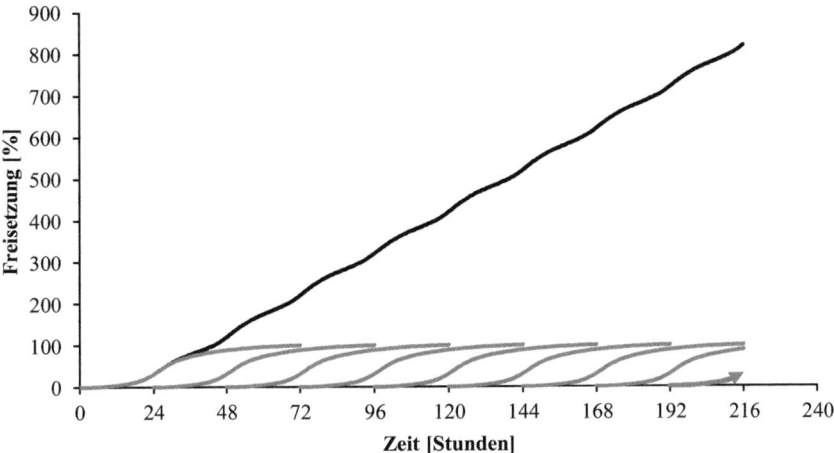

Abb. 6.5 Freisetzungsprofile von einzelnen Darreichungsformen [Einmalgabe pro Tag] (hellgrau) und kumulative Freisetzung (schwarz)

Ein alternatives Formulierungskonzept besteht darin, Pellets, die mit verschiedenen Coatingformulierungen überzogen wurden, zu mischen und zum Beispiel in einer Kapsel oder Tablette zu verabreichen. In diesem Fall muss keines der Substrate die Kriterien einer linearen Freisetzung erfüllen, sondern nur die Summe der verschiedenen Freisetzungskinetiken. Mathematisch kann dies recht leicht modelliert werden. Dieser Ansatz liefert zudem den Vorteil, dass kleinere Schwankungen im Freisetzungsprofil einzelner, individueller Chargen nur eine geringe Auswirkung auf die Gesamtfreisetzung der finalen Darreichungsform haben.

Generell ist noch anzumerken, dass die Wirkstofffreisetzung aus mit Kollicoat® SR 30 D befilmten Substraten unabhängig vom umgebenden Milieu ist (z. B. pH-Wert), sofern auch der Wirkstoff unabhängig vom pH-Wert löslich ist. Die Freisetzung ist somit auch in verschiedenen biorelevanten Medien konstant [31].

Dieses Kapitel soll einen Einblick in die Vielfältigkeit des Kollicoat®-Produktportfolios geben und die Polymere in ihren Standardanwendungen vorstellen und beschreiben. Basierend auf den Formulierungskonzepten und Hinweisen zu den Prozessparametern ist ein Einstig in die Anwendung bzw. Prozessierung einfach möglich. Diverse Fallstudien liegen bereit und können bei Interesse angefragt werden. Über die beschriebenen Konzepte hinaus gibt es noch deutlich anspruchsvollere Formulierungen (z. B. Schwimmtabletten, pulsatile Systeme [32]). Auch hierzu stehen Beispiele bereit, die auf Anfrage gerne diskutiert und zur Verfügung gestellt werden können.

Literatur

1. Kolter K (2001) Kollicoat® IR – innovation in instant-release film coatings. AAPS, Denver
2. Kolter K, Gotsche M, Schneider T (2001) Physicochemical characterization of Kollicoat® IR. AAPS, Denver

3. Cech T, Kolter K (2007) Comparison of the coating properties of Kollicoat® IR and other film forming polymers used for instant release film-coating. ExcipientFest Europe, Cork
4. Beck A, Cech T, Cembali F, Funaro C, Mistry M, Mondelli G, Rottmann NW, Wildschek F (2010) Comparing the up scaling characteristics of an instant release film coating formulation in solid wall and side vented pan coaters. 37th Annual Meeting and Exposition of the Controlled Release Society, Portland
5. Cech T (2008) Film-coating process in different scales using Kollicoat® IR white as film-coating material. ExcipientFest Europe, Cork
6. Beck A, Cech T, Cembali F, Funaro C, Mistry M, Mondelli G, Rottmann NW, Wildschek F (2010) Investigating the influence of inlet air temperature and quantity on the maximum spray rate in a side vented pan coater. 37th Annual Meeting and Exposition of the Controlled Release Society, Portland
7. Cech T, Kolter K (2007) Comparison of the coating properties of instant release film-coating materials using a newly developed test method – the process-parameter-chart. 3. Pharmaceutical Science World Congress, Amsterdam
8. Agnese T, Cech T (2008) Developing an instant release moisture protective coating formulation based on Kollicoat® Protect as film-forming polymer. 6th PBP World Metting, Barcelona
9. Agnese T, Cech T, Geiselhart V (2012) Enhancing the moisture and oxygen protective properties of an instant release film-coating formulation. 8th PBP World Meeting, Istanbul
10. Kolter K, Guth F, Angel M (2010) Physicochemical characteristics of a new aqueous polymer designed for taste-masking and moisture protection. AAPS Annual Meeting and Exposition, New Orleans
11. Agnese T, Cech T, Geiselhart V (2010) Investigating the infl uence of pigments and additives on oxygen gas transmission rate through an instant release coat. 7th PBP World Meeting, Valletta
12. Ziegler R, Kolter K (2003) Protection of light-sensitive active ingredients by instant release coating based on Kollicoat® IR. AAPS, Salt Lake City
13. Agnese T, Cech T, Cembali F, Funaro C, Mondelli G (2011) Determining the minimum coating level required to gain taste masking functionality with Kollicoat® Smartseal. 3rd PharmSci-Fair, Prague
14. Grimm M, Scholz E, Koziolek M, Kühn J-P, Weitschies W (2017) Gastric water emptying under fed state clinical trial conditions is as fast as under fasted conditions. Mol Pharm 14(12):4262–4271
15. Newton JM (2010) Gastric emptying of multi-particulate dosage forms. Int J Pharm 395(1):2–8
16. Guth F, Kolter K (2012) Taste masking with Kollicoat® smartseal 30 D – dissolution studies in biorelevant media. 8th PBP World Meeting, Istanbul
17. Scheiffele S, Kolter K (2000) An advantageous combination for taste masking: Kollicoat® SR D with soluble and swellable pore formers. AAPS, Indianapolis
18. Bang F, Cech T, Mistry M (2015) Evaluating poly(vinyl acetate) as taste masking agent for paracetamol formulated in chewable tablets. 1st European Conference on Pharmaceutics, Reims
19. Agnese T, Cech T, Guth F (2012) Methods for determining the amount of acid permeation through a methacrylic ethyl acrylate copolymer based gastric resistant coating formulation. In: 8th PBP world meeting 2012; Istanbul, pp 19–22
20. Agnese T, Cech T, Rottmann NW (2012) Investigating the influence of the core formulation on the gastric resistant functionality of a solid oral dosage form. 8th PBP World Meeting, Istanbul
21. Agnese T, Cech T, Hart J (2016) Discussing the benefits of applying gastric resistant functionality via a colourless top-coat. 1st Industry meets Academia, London
22. Corell C, Bang F, Cech T, Haberecht M, Mäder K (2018) Investigating the effect of partial neutralisation of the polymer on the dissolution characteristics of poly(methacrylic acid-co-ethyl acrylate) based coats. 11th PBP World Meeting, Granada

23. Scheiffele S, Ascherl H, Ruchatz F, Kolter K (1999) Gastric resistance of Kollicoat® MAE 100 P – a redispersible powder of methacrylic acid copolymer type C. AAPS, New Orleans
24. Agnese T, Cech T, Haberecht M (2012) Comparing various plasticisers regarding their effect on methacrylic acid/ethyl acrylate copolymer. 9th Central European Symposium on Pharmaceutical Technology, Dubrovnik
25. Agnese T, Cech T, Wildschek F (2012) Evaluating various insoluble components regarding their effect on the processability and characteristics of a gastric resistant coat based on methacrylic ethyl acrylate copolymer. 39th CRS, Quebec City
26. Kolter K, Ruchatz F (1999) Kollicoat® SR 30 D – a new sustained release excipient. 26th CRS, Boston
27. Kolter K, Fraunhofer W, Ruchatz F (1999) Properties of Kollidon® SR as a new excipient for sustained release dosage forms. AAPS, New Orleans
28. Agnese T, Cech T, Wildschek F (2010) Benefiting from the additional sustained release functionality of polyvinyl acetate dispersion applied as binder in wet granulation. 2nd Conference Innovation in Drug Delivery, Aix-en-Provence
29. Agnese T, Cech T (2010) Strengthening the sustained release efficiency of a formulation by employing Kollicoat® SR 30 as binder-liquid in wet granulation. 2nd Conference Innovation in Drug Delivery, Aix-en-Provence
30. Meyer K, Kolter K (2004) Reliability of drug release from an innovative single unit Kollicoat® drug delivery system. 31st CRS, Honolulu
31. Moll J, Agnese T, Cech T, Grzbos R, Klein S (2014) Biorelevant characterisation of new Kollidon® SR-based matrix tablets intended for „twice-daily" administration. 9th PBP World Meeting, Lisbon
32. Strübing S, Abboud T, Contri RV, Metz H, Mäder K (2008) New insights on poly(vinyl acetate)-based coated floating tablets: characterisation of hydration and CO_2 generation by benchtop MRI and its relation to drug release and floating strength. Eur J Pharm Biopharm 69(2):708–717

Coating mit Cellulosederivaten

Ulrich Müller

7.1 Einleitung

Die Cellulosederivate können in *Polymere ohne Modifikation der Freisetzung* und *Polymere mit Modifikation der Freisetzung* unterteilt werden. Die Filmbildner auf Cellulosebasis sind teilweise wässrig, organisch sowie organisch/wässrig verarbeitbar.

Die Polymerauswahl richtet sich nach den Zielvorgaben für das Coating und die gewünschte Funktion des Polymers im Filmüberzug (mit oder ohne Veränderung der Freisetzungseigenschaften). Dabei sind

- die Verträglichkeit des Polymers mit dem Wirkstoff,
- die Lagerstabilität der jeweiligen Arzneiform sowie
- die mögliche Verarbeitungstechnik (wässrig, organisch, organisch/wässrig) in Betracht zu ziehen.

Bei Zielfreigabe ab bestimmten pH-Werten kommen die folgenden Cellulosederivate in Frage:

- Hypromellosephthalat (HPMC-P): ab pH 5,0 oder 5,5 (je nach Typ)
- Hypromelloseacetatsuccinat (HPMC-AS): ab pH 5,5, 6,0 oder 6,5 (je nach Typ)
- Celluloseacetatphthalat (CAP): ab pH 6,0

Beim Ansatz der Polymerlösungen oder Polymerdispersionen sind insbesondere

U. Müller (✉)
Barentz GmbH, Oberhausen, Deutschland

- die Reihenfolge und
- Zeitdauer
- der Einarbeitung der Komponenten zu beachten.

7.2 Cellulosederivate ohne Modifikation der Freisetzung

7.2.1 HPMC

Hydroxypropylmethylcellulose, Hypromellose, nichtionischer wasserlöslicher Filmbildner, keine Modifikation der Freisetzung
CAS-Nummer: 9004-65-3
E-Nummer: E 464
Herstellung: Einwirkung von Methylchlorid und Propylenoxid auf Alkalicellulose (gemischter nichtionischer Ether der Cellulose) [1]
Benennung in den Pharmakopöen [2]:

BP: Hypromellose
JP: Hydroxypropylmethylcellulose PhEur: Hypromellose/Hypromellosum USP: Hypromellose

Übliche Konzentration (für das Tablettencoating): ca. 6 bis 10 % Polymer in Lösung [3]
Übliche Anwendungsbereiche (nach Viskosität der Polymerlösung) [3]: 3 mPa•s: Pelletcoating und Granulatcoating
6 mPa•s: hauptsächlich für Tablettencoating
15 mPa•s: für größere Tabletten (aufgrund größerer Filmelastizität)
Verarbeitung: Die Verarbeitung kann prinzipiell wässrig oder organisch erfolgen.
Bei wässriger Verarbeitung besteht die Möglichkeit eines Heiß-Kalt-Ansatzes. Heißes Wasser ist ein schlechtes Lösungsmittel für Hypromellose. Deshalb kann man HPMC sehr gut in heißem Wasser dispergieren. Dazu wird ca. 1/3 der benötigten Wassermenge über 80 °C erhitzt und die Hypromellose mittels intensiven Rührens darin dispergiert. Anschließend wird die restliche benötigte Wassermenge kaltes Wasser unter Rühren hinzugegeben. Unterhalb von ca. 30 °C beginnen sich die fein dispergierten HPMC-Teilchen zu lösen. Zu starkes Rühren sollte vermieden werden, um den Lufteintrag und sich eventuell anschließende Schaumbildung möglichst gering zu halten. Der Zusatz von Schauminhibitoren ist möglich [3].
Bei nichtwässriger Verarbeitung macht man sich den Umstand zunutze, das HPMC unlöslich in einfachen Alkoholen ist. Somit bildet man zunächst, unter der Verwendung eines geeigneten Rührers, eine Dispersion von HPMC in Ethanol. Anschließend fügt man einen höherwertigen Alkohol oder Methylenchlorid bzw. Dichlormethan hinzu [3].
Verwendbare Weichmacher: Polyethylenglycol, Glycerin, Triethylcitrat, Sorbitol

7 Coating mit Cellulosederivaten

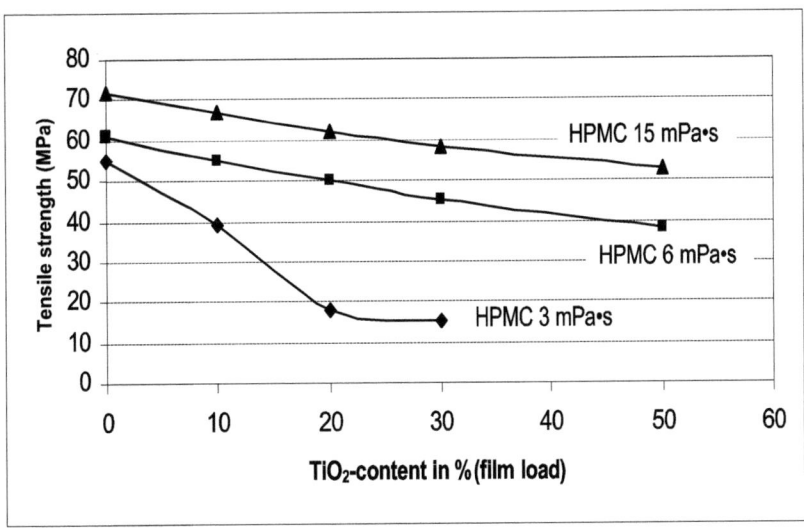

Abb. 7.1 Einfluss TiO$_2$-Anteil auf Filmhärte [3]

Pigmente: Als Weißpigmente kommen Titandioxid, Talkum oder Polydextrose in Frage. Die Farbpigmente können zur Einfärbung des Films ebenfalls zugesetzt werden. Die Zugabe hoher Pigmentanteile (>20 %) sollte nur mit den höherviskosen Hypromellosen (6 mPa•s und 15 mPa•s) erfolgen, da sonst eine signifikante Verringerung der Filmhärte festgestellt werden kann (siehe Abb. 7.1) [3].

Beispiele für Handelsnamen und Hersteller: Pharmacoat (Shin-Etsu), Metolose (Shin-Etsu), Methocel (Dow/Dupont)

Bemerkungen: Überwiegend findet die HPMC ihre Verwendung zur Herstellung von nichtfunktionalen sofort löslichen Filmüberzügen. HPMC wird auch als Porenbildner für sehr dichte Filme eingesetzt, um dort Sollbruchstellen zu erzielen. Die Zugabe von Hydroxypropylmethylcellulosephthalat (HPMC-P) als zusätzliches wasserunlösliches Polymer verzögert die Freisetzung des Films und kann somit zur Geschmacksmaskierung oder einer Verzögerung der Freisetzung verwendet werden.

HEC

Hydroxyethylcellulose, Hyetellose, nichtionischer wasserlöslicher Filmbildner, keine Modifikation der Freisetzung
   CAS-Nummer: 9004-62-0
   Herstellung: Veretherung von Cellulose mit Ethylenoxid (partiell hydroxyethylierte Cellulose) [1]
   Benennung in den Pharmakopöen [2]:

BP: Hydroxyethylcellulose   PhEur: Hydroxyethylcellulosum   USP: Hydroxyethylcellulose

Verarbeitung: Die Verarbeitung erfolgt in der Regel wässrig. Siehe dazu die Verarbeitungshinweise von HPMC.
   Verwendbare Weichmacher: Glycerin, Ethanolamin, Sorbitol, sulfoniertes Rizinusöl
   Beispiel für Handelsnamen und Hersteller: Natrosol (Aqualon)

HPC

Hydroxypropylcellulose, Hyprolose, nichtionischer wasserlöslicher Filmbildner, keine Modifikation der Freisetzung
   CAS-Nummer: 9004-64-2
   E-Nummer: E 463
   Herstellung: hergestellt aus Alkalicellulose und Propylenoxid (partiell hydroxypropylierte Cellulose) [1]
   Benennung in den Pharmakopöen [2]:

BP: Hydroxypropylcellulose JP: Hydroxypropylcellulose
PhEur: Hydroxypropylcellulosum USP: Hydroxypropylcellulose

Verwendbare Weichmacher: Weichmacherzusatz ist nicht zwingend erforderlich. Falls doch gewünscht, können die folgenden Weichmacher verwendet werden: Propylenglycol, Glycerin, Trimethylpropan, Polyethylenglycol
   Verarbeitung: Die Verarbeitung kann wässrig oder organisch erfolgen. Für eine wässrige Verarbeitung empfiehlt sich die Durchführung eines Heiß-Kalt-Ansatzes oder eines reinen Kaltansatzes. Dazu wird das Polymerpulver mit ca. der sechsfachen Gewichtsmenge Wasser von 50 bis 60 °C unter Verwendung eines Rührwerks vermischt. Dann erfolgt, ebenfalls unter Rühren, die Zugabe der entsprechenden Restmenge kalten Wassers.
   Beim Kaltansatz wird das Polymerpulver langsam und kontinuierlich in die effektivste Bewegungszone (Verwirbelungszone) des Rührwerks eingearbeitet. Die Geschwindigkeit der Zugabe hat dabei so zu erfolgen, dass keine Klumpenbildung erfolgt [4].
   Bei der Verarbeitung mit organischen Lösungsmitteln kann das HPC unter Verwendung eines Rührwerks direkt in das Lösungsmittel eingearbeitet werden. Gute organische Lösungsmittel für HPC sind zum Beispiel: Methanol, Ethanol oder Propylenglycol [4].
   Übliche Konzentration (für das Tablettencoating): 4 %* [5] (*bezogen auf die Gesamtformulierung)
   Beispiele für Handelsnamen und Hersteller: Nisso HPC (Nisso), Klucel (Aqualon)
   Bemerkung: wird in der Regel mit HPMC oder MC eingesetzt, da reine HPC-Filme eine gewisse Klebeneigung aufweisen können

MC

Methylcellulose, nichtionischer wasserlöslicher Filmbildner, keine Modifikation der Freisetzung
   CAS-Nummer: 9004-67-5
   E-Nummer: E 461

7 Coating mit Cellulosederivaten

Herstellung: Einwirkung von Dimethylsulfat (bzw. Methylenchlorid) unter Druck auf Alkalicellulose (Polymethylether der Cellulose) [1]
Benennung in den Pharmakopöen [2]:

BP: Methylcellulose JP: Methylcellulose
PhEur: Methylcellulosum USP: Methylcellulose

Verarbeitung: Die Verarbeitung kann prinzipiell wässrig oder organisch erfolgen. Siehe Verarbeitung von HPMC.
Verwendbare Weichmacher: Glycerin, Propylenglycol
Pigmente: Zusatz von Farbpigmenten möglich
Übliche Konzentration für das Coating von Granulaten und Pellets: 7 %* [6] (*Feststoff in Lösung)

Die Methylcellulose eignet sich in besonderer Weise für das Befilmen von kleineren Partikeln wie Pellets oder Granulaten. Die Agglomerationsneigung ist deutlich geringer als beispielsweise die einer HPMC (s. Abb. 7.2) [6].
Beispiele für Handelsnamen und Hersteller: Metolose SM (Shin-Etsu), Methocel A (Dow/Dupont)
Bemerkungen: höhere Sprödigkeit, aber geringere Klebeneigung als HPMC

CMC-Na
Carboxymethylcellulose-Natrium, Carmellose, anionischer Filmbildner, keine Modifikation der Freisetzung
CAS-Nummer: 9004-32-4
E-Nummer: E 466
Herstellung: Einwirkung von Na-Monochloracetat auf Alkalicellulose (Natriumsalz des Cellulose-Glykolsäureethers) [1]

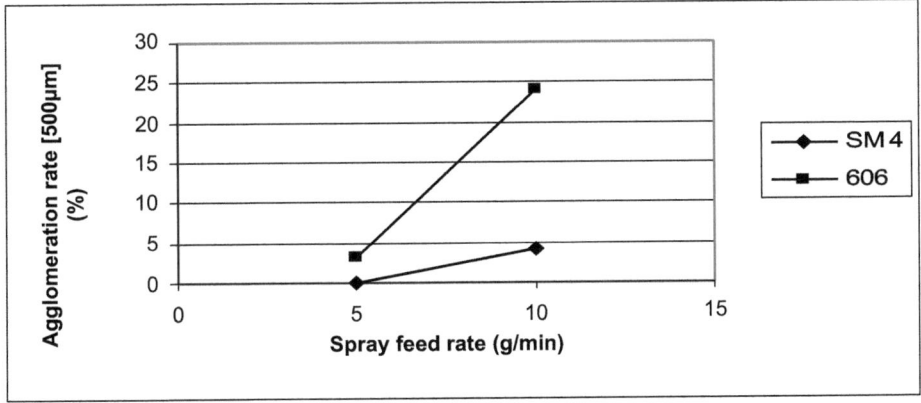

Abb. 7.2 Vergleich der Agglomerationsneigung von MC (Metolose SM 4) und HPMC (Pharmacoat 606) in Relation zur Sprührate [3]

Benennung in den Pharmakopöen [2]:

BP: Carmellose sodium JP: Carmellose sodium
PhEur: Carmellosum natricum
USP: Carboxymethylcellulose sodium

Beispiele für Handelsnamen und Hersteller: Blanose (Aqualon), Cellogen (Dai-Ichi)
Bemerkung: Durch den ionischen Charakter sind Wechselwirkungen mit anderen ionischen Komponenten in der Filmformulierung möglich. Aluminium und Schwermetallionen können zur Bildung unlöslicher Salze führen. Unter pH 3 führt es zu einer Ausflockung der freien Säure (Glycolsäure). Teilweise nutzt man die Entstehung von schwerlöslichen Verbindungen mit kationischen Stoffen gezielt für die Herstellung von Retardformen [1].

7.3 Cellulosederivate mit Modifikation der Freisetzung

EC
Ethylcellulose, nichtionischer Filmbildner, retardierender Filmüberzug
CAS-Nummer: 9004-57-3
E-Nummer: E 462
Herstellung: Einwirken von Ethylchlorid auf Alkalicellulose (Ethylether der Cellulose) [1]
Benennung in den Pharmakopöen [2]:

BP: Ethylcellulose PhEur: Ethylcellulosum USP-NF: Ethylcellulose

Verwendbare Weichmacher: Dibutylsebacat, Triethylcitrat, Triacetin, acetylierte Monoglyceride
Verarbeitung: Die Verarbeitung kann wässrig oder mit organischen Lösungsmitteln erfolgen.
Bei wässriger Verarbeitung sind wässrige Dispersionen im Handel erhältlich. Zur Herstellung der gebrauchsfertigen Dispersion wird dann noch Wasser und ein geeigneter Weichmacher zugesetzt. Ethylcellulose ist praktisch unlöslich in Glycerin, Propylenglycol und Wasser.
Übliche Konzentration (für das Tablettencoating): 5,0 bis 10,0 %* [7] (*basierend auf dem Tablettengewicht)
Beispiele für Handelsnamen und Hersteller: Ethocel (Dow/Dupont), Aquacoat ECD (FMC), Surelease (Colorcon)
Bemerkung: wird auch in Verbindung mit HPMC oder PEG eingesetzt; HPMC oder PEG wirken dann als Porenbildner.

CAP

Celluloseacetatphthalat, Cellacefate, nichtionischer Filmbildner, magensaftresistenter Filmüberzug

CAS-Nummer: 9004-38-0
Herstellung: (gemischter Partialester der Cellulose) [1]
Freigabe pH-Wert: 6,0
Benennung in den Pharmakopöen [2]:

BP: Cellacefate
JP: Cellulose acetate phthalate PhEur: Cellulosi acetas phthalas USP: Cellacefate

Verarbeitung: Die Verarbeitung erfolgt in der Regel mit organischen Lösungsmitteln. CAP wird auch als 30 % wässrige Dispersion gehandelt. Zur Herstellung der gebrauchsfertigen Dispersion findet dann noch eine Vermischung mit Wasser und einem Weichmacher statt.
Verwendbare Weichmacher: Diethylphthalat, Triethylcitrat, Triacetin, acetylierte Monoglyceride
Beispiel für Handelsnamen und Hersteller: Eastman CAP (Eastman), Aquacoat CPD (FMC)
Übliche Konzentration (für das Tablettencoating): 0,5 bis 9 %* [2] (*basierend auf dem Gewicht des Tablettenkernes)

HPMC-P

Hydroxypropylmethylcellulosephthalat, Hypromellosephthalat, nichtionischer wasserunlöslicher Filmbildner, magensaftresistenter Filmüberzug

CAS-Nummer: 9050-31-1
Freigabe pH-Wert: von 5,0 bis 5,5
Herstellung: Veresterung von Hydroxypropylmethylcellulose mit Phthalsäureanhydrid [1]
Benennung in den Pharmakopöen [2]:

BP: Hypromellose phthalate JP: Hypromellose phthalate PhEur: Hypromellosi phthalas
NF: Hypromellose phthalate

Verwendbare Weichmacher: Triethylcitrat, Rizinusöl, Olivenöl
Verwendbare Pigmente: Als Pigmente kommen Titandioxid oder Farbpigmente in Frage.
Trennmittel: Talkum
Beispiel für Handelsnamen und Hersteller: HP50, HP55, HP55S (Shin-Etsu)
Übliche Konzentration (für das Tablettencoating): 5,0 bis 10,0 %* [8] (*Feststoff in Lösung)
Bemerkungen: geringere Hydrolysetendenz als CAP.

HPMC-AS

Hydroxypropylmethylcelluloseacetatsuccinat, Hypromelloseacetatsuccinat, nichtionischer Filmbildner, magensaftresistenter Filmüberzug

Herstellung: Veresterung von Hypromellose mit Essigsäureanhydrid und Bernsteinsäureanhydrid in einem Reaktionsmedium von Carbonsäuren, wie der Essigsäure, und der Verwendung von alkalischen Carboxylgruppen, wie Natriumacetat als Katalysator [2] (Abb. 7.3).

CAS-Nummer: 71138-97-1
Freigabe pH-Wert: 5,5 oder 6,5
Benennung in den Pharmakopöen [2]:

*JPE: Hydroxypropylmethylcellulose Acetate Succinate USP-NF: Hypromellose acetate succinate

*JPE = JAPANESE Pharmaceutical Excipients Directory
Verwendbare Weichmacher: Triethylcitrat, Triacetin, Propylencarbonat
Trennmittel: Talkum
Andere Möglichkeiten des Coatings [9]:

Wässriges Coating mittels Dispersion
Wässriges Coating mittels „Dual Feed Spray Nozzle" (Polymer und Weichmacher werden erst in der Düse vermischt)
Nichtwässriges Coating mit organischen Lösungsmitteln
Ammoniakalisch basiertes Coating (Coating einer mittels Base neutralisierten HPMC-AS)
Dry Coating (Polymerpulver (Feststoff und Weichmacher) (Flüssigkeit) werden separat zugeführt auf die zu überziehenden Kerne aufgebracht) s.a. Kap 11)

Übliche Konzentrationen [9]:

Wässriges Coating mittels Dispersion: 7,0 %*

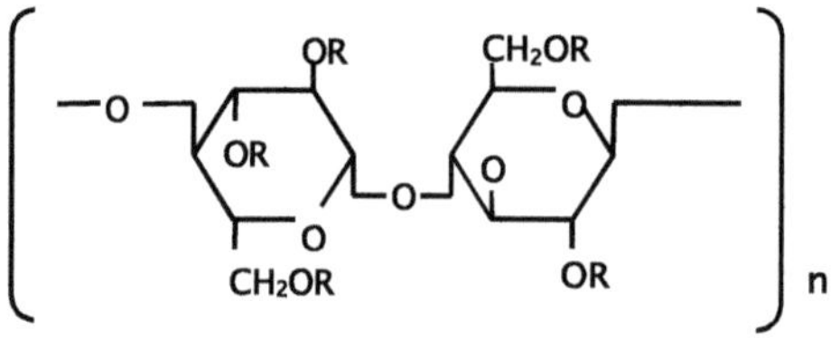

R = -H   -COCH$_3$
     -CH$_3$ -COCH$_2$CH$_2$COOH
     -CH$_2$CH(CH$_3$)OH -CH$_2$CH(CH$_3$)OCOCH$_3$ -CH$_2$CH(CH$_3$)OCOCH$_2$CH$_2$COOH

Abb. 7.3 Struktur HPMC-AS [9]

7 Coating mit Cellulosederivaten

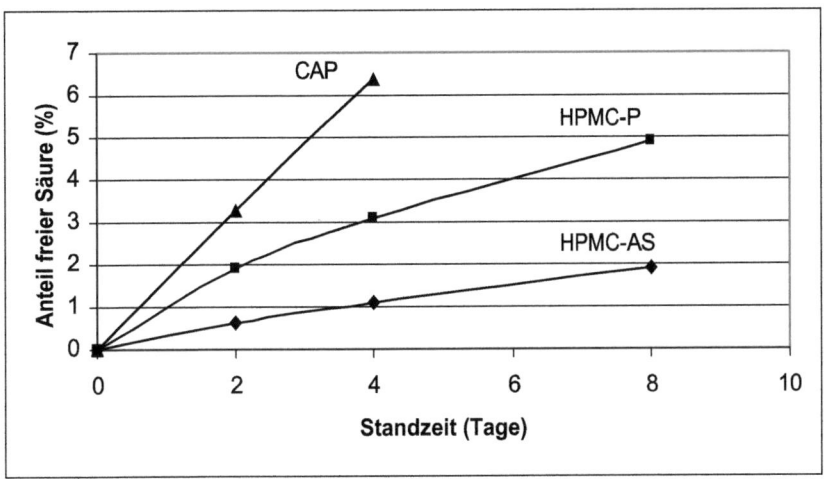

Abb. 7.4 Anteil freier Säure in Abhängigkeit von der Standzeit [3]

Wässriges Coating mittels „Dual Feed Spray Nozzle": 15 %* nichtwässriges Coating mit Ethanol/Wasser: 6 % * ammoniakalisch basiertes Coating: 7 % *
Dry Coating: 100 %* (*Feststoffanteil in der Coatingdispersion)

Beispiele für Handelsnamen und Hersteller: AQOAT (Shin-Etsu)

Bemerkungen
Sehr geringe Hydrolysetendenz im Vergleich zum HPMC-P oder CAP (s. Abb. 7.4)

Literatur

1. Burger A, Wachter H (1993) Hunnius Pharmazeutisches Wörterbuch.8th edn. De Gruyter, Berlin/New York
2. Rowe RC, Sheskey PJ, Owen SC (2006) Handbook of pharmaceutical excipients.5th edn. Pharmaceutical Press and American Pharmacists Association, London
3. Anonymus (2007) Pharmacoat brochure (Printed 2007.9/1,000). Shin-Etsu Chemicals, Japan
4. Anonymus (2001) Klucel brochure (Physical and chemical properties (250-2F REV. 10- 01 500). Hercules Incorporated, Aqualon Division
5. Anonymus (2000) Technical information, Klucel, (Bulletin VC-556C). Hercules, Aqualon Division
6. Anonymus (1999) Technical information no. M-1. Shin-Etsu Chemicals, Japan
7. Anonymus (2007) Aquacoat ECD, AQC/ECD 1.01.07/07/06RS. FMC BioPolymer
8. Anonymus (2001) Technical bulletin of HPMCP, appendix-2 (2001.9/500). Shin-Etsu Chemicals, Japan
9. Anonymus (2008) AQOAT brochure. Shin-Etsu Chemicals, Japan

8 Coating mit pflanzlichen Proteinen

Jens-Peter Krause

8.1 Einleitung

Proteine sind natürliche Biopolymere mit einem sehr hohen „funktionellen Potenzial". Unter funktionellem Potenzial wird die Gesamtheit an techno-funktionellen Eigenschaften verstanden, die ein Protein aufgrund seiner nativen Struktur besitzt [1].

Da die Proteinstruktur die Fähigkeit der Proteine zu Wechselwirkungen bedingt, umfasst der Begriff des funktionellen Potenzials auch die durch Wechselwirkungen unterschiedlichster Art verursachten funktionellen Eigenschaften.

Um diese Proteine als technische Biopolymere nutzbar zu machen, bedarf es neben der detaillierten Kenntnis der Proteinstrukturen auch spezifischer Gewinnungs- und Modifizierungsverfahren.

Zu diesen in Tab. 8.1 dokumentierten, im weitesten Sinne intrinsischen Faktoren kommen technologiebedingte äußere Faktoren wie Temperatur- und pH-Einflüsse als relevante, die Funktionalität beeinflussende Größen hinzu.

Gezielte physikalische, enzymatische und chemische Modifizierungen können darüber hinaus zu „maßgeschneiderten" Veränderungen von Proteinstruktur und damit Funktionalität genutzt werden.

Proteinprodukte für techno-funktionelle Applikationen sind auf dem Markt kaum verfügbar.

Die „Proteinqualität" wird hauptsächlich über den Proteingehalt im Produkt definiert [2]. Daraus resultiert auch die typische Klassifizierung in:

J.-P. Krause (✉)
Analytica Alimentaria GmbH, Kleinmachnow, Deutschland
E-Mail: peter.krause@aalimentaria.com

Tab. 8.1 Allgemeine und funktionelle Eigenschaften von Proteinen

Allgemeine Eigenschaften	Funktionelle Eigenschaften
Sensorik	Farbe, Aroma, Textur, Mundgefühl
Kinästhetik	Weichheit, Sandigkeit, Trübung
Hydratation	Löslichkeit, Dispergierbarkeit, Benetzbarkeit, Wasserabsorption, Quellung, Eindickung, Gelierung, Fließverhalten, Wasserbindungsvermögen, Syneräse, Viskosität, Teigbildung
Grenzflächenwirkung	Emulgiereigenschaften, Schaumbildungsvermögen, Schaumstabilisierung, Protein/Lipidfilmbildung, Lipidbindung, Aromabindung, Stabilisierung
Struktur	Elastizität, Sandigkeit, Kohäsion, Kaubarkeit
Textur	Viskosität, Adhäsion, Netzwerkbildung
Rheologie	Aggregation, Klebrigkeit, Gelierung, Teigbildung, Texturierbarkeit, Faserbildung, Extrudierbarkeit, Elastizität

- Proteinmehle (< 60 %)
- Proteinkonzentrate (> 65 %)
- Proteinisolate (> 90 %)

Pflanzliche Proteine sind aufgrund ihrer nativen Struktur und Modifizierbarkeit hochinteressante Rohstoffe für Filme und Coatings. Nachfolgend sollen die wesentlichen Zusammenhänge zwischen Struktur und Grenzflächenverhalten pflanzlicher Proteine dargestellt und die Ergebnisse zur Filmbildung diskutiert werden. Das Kapitel soll vornehmlich auf pflanzliche Proteine als potenzielle Coatings aufmerksam machen und zu weiteren Entwicklungen anregen.

8.2 Strukturfunktionalitätsbeziehungen pflanzlicher Proteine

8.2.1 Struktur pflanzlicher Speicherproteine

Pflanzliche Proteine sind wie alle Proteine aus einer Sequenz von Aminosäuren (Primärstruktur) aufgebaut. Über Peptidbindungen (amidartige Bindungen zwischen der Carboxylgruppe und der Aminogruppe von zwei Aminosäuren) entsteht ein Makromolekül, dass entlang des so gebildeten Peptidrückgrats eine Vielzahl von funktionellen Aminosäureresten besitzt.

Aminosäureketten mit einer Länge unter 100 Aminosäuren bezeichnet man als Peptide.

Entsprechend dem energetisch günstigsten Zustand falten sich diese Ketten während der Proteinsynthese spontan zu einer Raumstruktur (Tertiärstruktur). Dabei ist die Tertiärstruktur bereits durch die Aminosäuresequenz determiniert.

Lagern sich tertiäre Untereinheiten zu größeren funktionellen Komplexen zusammen, spricht man von der Quartärstruktur (s.a. Abb. 8.1).

8 Coating mit pflanzlichen Proteinen

Abb. 8.1 Modell der globulären Proteinstruktur. Untereinheiten (aufgeschnitten) werden aus kovalent verknüpfter hydrophober ß-Kette (C_β, N_β) mit hydrophiler α-Kette (C_α, N_α) gebildet. Hydrophobe Wechselwirkungen stabilisieren die oligomere Struktur (nach [8])

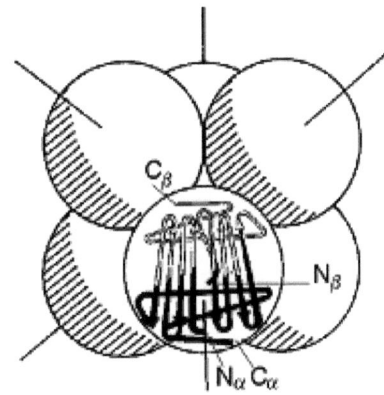

Tab. 8.2 Einteilung der Pflanzenproteine nach der Löslichkeit

Proteinklasse	Häufiges Vorkommen	Löslichkeit
Albumine	Ölsaaten	Wasser, neutral bis schwach saurer pH-Wert
Globuline	Ölsaaten, Leguminosen	Salzlösung
Prolamine	Getreidesamen	70–80 %ige ethanolische Lösung
Gluteline	Getreide-, Grassamen	Partiell löslich in alkalischer, salzhaltiger oder alkoholischer Lösung

Globuline (s.a. Tab. 8.2) sind typischerweise derart kompakte, annähernd kugelige Gebilde, die hydrophobe, sehr dicht gepackte „Kerne" vorrangig aus unpolaren Aminosäurereste enthalten [3]. Polare hydrophile Aminosäurereste befinden sich überwiegend an der Oberfläche des Proteinmoleküls [3, 4].

Es gibt verschiedene Vorschläge, Proteine zu klassifizieren. Aus technologischer Sicht, d. h. sowohl für die Proteingewinnung als auch die Applikation, ist eine von OSBORNE vorgenommene Einteilung nach der Löslichkeit hilfreich (Tab. 8.2) [5].

Albumine und Globuline lassen sich prinzipiell durch eine wässrige Extraktion aus einem (entölten) Mehl gewinnen, für Prolamine und Gluteline werden kommerziell wässrig-alkoholische Extraktionslösungen verwendet. Bereits die deutlichen Unterschiede in der Löslichkeit bieten sehr unterschiedliche Einsatzmöglichkeiten, auf die in wenigen Beispielen noch eingegangen wird.

Die räumliche Struktur jedes Proteinmoleküls wird, wie bereits erwähnt, durch die Primärstruktur, d. h. die Aminosäuresequenz in der Polypeptidkette, bestimmt. Die Vielfalt der Aminosäurereste lässt kovalente (Disulfidbindung) und nichtkovalente Wechselwirkungen zu, die Einfluss auf die Ausbildung und Stabilität der Raumstruktur haben (Denaturierungsstabilität).

Die Faltung des Proteins in die Tertiär- und Komplexierung in die Quartärstruktur erzeugt eine typische Verteilung von Ladungen und hydrophoben Clustern an der Oberfläche, die wesentlich die Löslichkeit des Proteins determinieren. So bestehen die

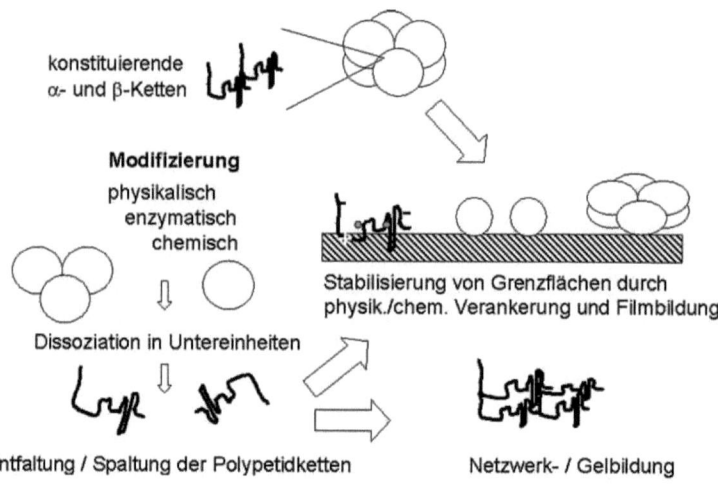

Abb. 8.2 Modifizierung und techno-funktionelle Eigenschaften oligomerer Proteinen

Proteinisolate aus Ölsamen und Körnerleguminosen (z. B. Sojabohne, Lupine, Raps, Sonnenblume, Lein) aus globulären Speicherproteinen mit relativen Molekularmassen von 300–350 kDa, 150–210 kDa bzw. 12–15 kDa [6, 7]. Davon liegen die hochmolekularen 11-S- und 7-S-Globuline in oligomerer Form, d. h. als nichtkovalente Assoziate von Untereinheiten vor (Abb. 8.1), während die niedermolekularen 2-S-Speicherproteine monomer sind.

Globuläre Proteinstrukturen sind nach dem Prinzip des „non-polar in – polar out" aufgebaut, d. h. dass die polaren, hydrophilen Aminosäuren an der Moleküloberfläche angeordnet sind, während die nichtpolaren Aminosäuren einen hydrophoben Kern bilden und die Proteinstruktur über hydrophobe Wechselwirkungen stabilisieren [9]. Diese native Konformation weist bereits interessante kolloidale Eigenschaften auf, wie Grenzflächenadsorption, Filmbildung und Schaumstabilisierung.

Darüber hinaus können durch gezielte Modifizierungen neuartige Strukturen mit besonderen techno-funktionellen Eigenschaften reproduzierbar induziert werden. Über die Dissoziation in die Untereinheiten, Entfaltung der Polypeptidketten oder deren Hydrolyse (Spaltung) lassen sich gezielt polymere Strukturen erzeugen, die besonders geeignet sind zur Filmbildung, Adsorption an Grenzflächen oder Netzwerkbildung (Abb. 8.2).

8.2.2 Modifizierung und kolloidale Strukturen

Die wasserlöslichen Proteine, Globuline und Albumine zeichnen sich durch sehr differenzierte Funktionalitäten aus. Besonders deutlich wird das am Beispiel des Rapsproteins [10].

Untersuchungen haben gezeigt, dass sich die Adsorptionsisothermen an der Grenzfläche Luft-Wasser erheblich sowohl im Plateauwert des Filmdrucks (max. erreichbare

8 Coating mit pflanzlichen Proteinen

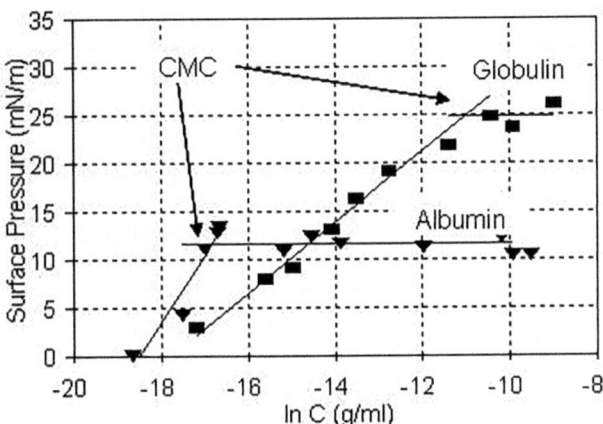

Abb. 8.3 Grenzflächenadsorptionsisothermen von Rapsproteinen. (Aus [3])

Senkung der Oberflächenspannung) als auch in der kritischen Mizellkonzentration (CMC) unterscheiden (Abb. 8.3).

Das wesentlich kleinere Albumin diffundiert erheblich schneller an die Grenzfläche und erreicht das Plateau bereits bei einer deutlich niedrigeren kritischen Mizellkonzentration (CMC). Die Rigidität des Albumins bietet jedoch nur wenige Kontaktstellen des Moleküls mit der Grenzfläche. Im Ergebnis kommt es zu einer geringeren Absenkung der freien Energie der Grenzfläche und damit des Filmdrucks.

Adsorbieren globuläre Moleküle an der Grenzfläche, zeigt sich zunächst ein niedrigeres Geschwindigkeitsprofil. Die adsorbierten Moleküle verändern aus energetischen Gründen an der Grenzfläche ihre Konformation. Dissoziation und partielle Entfaltung führen zu einer weiteren Absenkung der Gesamtenergie. Es werden höhere Filmdrücke gemessen.

Die physikochemischen Ursachen – dissozierbare Untereinheitsstruktur des Globulins und deren entfaltbaren Polypeptidketten sowie die sehr rigide und kompakte Struktur des Albumins – werden im Elektropherogramm (Abb. 8.4) deutlich. Unter denaturierenden Messbedingungen (SDS-PAGE) dissoziieren die Untereinheiten und freie Ketten können sichtbar gemacht werden. Die Vielzahl von kovalenten Bindungen im Albumin lässt keine sichtbare Konformationsveränderung zu.

Das Legumin der Ackerbohne wurde hinsichtlich seiner emulsionsbildenden Eigenschaften in Makroemulsionskonzentraten (D_{32} = 1 µm, Ölgehalt > 70 %) u. a. elektronenmikroskopisch untersucht. Es zeigte sich, dass die stabilisierenden Proteinfilme im Bereich der bekannten „Thin Black Films" (Schichtdicke < 30 nm) liegen (Abb. 8.5) [12].

Die enorme Stabilität der Schichten (gemessene Koaleszenzdrücke von 3,4 MPa) lässt auf kompakte Filmbildung insbesondere durch entfaltete Polypeptidketten nach Succinylierung schließen [13].

Grenzflächenrheologische Untersuchungen bestätigen eine erhebliche Zunahme der Filmviskosität in Abhängigkeit von der Modifizierung [14]. Neben den chemischen Modifizierungen, die gezielte Struktur und Ladungsveränderungen am Molekül induzieren,

Abb. 8.4 Elektropherogramme (SDS-PAGE) des Napins (links), Cruciferins (Mitte) und eines Isolates (rechts). (Aus [11])

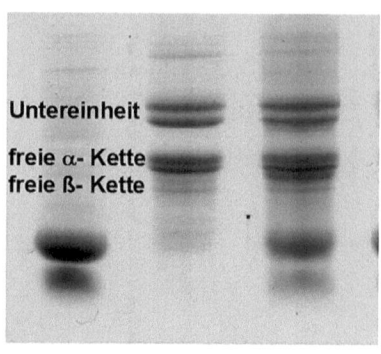

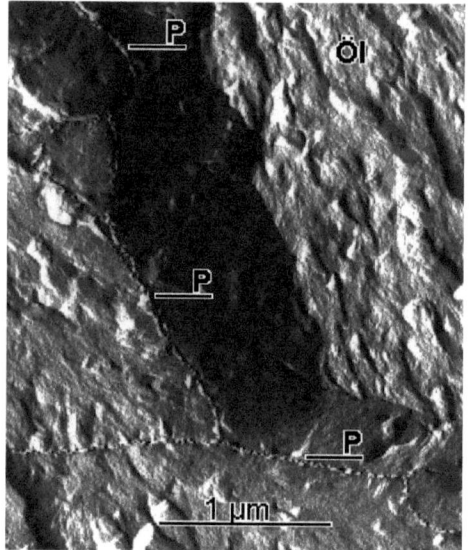

Abb. 8.5 Rasterelektronenmikroskopische Aufnahme von Proteinfilmen (P) im Emulsionskonzentrat. (Aus [1])

bietet sich insbesondere die enzymatische Hydrolyse an. Durch die Partialhydrolyse mittels proteinspezifischer Enzyme werden Adsorptions- und Emulgiereigenschaften signifikant verbessert [15].

Chemische und enzymatische Modifizierung verbessern die Filmbildungseigenschaften bei sinkender Proteinviskosität, ein erheblicher Vorteil für die Anwendung hoher Scherkräfte zur Herstellung von Coatings. Das hervorragende Gelbildungsverhalten von Pflanzenproteinen in Kombination mit einem enormen Bindungsvermögen für hydrophobe und hydrophile Substanzen ist geeignet, daraus gelbasierte Produkte herzustellen.

8.3 Filmbildung

Die Fähigkeit von Proteinen, dreidimensionale Netzwerkstrukturen auszubilden, wird zur Herstellung von Filmen und Coatings benutzt. Während Filme (Folien) leicht vom Produkt entfernbar sein sollen, werden Coatings direkt auf dem Produkt gebildet und damit zum integralen Bestandteil.

Selbsttragende Filme („Stand Alone Films") werden auch als Testsubstrat zur Untersuchung spezieller Eigenschaften wie mechanische und thermische Stabilität, Löslichkeits- und Barriereverhalten von Coatings eingesetzt (s. a. Kap. 12).

Essbarkeit und Bioabbaubarkeit von Proteinfilmen werden durch die Art der Proteinfunktionalisierung (Modifizierung) und die Filmbildung selbst ausgeprägt. Beide Merkmale bleiben erhalten, wenn ausschließlich thermische, enzymatische oder physikalische Verfahren im gesamten Herstellungsprozess angewandt werden (Food-/Pharma-Grade) [16]. Durch chemische Modifizierungen am Protein oder Film ist der Einsatz für Lebensmittel und Pharmaprodukte nahezu ausgeschlossen. Ein weiteres Problem bei der Verwendung von Proteinen wie auch anderer essbarer Filme ist ein verstärktes mikrobielles Wachstum, das nur durch Einhaltung bestimmter Milieubedingungen (Wasseraktivität, pH, Temperatur) oder die Verwendung von Antimikrobiotika verhindert werden kann. Es ist auf eine ausreichende Kennzeichnung der verwendeten Proteine zu achten, da einige Proteine ein allergisches Potenzial besitzen [17]. Ein weiteres Problem bei der Verwendung von Proteinen wie auch anderer essbarer Filme ist die Vermeidung mikrobiellen Wachstums durch Einhaltung bestimmter Milieubedingungen (Wasseraktivität, pH, Temperatur) oder die Verwendung von Antimikrobiotika.

Proteinfilme sollen als Barrieren für Gase und Feuchtigkeit, Oxidation, Geschmacks- und Aromafreisetzung dienen und können durch die typische Ionenstärke und pH-abhängige Löslichkeit zur retardierten Freisetzung von Inhaltsstoffen genutzt werden.

Entscheidendes Kriterium für die Verarbeitung und Anwendung ist die Löslichkeit der Proteine nach OSBORNE (s. Tab. 8.2). Als bekannte Vertreter tierischer Proteinquellen mit unterschiedlichem Löslichkeitsverhalten seien nur genannt: Kollagen, Gelatine und Casein. Bei den pflanzlichen Proteinen gibt es ebenfalls Unterschiede im Löslichkeitsverhalten, das gezielt für Coatings genutzt werden kann (Tab. 8.3).

Tab. 8.3 Löslichkeit ausgewählter pflanzlicher Proteine. (Nach [22])

Proteinisolate aus:	Wasser	Wasser, saurer pH	Wasser, alkalischer pH	Wässrig-alkoholische Lösung
Getreide (Zein)	–	–	–	X
Weizen (Gluten)	–	X	X	X
Soja	X	–	–	–
Raps	–	–	X	–
Erbse	–	–	X	–
Baumwolle	–	–	X	–

Die Bildung von Proteinfilmen verläuft über eine langsame Trocknung (Dehydrierung) der Proteinlösung. Die verringerte Hydratation der Moleküle begünstigt inter- und intrachainare Wechselwirkungen der Proteine und resultiert in spröden und relativ steifen Filmen. Niedermolekulare Substanzen (Glycerol, Sorbitol, Fettsäuren, Monoglyceride) werden deshalb wie bei anderen Polymerüberzügen auch, häufig zur Plastifizierung der Filmmatrix zugesetzt. Derartige Weichmacher („Plasticizers") reduzieren hauptsächlich Wasserstoffbrücken- und elektrostatische Bindungen und verbessern dadurch die rheologischen Eigenschaften der Filme. Nachteilig ist die Minderung bestimmter Barriereeigenschaften [18].

Die Proteinfilme lassen sich weiter durch den Einbau von Trägerstoffen mit z. B. antimikrobieller, antifungizider Wirkung oder nachträglicher Vernetzung oder Beschichtung zur Erhöhung der Barriere- oder Freisetzungseigenschaften funktionalisieren [19–21].

8.4 Barrierewirkung von Filmen

Die Barrierewirkung von polymeren Filmen beruht, unabhängig vom Ursprung des Polymers, auf der Regulierung des Transportes von Molekülen innerhalb des Films (Massenstrom). Verantwortlich dafür sind die Zusammensetzung und Struktur des Films, die durch die Umgebungsbedingungen ebenso wie durch die Herstellung geprägt werden.

Der Massenstrom von permeierenden Molekülen in einem Polymerfilm wird üblicherweise durch drei stoffspezifische Koeffizienten beschrieben

- Diffusionskoeffizient D – kinetische Eigenschaft des Systems Permeat-Polymerfilm (SPP): Bewegung des Permeats durch den Polymerfilm
- Löslichkeitskoeffizient S – thermodynamische Eigenschaft des SPP: Dissolution des Moleküls im Polymer
- Permeabilitätskoeffizient P – thermodynamisch-kinetische Eigenschaft des SPP: resultierender Molekülmassenstrom

Das Modell der „aktivierten Diffusion" geht von oszillierenden Netzwerkzuständen des Polymerfilms aus [23]. Im aktivierten Zustand entstehen aufgrund von Kettenbewegungen „Fehlstellen" im Gitter, durch die Moleküle wandern können. Im Grundzustand schließen sich diese Fehlstellen wieder, wodurch eine Bewegung des Moleküls im Netzwerk entsteht.

Unter der Voraussetzung einer ausreichend niedrigen Konzentration des permeierenden Moleküls im SPP kann S bekanntlich nach dem Henry-Gesetz kalkuliert werden.

Der Permeabilitätskoeffizient gibt letztlich die Durchdringbarkeit des SPP für ein spezifisches Molekül an und ist im Gleichgewichtszustand (D und S sind konstant) definiert:

8 Coating mit pflanzlichen Proteinen

$$P = \frac{\dot{m} \cdot L}{A \cdot \Delta p}$$

$\dot{m}$ ... Massenstrom

L ... Filmdicke

A ... Querschnittsfläche

Δp ... Partialdruckdifferenz im Polymemetzwerk

Bereits aus dieser einfachen Betrachtung wird deutlich, dass die Barrierewirkung eines Polymerfilms von einer Vielzahl von Netzwerkeigenschaften abhängt [24]:

- Polarität
- Inertheit gegenüber permeierenden Molekülen
- Kettensteifigkeit und Packungsdichte
- Vernetzungsgrad
- Glasübergangstemperatur

Eine hohe Barrierewirkung bedeutet nichts anderes als eine starke Verzögerung des Molekültransportes im Vergleich zum Massenstrom ohne Anwesenheit des Polymernetzwerkes.

8.5 Fallbeispiele

8.5.1 Zein

Zein umfasst eine Gruppe alkohollöslicher Proteine aus Mais. Es ist ein sehr gut untersuchtes Pflanzenprotein und fand, bedingt durch die Wasserunlöslichkeit, schon früh vielfältige Verwendung in Papierstreichfarbe, Klebern, Binder, Textilfasern, Coatings etc.

Zein ist traditionell ein Beiprodukt der Stärkeherstellung, tritt heute aber auch in großen Mengen als Begleitprodukt der Bioethanolproduktion auf. Ein aktuell entwickelter adsorptiver Prozess zur Entfernung von Begleitstoffe, die zu unerwünschten Farb- und Geruchsveränderungen führen, lässt auch Anwendungen für dieses Produktgruppe im Pharmabereich erwarten [25]. Zein-Coatings können durch Aufbringen einer Lösung auf festen Oberflächen hergestellt werden. Nachdem das Lösungsmittel verdampft ist, bilden sich harte, glatte Filme aus, die sogar mikrobiellem Befall widerstehen [26]. Besonders auffällig an Zein-Filmen ist eine hohe Zugfestigkeit und Elastizität, die durch Weichmacher gezielt beeinflusst werden können. Die hohe Beständigkeit von Zein-Coatings gegen Wassersorption bis zu a_w-Werten von 0,85 konnte durch eine weitere Oberflächenmodifizierung mittels UV-härtender Beschichtung weiter verbessert werden [27].

Der Vergleich von Coatings auf Basis von Zein-Pseudolatex – eine kolloidale Dispersion aus festen oder halbfesten thermoplastischen, wasserunlöslichen Polymeren kleiner 1 μm Durchmesser – mit lösungsmittelbasierten Filmen zeigte ebenfalls eine erheblich verbesserte Wasserbeständigkeit [28].

Zein wird in 70 % Ethanol für 30 min gelöst und durch die Zugabe von Wasser zu gleichen Teilen wird ein Pseudolatex mit einer Proteinkonzentration von 10 % hergestellt [29].

Als geeigneter Weichmacher erwies sich Polyethylenglycol PEG 400 in einer Mindestkonzentration von 10 % (bezogen auf Molekulargewicht). Auch mit Glycerol wurden Filmeigenschaften erreicht, die den Ansprüchen eines pharmazeutischen Coatings genügen.

Die Vernetzung ist auch beim Zeinfilm ein probates Mittel für verbesserte Filmeigenschaften. Dazu wurde Zein mittels 1-Ethyl-3-[3-Dimethylaminopropyl] Carbodiimid Hydrochlorid (EDC), N-Hydroxysuccinimid (NHS) [30] oder Transglutaminase [31] vernetzt und zeigte danach sehr geringe Aggregationsneigung in der wässrigen Filmbildungslösung sowie verbesserte mechanische Eigenschaften des Films.

Die Freigabe von Wirkstoff aus wirbelschichtummantelten Tabletten lässt sich über die Menge an aufgebrachtem Zein-Pseudolatex und den pH-Wert des Dissolutionsmilieus steuern. So verlief die Freigabe am schnellsten in 0,1 N HCl und verlangsamte sich deutlich bei pH 6 (60 % Freisetzung über 24h) und pH 7,4 (25 % Freigabe). Durch das Aufbringen eines zusätzlichen Polymercoatings mit einem anderen pH-Freigabeprofil (Eudragit) konnte ein synergistischer Effekt für das resultierende Freigabeprofil erzielt werden [32].

8.5.2 Weizengluten

Gluten (auch Kleber) bezeichnet Gemische von Speicherproteinen bestimmter Getreidearten und setzt sich aus den OSBORNE-Fraktionen Prolamine und Gluteline zusammen. Im Weizen werden die Fraktionen als Gliadin und Glutenin bezeichnet und fallen als Beiprodukt der Stärkeherstellung an.

Glutenin ist mit einer relativen Molekularmasse von mehr als 10^7 eines der größten natürlich vorkommenden Polymermoleküle [33]. Die Struktur ist noch nicht vollständig aufgeklärt. Die existierenden Strukturmodelle gehen jedoch davon aus, dass die Untereinheiten des Glutenins durch intermolekulare Disulfidbrücken verknüpft sind und darüber die Molekülstruktur stabilisieren [34]. Zur Erzeugung amphiphiler Eigenschaften des Glutenins wird eine Desamidierung im sauren oder alkalischen pH-Bereich bei höheren Temperaturen kommerziell bereits durchgeführt [35] Ähnliche Ergebnisse werden auch nach partieller enzymatischer Hydrolyse erzielt [36]. Das modifizierte Glutenin wird wasserlöslich und die Filme können ohne Anwesenheit von Ethanol gebildet werden. Problematisch ist der Einsatz von Glutenin bei Zöliakiepatienten.

Zur Bildung von Filmen werden Glutenindispersionen im pH-Bereich optimaler Löslichkeit ggf. unter Zusatz von Ethanol (modifikationsabhängig) bei erhöhter Temperatur hergestellt. Die Filme oder Coatings können schließlich nach bekannten Verfahren produziert werden, wobei auch hier die Zugabe von Weichmachern empfohlen wird.

Die Verwendung von Vernetzungsagenzien, bevorzugt auf Enzymbasis, reguliert auch bei Gluteninfilmen Barriereeigenschaften und rheologisches Verhalten, wenn eine bestimmte Konzentration und damit ein entsprechender Vernetzungsgrad überschritten wird [37].

8.5.3 Sojaprotein

Die Verwendung von Pflanzenproteinen, die im wässrigen Medium löslich sind, stellt neue Anforderungen an die Filmkomposition und -bildung.

Untersuchungen zum Einfluss der Trocknungsbedingungen auf Filmeigenschaften zeigen mit steigender Trocknungstemperatur eine zunehmende Versprödung, geringere Elastizität und verringerte Wasserdampfdurchlässigkeit der Proteinfilme [38]. Dieses Verhalten ist auch von Polymerfilmen bekannt und beruht auf der unzureichenden Ausbildung elastischer Netzwerkstrukturen bei schneller Trocknung.

Neben den Trocknungsbedingungen lassen sich die Filmeigenschaften ebenfalls über den Zusatz von Weichmachern regulieren [39].

Die Proteinqualität und -konzentration spielen neben pH und Trocknungsbedingungen eine entscheidende Rolle für die Filmqualität. Gegossene Filme aus einem Sojamehl, -Konzentrat und -Isolaten wiesen erhöhte Zugfestigkeiten und Elongation mit steigender Proteinqualität und -konzentration in der Ausgangslösung auf [39].

Die proteinspezifische Wasserlöslichkeit und die damit verbundenen Filminstabilitäten lassen sich durch Mischungen mit Cellulose oder Filmnachvernetzung (z. B. thermisch) beheben [40]. Die Wirkung der Vernetzung auf hydrophobe und mechanische Eigenschaften des gebildeten Films wird auch hier in erheblichem Maß von technologischen Parametern wie Enzymkonzentration, pH-Wert und Temperatur der Filmbildung beeinflusst [41].

Auch an einer kontrollierten Wirkstofffreigabe über gezielte Vernetzungsreaktionen wird gearbeitet [42]. Bemerkenswert ist die Induzierung von kovalenten Vernetzungsreaktionen in Sojaproteinfilmen durch energiereiche Strahlung. Aromatische Aminosäurereste wie Thyrosin oder Phenylalanin absorbieren UV-Strahlung und rekombinieren unter Bildung kovalenter Bindungen. Die Filme weisen erhöhte Zugfestigkeiten [43] bei verringerter Wasserlöslichkeit auf [44].

8.6 Zusammenfassung und Ausblick

Ähnlich wie bei Sojaproteinen wird auch an der Nutzung weiterer homologer Pflanzenproteine aus Ölsaaten und Körnerleguminosen als Filmbildner gearbeitet, um die natürlich vorhandene Essbarkeit und Bioabbaubarkeit dieser Rohstoffklasse mit Filmbildung und Barriereeigenschaften zu kombinieren (Tab. 8.4).

Tab. 8.4 Übersicht über filmbildende Pflanzenproteine, eingesetzte Weichmacher und funktionelle Additive. [Nach 47]

Funktionelle Komponente	Material
Filmbildner	Mais, Weizen, Soja, Erbse, Reis, Baumwolle, Erdnuss, Raps, Lupine
Weichmacher	Glycerin, Propylenglycol, Sorbitol, Saccharose, Polyethylenglycol, Maissirup, Wasser
Additive	Antioxidantien, Antimikrobiotika, Aromen, Farbstoffe
	Emulgatoren (Lecithin, Tween, Span)
	Lipidemulsionen (Wachse, Fettsäuren)

Physikochemische Besonderheiten der einzelnen Proteine werden dabei berücksichtigt und versucht, in funktionelle Filme zu überführen. So besteht Interesse, phenolische Minorkomponenten der Lupinensaat in einen Lupinenfilm einzubauen, um das antioxidative Potenzial zu nutzen [45].

Filme aus dem Speicherprotein Vicilin der Bohne weisen erst nach Hitzebehandlung der Castinglösung erhöhte Zugfestigkeiten auf, was auf eine Zunahme hydrophober Wechselwirkungen zurückgeführt wird [46].

Den enormen Möglichkeiten der Modifizierbarkeit von Proteinen und damit der Funktionalisierung von Filmen und Coatings steht die hohe Feuchteempfindlichkeit entgegen. Speziell für den Pharma- und Foodbereich zeichnen sich physikalisch/enzymatische Modifizierungen und Kombinationen aus Proteinen mit hydrophoben Filmbildnern als praktikabler Weg zur Nutzung des funktionellen Potenzials von Pflanzenproteinen als Coatingmaterial ab.

Literatur

1. Schwenke KD (2001) Reflections about the functional potential of legume proteins. A review. Nahrung 45:377–381
2. Krause J-P, Kroll J, Rawel H (2007) Rapsprotein in der Humanernährung. UFOP-Schriften 32:11–101
3. Schulz GE (1977) Structural rules for globular proteins. Angew Chem 16:24–33
4. Ludescher RD (1996) Physical and chemical properties of amino acids and proteins. In: Nakai S, Modler HW (eds) Food proteins: properties and characterization. VCH Publishers, Weinheim, pp 23–71
5. Osborne TB (1924) The vegetables proteins. Longmans, Green & Co, London
6. Derbyshire E, Wright DJ, Boulter D (1976) Legumin and vicilin, storage proteins of legume seeds. Phytochemistry 15:3–24
7. Prakash V, Rao MS (1986) Physicochemical properties of oilseed proteins. CRC Crit Rev Biochem 20:265–363
8. Plietz P, Zirwer D, Schlesier B, Gast K, Damaschun G (1984) Comparison of the structures of different 11S and 7S globulins by small-angle X-ray scattering, quasi-elastic light scattering and circular dichroism spectroscopy. Kulturpflanze 32:139–163
9. Schulz GE, Schirmer RH (1979) Principles of proteine structure. Springer

10. Krause J-P, Schwenke KD (2001) Behaviour of a protein isolate from rapeseed (Brassica Napus) and its main protein components – globulin and albumin – at air/solution and solid interfaces, and in emulsions. Colloids Surf B 21:29–36
11. Schwenke KD, Dahme A, Wolter T (1998) Heat-induced gelation of rapeseed proteins: Effect of protein interaction and acetylation. J Am Oil Chem Soc 75:83–87
12. Krause J-P, Buchheim W (1994) Ultrastructure of o/w emulsions stabilized by faba bean protein isolates. Nahrung 37:455–463
13. Krause J-P, Wüstneck R, Seifert A, Schwenke KD (1998) Stress-Relaxation behaviour of spread films and coalescence stability of o/w emulsions formed by succinylated legumin from faba beans (Vicia faba L.). Colloids Surf B 10:119–126
14. Krause J-P, Krägel J, Schwenke KD (1997) Properties of interfacial films formed by succinylated legumin from faba beans (Vicia faba L.). Colloids Surf B 8:279–286
15. Krause J-P, Schwenke KD (1995) Changes in interfacial properties of legumin from faba beans (Vicia faba L.) by tryptic hydrolysis. Nahrung 39:396–405
16. De Krochta JM, Mulder-Johnston C (1997) Edible and biodegradable polymer films: challenges and opportunities. Food Technol 51:61–74
17. Ferreira F, Hawranek T, Gruber P, Wopfner N, Mari A (2004) Allergic cross-reactivity: from gene to the clinic. Allergy 59:243–267
18. Sothornvit R, Krochta JM (2005) Innovations in food packaging (JH Han Hrsg). Elsevier Science & Technology Books
19. Sivarooban T, Hettiarachchy NS, Johnson MG (2008) Physical and antimicrobial properties of grape seed extract, nisin, and EDTA incorporated soy protein edible films. Food Res Int 41:781–785
20. Rojas-Grau MA, Soliva-Fortuny R, Martin-Belloso O (2009) Edible coatings to incorporate active ingredients to fresh-cut fruits: a review. Trends Food Sci Technol 20:438–447
21. Chen L, Remondetto G, Rouabhia M, Subirade M (2008) Kinetics of the breakdown of cross-linked soy protein films for drug delivery. Biomaterials 29:3750–3756
22. Krochta JM (2002) Protein-based films and coatings (A Gennadios Hrsg). CRC Press
23. DiBenedetto AT (1963) Molecular properties of amorphous high polymers II. An interpretation of gaseous diffusion through polymers. J Polym Sci A 1:3477–3487
24. Robertson GL (1993) Permeability of thermoplastic polymers. In: Food packaging: principles and practice. Marcel Dekker
25. Sessa DJ, Palmquist DE (2009) Decolorization/deodorization of zein via activated carbons and molecular sieves. Ind Crop Prod 30:162–164
26. Reiners RA, Wall JS, Inglett GE (1973) Industrial uses of cereals (Y Pomeranz Hrsg). American Association of Cereal Chemists, St. Paul
27. Biswas A, Selling GW, Kruger WK, Evans K (2009) Surface modification of zein films. Ind Crop Prod 30:168–171
28. Li XN, Guo HX, Heinamaki J (2010) Aqueous coating dispersion (pseudolatex) of zein improves formulation of sustained-release tablets containing very water-soluble drug. J Colloid Interface Sci 345(1):46–53
29. Guo HX, Heinämäki J, Yliruusi J (2008) Stable aqueous film coating dispersion of zein. J Colloid Interface Sci 322:478–484
30. Kim S, Sessa DJ, Lawton JW (2004) Characterization of zein modified with a mild cross-linking agent. Ind J Crops Prod 20:291–300
31. Chambi H, Grosso C (2006) Edible films produced with gelatin and casein cross-linked with transglutaminase. Food Res Int 39:458–466
32. O'Donnell PB, Wu C, Wang J, Wang L, Oshlack B, Chasin M, Bodmeier R, McGinity JW (1997) Aqueous pseudolatex of zein for film coating of solid dosage forms. Eur J Pharm Biopharm 43:83–89

33. Kasarda DD (1999) Glutenin polymers: the in vitro to in vivo transition. Cereal Foods World 44:566–572
34. D'Ovidio R, St M (2004) The low-molecular-weight glutenin subunits of wheat gluten. J Cereal Sci 39:321–339
35. Matsudomi N, Kato A, Kobayashi K (1982) Conformational and surface properties of deamidated gluten. Agric Biol Chem 46:1583–1586
36. Mimouni B, Raymond J, Merle-Desnoyers AM, Azanza JL, Ducastaing A (1994) Combined acid deamidation and enzymic hydrolysis for improvement of the functional properties of wheat gluten. J Cereal Sci 20:153–165
37. Hernandez-Munoz P, Villalobos R, Chiralt A (2004) Effect of cross-linking using aldehydes on properties of glutenin-rich films. Food Hydrocoll 18:403–411
38. Alcantara CR, Rumsey TR, Krochta JM (1998) Drying rate effect on the properties of whey protein films. J Food Process Eng 21:387–405
39. Park SK, Hettiarachchy NS, Ju ZY, Gennadios A (2002) Protein-based films and coatings (A Gennadios Hrsg). CRC Press
40. Su J-F, Huang Z, Yuan X-Y, Wang X-Y, Li M (2010) Structure and properties of carboxymethyl cellulose/soy protein isolate blend edible films crosslinked by Maillard reactions. Carbohydr Polym 79:145–153
41. Jiang Y, Tang C-H, Wen Q-B, Li L, Yang X-Q (2007) Effect of processing parameters on the properties of transglutaminase-treated soy protein isolate films. Innov Food Sci Emerg Technol 8:218–225
42. Chen L, Remondetto G, Rouabhia M, Subirade M (2008) Kinetics of the breakdown of crosslinked soy protein films for drug delivery. Biomaterials 29:3756
43. Gennadios A, Rhim JW, Handa A, Weller CL, Hanna MA (1998) Radiation affects physical and molecular properties of soy protein films. J Food Sci 63:225–228
44. Rhim JW, Gennadios A, Handa A, Weller CL, Hanna MA (2000) Solubility tensile, and color properties of modified soy protein isolate films. J Agric Food Chem 48:4937–4941
45. Salgado PR, Ortiz SEM, Petruccelli S, Mauri AN (2010) Biodegradable sunflower protein films naturally activated with antioxidant compounds. Food Hydrocoll 24:525–533
46. Tang C-H, Xiao M-L, Chen Z, Yang X-Q, Shou-Wei Y (2009) Properties of cast films of vicilin-rich protein isolates from Phaseolus legumes: Influence of heat curing. LWT Food Sci Technol 42:1659–1666
47. Hun JH, Gennadios A (2005) Innovations in food packaging (J Han Hrsg). Elsevier Science & Technology Books

Coating mit Biopolymeren

9

Mont Kumpugdee Vollrath, Jurairat Nunthanid und Pornsak Sriamornsak

9.1 Einleitung

Biopolymere sind Polymere, die in der Natur vorkommen bzw. mit einigen Prozessen weiter bearbeitet werden, sodass sie für bestimmte Zwecke eingesetzt werden können. Häufig sind sie durch ihre Bioabbaubarkeit, Biokompatibilität und nicht vorhandene bzw. geringe Toxizität von Interesse für den Einsatz in der Medizin bzw. Pharmazie.

Einige Biopolymere wurden bereits in der Pharmazie, der Medizin und in Lebensmitteln eingesetzt. Beispiele dieser Biopolymere sind Polysaccharide, Polyester und Polyamide. Im folgenden Abschnitt stehen die Polysaccharide im Fokus, da sie sich besonders als Coatingmaterial eignen. Zu den Polysacchariden gehören zum Beispiel Chitosan, Chitin, Pektine, Alginate, Dextran und Carrageen [1, 2]. Diese Biopolymere stellen aber oft Probleme bei der Bearbeitung aufgrund ihrer hohen Viskosität sowie Stabilität gegen chemische und physikalische Einflüsse dar.

M. Kumpugdee Vollrath (✉)
Labors Chemische und Pharmazeutische Technologie, Fachbereich II, Berliner Hochschule für Technik, Berlin, Deutschland
E-Mail: vollrath@bht-berlin.de

J. Nunthanid (✉) · P. Sriamornsak (✉)
Department of Industrial Pharmacy, Faculty of Pharmacy, Silpakorn University, Nakhon Pathom, Thailand
E-Mail: nunthanid_j@su.ac.th; sriamornsak_p@su.ac.th

© Der/die Autor(en), exklusiv lizenziert an Springer-Verlag GmbH, DE, ein Teil von Springer Nature 2025
M. Kumpugdee Vollrath (Hrsg.), *Easy Coating*, https://doi.org/10.1007/978-3-662-71412-6_9

9.2 Chitosan

Chitosan ist ein naturelles Biopolymer und wird durch die N-Deacetylierung von Chitin hergestellt, wobei Chitin aus Krebsschalen bzw. anderer Krustentiere oder aus der Zellwand von Bakterien und Pilzen gewonnen wird. Chitin ist nicht in Wasser, aber in organischen Lösungsmitteln wie Dimethylacetamid oder Hexafluoroisopropanol löslich. Wegen seiner Löslichkeit wird Chitin selten als Filmbildner eingesetzt. Chitosan ist für die Anwendung im pharmazeutischen Bereich interessant, weil dieses Polymer bioabbaubar und biokompatibel ist sowie niedrigere Toxizität aufweist. Chitosan löst sich nicht in Wasser, Schwefelsäure und Phosphorsäure, dafür aber in Salzsäure, Essigsäure, Milchsäure, Propionsäure und Zitronensäure. Chitosan kann bei niedrigem pH-Wert ein Gel bilden. Ein Film aus Chitosan kann einfach mittels Gießmethode hergestellt werden. Deshalb findet Chitosan häufiger Anwendung als Chitin.

9.2.1 Fallbeispiel A

Nunthanid et al. [3] haben über den Einfluss von Wärme auf die überzogenen Theophyllintabletten berichtet. Um die Chitosanlösung herzustellen, wurde Chitosan (MG 800.000–1.000.000) in 1 % v/v. Essigsäure aufgelöst, sodass eine Konzentration von 0,5 % m/m erreicht wurde. Anschließend wurde die Lösung ohne Weichmacher als Coatingflüssigkeit eingesetzt. Die Coatingbedingungen sind in der Tab. 9.1 zusammengestellt. Durch diese Methode wurde herausgefunden, dass Chitosan aus flüssiger Essigsäure einen Chitosoniumacetatfilm bilden kann. Dieser Salzfilm kann sich dann in Wasser auflösen und wird für die Wirkstofffreigabesteuerung genutzt. Chitosansalzfilme aus höheren Viskositäten haben niedrigere Wasserlöslichkeit als Filme aus niedrigeren Viskositäten. Dabei ist zu beachten, dass dieser Salzfilm durch hohe Temperaturen in Chitin, welches wasserunlöslich ist, umgewandelt wird. In den nachstehenden Abschnitten werden Beispiele gezeigt, welche Filme mit welcher Qualität hergestellt werden können.

Tab. 9.1 Coatingparameter A [3]

Parameter	Beschreibung
Coatertyp	Rama Coater 18, Narong Karnchang, Thailand
Kern	Theophyllintabletten
Sprührate (ml/min)	15–30
Coatergeschwindigkeit (rpm)	9
Trocknungstemperatur (°C)	55–60
Nachtrocknungstemperatur (°C)	40–100
Nachtrocknungszeit (h)	6–24

9 Coating mit Biopolymeren

Ergebnisse der eingesetzten Formulierung und Parameter „A"

Der Überzug wurde erfolgreich mit einer Filmdicke von ca. 0,165 mm hergestellt. Die resultierenden Filme ohne Nachtrocknung hatten eine glatte Oberfläche ohne Risse (Abb. 9.1a). Die Nachtrocknung bei allen Zeiten und Temperaturen führt zu Rissbildung aufgrund des Verlustes der Feuchtigkeit im Chitosansalzfilm, z. B. traten bei 100 °C und 24 h mehr Risse auf der Oberfläche auf (Abb. 9.1b).

Die Freisetzung (Abb. 9.2a) zeigte, dass eine verzögerte Freigabe des Wirkstoffs erfolgte. Dies bedeutet, dass ein guter und homogener Überzug aus Chitosan hergestellt werden konnte. Aus der Freisetzungsuntersuchung konnte auch entnommen werden, dass der Wirkstoff Theophyllin in den nachgetrockneten Tabletten sehr schnell freigesetzt wurde (Abb. 9.2b). Dies könnte aufgrund der Rissbildung sein. Es wurde durch die FTIR- und C13-NMR-Messungen bestätigt, dass der hergestellte Chitosansalzfilm in Form von Chitosoniumacetat existiert.

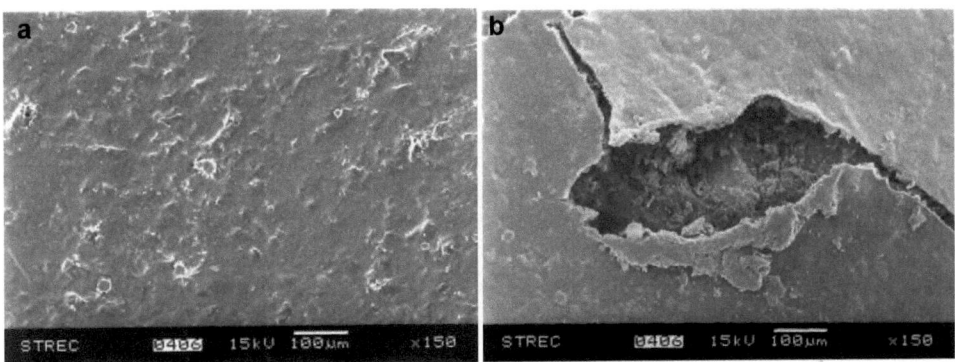

Abb. 9.1 REM-Bilder des Chitosansalzfilms (**a**) ohne Nachtrocknung, (**b**) Nachtrocknung 100 °C, 24 h [3]

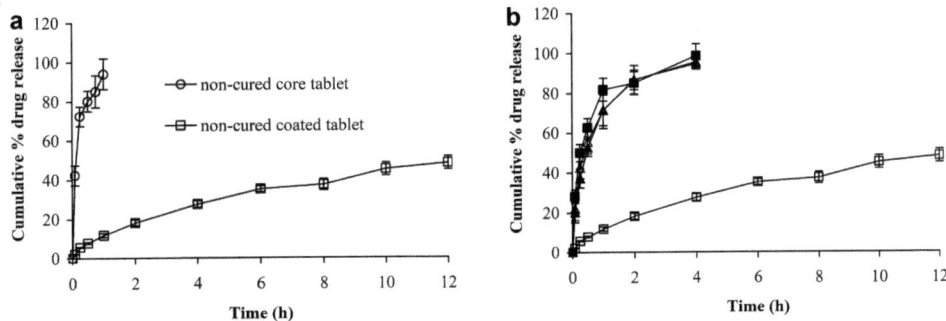

Abb. 9.2 Freisetzungsprofile von Theophyllin in destilliertem Wasser (Anzahl der Messungen = 6, Darstellung des Mittelwertes ± Standardabweichung): **a** nicht nachgetrocknete Tabletten □ mit Überzug und ○ ohne Überzug, **b** Tabletten mit Überzug □ ohne Nachtrocknung, Δ mit Nachtrocknung bei 6 h und 100 °C, ■ mit Nachtrocknung bei 12 h und 100 °C, ▲ mit Nachtrocknung bei 24 h und 100 °C [3]

9.2.2 Fallbeispiel B

Nunthanid et al. [4] haben den Einfluss von Wechselwirkung zwischen zwei Wirkstoffen und dem Polymer Chitosan auf die Wirkstofffreigabe untersucht. Dabei wurden Filme aus verschiedenen Chitosantypen durch Gießverfahren hergestellt. Als Modellwirkstoffe wurden Salicylsäure und Theophyllin benutzt. Mittels Röntgendiffraktometrie, Thermoanalyse, FTIR-, NMR-Spektroskopie und Freigabeuntersuchung wurde herausgefunden, dass Salicylsäure mit Chitosan wechselwirkt und Salicylat bilden kann. Zwischen Theophyllin und Chitosan war hingegen keine Wechselwirkung. Wenn Chitosan mit diesen beiden Wirkstoffen vermischt wurde, hatten die Mischungen schnelle Freigaben beim Test in Wasser. Verzögerte Freigabe konnte jedoch durch die Nutzung von hochviskosem Chitosan erreicht werden. Aus den Ergebnissen ist zu entnehmen, dass die eingesetzten Wirkstoffe sehr großen Einfluss auf die Freigabe haben können. Deshalb muss dieses bei der Formulierung beachtet werden.

Die FTIR-Ergebnisse zeigten, dass Salicylsäure mit Chitosan über die Amidgruppe in Wechselwirkung treten kann. Der amorphe Zustand des Chitosanfilms, der als breites Spektrum ohne signifikanten Peak zu sehen ist, ist deutlich (Abb. 9.3A, e) zu erkennen.

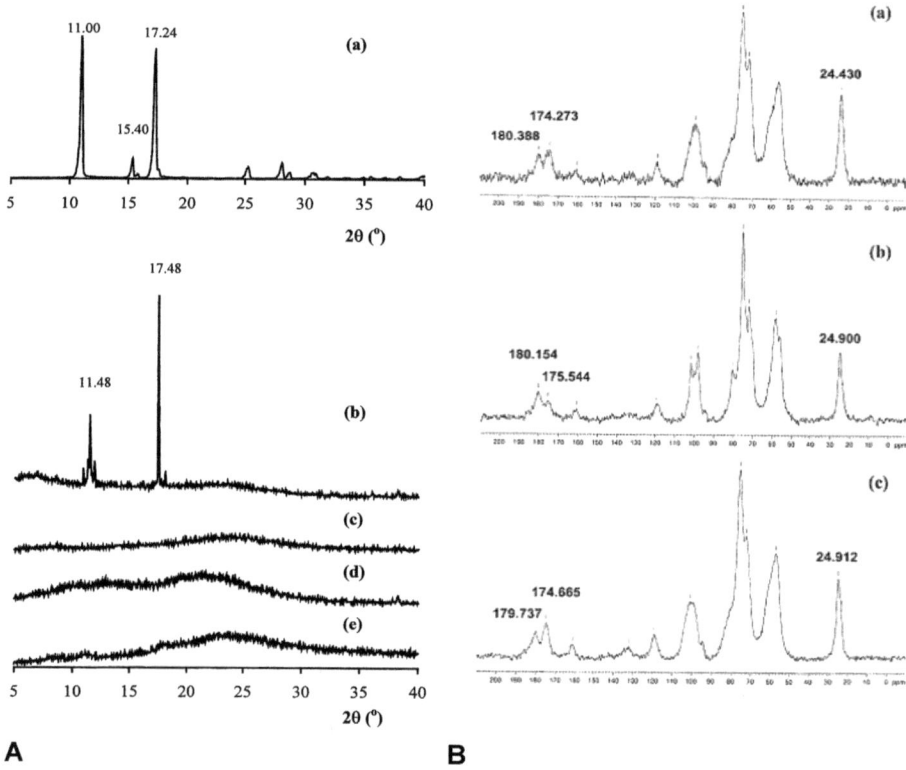

Abb. 9.3 (**A**) Röntgendiffraktogramme von Chitosanfilm gemischt mit Salicylsäure (SA) bei verschiedenen Wirkstoffkonzentrationen: a) reines SA-Pulver, b) 40 % SA, c) 30 % SA, d) 10 % SA und e) reiner Chitosanfilm (**B**) Fester Zustand 13C-NMR-Spektren von verschiedenen Typen des Chitosans gemischt mit 10 % Salicylsäure: a) VL-82 % DD, b) VL-100 % DD, c) H-80–85 % DD *VL: niedrige Viskosität, DD: Grad der Deacetylierung, H: hohe Viskosität* [4]

Der Wirkstoff Salicylsäure allein (Abb. 9.3A, a) hatte dagegen deutlich die Peaks in verschiedenen Winkeln (2θ) z. B. 11°, 15,40° und 17,24°. Dieses deutet auf hohe kristalline Strukturen hin. Die Filme, die aus der Mischung von Wirkstoff und Chitosan hergestellt wurden (Abb. 9.3A, b–d), hatten je nach Konzentration des beigemischten Wirkstoffs sowohl amorphe als auch kristalline Strukturen. Die Resonanz bei 24 ppm aus den NMR-Ergebnissen (Abb. 9.3B) deutet die CH_3-Carbongruppe an und die bei 180 ppm das Carbonylcarbon. Diese beiden Resonanzen bestätigen die Bildung von Chitosoniumacetat.

9.2.3 Fallbeispiel C

Nunthanid et al. [5] haben verschiedene Typen von Chitosan mittels diverser Techniken untersucht. Mittels REM und optischer Betrachtung konnte gezeigt werden, dass Filme aus allen Chitosantypen eine klare und farblose bzw. gelbe Struktur aufwiesen. Die Filme hatten wie gewünscht eine glatte und homogene Struktur ohne Poren (Abb. 9.4a). Die Unebenheit, (z. B. Abb. 9.4c) die in den REM-Aufnahmen zu sehen ist, resultiert aus der

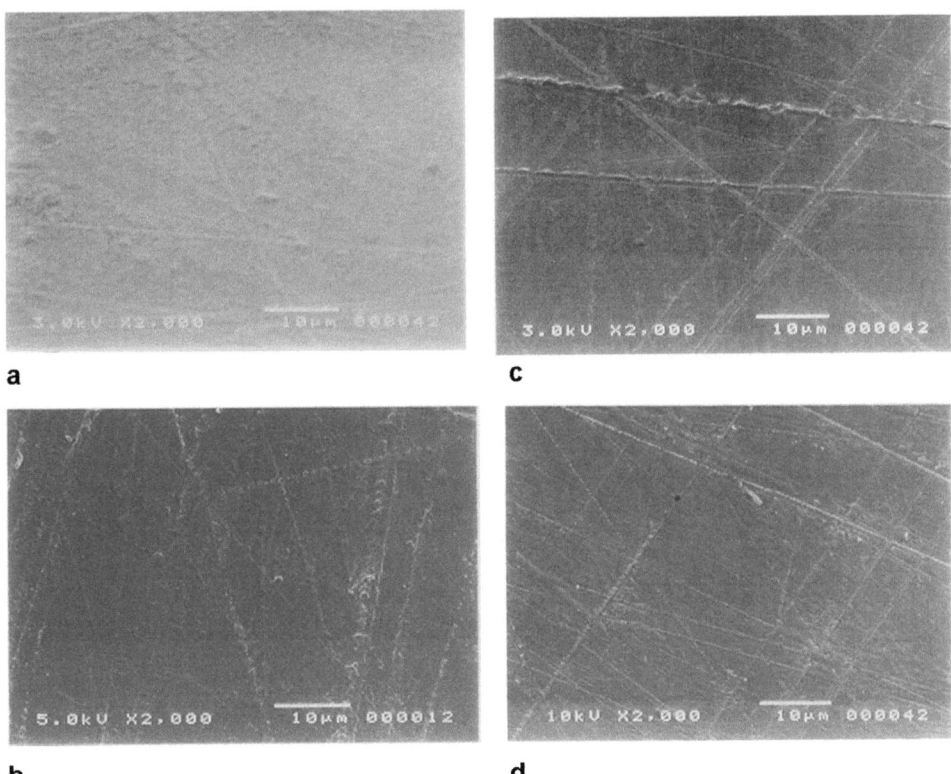

Abb. 9.4 REM-Aufnahmen von Chitosanfilmen verschiedener Typen: **a)** VL-82 % DD, **b)** VL-100 % DD, **c)** H-80–85 % DD, **d)** H-100 % DD [5] *VL: niedrige Viskosität, DD: Grad der Deacetylierung, H: hohe Viskosität*

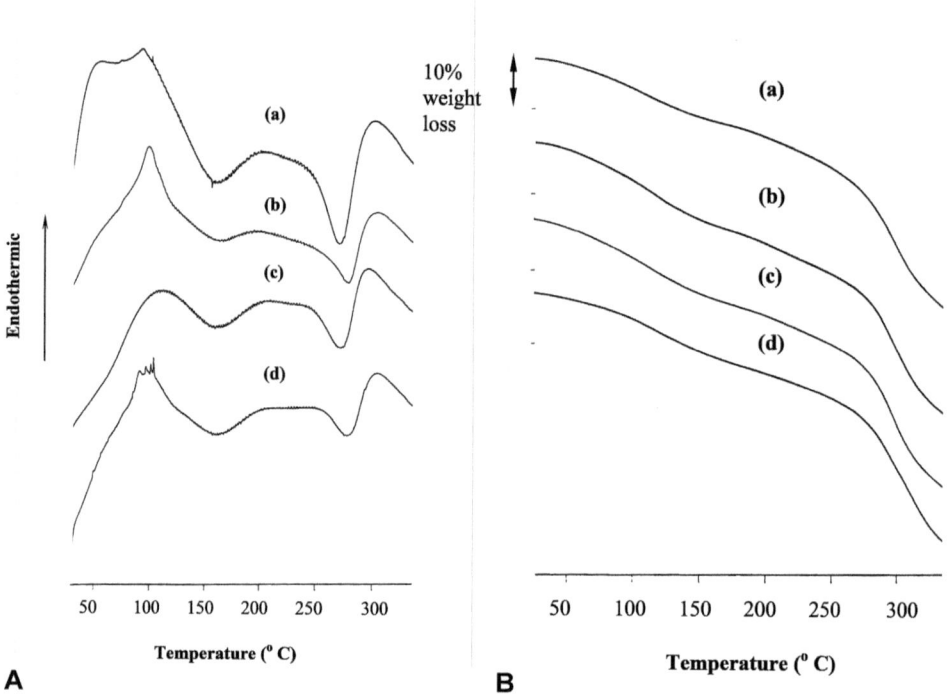

Abb. 9.5 (**A**) DSC-Thermogramme und (**B**) TGA-Thermogramme von Chitosanfilmen verschiedener Typen: a) VL-82 % DD, b) VL-100 % DD, c) H-80–85 % DD, d) H-100 % DD [5] *VL: niedrige Viskosität, DD: Grad der Deacetylierung, H: hohe Viskosität*

Unregelmäßigkeit der Petrischale, welche beim Gießen verwendet wurde. Wenn die Filme für einige Wochen gelagert wurden, färbten sie sich dunkelgelb.

Der breite endotherme Peak bei ca. 100 °C in den DSC-Thermogrammen (Abb. 9.5A) entstand durch den Wasserverlust. Danach traten zwei exotherme Peaks bei ca. 150 °C und 270 °C auf, welche auf die Zersetzung des Films hindeuten. Die TGA-Thermogramme (Abb. 9.5B) zeigten, dass es zwei Stufen (ca. 150 °C und 270 °C) von Gewichtsverlust gibt. Filme aus H-Typ Chitosan können mehr Wasser aufnehmen als Chitosan mit niedrigeren Viskositäten (VL-Typ) (Abb. 9.6A). Wenn die Filme gequollen waren, bildeten sie eine gelartige Struktur und anschließend lösten sie sich auf. Der Quellungsindex reduzierte sich mit der Zeit. Dies könnte in der Quervernetzung der positiv geladenen Amidgruppe und negativ geladenen Phosphatgruppe begründet sein. Die Quervernetzung macht die innere Struktur des Films dichter und deshalb kann das Volumen nicht mehr vergrößert werden. Dieses führt zur Reduzierung des Quellungsindex (Abb. 9.6B).

Es wurde durch die FTIR-Ergebnisse (Abb. 9.7A) bestätigt, dass sich der Chitosanfilm aus Essigsäure in eine Chitosoniumacetat-Form umwandelte. Während die NMR-Ergebnisse zeigten, dass nicht vollständige Deacetylierung von Chitosan (82 % DD-Typ) einen kleinen Unterschied zu vollständiger Deacetylierung von Chitosan (100 % DD-Typ) hat, d. h. 82 % DD-Typ-Chitosan hat zusätzliche Resonanz bei 174 ppm (Abb. 9.7B). Folgende IR-Bande konnten verschiedenen chemischen Gruppen zugeordnet werden:

9 Coating mit Biopolymeren

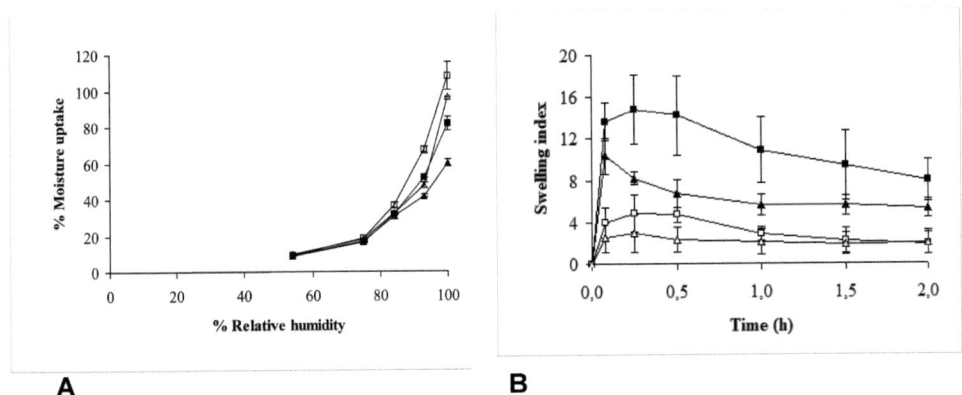

Abb. 9.6 (**A**) Wasseraufnahmekapazität von Chitosanfilmen aus verschiedenen Typen bei 25 °C (**B**) Quellungsindex von Chitosanfilmen in Phosphatpuffer pH 7,4: (■) VL-82 % DD, (▲) VL-100 % DD, (□) H-80–85 % DD, and (△) H-100 % DD, n = 3 [5]

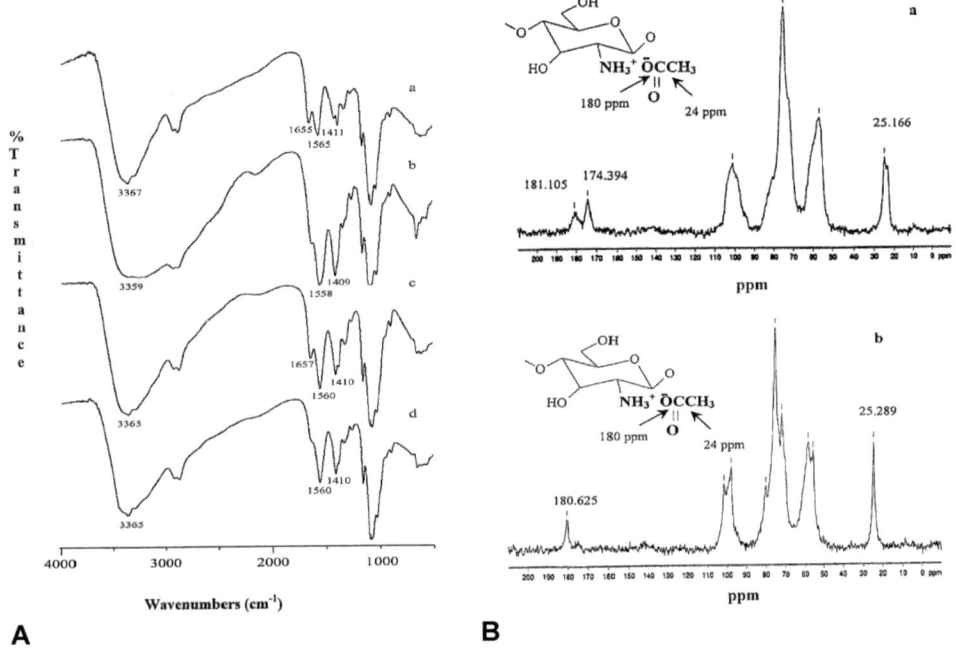

Abb. 9.7 (**A**) FTIR-Spektren von Chitosanfilmen aus verschiedenen Typen (**B**) Fester Zustand 13C NMR-Spektren von Chitosanfilmen aus verschiedenen Typen: a) VL-82 % DD, b) VL-100 % DD, c) H-80–85 % DD, und d) H-100 % DD [5] *VL: niedrige Viskosität, DD: Grad der Deacetylierung, H: hohe Viskosität*

Tab. 9.2 Mechanische Festigkeit und % Dehnung, Mittelwert ± Standardabweichung von fünf Proben [5]; *VL: niedrige Viskosität, DD: Grad der Deacetylierung, H: hohe Viskosität*

Chitosantyp	Festigkeit (MPa)	Dehnung %
VL-82 % DD	47,07 ± 3,10	9,34 ± 1,13
VL-100 % DD	36,77 ± 2,48	4,79 ± 1,17
H-80–85 % DD	52,93 ± 6,44	23,82 ± 4,11
H-100 % DD	61,76 ± 5,14	18,25 ± 6,08

3359–3367 cm^{-1}:	O-H
1655–1657 cm^{-1}:	C-O
1550–1000 cm^{-1}:	asymmetrische Carbonyl Anion
1400 cm^{-1}:	symmetrische Carbonyl Anion

Verschiedene Typen (VL, H) von Chitosan hatten unterschiedliche mechanische Festigkeit. Tab. 9.2 fasst zusammen, dass Filme aus Chitosan mit hoher Viskosität (H-Typ) eine höhere mechanische Festigkeit hatten.

9.2.4 Fallbeispiel D

Kaur et al. [6] berichten über die Nutzung von Kombination aus Eudragit RS, Eudragit RL und Chitosan als Zwischenschicht (2. Schicht), um die Freigabe bei Pellets zu steuern. Diese Pellets hatten insgesamt drei Überzugschichten, d. h. die erste Schicht ist hydrophob, aber die dritte Schicht hat magensaftresistente Eigenschaften. Methylparaben wurde als Weichmacher eingesetzt, da Methylparaben sich als besserer Weichmacher für Eudragit gezeigt hatte.

9.2.5 Zusammenfassung – Chitosan

Außer den oben aufgeführten Fallbeispielen sind noch einige Nutzungen von Chitosan möglich. Fernandez-Saiz et al. [7] berichten, dass Chitosan eine antibakterielle Eigenschaft z. B. gegen *S. aureus* hat, wenn es eine chemische Verbindung wie Carboxylate (-NH$_3$ + -OOCH) bilden kann. Chitosan wurde in Lebensmitteln [8, 9] und Medizinprodukten [10, 11] eingesetzt. Die Haltbarkeit von Eiern konnte durch die Beschichtung mit Chitosan verlängert werden. Der Einsatz von Weichmacher Sorbitol erzeugt bessere Ergebnisse als Glycerol oder Propylenglykol. Wenn die Mischung von Chitosan und Polyvinylalkohol eingesetzt wurde, um Katheter zu beschichten, konnten durch die Reduktion der Proteinabsorption an den Katheteroberflächen und die antibakterielle Wirkung von Chitosan Komplikationen bei der Anwendung reduziert werden. Ähnliche Wirkung wurde bei beschichteten Fixierungsschrauben für gebrochene Knochen erzielt. Die Kombination zwischen Chitosan, Eudragit RS/RL und organischer Säure wurde als Dickdarm-Targeting

9 Coating mit Biopolymeren

Tab. 9.3 Coatingformulierung und -parameter Fallbeispiel D [6]

Substanz	Masse	Parameter	Beschreibung
Eudragit RS30D	60	Coatertyp	Uniglatt
Eudragit RL30D	15	Kern	Pellets
Methylparaben	15	Zulufttemperatur (°C)	60–65
Chitosan	7,5	Ablufttemperatur (°C)	40–45
Bernsteinsäure Säure	7,5	Sprührate (g/min)	5–7
Talkum	50	Zerstäubungsdruck (bar)	3
Wasser	q.s.	Nachtrocknungszeit im Gerät (min)	10
		Nachtrocknungszeit im Trockenschrank (°C, h)	40, 24

eingesetzt. Die Freigabe des Wirkstoffs im Dickdarm erfolgt durch die Abspaltung des Chitosans durch Bakterien [6]. Auch eine Kombination aus Chitosan und Pektin wurde als Dickdarm-Targeting verwendet [12] (Tab. 9.3).

9.3 Pektine

Pektine sind pflanzliche Polysaccharide oder Polyuronide. Sie bestehen aus α-1,4-glycosidisch verknüpften D-Galacturonsäure-Einheiten. Pektine gibt es in unterschiedlichen Typen abhängig vom Verseifungsgrad. Die Herkunft und verschiedene Einsatzmöglichkeiten von Pektinen sind in der Literatur zusammengefasst [2, 13]. Die Benutzung als Überzugsmaterial ist in vielen Bereichen möglich. Einige werden in diesem Abschnitt als Fallbeispiele beschrieben. Meistens wurden Pektine nicht alleine, sondern in Kombination mit anderen Polymeren als Überzugsmaterial eingesetzt.

9.3.1 Fallbeispiel E

Ofori-Kwakye et al. [14] hatten über eine Benutzung von Pektin in Kombination mit Chitosan und Hydroxypropylmethylcellulose (HPMC) berichtet. Die Polymere aus der Tab. 9.4 wurden zusammengemischt und in 0,1 M HCl mithilfe von Rührern in Gel gebracht. Glycerol wurde als Weichmacher eingesetzt.

Ergebnisse der eingesetzten Formulierung und Parameter „E"
Die Tabletten wurden für die weitere Charakterisierung mit der oben genannten Formulierung besprüht, bis eine Gewichtszunahme von 6 %, 9 % und 13 % erreicht war. Die Tabletten mit höherer Gewichtszunahme weisen eine niedrigere Wirkstofffreigabe auf, da sich eine dickere Gelschicht auf den Tabletten gebildet hatte. Die Freigabe in 0,1 M HCl ist höher als im Sörensen Phosphatpuffer pH 7,4. Im Vergleich sind ca. 98 % Paracetamol in HCl und im Puffer nur 76 % innerhalb von 90 min freigesetzt worden. Die verzögerte

Tab. 9.4 Coatingformulierung und -parameter E [14]

Substanz	Masse (g)	Parameter	Beschreibung
Pectin USP	70	Coatertyp	Accelacota 10, Manesty
Chitosan HM	11,7	Kern	Paracetamoltabletten
HPMC E4	4,3	Chargengröße (kg)	1,5
Glycerol	17,1	Zulufttemperatur (°C)	68–70
0,1 M HCl	7010	Ablufttemperatur (°C)	50–52
		Produktbetttemperatur (°C)	32–35
		Sprührate (g/min)	13–15
		Distanz der Sprühpistole (cm)	18
		Coatergeschwindigkeit (rpm)	8,7
		Zuluftströmung (m^3/h)	7,5–8,2
		Zerstäubungsdruck (bar)	1,5–2,0
		Ventilatordruck (bar)	0,7–1,0
		Nachtrocknung (min)	10

Freigabe konnte durch diese Formulierung erreicht werden, d. h. nach 5 h wurden nur 24 %, 11 % und 7 % des Wirkstoffs in 0,1 M HCl freigesetzt, wenn die Tabletten eine Gewichtszunahme von 6 %, 9 % bzw. 13 % hatten.

9.3.2 Fallbeispiel F

Hiorth et al. [12] haben die Möglichkeit des Einsatzes von Calcium und Chitosan als Quervernetzer, um Immersioncoating (siehe Gelcoating, Kap. 11) herzustellen, untersucht. Das Immersion-Coating wurde durch das Eintauchen von Pellets in heiße Pektinlösung (72 °C) für 10 min erzeugt. Anschließend wurden die Pellets filtriert und mit Wasser abgespült. Danach wurden die Pellets entweder in kalte CaCl$_2$-Lösung oder heiße Chitosanlösung für 5 min. eingetaucht, dann gewaschen und in Ethanol als Mechanismenstopper eingetaucht und wieder gewaschen bzw. getrocknet. Die so entstandenen Pellets waren mit Calcium-Pektinat oder Calcium-Pektinat-Chitosan überzogen. Verschiedene Parameter wurden in dieser Arbeit variiert, mit dem Ergebnis, dass Chitosan wahrscheinlich ein besserer Quervernetzer als Calcium ist, da die Verzögerung der Freigabe des Wirkstoffs besser erfolgte.

9.3.3 Fallbeispiel G

Semde et al. [15] untersuchten die Nutzung der Kombination zwischen Pektin und Eudragit NE sowie Eudragit RL als Dickdarm-Drug-Delivery. Verschiedene Zusammensetzungen wurden getestet. Beispiele der Formulierungen und Coatingparameter sind in der Tab. 9.5 und 9.6 zusammengefasst. Die Freigabe des Theophyllinwirkstoffes ist von der Pektinkonzentration abhängig. Eine optimale Mischung, d. h. 20 % m/m Pektin relativ zur Eudragit-RL-Konzentration zeigte eine gute verzögerte Freigabe.

Tab. 9.5 Coatingformulierung G [15]

Substanz	G1, Masse (g)	G2, Masse (g)	G3, Masse (g)
Eudragit NE30D, trocken	100	100	100
Eudragit RL30D, trocken	50	50	50
Pectin HM, trocken	5	10	7,5
Polysorbat 80	1,6	1,6	1,6
Silikonemulsion	1,6	1,6	1,6
Wasser	q.s. 1180	q.s. 1000	q.s. 1000
Menge	% m/m	% m/m	% m/m
Feststoff	13,3	16,3	16,1
Pectin HM: Eudragit RL	10	20	-
Coatingmenge	20	19	19,5

Tab. 9.6 Coatingparameter G [15]

Parameter	Beschreibung
Coatertyp	Uniglatt, glatt
Kern	Theophyllinpellets
Zulufttemperatur (°C)	36 oder 28
Sprührate (ml/min)	9,5–11,5
Zerstäubungsdruck (bar)	1
Nachtrocknungstemperatur (°C)	60
Nachtrocknungszeit (h)	15

9.3.4 Fallbeispiel H

Wakerly et al. [16] berichten über die Nutzung von der Kombination zwischen Pektin und Ethycellullose (EC). Beispiele der Formulierungen (H1-H3) und Coatingparameter sind in der Tab. 9.7 zusammengefasst. Die Wirkstofffreigabe ist von der Menge der EC und der Menge des Coatingmaterials abhängig. Je größer die Menge, desto weniger Freigabe. Auch Wie et al. [17] berichteten über die Kombination zwischen Pektin und EC. Verschiedene Verhältnisse zwischen Pektin und EC 1:0, 0:1 und 1:1 wurden getestet.

Pellets, die nur mit Pektin bei 20 % Gewichtszunahme überzogen wurden, gaben den Wirkstoff schnell frei. Innerhalb von fünf Stunden waren 100 % vom 5-Fluorouracilwirkstoff freigesetzt. Im Gegensatz dazu wurden bei einem Verhältnis von 1:2 innerhalb von fünf Stunden nur 9,8 bzw. 4,1 % Wirkstoff freigesetzt, in Abhängigkeit von der Menge des Coatingmaterials.

9.3.5 Zusammenfassung – Pektine

Pektin wurde bisher nicht allein als Coatingmaterial im klassischen Coatingverfahren eingesetzt. Nur durch spezielle Coatingtechnik, wie Gelcoating (Kap. 11) konnte Pektin einen guten Film bilden. Dies könnte in der Schwierigkeit bei der Bearbeitung von Pektin als Coatingmaterial begründet sein. Die normale Konzentration einer Pektinlösung

Tab. 9.7 Coatingformulierung und -parameter H [16]

Formulierung	H1	H2	H3	H4
Verhältnis Pektin USP zu Surelease	60:40	50:50	40:60	1:2
Parameter	Beschreibung für H1-H3			Beschreibung für H4
Coatertyp	Strea-1, Aeromatic			Coater, Jiangsu, China
Kern	Paracetamoltablette			5-Fluorouracil-Pellets
Zulufttemperatur (°C)	75			40–45
Ablufttemperatur (°C)	75			–
Produktbetttemperatur (°C)	70			–
Sprührate	2 (g/min)			0,5–0,8 (m^3/min)
Zerstäubungsdruck (bar)	1			0,2–0,3

(10–15 % m/m) hat eine zu hohe Viskosität, weshalb diese nicht optimal eingesetzt werden kann bzw. wenn mit niedrigerer Viskosität – was niedrigere Konzentration bedeutet – gearbeitet wird, dann dauert der Coatingprozess sehr lange und ist nicht ökonomisch.

Durch Abspaltung von Pektinen mittels Enzyme im Dickdarm wird der Wirkstoff freigesetzt. Deshalb wird Pektin bzw. werden Pektinkombinationen als Dickdarm-Targeting (Colon-Drug-Delivery) eingesetzt [18, 19]. Mögliche Pektinkombinationen sind z. B. Pektin/Chitosan/HPMC [14, 20], Pektin/EC [16, 17], Pektin/Eudragit [15], Pektin/Chitosan/Eudragit RS [21] und Pektin/Chitosan [12, 22]. Um die Freigabe des Wirkstoffs besser steuern zu können, benötigt Pektin Ionen, welche z. B. aus Calcium oder Chitosan stammen [12]. Wenn Pektin oder Chitosan allein als Überzugsmaterial eingesetzt werden sollen, ist der Einsatz von ca. 20 % m/m Glycerol als Weichmacher zu empfehlen [23]. Mariniello et al. [24] berichten über die Möglichkeit des Einsatzes von Pektin und Sojamehl in der Relation von 2:1 als Überzugmaterial für Lebensmittel und Pharmaprodukte. Durch die Beimischung vom Enzym-Transglutaminase konnten die Eigenschaften wie Festigkeit und Rauigkeit von Polymermischung verbessert werden [24]. Auch die Beimischung von Gelatine oder Sojaprotein verbesserte die Eigenschaften von Pektinfilmen im Hinblick auf die Elastizität, Festigkeit, Wasserlöslichkeit und Dampfdurchlässigkeit [25].

9.4 Alginate

Alginate sind Salze der Alginsäure und gehören ebenfalls zu den Polysacchariden. Sie bestehen aus einer Mischung von Uronsäuren, α-L-Guluronsäure und β-D-Mannuronsäure, welche 1,4-glycosidisch in wechselndem Verhältnis zu linearen Ketten verbunden sind. Innerhalb der Struktur werden homopolymere Bereiche gebildet, deshalb können Alginate auch als Blockpolymere bezeichnet werden.

9.4.1 Fallbeispiel I

Pongjanyakul et al. [26] testeten die Nutzung der Kombination von Alginat und Magnesium-Aluminium-Silicat. Die Tabletten konnten mit der Mischung aus Natriumalginat und Magnesium-Aluminium-Silicat überzogen werden. Beispiele der Formulie-

Tab. 9.8 Coatingformulierung I [26]

Substanz	Menge
Natriumalginat (SA) (% m/v im Wasser)	2
Magnesium-Aluminium-Silicat (MAS) (% m/v im Wasser)	2
Verhältnis SA:MAS	1:1
Glycerin (% m/m zu SA)	10, 30, 50
PEG400 (% m/m zu SA)	10, 30, 50

Tab. 9.9 Coatingparameter I [26]

Parameter	Beschreibung
Coatertyp	Thai Coater FC15, Thailand
Kern	Tabletten
Zulufttemperatur (°C)	60–65
Sprührate (ml/min)	4
Zerstäubungsdruck (MPa)	0,28

rungen und Coatingparameter sind in der Tab. 9.8 und 9.9 dargestellt. Als Weichmacher wurden Glycerin oder PEG400 verschiedener Konzentrationen eingesetzt. Dadurch konnte die Freigabe des Wirkstoffes im Gastrointestinaltrakt gesteuert werden. In Anwesenheit von Glycerin und PEG400 erfolgt die Freigabe des Wirkstoffs schneller als ohne. Die REM-Bilder zeigen, dass der Überzug ziemlich homogen und glatt ist. Bei der Überzugstufe von 4,3–4,7 mg/cm^2 beträgt die Schichtdicke ca. 20–30 µm.

9.4.2 Fallbeispiel J

Mitrevej et al. [22] berichten über die Nutzung der Kombination von Natriumalginat mit Pektin oder Chitosan. Das Rizinusöl ist als Weichmacher in jeder Formulierung in der Konzentration von 10 % eingesetzt worden. Die Polymerkomplexe aus Chitosan-Natriumalginat bzw. Chitosan-Pektin konnten gute Filme erzeugen, welche zur Steuerung der Freigabe des Wirkstoffs Diclofenacnatrium führten (Tab. 9.10 und 9.11).

9.4.3 Zusammenfassung – Alginate

Alginate werden schon seit einiger Zeit als Überzugsmaterial eingesetzt. Im Lebensmittelbereich wurde Calciumalginat als Coatingmaterial verwendet, um Hühnerhaut gegen Mikroorganismen wie z. B. Salmonellen zu schützen [27]. Eine andere Forschergruppe beschrieb [28], dass frisch geschnittenes Obst wie Äpfel oder Papayas mit Alginaten beschichtet werden können, um es länger haltbar zu machen. Mit Beimischung von Bifidobakteria kann zusätzlich die probiotische Wirkung erhalten werden. Im Pharmabereich wurden Theophyllinpellets mit Natriumalginat mittels Gelbildung durch Calciumionen an der Grenzfläche beschichtet [29]. Eine homogene Filmschicht mit Schichtdicken von ca. 30–40 µm wurde erreicht. Tab. 9.12 fasst die geeigneten Weichmacher für Biopolymere aus Polysacchariden zusammen. In der Regel können andere Weichmacher, die in der Pharmazie eingesetzt wurden, auch genutzt werden.

Tab. 9.10 Coatingformulierung J [22]

Substanz	J1	J2	J3	J4	J5
Chitosan 1 % m/m in Essigsäure (C)	–	–	1	–	–
Natriumalginat 1 % m/m in Wasser (A)	–	–	–	1	–
Pektin 1 % m/m in Wasser (P)	–	–	–	–	1
Verhältnis C:A	1:1	–	–	–	–
Verhältnis C:P	–	1:1	–	–	–

Tab. 9.11 Coatingparameter J [22]

Parameter	Beschreibung
Coatertyp	Glatt GPCG-1
Kern	Pellets
Zuluftgeschwindigkeit (m3/h)	100
Ablufttemperatur (°C)	40–50
Produktbetttemperatur (°C)	40–50
Zerstäubungsdruck (MPa)	0,3
Sprührate (g/min)	16
Nachtrocknungstemperatur (°C)	50
Nachtrocknungszeit (h)	6

Tab. 9.12 Beispiele für Weichmacher für Biopolymere aus Polysacchariden [12, 23, 25, 26, 28, 30]

Weichmacher	Biopolymer
Sonnenblumenöl	Alginate
Glycerol	Pektin, Chitosan
Glycerin	Alginate
Polyethylglykol	Alginate
Propylenglykol	Chitosan
Sorbitol	Chitosan
Protein	Pektin
Gelatine	Pektin

Literatur

1. Steinbüchel A, Marchessault RH (eds) (2005) Biopolymers for medical and pharmaceutical applications, vol 2. Wiley-VCH, Weinheim
2. Sriamornsak P (2008) Pectin: a pharmaceutical biopolymer. Silpakorn University Press, Nakhon Pathom
3. Nunthanid J, Wanchana S, Sriamornsak P, Limmatavapirat S, Luangtanaanan M, Puttipipatkhachorn S (2002) Effect of heat on characteristics of chitosan film coated on theophylline tablets. Drug Dev Ind Pharm 28:919–930
4. Puttipipatkhachorna S, Nunthanid J, Yamamoto K, Peck GE (2001) Drug physical state and drug-polymer interaction on drug release from chitosan matrix films. J Control Release 75:143–153
5. Nunthanid J, Puttipipatkhachorn S, Yamamoto K, Peck GE (2001) Physical properties and molecular behavior of chitosan films. Drug Dev Ind Pharm 27:143–157

6. Kaur K, Kim K (2009) Studies of chitosan/organic acid/Eudragit RS/RL-coated system for colonic delivery. Int J Pharm 366:140–148
7. Fernandez-Saiz P, Ocio MJ, Lagaron JM (2006) Film-forming process and biocide assessment of high-molecular-weight chitosan as determined by combined ATR-FTIR spectroscopy and antimicrobial assays. Biopolymers 83:577–583
8. Goosen MFA (ed) (1996) Applications of chitin and chitosan. CRC Press LLC, Boca Raton
9. No HK, Meyers SP, Prinyawiwatkul W, Xu Z (2007) Applications of chitosan for improvement of quality and shelf life of foods: a review. J Food Sci 72:R87–R100
10. Greene AH, Bumgardner JD, Yang Y, Moseley J, Haggard WO (2008) Chitosan coated stainless steel screws for fixation in contaminated fractures. Clin Orthop Relat Res 466(7):1699–1704
11. Yang SH, Lee YS, Lin FH, Yang JM, Chen KS (2007) Chitosan/poly(vinyl alcohol) blending hydrogel coating improves the surface characteristics of segmented polyurethane urethral catheters. J Biomed Mater Res B Appl Biomater 83(2):304–313
12. Hiorth M, Versland T, Heikkilä J, Tho I, Sande SA (2006) Immersion coating of pellets with calcium pectinate and chitosan. Int J Pharm 308(1–2):25–32
13. Thakur BR, Singh RK, Handa AK (1997) Chemistry and uses of pectin. Crit Rev Food Sci Nutr 37(1):47–73
14. Ofori-Kwakye K, Fell JT (2003) Biphasic drug release from film-coated tablets. Int J Pharm 250:431–440
15. Semdé R, Amighi K, Devleeschouwer MJ, Moës AJ (2000) Studies of pectin HM/Eudragit RL/Eudragit NE film-coating formulations intended for colonic drug delivery. Int J Pharm 197:181–192
16. Wakerly Z, Fell JT, Attwood D, Parkins D (1996) Pectin/ethylcellulose film coating formulations for colonic drug delivery. Pharm Res 13:1210–1212
17. Wie H, Qing D, De-Ying C, Bai X, Fanli-Fang F (2007) Pectin/Ethylcellulose as film coatings for colon-specific drug delivery: preparation and in vitro evaluation using 5-fluorouracil pellets. PDA J Pharm Sci Technol 61:121–130
18. Wei H, Qing D, De-Ying C, Bai X, Li-Fang F (2008) Study on colon-specific pectin/ethylcellulose film-coated 5-fluorouracil pellets in rats. Int J Pharm 348:35–45
19. Ahmed S (2005) Effect of simulated gastrointestinal conditions on drug release from pectin/ethylcellulose as film coating for drug delivery to the colon. Drug Dev Ind Pharm 31:465–470
20. Macleod GS, Fell JT, Collett JH, Sharma HL, Smith AM (1999) Selective drug delivery to the colon using pectin:chitosan:hydroxypropyl methylcellulose film coated tablets. Int J Pharm 187:251–257
21. Ghaffari A, Navaee K, Oskoui M, Bayati K, Rafiee-Tehrani M (2007) Preparation and characterization of free mixed-film of pectin/chitosan/Eudragit RS intended for sigmoidal drug delivery. J Pharmacokinet Biopharm 67:175–186
22. Mitrevej A, Sinchaipanid N, Rungvejhavuttivittaya Y, Kositchaiyong V (2001) Multiunit controlled-release diclofenac sodium capsules using complex of chitosan with sodium alginate or pectin. Pharm Dev Technol 6:385–392
23. Hiorth M, Tho I, Sande SA (2003) The formation and permeability of drugs across free pectin and chitosan films prepared by a spraying method. Eur J Pharm Biopharm 56:175–181
24. Mariniello L, Di Pierro P, Esposito C, Sorrentino A, Masi P, Porta R (2003) Preparation and mechanical properties of edible pectin-soy flour films obtained in the absence or presence of transglutaminase. J Biotechnol 102:191–198
25. Liu L, Liu CK, Fishman ML, Hicks KB (2007) Composite films from pectin and fish skin gelatin or soybean flour protein. J Agric Food Chem 55:2349–2355
26. Pongjanyakul T, Puttipipatkhachorn S (2007) Alginate-magnesium aluminum silicate films: effect of plasticizers on film properties, drug permeation and drug release from coated tablets. Int J Pharm 333:34–44

27. Mehyar GF, Han JH, Holley RA, Blank G, Hydamaka A (2007) Suitability of pea starch and calcium alginate as antimicrobial coatings on chicken skin. Poult Sci 86:386–393
28. Tapia MS, Rojas-Graü MA, Rodríguez FJ, Ramírez J (2007) Carmona, A., Martin-Belloso, O., Alginate- and gellan-based edible films for probiotic coatings on freshcutfruits. J Food Sci 72:E190–E196
29. Sriamornsak P, Burton MA, Kennedy RA (2006) Development of polysaccharide gel coated pellets for oral administration 1. Physico-mechanical properties. Int J Pharm 326:80–88
30. Kim SH, No HK, Prinyawiwatkul W (2008) Plasticizer types and coating methods affect quality and shelf life of eggs coated with chitosan. J Food Sci 73:S111–S117

10 Coating mit fertigen Materialien

Gerhard Waßmann und Mont Kumpugdee Vollrath

10.1 Einleitung

Die Anforderungen des Marketings bestimmen neben den gewünschten Polymereigenschaften in erheblichem Maße die Entscheidung für ein bestimmtes Coatingmaterial. Im betrieblichen Ablauf ist dann zu klären, ob die Suspension selbst entwickelt und produziert oder eine passende Fertigware (sogenanntes „Ready-made") eingekauft wird.

Hohe Qualitätsstandards und weit entwickelte Messmethoden garantieren die Reproduzierbarkeit der Coatingeigenschaften von „Ready-made-Produkten", wie z. B. bestimmte Farbtöne. Die Preise für Ready-mades liegen je nach Qualität der eingesetzten Rohstoffe und des Marktsegments zwischen 20 und 50 €/kg.

Der verbleibende monetäre Vorteil einer Eigenproduktion ist inzwischen gering geworden, wie das folgende Beispiel einer typischen, qualitativ hochwertigen Rezeptur für Pharma und Nahrungsergänzung zeigt (Tab. 10.1). Die Kalkulation wurde den heutigen Preisen angepasst. Der geringe Unterschied zur Angabe von 2010 (1. Auflage) entsteht durch die vermehrten Einzelposten in Einkauf, Logistik, Lagerhaltung, Wareneingang, Eingangskontrolle und Qualitätssicherung.

G. Waßmann (✉)
Lehmann & Voss & Co KG, Hamburg, Deutschland
E-Mail: gerhard.wassmann@lehvoss.de

M. Kumpugdee Vollrath
Labors Chemische und Pharmazeutische Technologie, Fachbereich II, Berliner Hochschule für Technik, Berlin, Deutschland
E-Mail: vollrath@bht-berlin.de

Tab. 10.1 Kostenkalkulation für eine Coatingrezeptur in Eigenherstellung [1]

Komponente	Anteil in %	Preis €/kg	Preisanteil in €
HPMC	60	25,00	15,00
Glycerin	4	2,00	0,08
Lactose	6	1,00	0,06
Talkum	4	1,00	0,04
TiO_2	25	6,00	1,50
Fe-Oxid	1	15,00	0,15
		Summe €/kg:	16,83
		Ready-made €/kg:	~25,00

Aus der Kostenkalkulation ist unschwer zu erkennen, dass der Gehalt und die Qualität der eingesetzten HPMC preisbestimmend sind. Zusätzliche Kosten entstehen durch den regulatorischen Service und die Gleichförmigkeit der Qualität.

Um solche Ready-mades ökonomisch effektiv zu machen, wird bei Qualitätsherstellern eine hochwertige HPMC verwendet und mit anderen preiswerten Polymeren gemischt, wie z. B.:

- Polyvinylalhokol (PVA) als zusätzliche Feuchtebarriere
- Polyvinylpyrrolidon (PVP) als Dispergierhilfsmittel für Pigmente
- Polydextrose zur Unterstützung der Filmbildung
- Lactose oder Maltodextrin zur Hydrophilisierung des Überzuges (Beschleunigung des Zerfalls bei Applikation)
- Mikrokristalline Cellulose (MCC) als mechanische Stabilisierung

Wie jede spezialisierte Produktion haben Ready-mades deutliche Vorteile für den Verarbeiter gegenüber einer Eigenproduktion:

- Effizientere Logistik durch reduzierten Aufwand bei Einkauf, Lagerhaltung und EDV-Erfassung
- Qualifizierung und Auditierung nur je eines Herstellers von Ready-made-Produkt
- Validierung nur eines Produktionsschrittes

Der Hersteller der Ready-mades kann durch entsprechende Unterstützung die Zulassung erleichtern. Durch zeitnahe und bedarfsgerechte Belieferung entstehen geringere Materialnebenkosten.

Die steigende Popularität der Ready-mades öffnet den Markt für viele Anbieter wie die Übersicht in Tab. 10.2 verdeutlicht.

Die Anbieter unterscheiden sich in Qualität, Produkterfahrung, Service und Preis ebenso wie durch ihre Produktpalette, die ein Leitpolymer oder ein breites Sortiment beinhaltet.

Während Colorcon als Marktführer wegen seiner Qualität im höherpreisigen Marktsegment allgemein bekannt ist, werden in der Literatur auch polymerorientierte Anbieter wie

10 Coating mit fertigen Materialien

Tab. 10.2 Übersicht über Anbieter von Ready-made-Produkten [2–16]

Firmenname	Produktname	Internetseite
Ashland	Aquarius	www.ashland.com
BASF	Kollicoat	www.pharmaceutical.basf.com
Biogrund	Aquapolish	www.biogrund.com
Colorcon	Opadry	www.colorcon.com
Corel Pharma	Colorcoat	www.corelpharmachem.com
Evonik	Eudragit	www.evonik.com
Ideal Cures	Instacoat	www.idealcures.com
International Specialty Products (ISP)	Advantia	Siehe Ashland
JRS Pharma	Vivacoat	www.jrspharma.com
Kerry	SheffCoat	www.kerry.com
Roquette	Lycoat	www.roquette.com
Sensient	Spectracoat	www.sensientpharma.com
Seppic	Sepifilm	www.seppic.com
Vikram	Drugcoat	www.vikramthermo.com
Wincoat Colours and Coatings, India	Wincoat	www.wincoat.com

BASF und Sortimentanbieter wie z. B. Ashland, Kerry etc. als funktionell, ökonomisch und qualitativ hochwertig beschrieben.

10.2 Beispiele für Ready-mades

Die nachfolgenden Beispiele sind den Produktblättern des jeweiligen Herstellers entnommen und dienen lediglich als Orientierungshilfe für die Auswahl von Ready-made. Es wird kein Anspruch auf Vollständigkeit erhoben und dringend empfohlen, bei Interesse detaillierte Informationen des Herstellers einzuholen.

SEPIFILM-Filmcoating-Systems [16, 17]

Produktname	Feststoff-anteil	Gewichtszunahme
SEPIFILM™ LP + SEPISPERSE™ Dry	12 %	5 %
SEPIFILM™ 050 + SEPISPERSE™ Dry	15 %	3 %
SEPIFILM™ 003 + SEPISPERSE™ Dry	18 %	3 %
SEPIFILM™ Gloss	5 %	0,2 %

Formulierungsbeispiel „Sepifilm LP" als Feuchtebarriere [16, 17]
Filmbildner: Hypromellose (HPMC)
    Binder: mikrokristalline Cellulose
    Weichmacher: pflanzliche Stearinsäure
    Farbe: Pigmente

Coatingparameter (Beispiel)
SEPIFILM™ LP (mit oder ohne SEPISPERSE® Dry)

Gerät-Typ	Manesty XL™ Lab01	Manesty Accelacota®	IMA-GS HT/M	Driacoater® 500
Feststoffgehalt der Dispersion (%)	12 (LP 770)	12 (LP 014)	11 (LP 014)	12 % (LP 014)
Chargengröße (kg)	5	100	88,2	3
Sprührate (ml/min) oder g/min*	15–27	200–300*	180–200	7–15*
Zulufttemperatur (°C)	60	70–75	62	55–60
Ablufttemperatur (°C)	47	–	–	42
Produktbetttemperatur (°C)	43	40–45	36–40	–
Sprühdruck (bar)	2	3,5–5	2,5	3
Luftströmung (m³/h)	440	1800	1000	270
Sprühzeit (min) {% Gewichtszunahme}	76 {3 %}	60 {2 %}	90 {2,2 %}	70 {3 %}

SEPIFILM™ 050, 003 & 752 und Ähnliche

Gerät-Typ	Driacoater® 500	GLATT Coater 1000
Feststoffgehalt der Dispersion (%)	15 (SEPIFILM™ 050)	20 (SEPIFILM 752)
Chargengröße (kg)	3	80
Sprührate (g/min/kg)	7 (1 Düse)	3,1 (3 Düsen)
Rotationsgeschwindigkeit (rpm)	10	8
Zulufttemperatur (°C)	60	65
Ablufttemperatur (°C)	44	–
Produktbetttemperatur (°C)	39–40	38–40
Sprühdruck (bar)	3	3,5
Luftströmung (m³/h)	330	1800
Sprühzeit (min) {% Gewichtszunahme}	85 {3 %}	55 {3 %}

10.3 Zusammenfassung

Jeder Hersteller verfügt über die Beispielformulierungen mit Angabe der Prozessparameter und deren Ergebnisse. Diese Information soll vor eigener Versuchsdurchführung eingeholt werden, um Entwicklungszeit zu ersparen [18–21].

Literatur

1. Waßmann G (2009) Ästhetisches Coating – Kosten versus Vorteile, 1. Symposium Produktdesign in der Pharma- und Lebensmittelindustrie, Technische Fachhochschule Berlin, 22.01–23.01.2009
2. www.colorcon.com
3. www.seppic.com

4. www.jrspharma.com
5. www.biogrund.com
6. www.sensientpharma.com
7. www.pharmaceutical.basf.com
8. www.roquette.com
9. www.idealcures.com
10. www.kerry.com
11. www.wincoat.com
12. www.vikramthermo.com
13. www.ashland.com
14. www.evonik.com
15. www.corelpharmachem.com
16. Anonymus. Broschüre „Sepifilm LP", Seppic GmbH, Köln, Juli 2010
17. Anonymus. Broschüre „Sepifilm – Coating made easier", Seppic GmbH, Köln, P/0319/GB/05/April 2009
18. Anonymus (2009) Broschüre. Sensient Pharmaceutical Technologies, Norfolk
19. Tamhane PM (2009) Broschüre wincoat „readymix for tablet coating" broschüre. Wincoat Colours & Coatings, Ambernath
20. Anonymus. Product formulation „Lycoat PH190FC, PH189FC, PH180FC". Roquette, Lestrem
21. Anonymus. Broschüre „Lycoat – new solutions for film coating from Roquette". Roquette, Lestrem

Innovative Coatingverfahren

11

Mont Kumpugdee Vollrath, Pornsak Sriamornsak,
Jurairat Nunthanid, Evrin Bakan und
Prasopchai Patrojanasophon

11.1 Einleitung

Aktuelle Befilmungsmethoden basieren auf wässrigen oder organischen Lösemitteln. Flüchtige organische Lösemittel (VOC: Volatile Organic Compounds) müssen mit technisch aufwendigen Verfahren aus dem Produkt entfernt werden, um die maximal zulässigen VOC-Grenzwerte (maximaler „Daily Intake") einzuhalten. Die bestehende Explosionsgefahr ist durch entsprechende Maßnahmen zu vermeiden.

Ein weiteres Augenmerk liegt auf den eingesetzten Weichmachern. Besteht eine gesundheitsschädliche Wirkung, sollte auf deren Einsatz verzichtet oder durch unschädliche Substituten ersetzt werden.

Die moderne pharmazeutische Forschung befasst sich mit der Suche nach neuen Biopolymeren als Überzugsmaterialien, die gängige Polymere ersetzen sollen. Gesucht werden neue Coatingmaterialien auf biologischer oder organischer Basis, die wasserlöslich sind, aber auch solche Systeme, die beim Coatingprozess ganz auf sowohl organische als auch wässrige Lösemittel verzichten können.

M. Kumpugdee Vollrath
Labors Chemische und Pharmazeutische Technologie, Fachbereich II, Berliner Hochschule für Technik, Berlin, Deutschland
E-Mail: vollrath@bht-berlin.de

P. Sriamornsak · J. Nunthanid · P. Patrojanasophon (✉)
Department of Industrial Pharmacy, Faculty of Pharmacy, Silpakorn University,
Nakhon Pathom, Thailand
E-Mail: sriamornsak_p@su.ac.th; nunthanid_j@su.ac.th; patrojanasophon_p@su.ac.th

E. Bakan
GMP-Trainerin & Consultant, Berlin, Deutschland

Einige innovative Coatingtechniken für Pharmaprodukte wurden in den letzten Jahrzehnten entwickelt [1, 2]. In diesem Abschnitt werden neue Ansätze für die Befilmung von Arzneiformen vorgestellt.

11.2 Coating durch Gelbildung (Gelcoating)

Gelcoating bedeutet, dass der wasserunlösliche Überzug auf der Grenzfläche zwischen Kern und Flüssigkeit erzeugt wird. Nach der Trocknung des überzogenen Kerns entsteht ein festes Produkt mit homogener Filmschicht. Meistens wird diese durch Benutzung von quellbarem Polymer und Kationen, z. B. Calcium, ermöglicht. Deswegen sind Polysaccharide, z. B. Pektine und Alginate, gut geeignet.

Sriamornsak et al. [3, 4] haben über ein Gelcoating mithilfe von Kalium-Pektin und Natriumalginat berichtet. Für den Coatingprozess wurden Theophyllinpellets mit einem Durchmesser von ca. 1–2 mm als Kern benutzt. Diese Kerne enthielten Theophyllin, mikrokristalline Cellulose sowie Calciumacetat. Als Bindemittel wurde Polyvinylpyrrolidon eingesetzt. Die Lösungen aus Pektinen oder Alginaten wurden nach der Formulierung in Tab. 11.1 hergestellt. Um Überzüge an den Grenzflächen zu erzeugen, wurden ca. 5 g der Kerne in einer Lösung aus verschiedenen Polysacchariden (1–4 % m/m) mithilfe von Propellerrührern für 10 min langsam dispergiert. Während des Dispergierens diffundiert Calcium aus den Kernen und vernetzt die Polysaccharide zum wasserunlöslichen Calcium-Polysaccharidgel um die Kerne. Durch diese Methode wurden Filme aus Calciumalginaten bzw. Calcium-Pektinaten erzeugt und, nach Waschen und Trocknen der überzogenen Kerne, charakterisiert.

Abb. 11.1 zeigt eine schematische Darstellung der Gelbildung aus Calcium und Polysacchariden (z. B. Alginate und Pektine) an der Grenzfläche. Aus den REM-Aufnahmen ist zu entnehmen, dass die Oberflächen der überzogenen Pellets homogen, ohne Poren bzw. Risse und glatt waren (Abb. 11.2). Die Dicke der Filme lag zwischen 30–40 μm. Im Ergebnis der Bruchmessung (Abb. 11.3), die nur einen Bruchpeak bei ca. 0,58 mm zeigt, wurde ein gleichzeitiges Brechen von Kern und Umhüllung festgestellt, was auf eine gute Haftung des Überzugs am Kern hindeutet.

Tab. 11.1 Coatingformulierung A [3, 4]

Substanz	% Masse
Alginat oder Pektin	1–4
Wasser	q.s.

Abb. 11.1 Schematische Darstellung des Gelcoatings aus Calcium und Polysacchariden wie z. B. Alginaten und Pektinen an einer Grenzfläche [4]

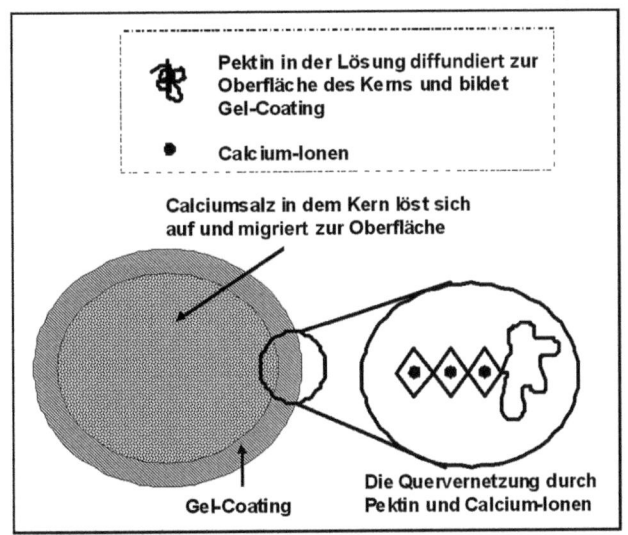

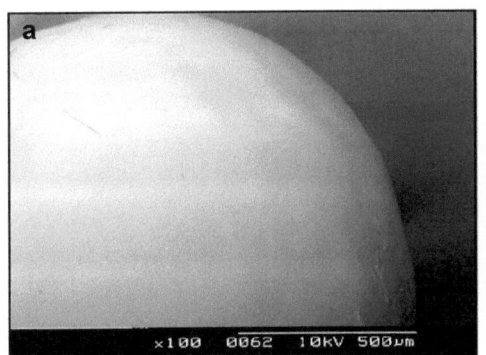 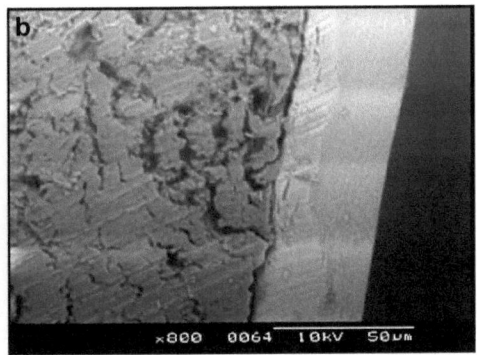

Abb. 11.2 REM-Aufnahmen. **a** Oberfläche des überzogenen Pellets mit 2 % m/m Natriumalginat, **b** Querschnitt des überzogenen Pellets mit 2 % m/m Natriumalginat [3]

Abb. 11.3 Bruchmessung von nicht überzogenen (---) und überzogenen (---) (1 % m/m Natriumalginat) Pellets [3]

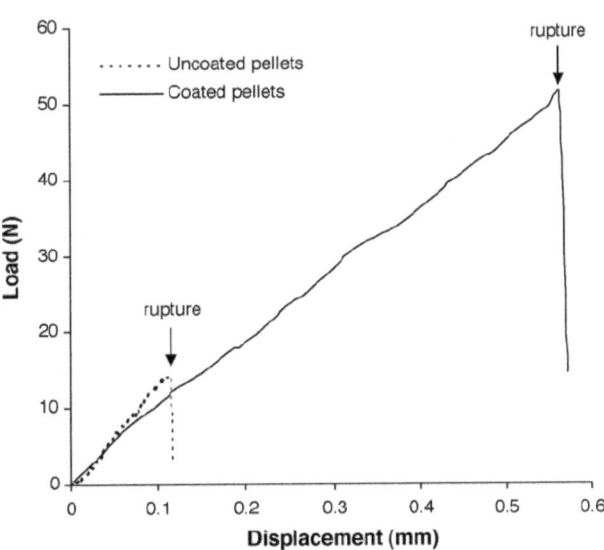

11.3 Coating durch Kompression (Compression-Coating)

Compression-Coating wird aktuell erst von einigen Forschungsgruppen in der Pharmazie eingesetzt [5–9]. Nunthanid et al. [5] haben berichtet, dass Coating mittels Kompression möglich ist. Dabei wurden sprühgetrocknetes Chitosanacetat (CSA) und Hydroxypropylmethycellulose (HPMC) als Hilfsstoffe und 5-Aminosalicylsäure als Modellwirkstoff benutzt. Das Verhältnis zwischen HPMC und CSA variierte zwischen 100:0 und 40:60. Die Tablettierung erfolgt mittels einer hydraulischen Presse bei folgenden Einstellungen:

- Gewicht: Kern 100 mg, Coating 200 mg
- Stempeldurchmesser: Kern 6 mm, Coating 10 mm
- Druck: Kern und Coating 0,5 kN

Wie in Abb. 11.4 zu sehen ist, sind die Überzugschichten homogen und der Kern liegt zentrisch.

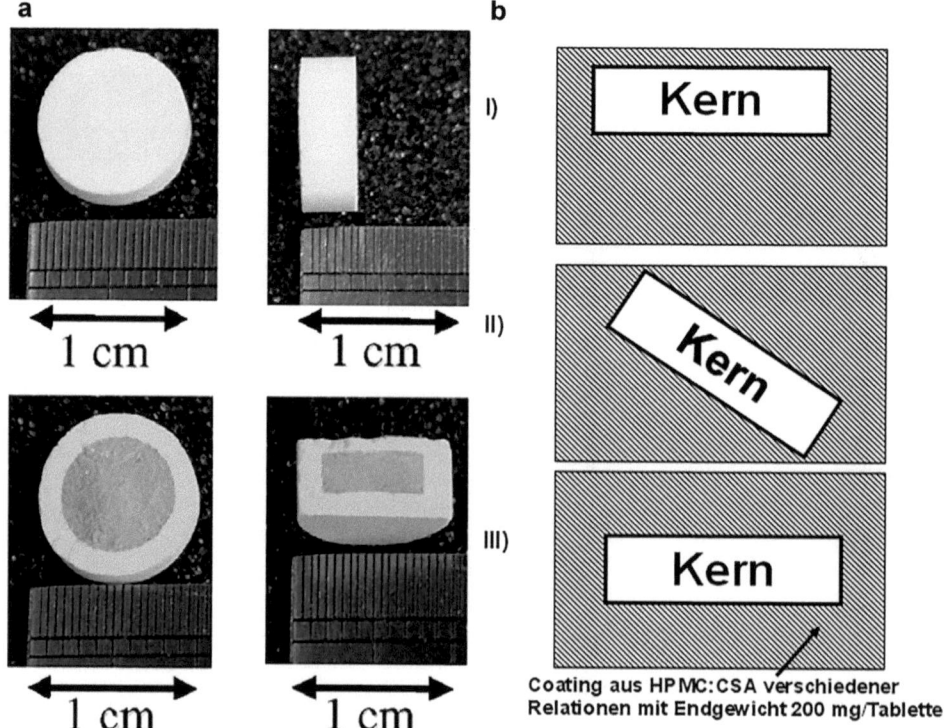

Abb. 11.4 a Compression-Coating von 5-Aminosalicylsäure mittels HPMC und CSA, b schematische Darstellung des Kerns und Coatings mit nicht gut platziertem Kern (I,II) und guter Platzierung (III) [5]

Weiter Informationen über das Compression-Coating sind in der Veröffentlichung [6–9] zu finden. Die Position der Kerne ist für den homogenen Überzug wichtig und muss gehalten werden, sonst ergibt sich eine unkontrollierbare Freisetzung des Wirkstoffs [1]. Die industrielle Umsetzung einer Compression-Coatinganlage ist dementsprechend aufwendig.

11.4 Coating mit Lipiddispersion

Normalerweise sind Coatingflüssigkeiten wässrige oder organische Lösungen bzw. Dispersionen. Um organische Lösemittel zu vermeiden bzw. mehr Überzugsmaterial schneller auf den Träger zu bringen, wurden Lipiddispersionen (Emulsionen) entwickelt.

Lipide wie Wachse, Fette und Öle wurden bis jetzt nur im Lebensmittelbereich verwendet. Hierbei werden natürliche und synthetische Lipide zur Befilmung von Obst, Gemüse, Fisch, Fleisch oder Milchprodukten genutzt, um eine bessere Haltbarkeit zu gewährleisten.

Schaal [10] hat eine Emulsion auf eine Arzneiform aufgesprüht, die nach der Trocknung eine hydrophobe (feuchtigkeitsabweisende) Lipidschicht ausbildet. Darüber hinaus können Wirkstoffe in den Überzug eingearbeitet werden. Im flüssigen Zustand kann das dispergierte Triglycerid auf der zu befilmenden Oberfläche spreiten und bildet während der anschließenden Verdunstung des Lösemittels einen kristallinen Lipidfilm. An einem Beispiel soll die Herstellung näher erläutert werden.

Zunächst wird die lipophile Phase Trilaurin bei 60 bis 80 °C geschmolzen und anschließend Natriumglycocholat und Phospholipide zugegeben. Die Mischung wird so lange gerührt, bis eine klare Dispersion entstanden ist. Für die Herstellung der hydrophilen Phase wird gereinigtes Wasser mit einer 0,2-%-Mischung aus 1 Teil Propyl-4-hydroxybenzoat und 3 Teilen Methyl-4-hydroxybenzoat verwendet. Zur Verbesserung der mechanischelastischen Eigenschaften des Lipidüberzuges kann Polyvinylalkohol (z. B. Mowiol 5-88) eingesetzt werden. Der Polyvinylalkohol wird dazu bei 70 bis 90 °C in das konservierte Wasser eingearbeitet, bis eine klare Mischung entsteht. Eine bestimmte Menge der lipophilen Phase wird in einem vortemperierten Becherglas (Wasserbad bei 80 °C) mit der hydrophilen Phase gleicher Temperatur vermischt und mithilfe eines Mischers (z. B. Ultra-Turrax) homogenisiert. Die Auswahl des Dispergierstabs erfolgt nach der Menge der zu dispergierenden Mischung. Um eine Kristallisation des Trilaurins zu vermeiden, sollte der Dispergierstab auf >60 °C vortemperiert werden. Die fertigen Rezepturen sollten sofort in Flaschen eingefüllt, verschlossen und auf Raumtemperatur abgekühlt werden. Die Flaschen sollten mehrmals geschwenkt werden, um eine Kondensation von Wasser an der Gefäßinnenwand zu vermeiden. Eine 5-minütige Behandlung im Ultraschallbad reduziert den gebildeten Schaum. Die hergestellten Dispersionen werden in der Regel im Klimaschrank bei 23 °C gelagert, um die Haltbarkeit zu verlängern.

Bei einer Zulufttemperatur von 40 bis 45 °C wird der vorgewärmte Arzneikern im Trommelcoater mit der Lipiddispersion besprüht. Um eine Überfeuchtung der Kerne zu vermeiden, wird die Sprührate am Anfang des Prozesses geringgehalten (4 bis 5 g/min).

Im weiteren Prozessverlauf kann die Sprührate auf 8 bis 10 g/min erhöht werden. Der Einsatz von Trilaurin-Dispersionen in Wirbelschichtcoatern (Wurster-Coater, Bottom-Spray-Verfahren) ist unproblematisch [10].

11.5 Coating mit Pulver (Dry Powder Coating)

Dry Powder Coating [1, 11] bedeutet, dass das Überzugsmaterial in Form von Pulver direkt auf den Träger (z. B. Pellets) gesprüht wird. Wechselweise wird flüssiger Weichmacher auch direkt auf den gleichen Träger gesprüht. Das Coating kann im Trommel- oder Wirbelschichtcoater erfolgen. Das überzogene Produkt muss anschließende nachbehandelt werden – das sogenannte „Annealing" oder „Curing". In einigen Fällen ist ein Besprühen mit kleiner Wassermenge nach dem Überziehen notwendig, um eine homogene Filmschicht zu erreichen. Deshalb ist diese Methode nicht immer lösungsmittelfrei. Außerdem benötigt die Methode einen hohen Anteil an Weichmachern (bis zu 40 %) und ggf. auch Trennmittel wie Talkum. Ein Vorteil ist die verkürzte Prozesszeit, da eine Verdunstung des Lösungsmittels entfällt. Weitere Einzelheiten sind nachstehend zusammengefasst.

Obara et al. [12] berichten über die Möglichkeit des Einsatzes von Coating mit Pulver. Hierbei wurde ein magensaftresistentes Überzugsmaterial wie Hydroxypropylmethylcelluloseacetatsuccinat (HPMC-AS) und eine Weichmachermischung aus 30 % m/m Triethylcitrat sowie 20 % m/m acetyliertes Monoglycerid jeweils bezogen auf die Polymergewicht verwendet. Dafür wurde die Mischung aus Filmbildnerpulver (HPMC-AS) und 30 % m/m Talk (bezogen auf das Polymer) über ein Pulverzuführungssystem direkt auf die feste Arzneiform aufgebracht und gleichzeitig wurden die flüssigen Weichmacherkomponenten aufgesprüht. Zum Vergleich wurden ein CF-Granulator, eine Wirbelschicht und ein Coater mit perforierter Trommel verwendet. Jedoch muss die Gewichtszunahme von mindestens 8 % erreicht sein, um magensaftresistente Eigenschaften zu erhalten. Diese Gewichtszunahme ist etwas mehr als bei der wässrigen Coatingzubereitung, welche schon mit Gewichtszunahme von 7 % die magensaftresistente Eigenschaft erreicht. Nachdem die benötigte Menge an Coatingmaterial auf dem Kern gebracht wurde, wurden die Kerne mit Wasser oder 4 %-m/v- HPMC-Lösung besprüht. Anschließend wurden die Kerne einer Nachbehandlung („Annealing") unterzogen. Diese Methode ist deshalb nicht völlig frei von Lösungsmitteln.

Pearnchob et al. [13] verwendeten andere Polymere, z. B. Eudragit RS PO, Ethylcellulose und Shellac. Propanololhaltige Pellets wurden als Kern eingesetzt. Um die Flexibilität des Films zu erhalten, wurde einer der Weichmacher (Acetyltributylcitrat, acetylierte Monoglyceride oder Triethylcitrat) in 40 %iger Konzentration verwendet. Talkum wurde als Trennmittel benutzt und die HPMC-Lösung vor dem Sprühen direkt mit Weichmacher vermischt. Diese Methode ist ebenfalls nicht lösungsmittelfrei.

Cerea et al. [14] nutzten die niedrige Glasübergangstemperatur von Eudragit E PO (T_g ca. 50 °C). Mithilfe von Spheronizer, ohne den Einsatz von Wasser und Weichmacher, wurde das Polymer durch Infrarotlicht aufgeschmolzen. Die Ausbildung homogener Überzüge kann jedoch nur mit Polymeren mit niedriger T_g erreicht werden. Außerdem muss das Polymer einen sehr flexiblen Film ohne Weichmacher ausbilden können.

Engelmann [15] stellte einen lösungsmittelfreien Überzug für Pharmaprodukte her. Verschiedene Formulierungen aus diversen Polymeren, wie z. B. Eudragit RL PO, Eudragit RS PO, Eudragit L100-55, und Weichmachern, wie z. B. Triethylcitrat (TEC), Diethylphthalat (DEP), Dibutylsebacat (DBS), Dibutylphthalat (DBP) und acetyliertes Monoglycerid, wurden getestet. Voraussetzung für die Befilmung sind homogene Pulvermischungen aus Polymeren und Weichmachern. Mithilfe einer Pulverzuführeinheit (Schneckendosierer, Corona-Pulverdüsensystem oder Schwingrinnendosierer) und einer Flüssigkeitszuführeinheit (handelsübliche Flüssigkeitsdüse) unter dem rotierenden Zylinderverfahren konnte ein Verklumpen der Formulierung verhindert werden. Die gute Befilmung mit Retardierwirkung wurde mit der Kombination von Eudragit RS PO (14 mg/cm^2) mit 40 % TEC oder 40 % DEP und Eudragit RL PO (14 mg/cm^2) mit 40 % TEC (jeweils (m/m) bezogen auf das Polymer) erreicht. Die beste Formulierung für die Befilmung von Pellets in der Wirbelschicht scheint aber die Kombination aus Eudragit RS PO (14 mg/cm^2) und 40 % TEC zu sein, und zwar aufgrund ihrer niedriger minimalen Verfilmungstemperatur (MVT = 45 °C) und MVT-Einpendelzeit (20 min). Dies muss jedoch im Pilotmaßstab noch ausgetestet werden.

Andere Arbeitsgruppen untersuchten den Einfluss einer Zwischenschicht bzw. Subcoats [16], von Prozessparametern [17] oder der Benutzung eines Wirbelschichtgranulators auf die Filmbildung [18].

11.6 Coating durch Schmelzen (Hotmelt-Coating)

Für dieses Verfahren müssen Überzugsmaterialien aus Wachs oder Lipid eingesetzt werden. Mögliche Substanzen sind z. B. Sojaöl, Baumwollsamenöl, Bienenwachs, Paraffinwachs, Carnaubawachs, Polyethylenglykol etc. Vor dem Sprühen müssen Überzugsmaterialien bei hoher Temperatur aufgeschmolzen werden. Nach dem Sprühen wurden die Produkte abgekühlt und dabei entstand ein homogener Film auf dem Träger. Wichtig bei der Prozessdurchführung ist, dass alle Bestandteile wie Pumpe, Sprühdüse, Sprühluft auf gleiche Prozesstemperatur aufgewärmt werden müssen. Vorteil dieser Methode ist, dass sie ohne Einsatz von organischen Lösungsmitteln möglich ist. Coatingmaterialien wie Wachs und Lipid sind meistens kostengünstig. Aber Nachteile sind: hohe Prozesstemperatur, welche zur großen Sicherheitsvorkehrung im Betrieb führt, sowie hohe Schichtdicke auf das fertige Produkt, was hohe Transportkosten bedeutet. Weitere Informationen über das Hotmelt-Coating sind in den Veröffentlichungen [19–22] zu finden.

11.7 Coating durch elektrostatische Zerstäubung (Electrostatic Spray Powder Coating)

Die elektrostatischen zerstäubenden Verfahren kommen ohne mechanische Zerstäubung aus. Das Coatingmaterial wird im elektrischen Feld einer Sprühpistole ($\leq$100 kV/200 μA) elektrostatisch aufgeladen. Der Transport der Coatingtröpfchen zum Target geschieht durch die Potenzialdifferenz zwischen Sprühsystem und Träger oder Substrat. Die geladenen Überzugsmaterialien haften auf der Oberfläche der geerdeten Substrate. Danach werden die Produkte mit Wärme z. B. durch Infrarotlicht nachbehandelt (Curing), um eine homogene Filmschicht zu erhalten. Wichtig bei Pharmaprodukten ist, dass der Kern einen Widerstand von weniger als 10^9 Ω hat, um eine effektive Erdung zu erreichen. Dagegen soll das Überzugsmaterial einen Widerstand mehr als 10^{11} Ω besitzen. Es ist auch erwünscht, dass die Oberfläche der Kerne die Elektrizität weiterleiten kann bzw. eine Ladung hat. Die Leitfähigkeit der Oberfläche kann erreicht werden z. B. durch Lagerung der Kerne in hoher Feuchte für kurze Zeit, durch Besprühen mit Lösung aus Substanzen mit hoher Ladung, z. B. quaternäres Ammonium oder durch Beimischung von 1–3 % Salzen, wie z. B. Dicalciumphosphat in dem Kern [1]. Eine ähnliche Technik ist durch das patentierte Verfahren Qtrol® [23] im Handel. Dieses arbeitet in etwa wie ein Kopierverfahren im Büro. Weitere Informationen über das elektrostatische Sprühen sind in den Veröffentlichungen [24–26] zu finden. Vorteile dieser Methode sind: Einsatz ohne Lösungsmittel, ohne mechanische Belastung durch Bewegung, genaue Kontrolle der Schichtdicke.

11.8 Coating mit Lichtstrahlung (Photocurable Coating)

Diese Methode basiert auf einer chemischen Reaktion von Polymeren bei Raumtemperatur. Das flüssige Coatingmaterial wird schnell auf den Träger gebracht, da die chemische Reaktion meist mit hoher Geschwindigkeit abläuft. Dabei werden weder Wärme noch Lösungsmittel benötigt. Deshalb ist diese Methode gut für temperaturempfindliche Arzneistoffe geeignet, aber die Arzneistoffe müssen gegen Licht beständig sein.

Um einen Überzug zu erzeugen, wird Strahlung im ultravioletten und sichtbaren Wellenlängenbereich genutzt. Überzugmaterialien sollen im flüssigen Zustand sein. Mithilfe von Fotoinitiator und Licht wird die Flüssigkeit in eine feste Form gebracht („Free Radical Polymerization"). Polymere, die genutzt werden können, sind z. B. Hydroxyethylmethacrylate, Siloxan, Tetraethylen-Glykol-Dimethacrylate [1]. Weitere Informationen über das Coating mit Lichtstrahlung sind in den Veröffentlichungen [27–29] zu finden.

11.9 Coating mittels Elektrospinning (Electrospinning)

Diese Methode basiert darauf, aus geeigneten Coatingmaterialien (Polymere in Lösung oder Suspension) durch eine feine Nadel mittels eines starken elektrischen Felds Nanofäden (Nanofasern, Nanodraht, Nanoröhre) zu erzeugen (Abb. 11.5) und aus diesen wiederum einen gewebeartigen Überzug (Abb. 11.6).

Elektrospinning kann für viele verschiedene Zwecke eingesetzt werden, z.B. für die Herstellung von Nanofäden für die Medizin wie Nahtmaterialien, Tissue Engineering, Hautersatz, Wundheilung etc. Leider kann nicht jedes Polymer hierfür eingesetzt werden. Bisher einsetzbare Polymere sind z. B. Polyvinylalkohol (PVA), Chitosan (CS), Stärke, Pektine etc. [30].

11 Innovative Coatingverfahren

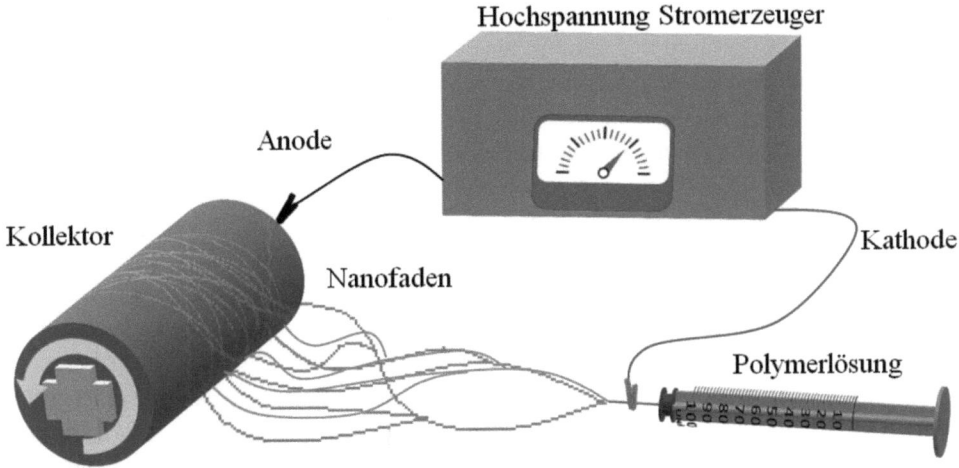

Abb. 11.5 Schematische Darstellung einer Elektrospinninganlage

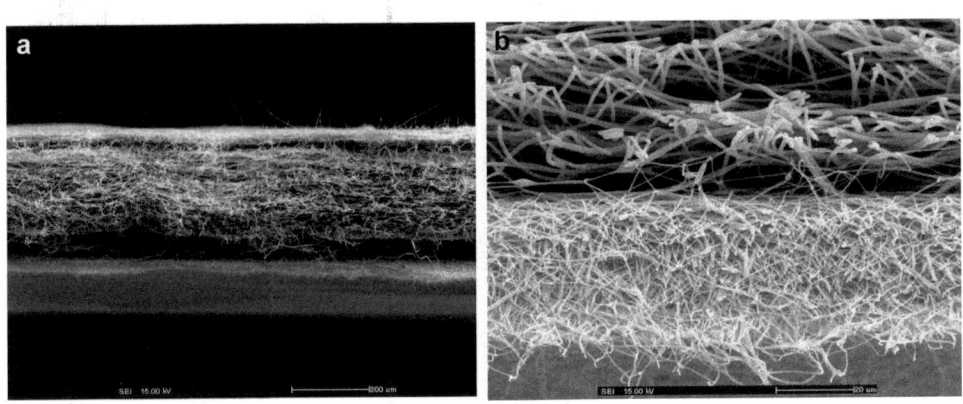

Abb. 11.6 a REM eines Querschnittes der Dreischichten des Coatingsystems (Sandwich) aus Elektrospinning, 100x, der Balken ist 200 μm, **b** REM eines Querschnittes der inneren (oben) und äußeren (unten) Schichten, 2000x, der Balken ist 20 μm

Fallbeispiel „Dreischichtnanofadencoating"
Durch die Herstellung der Nanofäden mit einer oder drei Schichten können Produkte mit unterschiedlichen Freisetzungsprofilen erzeugt werden.

Die „äußeren" beiden Schichten bei den Dreischichtnanofäden werden aus Chitosan (CS) und Polyvinylalkohol (PVA) hergestellt und die innere Schicht aus Polyvinylpyrrolidon (PVP), Hydroxypropyl-β-Cyclodextrin (HPβCD) und Clotrimazol (CZ). Für die äußeren beiden Schichten werden zwei Lösungen hergestellt; zunächst wird eine Lösung aus Chitosan 2,0 g und EDTA 1,0 g in 100 ml VE-Wasser (vollentsalztes Wasser) mithilfe eines Magnetrührers hergestellt. Überschüssiges (ungelöstes) EDTA kann ggf. durch Zentrifugieren (10 min bei 300 rpm) abgetrennt werden. Die zweite Lösung, 10 % w/v

PVA im Wasser, wird durch Mischen von 10 g PVA in 100 ml VE-Wasser hergestellt. Es wird bis auf 80 °C erwärmt und gerührt, bis das Polymer vollständig aufgequollen ist. Im Anschluss wird diese Lösung noch bei Raumtemperatur für 12 h weiter gerührt. Vor dem Sprühen werden die beiden oben genannten Lösungen zusammengemischt.

Die Lösung für die innere Schicht wird wie folgt hergestellt: 400 mg PVP (8 % w/v) werden in einem Lösungsmittelgemisch aus Ethanol:Wasser:Benzylalkohol/70:20:10 (per Volume) unter Rühren gelöst. Wenn diese Lösung homogen ist, werden noch 70 mM (483 mg) Hydroxypropyl-β-Cyclodextrin (HPβCD) beigemischt und es wird weitergerührt, bis sich dieses vollständig aufgelöst hat. Als Letztes wird dann Clotrimazol (CZ) – 20 % zum Verhältnis des Gesamtpolymergewichts – beigemischt. Auch diese Mischung wird nun bei Raumtemperatur für weitere 12 h homogen gerührt.

Die Bedingungen für das Elektrospinning sind wie folgt: Die äußere Schicht (CS+PVA) wird mit einer Sprührate von 0,3 ml/h, einer Spannung von 15 kV und einem Abstand der Nadel (Größe 18 G) zum Kollektor von 15 cm aufgebracht. Die Herstellung der inneren Schicht (PVP+HPβCD+CZ) erfolgt unter gleichen Bedingungen, lediglich mit einer anderen Nadelgröße (Größe 20 G).

Die drei Schichten werden nacheinander aufgebaut. Die erste Schicht wird mit der Lösung aus CS+PVA mit den oben genannten Sprühbedingungen hergestellt. Darauf wird die zweite Schicht aus einer Mischung aus PVP+HPβCD+CZ gesprüht. Anschließend wird die dritte und letzte Schicht aus CS+PVA auf die beiden vorgelegten Schichten gesprüht, sodass die Schicht aus PVP+HPβCD+CZ drinbleibt. Endergebnis eines Sandwichsystemsist ist in der Abb. 11.7 dargestellt. Bei einer Schicht Nanofaden wird nur die Schicht aus PVP+HPβCD+CZ bei gleicher Sprühbedingungen wie oben genannt hergestellt.

Abb. 11.7 Der Dreischicht-Nanofaden setzt sich zusammen aus einer äußeren Schicht (Chitosan (CS) und Polyvinylalkohol (PVA)) und einer inneren Schicht (Polyvinylpyrrolidon (PVP) + Hydroxypropyl-β-Cyclodextrin (HPβCD) + Clotrimazol (CZ))

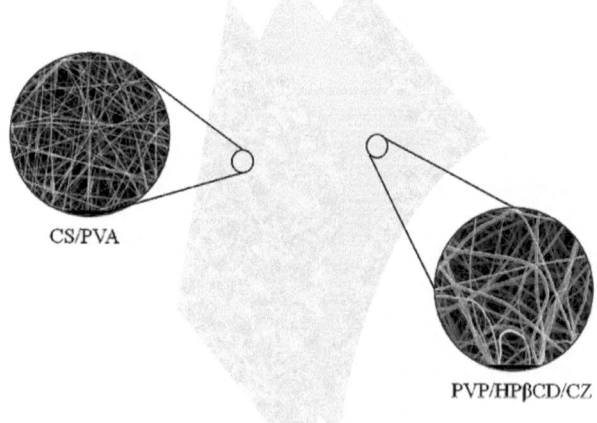

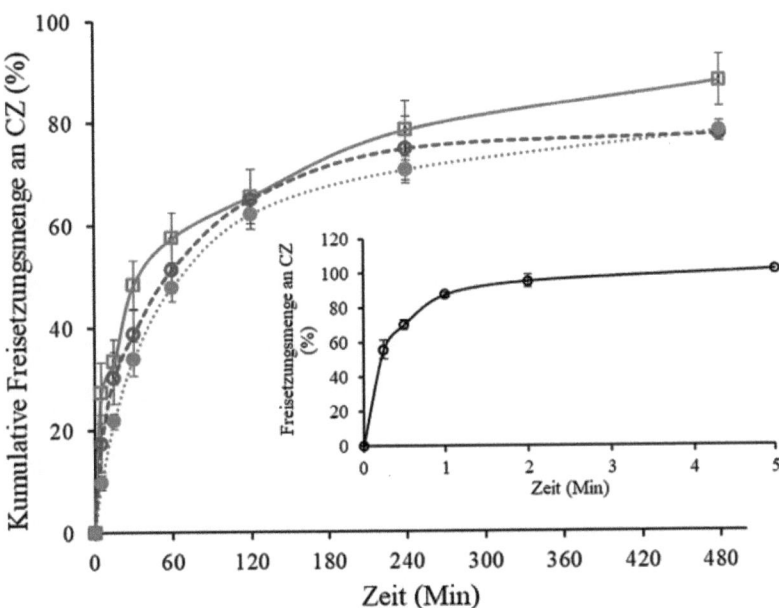

Abb. 11.8 Freisetzungsprofil von CZ aus dem Dreischichten- oder Sandwichsystem im Vergleich mit Lutschtabletten sowie Einschichtnanofäden; CS/PVA- und PVP/HPβCD/CZ-Nanofäden (□) 3-h-Beschichtung; CS/PVA- und PVP/HPβCD/CZ-Nanofäden (○) 6-h-Beschichtung; CZ-Lutschtabletten (●); PVP/HPβCD/CZ-Einschichtnanofaden (●)

Die Abb. 11.8 zeigt die Ergebnisse von drei Arzneiformen. Dabei handelt es sich um zwei Arzneiformen aus Nanofäden mit dem Wirkstoff Clotrimazol und um eine Clotrimazol-Lutschtablette. Nanofäden aus PVP+ HPβCD sind wasserlöslich. Deshalb können sie den Wirkstoff Clotrimazol sehr schnell freisetzen. Wenn die Nanofäden jedoch mit CS/PVA beschichtet wurden (Dreischichten), dann ist die Freisetzung langsamer. Dieses beruht auf die Tatsache, dass CS wasserunlöslich ist und PVA im Wasser gut aufquellen kann. Die Freisetzung wird langsamer, je dicker die Schichten sind. Die langsame Freisetzung liegt im Bereich von Stunden, während die schnelle Freigabe (eine Schicht) im Minutenbereich ist.

Die hier getesteten Lutschtabletten sind ein Handelsprodukt (Candinox Oral Troche) und setzen den Wirkstoff etwas langsamer frei als die CS/PVA-beschichten Nanofäden. Die Lutschtabletten wurden durch Komprimierung hergestellt und sollen sich allmählich in der Mundhöhle auflösen. Im Gegensatz dazu benötigen die Lutschtabletten Zeit, um sich langsam aufzulösen, während die Nanofäden hochporös sind, sodass Wasser schnell in diese Arzneiformen diffundieren kann. Die Freisetzungsrate kann wie folgt zusammengefasst werden:

„Einschichtnanofaden > Dreischichtnanofaden > Lutschtabletten"

Weitere Informationen über das Coating mittels Elektrospinning sind in den Veröffentlichungen [31–34] zu finden.

11.10 Zusammenfassung

Die vorgestellten innovativen Coatingverfahren bieten eine Reihe von Vorteilen und spezielle Lösungen für besondere Coatings, z. B.

- gänzlich ohne Lösungsmittel,
- nur ein Arbeitsschritt (Single-Step Process),
- Verhinderung der Wechselwirkung zwischen Stoffen durch getrennte Schichten,
- optische Nachbesserungen bei Farbinhomogenitäten,
- kurze Prozesszeit,
- keine mechanische Belastung,
- gewünschte Freigabe des Wirkstoffes.

Abhängig von der Technik gibt es auch Nachteile, z. B.

- hohe Prozesstemperatur,
- Nachtrocknung, evtl. mit hoher Temperatur notwendig,
- neue bzw. besondere Ausrüstungen,
- hoher Weichmacheranteil,
- hohe Schichtdicke des Überzugs,
- geeignete Coatingmaterialien.

Welche Technik gewählt wird, hängt von den physikalisch-chemischen Eigenschaften der Formulierung und der Wirtschaftlichkeit des Prozesses ab. Es ist wissenswert, solche alternativen Verfahren für die Produktion spezieller Produkte zu haben.

Literatur

1. Paeratakul O (2009) Pharmaceutical coating technology. Srinakharinwirot University Press, Nakornayok, Thailand
2. Bose S, Bogner RH (2007) Solventless pharmaceutical coating processes: a review. Pharm Dev Technol 12(2):115–131
3. Sriamornsak P, Burton MA, Kennedy RA (2006) Development of polysaccharide gel coated pellets for oral administration 1. Physico-mechanical properties. Int J Pharm 326:80–88
4. Sriamornsak P, Prakongpan S, Puttipipatkhachorn S, Kennedy RA (1997) Development of sustained release theophylline pellets coated with calcium pectinate. J Control Release 47:221–232
5. Nunthanid J, Huanbutta K, Luangtana-anan M, Sriamornsak P, Limmatvapirat S, Puttipipatkhachorn S (2008) Development of time-, pH-, and enzyme-controlled colonic drug delivery using

spray-dried chitosan acetate and hydroxypropyl methylcellulose. Eur J Pharm Biopharm 68:253–259
6. Ando M, Kojima S, Ozeki Y, Nakayama Y, Nabeshima T (2007) Development and evaluation of a novel dry-coated tablet technology for pellets as a substitute for the conventional encapsulation technology. Int J Pharm 336(1):99–107
7. Turkoglu M, Ugurlu T (2002) In vitro evaluation of pectin-HPMC compression coated 5-aminosalicylic acid tablets for colonic delivery. Eur J Pharm Biopharm 53(1):65–73
8. Hamza YE, Aburahma MH (2010) Innovation of novel sustained release compression-coated tablets for lornoxicam: formulation and in vitro investigations. Drug Dev Ind Pharm 36(3):337–349
9. Elshafeey AH, Sami EI (2008) Preparation and in-vivo pharmacokinetic study of a novel extended release compression coated tablets of fenoterol hydrobromide. AAPS PharmSciTech 9(3):1016–1024
10. Schaal G (2004) Untersuchungen einer Befilmungsmöglichkeit fester Arzneiformen mit modifizierten Triglycerid-Dispersionen. Dissertation der Biologisch-Pharmazeutischen Fakultät der Friedrich-Schiller-Universität Jena
11. Luo Y, Zhu J, Ma Y, Zhang H (2008) Dry coating, a novel coating technology for solid pharmaceutical dosage forms. Int J Pharm 358(1–2):16–22
12. Obara S, Maruyama N, Nishiyama Y, Kokubo H (1999) Dry coating: an innovative enteric coating method using a cellulose derivative. Eur J Pharm Biopharm 47(1):51–59
13. Pearnchob N, Bodmeier R (2003) Dry polymer powder coating and comparison with conventional liquid-based coatings for Eudragit RS, ethylcellulose and shellac. Eur J Pharm Biopharm 56(3):363–369
14. Cerea M, Foppoli A, Maroni A, Palugan L, Zema L, Sangalli ME (2008) Dry coating of soft gelatin capsules with HPMCAS. Drug Dev Ind Pharm 34(11):1196–1200
15. Engelmann S (2004) Entwicklung eines lösungsmittelfreien Befilmungsverfahrens für feste Arzneiformen. Dissertation der Albert-Ludwigs-Universität Freiburg
16. Sauer D, Watts AB, Coots LB, Zheng WC, McGinity JW (2009) Influence of polymeric subcoats on the drug release properties of tablets powder-coated with pre-plasticized Eudragit L 100-55. Int J Pharm 367(1–2):20–28
17. Sauer D, Zheng W, Coots LB, McGinity JW (2007) Influence of processing parameters and formulation factors on the drug release from tablets powder-coated with Eudragit L 100-55. Eur J Pharm Biopharm 67(2):464–475
18. Kablitz CD, Harder K, Urbanetz NA (2006) Dry coating in a rotary fluid bed. Eur J Pharm Sci 27(2–3):212–219
19. Jozwiakowski MJ, Jones DM, Franz RM (1990) Characterization of a hot-melt fluid bed coating process for fine granules. Pharm Res 7(11):1119–1126
20. Sinchaipanid N, Junyaprasert V, Mitrevej M (2004) Application of hot-melt coating for controlled release of propanolol hydrochloride pellets. Powder Technol 141:203–209
21. Andrews GP, Jones DS, Diak OA, McCoy CP, Watts AB, McGinity JW (2008) The manufacture and characterisation of hot-melt extruded enteric tablets. Eur J Pharm Biopharm 69(1):264–273
22. Guan T, Wang J, Li G, Tang X (2010) Comparative study of the stability of venlafaxine hydrochloride sustained-release pellets prepared by double-polymer coatings and hot-melt subcoating combined with Eudragit NE30D outercoating. Pharm Dev Technol. https://doi.org/10.3109/10837451003664081
23. Reeves LA, Feaher DH, Nelson DH, Whiteman M (2001) Electrostatic application of powder material to solid dosage forms. Patent 043727, Phoqus Pharmaceuticals
24. Manabu T (2008) Improvement of charging characteristics of coating powders in electrostatic powder coating system. J Phys Conf Ser 142:012065

25. Xu Y, Barringer SA (2008) Effect of relative humidity on coating efficiency in nonelectrostatic and electrostatic coating. J Food Sci 73(6):E297–E303
26. Grosvenor MP, Staniforth JN (1996) The influence of water on electrostatic charge retention and dissipation in pharmaceutical compacts for powder coating. Pharm Res 13(11):1725–1729
27. Bose S, Kelly B, Bogner RH (2006) Design space for a solventless photocurable pharmaceutical coating. J Pharm Innov 1(1):44–53
28. Wang JZZ, Bogner RH (1995) Solvent-free film coating using a novel photocurable polymer. Int J Pharm 119:81–89
29. Ruiz CSB, Machado LDB, Pino ES, Sampa MHO (2002) Characterization of a clear coating cured by UV/ER radiation. Radiat Phys Chem 63:481–483
30. Hemamalini T, Dev VRG (2018) Comprehensive review on electrospinning of starch polymer forbiomedical applications. Int J Biol Macromol 106:712–718
31. Tonglairoum P, Ngawhirunpat T, Rojanarata T, Panomsuk S, Kaomongkolgit R, Opanasopit P (2015) Fabrication of mucoadhesive chitosan coated polyvinylpyrrolidone/cyclodextrin/clotrimazole sandwich patches for oral candidiasis. Carbohydr Polym 132:173–179
32. Tonglairoum P, Chaijaroenluk W, Rojanarata T, Ngawhirunpat T, Akkaramongkolporn P, Opanasopit P (2013) Development and characterization of propranolol selective molecular imprinted polymer composite electrospun nanofiber membrane. AAPS PharmSciTech 14(2):838–846
33. Tonglairoum P, Ngawhirunpat T, Rojanarata T, Kaomongkolgit R, Opanasopit P (2016) Fabrication and evaluation of nanostructured herbal oil/hydroxypropyl-β-cyclodextrin/polyvinylpyrrolidone mats for denture stomatitis prevention and treatment. AAPS PharmSciTech 17(6):1441–1449
34. Cui S, Yao B, Suna X, Hua J, Zhoub Y, Liu Y (2016) Reducing the content of carrier polymer in pectin nanofibers by electrospinning at low loading followed with selective washing. Mater Sci Eng C 59:885–893

12 Tablettencoating durch Verpressung von Pulver

Bernd Duchstein

12.1 Allgemein

Als „Coating" wird vor allem der Filmüberzug von Tabletten gemeint. Allerdings besteht bereits vor dem Filmüberzug die Möglichkeit des „Coatings" durch Pulver. Hierbei wird ein Kern in Pulver eingebettet, vollständig umschlossen und verpresst (= Mantelkerntablette). Mit diesen beiden Umsetzungen wird versucht, unterschiedliche Ziele zu erreichen:

- Eine modifizierte zeitliche Freisetzung des oder der Wirkstoffe(s)
- Eine örtlich gezielte Freigabe im Körper
- Die Kombination mit digitalen Komponenten, wie z. B. Kontrollchips

Die ersten beiden Punkte können sowohl mit einer Mehrschichttablette als auch einer sogenannten Mantelkerntablette erreicht werden.

Der dritte Stichpunkt wird mit der sogenannten Chiptablette bzw. dem Ingestible Event Marker (IEM) erreicht, die 2017 von der FDA als erste digitale Pille zugelassen wurde (NDA 207202) [1]. Bei dieser ist ein mittig eingelegter Chip vollständig von Pulver umschlossen (Abb. 12.1). Kommt der Chip mit Magensäure in Kontakt, sendet er einen elektrischen Impuls aus. Ein spezielles Pflaster, das der Patient trägt, registriert das Signal und leitet die Information an eine App weiter, die sie wiederum in eine Cloud schickt. So können der Betroffene und der behandelnde Arzt verfolgen, wann und ob die eine Tabletten

---

B. Duchstein (✉)
KORSCH AG, Berlin, Deutschland
E-Mail: bernd.duchstein@korsch.de

© Der/die Autor(en), exklusiv lizenziert an Springer-Verlag GmbH, DE, ein Teil von Springer Nature 2025
M. Kumpugdee Vollrath (Hrsg.), *Easy Coating*, https://doi.org/10.1007/978-3-662-71412-6_12

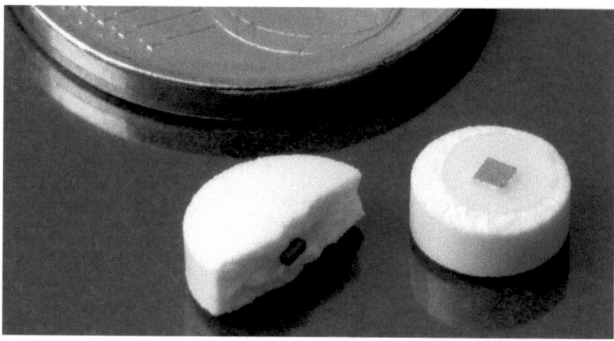

Abb. 12.1 Fotos eines „Ingestible Event Markers" (IEM)

genommen wurden. Der Hintergrund dieser Entwicklung war die nicht sachgemäße Einnahme von Medikamenten, was zu schweren gesundheitlichen Schäden führen kann, sowie massive Mehrkosten nach sich zieht (über 200 Mio. US-Dollar in den USA in 2012) [2]. Einem besonders hohen Risiko sind hierbei psychisch kranke Menschen mit Wahrnehmungsstörungen ausgesetzt.

12.2 Herstellung Mantelkerntabletten

Bei Mantelkerntabletten wird ein bereits hergestellter Kern in ein Pulverbett eingelegt und dann zu einer kompletten Tablette verpresst. Die Maschinenkonfiguration ist herstellerunabhängig so zu gestalten (Abb. 12.2):

- Als Grundmaschine wird eine Dreischichtmaschine gewählt.
- Statt des zweiten Füllschuhs ist ein Kerneinlegemodul angeordnet.
- Die Ausschleusung der fertigen Tabletten erfolgt an der gleichen Stelle wie bei Dreischichttabletten.

Der Prozessablauf ist wie folgt:

- Am ersten Füllschuh wird die Matrize mit Pulver gefüllt, sodass ein Pulverbett entsteht.
- Dieses wird dann mit geringer Kraft (<5 kN) angepresst.
- Anstelle des zweiten Füllschuhs wird nun der Kern eingelegt. Die Zuführung erfolgt über ein zusätzliches Modul. Bei diesem werden die Kerne in einem Nest gesammelt und über ein Förderband zur Presse transportiert. Hierbei darf kein Stau entstehen bzw. auch kein „Shingling" (Kerne schieben sich übereinander) der Kerne. Daher gibt es geometrische Anforderungen bzgl. der Geometrie: Verhältnis Durchmesser zu Höhe, Fase, Wölbung sowie Gewicht. Das Förderband transportiert die Kerne dann zu einem Einlaufrad, das an die Übergabeeinheit angeschlossen ist, welche als Schnittstelle zur Tablettenpresse fungiert. Die Kerne werden auf dem Pulverbett der ersten Schicht abgelegt.

12 Tablettencoating durch Verpressung von Pulver

Abb. 12.2 Die Tablettenpresse Model XL400 MFP mit IEM-Modul

- Der Rotor und das Einlaufrad müssen synchron laufen, damit eine präzise Ablage erfolgen kann. Die Synchronisation kann entweder durch die Software oder mechanisch erfolgen, z. B. durch ein Getriebe mit entsprechender Übersetzung. Nachteil bei der mechanischen Synchronisation ist die begrenzte Einstellfähigkeit, während die steuerungstechnische Lösung einen erhöhten Aufwand bei der Programmierung und Einstellung erfordert.
- Anschließend wird der eingelegte Kern ins Pulverbett gedrückt und dieses weiter verpresst.
- Am dritten Füllschuh erfolgt die abschließende Füllung der Matrize.
- Die dritte Druckrollensäule verpresst die gesamte Tablette und sorgt damit für die endgültige Form der Tablette.
- Im Anschluss werden die Tabletten aus der Maschine ausgeschleust und können weiterverarbeitet werden.

Die Herausforderung bei sogenannten Mantelkerntabletten ist die genaue Positionierung und das Vorhandensein des Kerns. Die Prüfung der Positionierung erfolgt über Kamerasysteme. Wird hier eine horizontale Abweichung festgestellt, so kann man diese während der Inbetriebnahme durch eine angepasste Positionierung des Moduls ausgleichen. Eine steuerungsintegrierte Lösung zur Anpassung der Position des Einlaufrads ist ebenso möglich und verfügbar. [3] Das generelle Vorhandensein des Kerns ist über die Messung der Presskraft möglich. Ist kein Kern vorhanden oder ist dieser nachhaltig geschädigt, z. B. gebrochen oder ein Volumenanteil >20 % fehlt, ist die Presskraft bei dieser Tablette wesentlich geringer. Somit kann eine fehlerhafte Tablette am Ende ausgeschleust werden.

12.3 Herstellung Ingestible Event Marker (IEM)

Die Herstellung der IEM erfolgte in der ersten Phase nicht automatisiert, da insbesondere das Einlegen des Chips anspruchsvoll ist. Das liegt sowohl an der Dimension (Höhe 1,1 mm, Durchmesser 3,5 mm) als auch an der elektrostatischen Aufladung während eines automatisierten Prozesses. Im Zuge der Anmeldung des Präparats wurde daher eine automatisierte Lösung zur Herstellung dieser Tabletten erarbeitet. Hierzu wurde eine Dreischichttablettenpresse der KORSCH AG, XL 400 MFP modifiziert und ein zusätzliches Modul zum Einlegen der Chips entwickelt und sowohl mechanisch als auch steuerungstechnisch integriert (Abb. 12.3) [4]. Das Handling der Chips erfolgt mit einer pneumatischen Robotik mit Saugdüse, ein gängiges Prinzip bei der Handhabung von Mikrochips.

Der Prozessablauf geschieht wie folgt:

- Am ersten Füllschuh wird die Matrize mit Pulver gefüllt, sodass ein Pulverbett entsteht.
- Dieses wird dann mit geringer Kraft (<5 kN) verpresst.

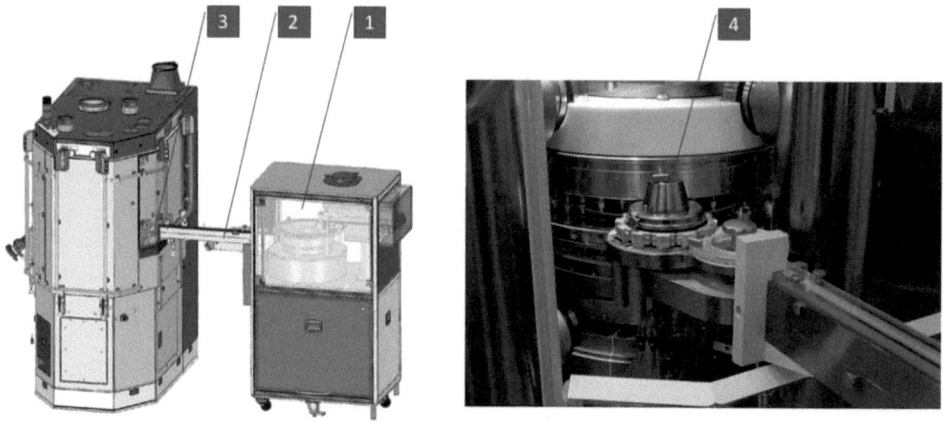

Abb. 12.3 Die Tablettenpresse Model XL400 MFP mit Mantelkernmodul. 1 = Nest, 2 = lineares Förderband, 3 = XL 400 MFP, 4 = Einlaufrad

12 Tablettencoating durch Verpressung von Pulver

- Anstelle des zweiten Füllschuhs wird nun der Chip eingelegt. Die Zuführung erfolgt über ein zusätzliches Modul. Bei diesem werden am Beginn die Chips durch Saugdüsen von Blisterrollen entnommen und in einzelne kleine Transferschlitten, die „Carrier", abgelegt. Über ein Förderband werden sie zu einem Einlaufrad transportiert, das an die Übergabeeinheit angeschlossen ist, welche als Schnittstelle zur Tablettenpresse fungiert. Die Chips werden auf dem Pulverbett der ersten Schicht abgelegt, die leeren Carrier werden wieder ausgeschleust und auf die Bahn zurückgeschickt. Sowohl die Entnahme von der Blisterrolle als auch die Übergabe des IEM in die Tablette verfolgen fünf Kameras, sodass leere Tabletten und Transportschlitten sofort aussortiert werden.
- Der Rotor und das Einlaufrand müssen synchron laufen, damit eine präzise Ablage erfolgen kann. Die Synchronisation kann entweder durch die Software oder mechanisch erfolgen, z. B. durch ein Getriebe mit entsprechender Übersetzung. Nachteil bei der mechanischen Synchronisation ist die begrenzte Einstellfähigkeit, während die steuerungstechnische Lösung einen erhöhten Aufwand bei der Programmierung und Einstellung erfordert.
- Anschließend wird der eingelegte Chip ins Pulverbett gedrückt und dieses weiter verpresst (F < 60 kN).
- Am dritten Füllschuh erfolgt die abschließende Füllung der Matrize.
- Die dritte Druckrollensäule verpresst die gesamte Tablette und sorgt damit für die endgültige Form der Tablette.
- Im Anschluss werden die Tabletten aus der Maschine ausgeschleust und können weiterverarbeitet werden.

Die digitale Tablette ist noch immer ein Nischenprodukt, da es zum einen eine sehr teure Behandlungsmethode ist [5], zum anderen das Thema Datenschutz heiß diskutiert wird [6]. Allerdings kann diese Lösung auch vom Trend der personalisierten Medizin profitieren.

12.4 Zusammenfassung

Die beiden vorgestellten Technologien sind eine andere Form des Coating – statt eines Films wird ein Pulver als Überzug verwendet und gepresst. Dieses wird in der Regel im Anschluss noch mal mit einem Filmcoating überzogen. Der Bedarf nach Systemlösungen für diese Anwendungen sind über die Jahre konstant, versprechen aber ein Wachstum ähnlich den Mehrschichttabletten. Der Hintergrund: Es können mehrere Wirkstoffe miteinander kombiniert werden, sodass die Patienten insgesamt weniger Tabletten „verwalten" müssen.

Literatur

1. FDA (2017): CY 2017 CDER drug and biologic calendar year approvals as of December 31, 2017. https://www.fda.gov/media/110740/download. Zugegriffen am 03.07.2020, 10:14
2. IMS Institute for Healthcare Informatics (2013) Avoidable costs in U.S. healthcare. The $200 billion opportunity from using medicines more responsibly. Parsippany.
3. Kilian Tableting GmbH (2013) DE 10 2013 104 344 A1: Vorrichtung zum Einlegen von Einlegern in Matrizen einer Tablettenpresse. Anmeldetag: 29.04.2013
4. Korsch AG (2013) EP 2 823 799 A1: Vorrichtung und Verfahren zum Einlegen von Folien in Tabletten-pressen. Anmeldetag: 11.07.2013
5. https://www.deutsche-apotheker-zeitung.de/news/artikel/2018/09/11/digitale-pille-fuer-erste-patienten-verfuegbar/chapter:1. Zugegriffen am 03.07.2020, 12:20
6. https://www.deutsche-apotheker-zeitung.de/news/artikel/2018/09/11/digitale-pille-fuer-erste-patienten-verfuegbar/chapter:2. Zugegriffen am 03.07.2020, 12:20

Charakterisierung von Coatings

13

Evrin Bakan, Mont Kumpugdee Vollrath und Jens-Peter Krause

13.1 Einleitung

Die Charakterisierung eines Coatings ermöglicht Vergleichbarkeit und Qualitätskontrolle. Standardisierte Methoden sind dabei von großem Nutzen. An praktischen Beispielen sollen verschiedene Charakterisierungsmethoden demonstriert werden. Der Einsatz dieser Methoden ist sowohl bei freien Filmen als auch bei überzogenen Kernen (z. B. Tabletten, Pellets) möglich.

Die Qualitätskontrolle überzogener Arzneiformen umfasst eine Vielzahl von Prüfmethoden, wie zum Beispiel:

- Mindestfilmbildungstemperatur (MFT) und Glasübergangstemperatur (T_g)
- Bestimmung der Zerfallszeit
- Bestimmung der Wirkstofffreisetzung
- Überprüfung der Lösemittelrestgehaltes
- Härte und Rauigkeit

E. Bakan (✉)
GMP-Trainerin & Consultant, Berlin, Deutschland

M. Kumpugdee Vollrath
Labors Chemische und Pharmazeutische Technologie, Fachbereich II, Berliner Hochschule für Technik, Berlin, Deutschland
E-Mail: vollrath@bht-berlin.de

J.-P. Krause
Analytica Alimentaria GmbH, Kleinmachnow, Deutschland
E-Mail: peter.krause@aalimentaria.com

© Der/die Autor(en), exklusiv lizenziert an Springer-Verlag GmbH, DE, ein Teil von Springer Nature 2025
M. Kumpugdee Vollrath (Hrsg.), *Easy Coating*, https://doi.org/10.1007/978-3-662-71412-6_13

- Adhäsionseigenschaften
- Farbvergleichs- und Farbechtheitsüberprüfung
- Überprüfung der Resistenz gegenüber Verdauungssäften

Ausgewählte Methoden werden nachfolgend anhand von Beispielen erläutert.

13.2 Standardprüfungen

13.2.1 Größe und Oberfläche

Bei den üblichen Verfahren können auf Arzneiformen, ab etwa 0,2 mm Durchmesser, Überzüge aufgebracht werden. Die obere Grenze des Kerns wird durch das Anwendungsgebiet bestimmt, d. h. das Endprodukt muss für pharmazeutische Applikationen oral anwendbar sein [1]. Die Oberfläche der Arzneiform sollte beim Befilmen im Gegensatz zum Dragieren staubfrei und ebenmäßig sein. Bei beiden Verfahren sollten die Kernoberflächen gut benetzbar sein [1]. Gravuren, Einprägungen und auch kleinere Unebenheiten der Arzneiformoberfläche werden zwar befilmt, aber nicht überdeckt oder korrigiert. Die Begutachtung der Arzneiformoberfläche ist vor, während und nach dem Befilmen zur Bestimmung der Oberflächenqualität wichtig. Hierbei gibt es verschiedene Möglichkeiten, wie zum Beispiel die reine optische Kontrolle oder die genauere Methode mittels Lichtmikroskopie oder Rasterelektronenmikroskopie (s. a. Abschn. 13.6).

13.2.2 Gleichförmigkeit der Masse

Die Homogenität der Masse der eingesetzten Kerne ist vor und nach dem Coatingprozess zu überprüfen. Es werden 20 unbehandelte Kerne (z. B. Tabletten) nach dem Zufallsprinzip der Charge entnommen und einzeln auf einer Analysenwaage abgewogen, um anschließend die Durchschnittsmasse zu ermitteln. In Tab. 13.1 ist die erlaubte Standardabweichung nach Arzneibuch aufgelistet [2].

Tab. 13.1 Grenzwert der Masse nach dem Europäischen Arzneibuch [2]

Arzneiform	Durchschnittsmasse (mg)	Erlaubte Abweichung von der Durchschnittsmasse (%)
Nicht überzogene Tabletten, Filmtabletten	80 oder weniger	10
	Mehr als 80 und weniger als 250	7,5
	250 und mehr	5

13.2.3 Härte und Friabilität

Die Härte bzw. Bruchfestigkeit der zu überziehenden Kerne ist ein wichtiger Faktor bei dem Überzugsverfahren. Die Arzneikerne sollten eine genügende Festigkeit haben, um den Roll- und Schleifvorgängen im Trommelcoater und den mechanischen Belastungen in der Wirbelschichtanlage standhalten zu können. Andererseits sollte darauf geachtet werden, dass die Kerne in den Verdauungsmedien schnell genug zerfallen, um die Bioverfügbarkeit zu gewährleisten. Zum Dragieren eignen sich weichere Kerne, da nach den ersten Zuckerschichten die Stabilität des Kerns erhöht wird. Die Kerne für Filmüberzüge müssen eine höhere Härte besitzen und zusätzlich Wasser bzw. Lösemittel unempfindlich sein, damit beim Beginn des Auftragens der Dispersionsflüssigkeit der Arzneikern durch die Feuchtigkeit nicht aufquillt [1]. Zur Bestimmung der Bruchfestigkeit von Tabletten werden 10 Tabletten in einem Bruchfestigkeitstester einzeln untersucht, indem sie zwischen zwei Backen gelegt werden, von denen eine auf die andere zubewegt wird, bis die Tablette dazwischen zerbricht. Das Gerät misst die Kraft, die notwendig ist, um den Kern zu zerstören [3]. Die hergestellten Arzneikerne sollten eine Härte von 40 bis 50 N besitzen.

Durch mechanische Beanspruchung, Stoßeinwirkungen und Deckeln können Arzneiformoberflächen beschädigt werden. Um diese Beanspruchung zu überprüfen, werden Arzneiformen auf ihre nach Arzneibuch einem Abriebtester (Trommel: Durchmesser 283 und 291 mm, Tiefe 36 und 40 mm) getestet. Hierfür werden 20 Tabletten (m(d) weniger oder gleich 0,65 g) oder 10 Tabletten (m(d) mehr als 0,65 g) geprüft. Die Tabletten werden mittels Druckluft, Sieb und Abpinseln vom Staub befreit, abgewogen und in der Trommel bei 100 U/min rotiert. Nach der Entnahme aus der Trommel werden die Tabletten entstaubt und anschließend erneut abgewogen. Dabei ist darauf zu achten, dass keine Tablette gesprungen, gespalten oder zerbrochen ist. Der maximal erlaubte Abrieb (Masseverlust) beträgt 0,5 bis 1 % [1, 2].

Die aufgetragene Filmmenge kann bei ausreichender Härte der Arzneiform auch durch einfaches Abziehen der Überzugsschicht (z. B. bei Hydroxypropylmethylcellulose (HPMC)) ermittelt werden (Abb. 13.1).

Abb. 13.1 Filmüberzugstest einer überzogenen Tablette

13.3 Zugfestigkeit

Bei diesem Verfahren wird ein Stab mit dem Querschnitt q und der Länge L_o mit einer Zugkraft K_x belastet. K_x wird als Funktion der Längenänderung L registriert. Es wird als Spannungs-Dehnungskurve dargestellt.

Für die Zugspannung σ_x gilt nach dem Hookeschen Gesetz:

$$\sigma_x = \frac{K}{q} = E_o \frac{\Delta L}{\Delta L_o} \qquad (13.1)$$

σ_x ... Zugspannung [N/mm²]
E ... Elastizitätsmodul [Pa]

Aus der Anfangssteigerung bei sehr kleinen Dehnungen (elastischer Bereich) lässt sich das Elastizitätsmodul E berechnen. Bei höheren Spannungen tritt Sprödebruch ein oder die Probe verformt sich plastisch und reißt schließlich. Nach dem Verlauf der Kurven können die Filme in spröde oder zähe bzw. harte oder weiche Filme eingeteilt werden [3].

Effekt von Weichmachern auf die Zugfestigkeit:

- Abnahme der Reißfestigkeit
- Zunahme der Dehnbarkeit

Effekt von Pigmenten auf die Zugfestigkeit:

- Abnahme der Dehnbarkeit und der Reißfestigkeit
- Zunahme der Härte und Elastizität in mit Talkum beladenen Filmen (Talkum zeigt aufgrund der Plättchenform stärkere Wechselwirkung mit dem Polymer)
- Abnahme der Zugfestigkeit von HPMC-Filmen durch Zusatz von Titandioxid und Aluminiumlacken

13.4 Mindestfilmbildungs- und Glasübergangstemperatur

Nach DIN 53787 ist die Mindestfilmbildungstemperatur, MFT („Minimum Film Forming Temperature") die Temperatur, oberhalb der eine Polymerdispersion unter festgelegten Bedingungen einen rissfreien Film ausbildet [4].

Homogen erscheinende Filme treten etwa 10 Grad oberhalb der MFT auf. Polymerdispersionen, die unterhalb des MFT noch keinen Film bilden, trocknen zu einer weißen Schicht aus. Dieser sogenannte Weißpunkt (Wp) liegt einige Grade unterhalb der MFT. Für die Bestimmung vom MFT und Wp werden ein MFT-Bestimmungsgerät und eine Aufzugsfolie eingesetzt. Dabei wird das gewünschte Temperaturspektrum in das Gerät eingegeben. Anschließend wird das zu untersuchende Material auf die Aufzugsfolie des Gerätes gegossen und in die gewünschte Schichtdicke verstrichen.

Tab. 13.2 Liste einiger MFT von Filmbildnern [1, 5]

Material	Weichmacher	MFT [in °C]	Literatur
Kollicoat SR 30D		18	[5]
Kollicoat SR 30D	5 % 1,2-Propylenglykol	16	[5]
	10 % 1,2-Propylenglykol	14	[5]
	5 % Triethylcitrat	8	[5]
	10 % Triethylcitrat	1	[5]
Eudragit S100		>85	[1]
Eudragit L100		>85	[1]

Die Glasübergagstemperatur (T_g, Glass Transition Temperature) beziehungsweise Erweichungstemperatur beschreibt den Übergang von ganz oder teilweise amorphen Polymeren aus dem glasigen bzw. spröden in den gummielastischen oder viskosen Zustand. Die T_g wird als eine plötzliche Änderung der Kettenbeweglichkeit im Polymermolekül beschrieben. Folgende Materialeigenschaften werden durch die T_g beeinflusst:

- Temperaturabhängigkeit des spezifischen Volumens
- Spezifische Wärme
- Viskosität
- Kompressibilität
- Nachgiebigkeit
- Elastizität
- Brechungsindex
- Dielektrizitätskonstante

Die Glasübergangstemperatur oder T_g wird durch die Differenzialthermoanalyse (DTA) oder dynamische Differenzkalorimetrie (Differential scanning calorimetry, DSC) nach DIN 51005 bestimmt [1, 4] (Tab. 13.2).

13.5 Zerfall und Freisetzung

Die Auswahl des eingesetzten Polymerfilms für das Coating von Arzneikernen hängt davon ab, wo und in welcher zeitlichen Spanne der Wirkstoff freigesetzt werden soll und ob der Wirkstoff kontrolliert bzw. verzögert in den Blutpegel ändern auf Blutkreislauf entlassen wird.

Ist eine schnelle Freisetzung (Fast Release) gewünscht, können die Kerne mit magensaftlöslichen Polymeren (Löslichkeit bei pH 1,0–3,5) überzogen werden.

Bei Wirkstoffen, die verzögert freigesetzt werden (Sustained Release) oder eine Empfindlichkeit gegenüber der Magensaftsäure aufweisen (Enteric Coat), werden die Kerne dagegen mit Polymerschichten überzogen, die sich bei pH-Werten von 6,5–8,0 auflösen oder quellen, damit der Wirkstoff durch den gequollenen Film diffundieren kann [1].

Tab. 13.3 Verweilzeit im Verdauungstrakt [1]

Ort	pH-Bereich	Verweilzeit
Mund, Speiseröhre	6,4	ca. 10 sec
Magen	1–3,5	0,5–3 h
Dünndarm	6,5–7,8	6–8 h
Dickdarm	7,5–8,0	ca. 10 h

Freisetzungsorte, deren pH-Milieu und Verweilzeiten sind in Tab. 13.3 dargestellt. Bei der Neuentwicklung von Coatingmaterialien werden Löslichkeitskurven im gesamten pH-Spektrum aufgenommen, um den optimalen Einsatzbereich zu ermitteln [3]. Eine kontrollierte oder verzögerte Wirkstofffreisetzung wird aus verschiedenen Gründen angestrebt:

a) Bei Empfindlichkeit des Wirkstoffes dem Magensaft
b) Bei Empfindlichkeit des Magens gegenüber den Wirkstoffen
c) Zur Verlängerung der Dosierintervalle bei Wirkstoffen mit kurzer Eliminationshalbwertszeit
d) Zur Vermeidung hoher Plasmaspiegelspitzenwerte
e) Zur Vermeidung langer Perioden

Für Wirkstoffe der Gruppe a) und b) müssen magensaftresistente Überzüge verwendet werden, um den Wirkstoff erst im Darm freizusetzen. Bei Wirkstoffen der Gruppen c) bis e) werden die Matrices und Überzüge so verändert, dass der Wirkstoff durch Diffusionsbarrieren verzögert im Darm freigesetzt wird (Tab. 13.3).

Für die Wirkstofffreisetzung von Arzneiformen kann der Test über einen Freisetzungsapparat (Dissolution Testing Apparatus) nach der Methodik, die im Europäischen Arzneibuch beschrieben ist, erfolgen [2]. Hierfür wird ein definiertes Volumen des zu lösenden Mediums in den Freisetzungsbehälter überführt. Um ein aussagekräftiges Ergebnis zu erhalten, wird eine Mehrfachbestimmung (mindestens 3-fach) durchgeführt.

Die Behälter werden in ein Warmwasserbad eingetaucht, die Wassertemperatur wird auf 37 ± 0,5 °C eingestellt und mit einer definierten Umdrehungszahl des Rührers (z. B. 50 ± 1 U/min) umgewälzt. Befindet sich der Freisetzungsbehälter im Gleichgewicht, werden die Proben, jeweils eine Tablette pro Behälter, eingeworfen. Der Wirkstoffgehalt pro Tablette muss für die spätere Auswertung genau definiert sein, um die Vergleichbarkeit der verschiedenen Überzüge und Schichtdicken zu gewährleisten.

Der Wirkstoffgehalt wird durch folgende Formel berechnet:

$$\% \ Wirkstoffgehalt = \frac{Wirkstoff \ (g)}{Wirkstoff \ (g) + Füllstoff \ (g)} \cdot 100 \ \% \tag{13.2}$$

Nach definierten Zeitintervallen werden Proben aus den Behältern entnommen und das entnommene Volumen sofort mit reinem Medium wieder aufgefüllt. Die Proben können nun auf die Wirkstoffkonzentration mittels UV-Spektroskopie bzw. HPLC analysiert werden.

13 Charakterisierung von Coatings

Aus der Darstellung der Konzentration über die Verweilzeit lässt sich das Freisetzungsprofil des Analyten ermitteln und mit verschiedenen physikalischen Modellen abgleichen (z. B. Partikel-, Film- oder Matrixdiffusionsmodell). In Abb. 13.2 ist ein Wirkstofffreisetzungsdiagramm (a) abgebildet und die daraus resultierende Grafik bei Verwendung der Filmdiffusionsgleichung (b). Die Ergebnisse zeigen, dass die Wirkstofffreisetzung durch die Diffusion gesteuert wurde [6].

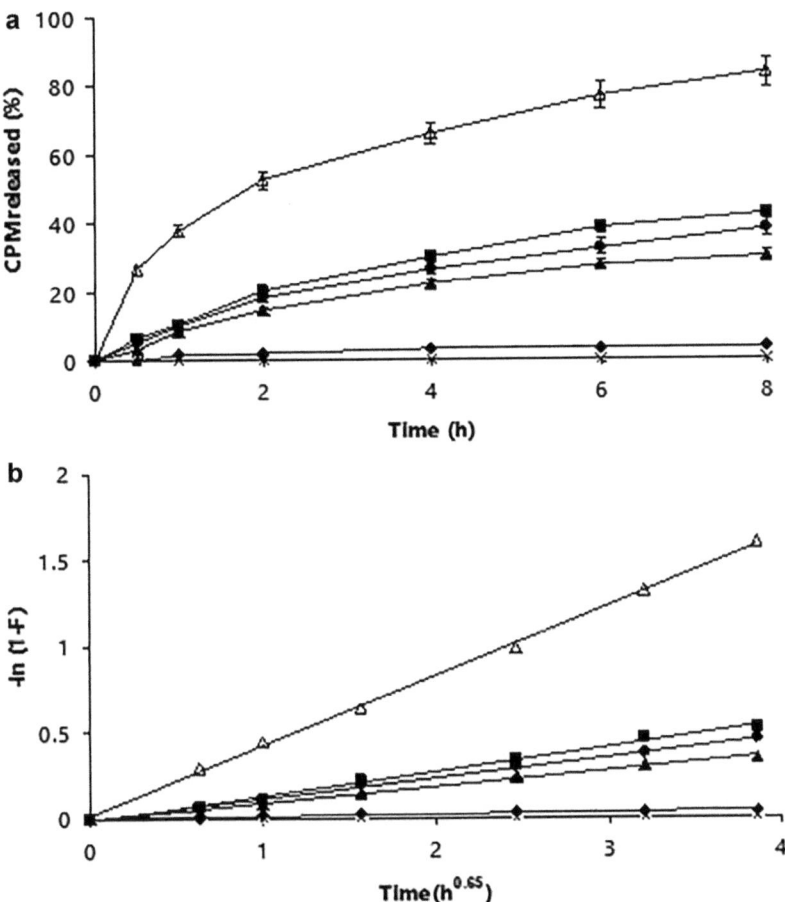

Abb. 13.2 a Freisetzung von Chlorpheniramin Maleat (CPM) in verschiedenen Medien: entsalztes Wasser (x), simulierter Magensaft (♦), simulierter Darmsaft (■), 0,05 N KCl (▲), 0,2 N KCl (•) und 0,6 N KCl (△), **b** Darstellung der Freisetzung nach Verwendung der Filmdiffusionsgleichung mit F = Fraktion der freigesetzten Wirkstoffmenge über die Zeit [6]. Jeder Punkt in der Grafik repräsentiert den Mittelwert aus 3 Prüfungen plus der Standardabweichung

13.6 Oberflächeneigenschaften und Morphologie

Eine gut befilmte Tablette sollte eine homogene und glatte Oberfläche haben. Die Stege und Kanten der Tablette müssen mit dem Überzugsmaterial umschlossen sein [1, 2].

Die Pigmentverteilung sollte einheitlich und homogen sein, d. h. es dürfen keine Farbschattierungen erkennbar sein. Bruchkerben und Einprägungen sollten nicht überdeckt, jedoch vollständig befilmt sein (Abb. 13.3).

Bei Globuli und Pellets ist darauf zu achten, dass das Überzugsgut nicht zu feucht wird. Die Zuluftmenge sollte aufgrund der leichteren Masse geringer gehalten werden, damit der Abrieb nicht zu groß wird (Abb. 13.4).

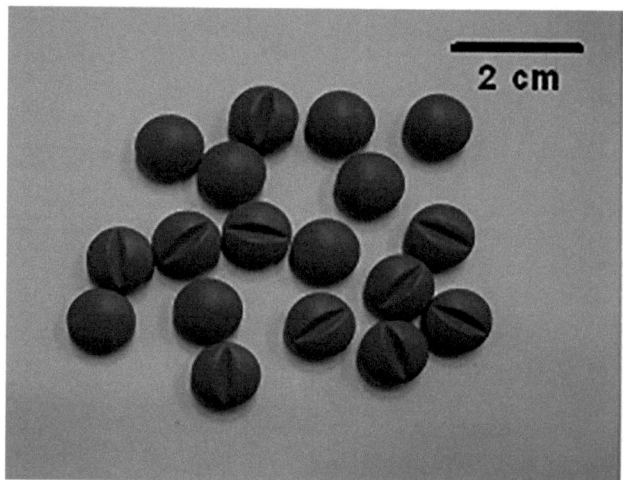

Abb. 13.3 Vollständig überzogene Arzneikerne mit Bruchkerbe

Abb. 13.4 Vollständig überzogene Globuli

Abb. 13.5 Links: überzogene Globuli, Mitte: Querschnitt, rechts: Globuli nach Abzug der Filmschicht

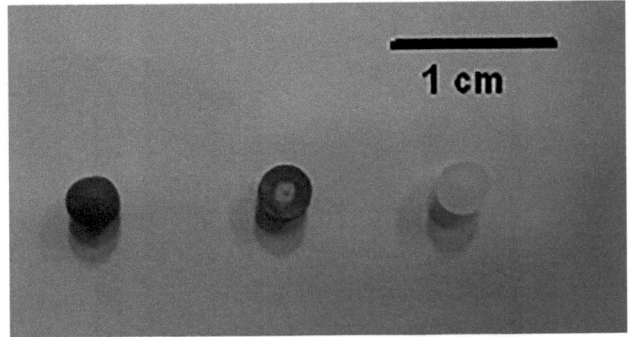

In der Abb. 13.5 ist der Querschnitt eines überzogenen Globuli dargestellt. Durch die Lichtbrechung erscheint das Globuli bis zum innersten Kern mit der Farbsubstanz durchdrungen. Rechts daneben ist ein Globuli gleicher Art, dessen Film zuvor mechanisch abgetrennt wurde. Es ist zu erkennen, dass keine Farbsubstanzen des Coatingmaterials in den Kern eingedrungen sind.

Rasterelektronenmikroskopische Untersuchungen der Filme gestatten Aussagen über die Morphologie. Dazu werden Filme mit elektronengängigem Material beschichtet und im Rasterelektronenmikroskop (REM) gescannt. Zur Untersuchung der inneren Struktur werden die Pellets bzw. Tabletten mit einer Metallklinge gebrochen. Aus diesen Untersuchungen lassen sich Aussagen über Filmdichte, Filmstruktur und Schichtdicke treffen.

Die Quellung dagegen lässt sich lichtmikroskopisch sehr einfach verfolgen. Die REM-Abbildungen (Abb. 13.6) zeigen Untersuchungen zur Schichtbildung auf Kernen aus Dowex 88, das Dowex 88 ist ein makroretikuläres Harz. Diese Harzkerne wurden aus einer Resin-Charge durch Siebung auf eine einheitliche Größe gebracht und mit Chlorpheniramin Maleat (CPM) als Resinat durch einfache Adsorption aus einer Lösung beladen. Die so beladenen Kerne wurden anschließend in einem Orbitalschüttler mit Eudragit RS 100 überzogen, wobei die Konzentration der Eudragit-Lösung zwischen 1 und 20 % variiert worden ist. Ab der Konzentration von 10 % Eudragit-Lösung traten Störungen, z. B. Klebung in der Schichtbildung auf [6].

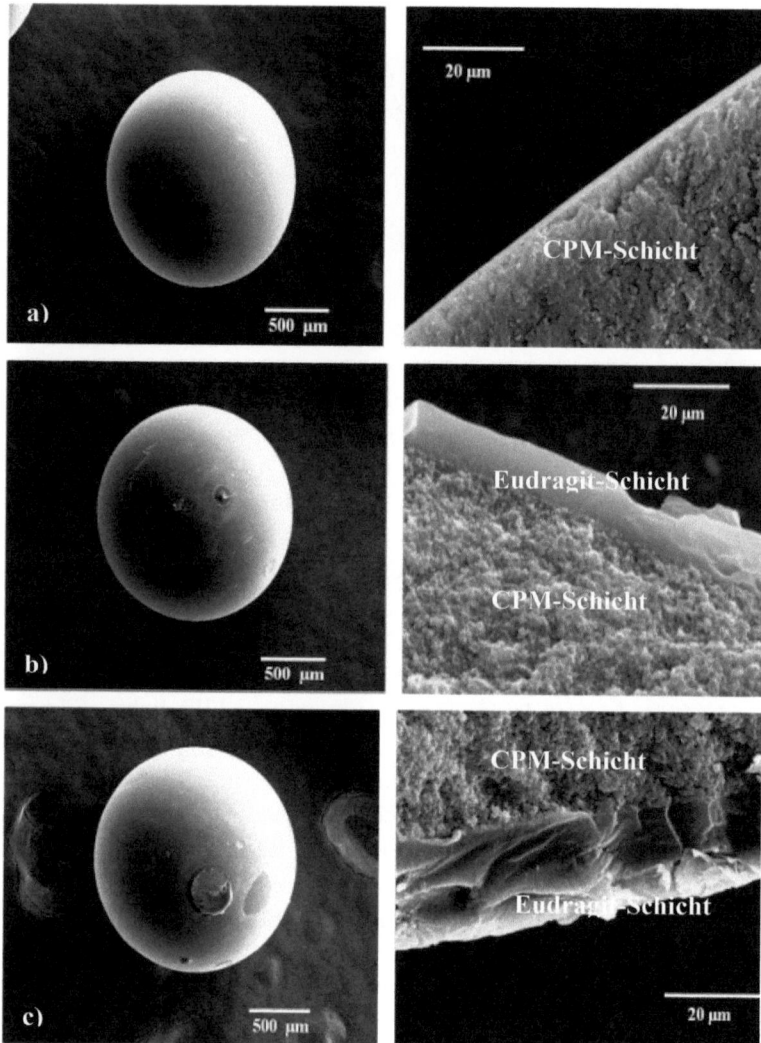

Abb. 13.6 REM-Aufnahmen von Eudragit-Überzügen auf Dowex 88 (links) und zugehörige Bruchaufnahmen der Überzüge (rechts) [6]: **a** Dowex 88 beladen mit Chlorpheniramin Maleat (CPM) als Resinat (CPM-Dowex88): glatte ungestörte Oberfläche – keine Unterschiede zu reinen Dowex-Kernen, **b** CPM-Dowex-Substrat überzogen mit Eudragit aus 5 %iger Eudragit-RS-100-Lösung: porenfreier Eudragit-Überzug, Schichtdicke ca. 8 µm, **c** CPM-Dowex-Substrat überzogen mit Eudragit aus 10 %iger Eudragit-RS-100-Lösung: Es sind zunehmende Störungen des Überzuges zu erkennen, Schichtdicke ca. 11 µm

13.7 Prüfmethoden an isolierten Filmen

Freie Filme (isolierte Filme) werden häufig zur Untersuchung von Freisetzung (Dissolution) und Barrierewirkung von Coatings eingesetzt. Isolierte Filme können durch Gießen („Casted Films") oder Sprühen („Sprayed Films") hergestellt werden. Gießfilme sind reproduzierbarer herzustellen, sind jedoch weniger praxisnah als Sprühfilme. Gute Ergebnisse bei der Herstellung von Gießfilmen lassen sich erreichen, wenn dazu ein Streichgerät aus der Dünnschichtchromatografie (DC-Applikator) verwendet wird und die Filme auf sehr ebenen Platten ausgestrichen werden. Die Platten sollten ein einfaches Abziehen („Peeling") des getrockneten Films erlauben [7].

Ein Beispiel der Apparatur zur Herstellung von Sprühfilmen ist in Abb. 13.7 skizziert. Auf eine rotierende Walze aus geeignetem Material (z. B. Teflon) wird die Coatingflüssigkeit aufgesprüht. Auch hier ist es wichtig, dass sich der Film leicht von der Walze ablösen lässt.

Gängige Prüfmethoden an isolierten Filmen sind in Tab. 13.4 zusammengefasst.

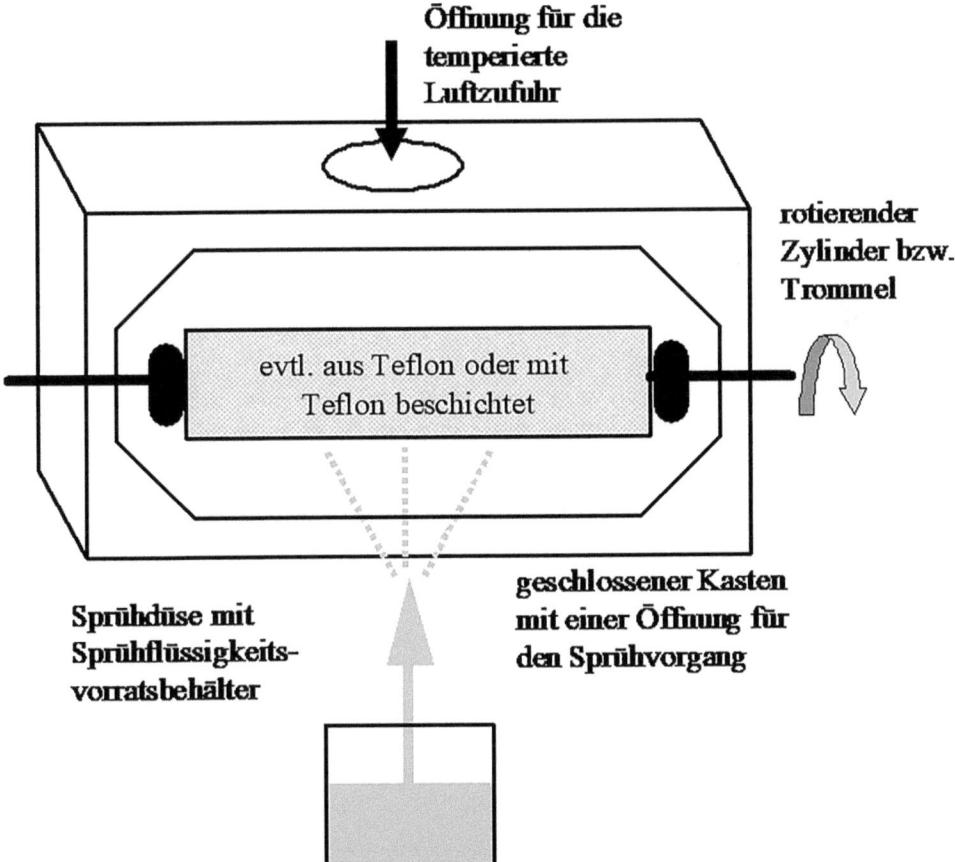

Abb. 13.7 Apparatur zur Herstellung von isolierten Filmen [8]

Tab. 13.4 Prüfmethoden an isolierten Filmen [8]

Verfahren	Beispiele der Methoden
Lösungseigenschaften	siehe Tab. 13.5
Mechanische Eigenschaften	Texturanalyse
Benetzungsverhalten	Kontaktwinkel
Permeabilitätseigenschaften	Gase (DIN 53380)
	Wasserdampf (DIN 53122)
	Wirkstoffe (Wirkstofffreisetzung)
Oberflächeneigenschaften und Schichtdicke	Computertomografie
	AFM, REM, Lichtmikroskopie
	Tetrahertz-Pulse-Bildgebungsverfahren
Identität	IR-Spektroskopie
	Tetrahertz-Pulse-Bildgebungsverfahren
Thermische Eigenschaften: (Glasübergangstemperatur bzw. minimale Filmbildungstemperatur)	DSC-Methode (DIN 51005)
	Torsionsschwingungsversuch (DIN 53445)
	Thermogravimetrie
	Minimum-Film-Formation-Temperature-Tester (DIN 53787)

Tab. 13.5 Ermittlung der Lösungsgeschwindigkeit

Methode	Ermittlung der Lösungsgeschwindigkeiten (LG)	Beschreibung
1.	Isolierter Film in Pufferlösung	Visuelle Beobachtung: niedrigster pH-Wert, bei dem sich ein Film innerhalb von 24 h noch löst. Er wird Lösungs-pH-Wert des Films genannt. Dieser ist auch von der Schichtdicke des Films abhängig.
2.	pH-Stat-Titrator: Ermittlung der Lösungsgeschwindigkeit von Filmen mit sauren oder basischen Gruppen	Filmstückchen werden in schwach puffernden, künstlichen Verdauungsflüssigkeiten bewegt und gegen Säure bzw. Lauge titriert. Aus den Titrationskurven lässt sich die Lösungsgeschwindigkeit berechnen.

Das Lösungsverhalten eines Polymers hängt u. a. von der isothermen Lösungsgeschwindigkeit ab. Sie definiert die Substanzmenge, die sich von einer Filmoberfläche (1 cm²) in einem wässrigen Medium bei T = 37 °C in einer Zeit von t = 1 min lösen lässt. Die Einheit wird angegeben in µg/cm²· min.

Für die Charakterisierung der Lösungseigenschaften, insbesondere magensaftresistenten Filmen, wird die Lösungsgeschwindigkeit in Abhängigkeit verschiedener pH-Medien untersucht. Bei der Darstellung als Grafik ergibt sich dadurch eine sigmoidale Kurve für die mechanischen Eigenschaften der Filme. Die praktische Durchführung ist in der Tab. 13.5 dargestellt.

13.8 Benetzungsverhalten der Überzugszubereitung

Ein Maß für das Benetzungsverhalten eines Festkörpers ist der sich ausbildende Kontaktwinkel zwischen einem Flüssigkeitstropfen und einer Festkörperoberfläche (Abb. 13.8). Genauer gesagt: Es stellt sich ein Kräftegleichgewicht zwischen Flüssigkeit, Gas und

Abb. 13.8 Definition des Kontaktwinkels

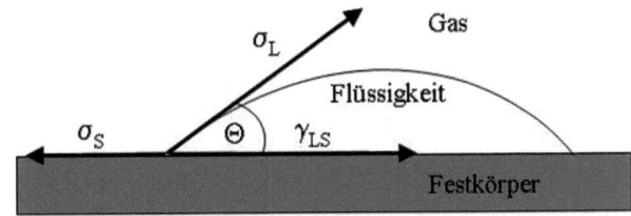

Festkörper ein. Die dafür notwendige Adhäsionsarbeit ist das Ergebnis der Summe der Wechselwirkungskräfte zwischen den verschiedenen Molekülen. FOWKES spezifizierte die Wechselwirkungen, in dem er postulierte, dass nur gleichartige Wechselwirkungen zwischen den Phasen stattfinden können. Ein rein dispersiv wechselwirkender Festkörper kann demnach auch nur mit den dispersiven Anteilen einer angrenzenden Flüssigkeit wechselwirken. Während dispersive Wechselwirkungen ubiquitär sind, treten polare Wechselwirkungen nur in bestimmten Molekülen auf. Aus der Kenntnis der Oberflächenspannung sowie des dispersiven und polaren Anteils lässt sich die Grenzflächenspannung zwischen Fluiden berechnen. Ist der Kontaktwinkel zwischen Flüssigkeit und Festkörper bekannt, kann daraus die Oberflächenenergie des Festkörpers ermittelt werden.

Dazu wird ein definierter Flüssigkeitstropfen in Kontakt mit der zu vermessenden Oberfläche gebracht. Im Tripelpunkt wird durch Anlegen einer Tangente an die Tropfenkontur der Kontaktwinkel Θ zwischen Tropfen- und Festkörperoberfläche ausgebildet.

Bei vollständiger Spreitung $\Theta = 0°$ und bei vollständiger Unbenetzbarkeit $\Theta = 180°$. Je kleiner der Kontaktwinkel ist, desto besser ist die Arzneiformoberfläche mit der gewählten Flüssigkeit benetzbar. Bei gleicher Flüssigkeit nimmt der Kontaktwinkel mit steigender Oberflächenenergie des Festkörpers ab.

Die YOUNG-Gleichung liefert nun den Zusammenhang zwischen Kontaktwinkel und Oberflächenenergie als Maß für die Benetzbarkeit:

$$\sigma_S = \gamma_{SL} + \sigma_L \cdot \cos\Theta \tag{13.3}$$

Θ... Kontaktwinkel
σ_S...Oberflächenspannung Festkörper
γ_{SF}...Grenzflächenspannung Festkörper/Flüssigkeit
σ_L...Oberflächenspannung Flüssigkeit

In der Praxis werden die Kontaktwinkel mit dem Benetzbarkeitsprüfgerät ermittelt [1].

13.9 Gas- und Wasserdampfdurchlässigkeit

Um die Schutzwirkung eines Films auf Kernen zu untersuchen, wird die Durchlässigkeit des Überzuges für gasförmige Stoffe bestimmt.

Die Gasdurchlässigkeit q (ml/m²·d·atm) (DIN 53380) ist definiert als das auf 0 °C und 760 Torr umgerechnete Volumen eines Gases, das während eines Tages bei einer bestimmten Temperatur und Druckgefälle durch 1 m² des zu prüfenden Films hindurchgeht.

$$q = \frac{T_o \cdot P_u}{P_o \cdot T \cdot A(P_b - P_u)} 24 \cdot Q \frac{\Delta x}{\Delta t} \cdot 10^4 \tag{13.4}$$

P_0...Normaldruck in atm
T_0...Normaltemperatur in K
T...Versuchstemperatur in K
A...Probenfläche in m²
t...Zeitintervall zwischen zwei Messungen in h
P_u...Druck im Prüfraum zwischen Probe und Quecksilberfaden in atm
P_b...Atmosphärendruck in atm
Q...Querschnitt der Messkapillaren in cm
$\frac{\Delta x}{\Delta t}$ ...Absinkgeschwindigkeit des Quecksilberfadens in cm/h

Als Wasserdampfdurchlässigkeit (WDD) wird die Menge Wasserdampf in g definiert, die an einem Tag unter festgelegten Bedingungen durch 1 m² Probenfläche diffundiert (nach DIN 53122):

$$WDD = \frac{24 \cdot \Delta m}{A \Delta t} \cdot 10^4 \tag{13.5}$$

Δm...Gewichtsdifferenz der beiden letzten Wägungen in g
Δt...Zeitabschnitt zwischen den beiden letzten Wägungen in h
A...Probenfläche in m²

Das gezeigte Schema in (Abb. 13.9) stellt eine Apparatur zur Bestimmung der Wasserdampfdurchlässigkeit dar.

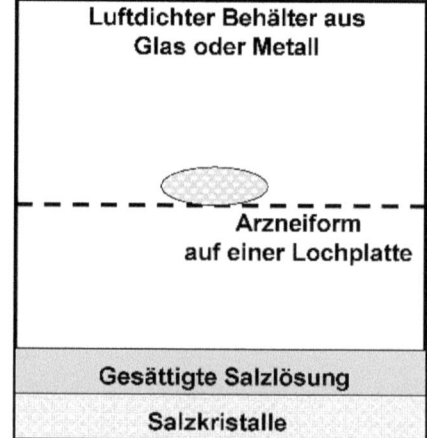

Abb. 13.9 Apparatur zur Bestimmung der Wasserdampfdurchlässigkeit von Filmen [1]

Im luftdicht verschlossenen Behälter erzeugt eine gesättigte Salzlösung mit Salzkristallen eine definierte relative Luftfeuchtigkeit. Über dieser Lösung befindet sich die Arzneiform (z. B. eine gecoatete Tablette) auf einer Lochplatte, durch die Wasserdampf hindurch diffundieren kann. Durch Messung der Gewichtsänderung der Probe über die Zeit lässt sich bestimmen, wie viel Wasserdampf durch die Beschichtung tritt, also die Wasserdampfdurchlässigkeit des Materials.

Bei freien Filmen wird anstelle der Tablette ein selbstständiger Polymerfilm über die Öffnung der Lochplatte gespannt oder befestigt. Der Film trennt den Bereich mit definierter relativer Luftfeuchtigkeit (durch die gesättigte Salzlösung) von einem trockenen Bereich. Der Wasserdampf diffundiert durch den Film, und die Mengenänderung (z. B. Gewichts- oder Feuchtigkeitszunahme) im trockenen Bereich wird gemessen. Daraus lässt sich die Wasserdampfdurchlässigkeit des reinen Films bestimmen – unabhängig vom Einfluss eines Tablettenkerns.

Die Diffusion von Gasen oder Dämpfen verläuft in 3 Phasen [1]:

- Adsorption der Gasmoleküle an der Oberfläche des Films (chemische Affinität)
- Diffusion durch den Film und
- Desorption an der anderen Seite des Films

Je nach Nutzungszweck der Filme sind hohe oder niedriger Gas- und Wasserdampfdurchlässigkeit erwünscht, die durch nachstehende Parameter beeinflusst werden können:

- Weichmacher erhöhen oder erniedrigen, je nach Hydro- bzw. Lipophilie und Menge, die Wasserdampfdurchlässigkeit.
- Lösungsmittelreste erhöhen die Wasserdampfdurchlässigkeit eines Films.
- Mit steigender Kristallinität des Filmbildners fällt die Permeabilität.
- Pigmente erniedrigen die Durchlässigkeit, da sie selbst nicht permeabel sind; wodurch der Querschnitt der Probe vermindert, und der Diffusionsweg verlängert wird.
- Die Hydrathülle hydrophiler Farbstoffe begünstigen die Wasserdampfdurchlässigkeit.
- Gesprühte Filme sind permeabler als gegossene Filme.
- Diethylphthalat und Triethylcitrat als Weichmacher sowie Talkum reduzieren die Wasserdampfdurchlässigkeit, während Titandioxid sie erhöht.
- Zusätze von Polyethylenglykol (PEG) erhöhen die Wasserdampfdurchlässigkeit von HPMC-Filmen.

13.10 Weitere Prüfmethoden

Weitere Prüfmethoden, die zur Charakterisierung von Filmen, Sprühflüssigkeiten (z. B. Emulsionen und Dispersionen) dienen, sind in Tab. 13.6 zusammengefasst.

Tab. 13.6 Prüfmethoden für Filme und Flüssigkeiten [5, 9]

Eigenschaften	Prüfmethode
Partikelgröße und -verteilung, Stabilität von dispersen Systemen	Photonenkorrelationspektroskopie (PCS), Laserdiffraktometrie (LD)
Filmstrukturanalyse	Klein- (SAXS) und Weitwinkelröntgenstreuung (WAXS)
Partikel- bzw. Tröpfchengröße, Filmdicke und Struktur	Licht-/Polarisationsmikroskopie, Elektronenmikroskopie
Thermische Übergänge, Strukturaufklärung	DSC, Thermogravimetrie
Adsorption/Desorptionskinetik, Filmrheologie (z. B. Lipidwasser Grenzfläche)	Tensiometer, Grenzflächendilatations- und Scherrheometer
Fließverhalten von Suspensionen/Emulsionen	Scher- und Oszillationsrheometer

13.11 Zusammenfassung

Die Überprüfung des Überzugs ist sehr bedeutend und kann durch verschiedene Methoden erfolgen. Bestimmte Eigenschaften, wie z. B. die Wasserdampfdurchlässigkeit, sind von der Technik des Filmauftrags und den Verfahrensbedingungen abhängig.

Die Arzneikerneigenschaften, wie z. B. Porosität, Oberflächenrauheit und Abriebfestigkeit, nehmen einen wesentlichen Einfluss auf die Filmbildung. Deshalb kann nur an fertig überzogenen Arzneiformen eine endgültige Überprüfung und Beurteilung der Filmqualität stattfinden. Bei den Vorprüfungen werden die Lösungen bzw. Dispersionen in dünnen Schichten auf Teflonoberflächen mit geringer Haftung ausgestrichen, gesprüht oder gegossen und bei geringer Luftbewegung getrocknet. Gegebenenfalls ist die Verwendung von gesprühten Filmen vorteilhafter, um das Sprühverfahren zu simulieren.

Eine weitere Möglichkeit, den Polymerfilm zu überprüfen, ist die Auftragung der Filmschicht auf inerte Glasperlen. Dadurch können Untersuchungen unabhängig von Einflüssen des Arzneikerns vorgenommen werden. Mit diesem Verfahren lassen sich Überzugs-, Zerfallseigenschaften und mikroskopische Untersuchungen durchführen. Die Widerstandsfähigkeit eines Films gegenüber mechanischen Belastungen wird beeinflusst durch:

- Sprödigkeit
- Plastizität, Elastizität
- Härte
- Dehnbarkeit

Literatur

1. Workshopskript Kurs 156 (1995) Wässrige Filmüberzüge für feste Arzneiformen. Arbeitsgemeinschaft für Pharmazeutische Verfahrenstechnik e.V, Darmstadt
2. Europäisches Arzneibuch (2005) 5. Ausgabe. Govi-Verlag/Pharmazeutischer Verlag GmbH, Eschborn, Deutscher Apotheker Verlag Stuttgart
3. Bauer KH, Lehmann K, Osterwald HP, Rothgang G (1988) Überzogene Arzneiformen, Grundlagen, Herstellungstechnologien, biopharmazeutische Aspekte, Prüfungsmethoden und Rohstoffe. Wissenschaftliche Verlagsgesellschaft mbH, Stuttgart
4. Vergnaud JM (1993) Controlled drug release of oral dosage forms. Ellis Horwood Limited, West Sussex
5. Bühler V (2007) Kollicoat grades, functional polymers for the pharmaceutical industry. BASF, Ludwigshafen
6. Gögebakan E (2007) Kontrollierte Wirkstofffreigabe aus oberflächenmodifizierten Resinaten mit Hilfe von Sigmacote® und Eudragit® RS 100. Masterthesis, Technische Fachhochschule Berlin
7. Cole G, Aulton ME, Hogan J (1995) Pharmaceutical coating technology. Informa Healthcare, London
8. Felton LA (2007) Characterization of coating systems. AAPS Pharm Sci Tech 8:E112
9. Schaal G (2004) Untersuchungen einer Befilmungsmöglichkeit fester Arzneiformen mit modifizierten Triglycerid-Dispersionen. Dissertation der Biologisch-Pharmazeutischen Fakultät der Friedrich-Schiller-Universität Jena

Rheologie von Beschichtungen

Michael Schäffler

14.1 Einleitung

Die Rheologie beschreibt die Fließ- und Deformationseigenschaften von Materialien. Der Begriff Rheologie ist aus dem Griechischen abgeleitet: rhein – fließen. Erst im Jahre 1930 entwickelte E. C. Bingham und M. Reiner in Easton (USA) die Rheologie zu einer eigenständigen Wissenschaft. Aber bereits seit dem 17. Jahrhundert wurden wesentliche Einzelbeiträge zu Fließphänomenen veröffentlicht, so z. B. 1676 von R. Hooke (Hookesches Gesetz) und 1687 von I. Newton (Newtonsches Gesetz). Die Rheologie hat sich bis heute immer mehr zu einer interdisziplinären Wissenschaft entwickelt, die die viskoelastische Eigenschaften von Materialien charakterisiert.

- Rheologie, die Beschreibung der rheologischen Phänomene von Materialien, nochmals unterteilt in die phänomenologische Rheologie (beschreiben), die theoretische Rheologie (mathematisieren) und die angewandte Rheologie (erklären und anwenden)
- Rheometrie, die Messung der rheologischen Eigenschaften

Die rheologischen Eigenschaften eines Materials sind für Industrie und Wissenschaft von großer Bedeutung. In fast allen Branchen werden rheologische Daten benötigt, um z. B. die Fließeigenschaften in Rohrströmungen, das Verhalten eines Materials beim Beschichten oder die Sedimentationsneigung bei der Lagerung zu charakterisieren.

M. Schäffler (✉)
Market Development Manager, Material Characterization, Anton Paar Germany GmbH, Ostfildern, Deutschland
E-Mail: michael.schaeffler@anton-paar.com

Ziel dieses Kapitels ist es, die Grundlagen der Rheologie zu vermitteln und die Möglichkeiten zur rheologischen Charakterisierung disperser Systeme durch Rotations- und Oszillationsmessungen aufzuzeigen.

14.2 Grundlagen, Definitionen und Begriffe

Disperse Systeme unterscheiden sich in ihrer Zusammensetzung, der Art und Größe der Teilchen sowie durch den Bindungs- und den Dispersionstyp. Alle diese Faktoren beeinflussen das mechanische Verhalten eines Materials und damit dessen rheologische Eigenschaften.

Die wichtigsten mikrostrukturellen Einflüsse auf das rheologische Verhalten sind:

- Primäre (kovalente und ionische Bindungen) und sekundäre (Dipol- und Van-der-Waals-Wechselwirkungen) Bindungskräfte
- Elektrostatische und sterische Wechselwirkungen
- Konzentration und pH-Wert

Eine wissenschaftlich brauchbare Einteilung von dispersen Systemen kann nach der Teilchengröße und dem Dispersionstyp erfolgen (Abb. 14.1).

Für rheologische Untersuchungen gibt es primär zwei Zielsetzungen:

- Die Materialcharakterisierung und Strukturaufklärung, oftmals verbunden mit weiteren Methoden, wie z. B. rheooptischen Methoden, im Bereich der Forschung und Entwicklung von Materialien.
- Das Verhalten von Materialien unter Einfluss von äußeren Kräften, z. B. bei Pump- und Beschichtungsprozessen oder bei der Lagerung.

In Abb. 14.2 ist das rheologische Verhalten verschiedener Materialien dargestellt.

Um das unterschiedliche Deformations- und Fließverhalten zu veranschaulichen, machen wir folgendes Experiment und beobachten das Verhalten von drei rheologisch unterschiedlichen Materialien (Abb. 14.3):

Größenordnung	Grobdisperse Systeme	Kolloiddisperse Systeme	Homogene Systeme	Dispersionstyp	Beispiel
Optische Auflösung	Optische Mikroskopie	Optische / Elektronen-Mikroskopie	Elektronen-Mikroskopie	fest/gasförmig	fester Schaum
				fest/flüssig	Suspension
Dimension	≥ 1mm - 10µm	10µm – 1nm	1nm – 0,1nm	fest/fest	Legierung
				flüssig/gasförmig	Schaum
Beispiele	Makroemulsionen Suspensionen	Mikroemulsionen Mizellen Makromoleküle	Silikonöl Wasser ionische Lösung	flüssig/flüssig	Emulsion

Abb. 14.1 Einteilung disperser Systeme nach Teilchengröße (links) und Dispersionstyp (rechts) mit Beispielen

14 Rheologie von Beschichtungen

Flüssigkeit		Festkörper	
(Ideal)viskoses Fluid	Viskoelastisches Fluid	Viskoelastischer Festkörper	(Ideal)elastischer Festkörper

Niedermolekulare Lösungen und Mischungen	Dispersionen ohne „Fließgrenze" Polymerlösungen und -schmelzen	Dispersionen mit „Fließgrenze", vernetzte Polymere	Stahl, Stein
Gesetz von Newton	Modell von Maxwell	Modell von Kelvin/Voigt	Gesetz von Hooke

Abb. 14.2 Rheologisches Verhalten von Materialien, Beispiele und Gesetze/Modelle

Abb. 14.3 Experiment Verformungsverhalten

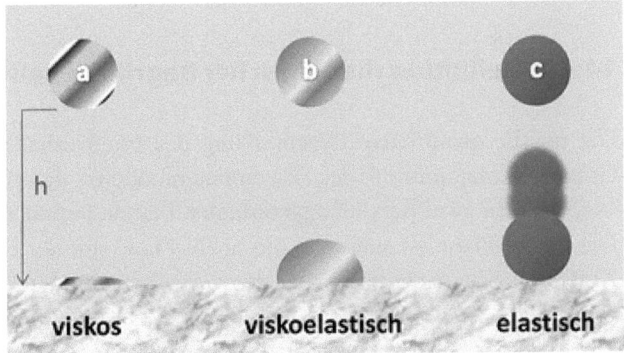

Wir lassen einen Wassertropfen (a), eine Knetmasse (b) und eine Stahlkugel (c) aus gleicher Höhe auf eine Steinplatte fallen.

- Der Wassertropfen (a) läuft nach dem Auftreffen so lange auseinander, bis sich ein sehr dünner Film gebildet hat, dessen Dicke von der Grenzflächenspannung abhängt (**idealviskos**).
- Die Knetmasse verformt sich nach dem Auftreffen teilweise und behält diese Form dauerhaft bei (**viskoelastisch**).
- Die Stahlkugel springt nach dem Auftreffen wieder hoch und bleibt am Ende unverformt am Boden liegen (**idealelastisch**).

Die rheologischen Eigenschaften hängen sehr stark von äußeren Einflüssen ab. Die wichtigsten Einflüsse sind:

- Belastungsart, Höhe der Belastung und Belastungsdauer
- Temperatur und Druck
- Magnetische und elektrische Felder

Deformationen werden durch äußere Kräfte erzeugt. Es gibt drei unterschiedliche rheologische Beanspruchungsformen:

- Stationäre Scherströmung (Rheometrie in Rotation)
- Instationäre Scherströmung (Rheometrie in Oszillation, Kriech-/Relaxationsversuch)
- Dehnströmung (Rheometrie in Dehnung)

Die dehnrheologischen Beanspruchungsformen werden in diesem Kapitel nicht weiter behandelt. Diese sind bei dispersen Systemen nur schwer zugänglich. Weiterführende Literatur zu dieser Beanspruchungsart finden Sie unter [3, 6]. Ebenso wird nicht weiter auf den sogenannten Kriecherholungsversuch und den Relaxationsversuch eingegangen. Diese Versuche haben an Bedeutung verloren und werden, bis auf Spezialfragestellungen, durch Versuche in Oszillation ersetzt. Weiterführende Literatur dazu finden Sie unter [1, 2, 4, 5, 7].

14.2.1 Definition rheologischer Begriffe (Fließverhalten)

Die für die quantitative Beschreibung des Fließverhaltens verwendeten physikalischen Größen werden mithilfe des „Zweiplattenmodells" definiert, siehe Abb. 14.4.

Zwischen zwei parallel angeordneten Platten befindet sich das zu messende Material. Die untere Platte ist stationär, die obere Platte mit der Fläche A bewegt sich durch eine Kraft F in Scherrichtung. Unter der Voraussetzung der Wandhaftung erhöht sich die Geschwindigkeit linear von v = 0 an der nicht bewegten Platte auf den Wert v der bewegten Platte. Es wird also vorausgesetzt, dass sich eine stationäre laminare Strömung ausbilden kann und keine turbulente Strömung auftritt.

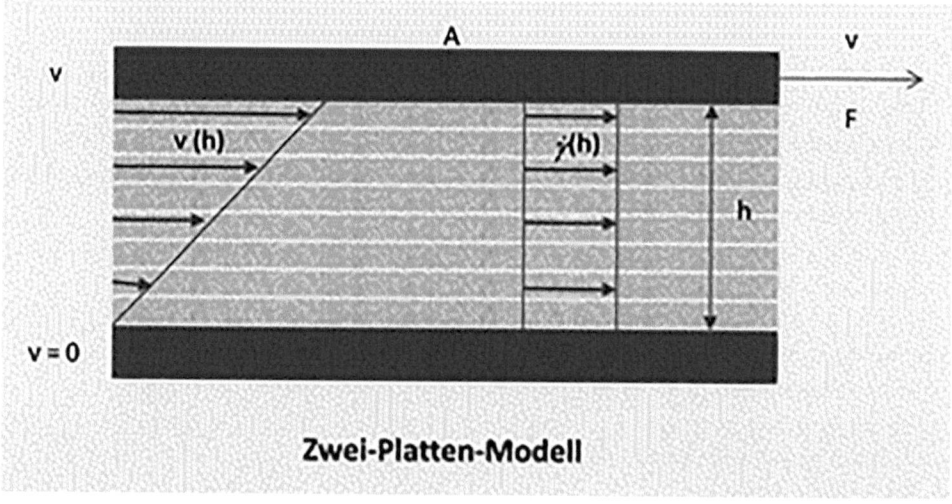

Abb. 14.4 Geschwindigkeits- und Schergeschwindigkeitsverteilung im Spalt für Scherversuche

14 Rheologie von Beschichtungen

Die **Schubspannung** τ wird definiert als das Verhältnis der Kraft F zur Fläche A der oberen Platte:

$$\tau = \frac{F}{A}$$

Die Einheit der Schubspannung τ ist [Pa], Umrechnungen:

$$1 Pa = 1 \frac{N}{m^2} = 1 \frac{kg}{m \cdot s^2}$$

Wie bereits beschrieben, bildet sich bei einer stationären Scherströmung in dem gescherten Material ein höhenabhängiger Geschwindigkeitsgradient v(h) in Scherrichtung aus. Daher wird eine höhenabhängige Größe definiert: die **Scherrate** $\dot{\gamma}$. Sie wird folgendermaßen berechnet:

$$\dot{\gamma}(h) = \dot{\gamma} = \frac{dv}{dh}$$

Die Einheit der Scherrate ist [1/s] oder [s^{-1}].

Bei der Verarbeitung, dem Transport oder der Anwendung, wird das Material immer einer Scherbeanspruchung ausgesetzt. Typische Scherratenbereiche sind in der Abb. 14.5 dargestellt. Das Verhältnis Scherrate zur Schubspannung ist der Proportionalitätsfaktor η. Dieser Faktor wird als **Viskosität η** bezeichnet und wird auf I. Newton zurückgeführt:

$$\tau = \eta \cdot \dot{\gamma}$$

Die Viskosität, besser Scherviskosität, wird auch als Zähigkeit eines Materials bezeichnet und gibt die inneren Reibungskräfte oder den Fließwiderstand gegenüber einer von außen wirkenden (Scher)Kraft wieder.

Die Einheit der (Scher)Viskosität η ist [Pas], Umrechnungen:

$$1\ Pas = 1 \frac{N \cdot s}{m^2} = 1 \frac{kg}{s \cdot m}$$

Abb. 14.5 Typische Scherratenbereiche bei der Verarbeitung, also unter Prozessbedingungen

Vorgang	Scherrate (s^{-1})
Sedimentation	< 0,001 bis 0,01
Oberflächenverlauf	0,01 bis 0,1
Ablaufen	0,001 bis 1
Tauchen	1 bis 100
Rohrströmung, Pumpen, Abfüllen	1 bis 10000
Streichen, Pinseln	100 bis 10000
Sprühen, Spritzen	1000 bis 10000
(Hochgeschwindigkeits-) Beschichten, Rakeln	100000 bis 1 Mio.

Beispiele für unterschiedliche Materialviskositäten, siehe Abb. 14.6:

Die Darstellung des Materialverhaltens erfolgt entweder als „Fließkurve" (τ gegen $\dot{\gamma}$) oder als „Viskositätskurve" (η gegen $\dot{\gamma}$).

Wird die Scherviskosität auf die Dichte des Materials bezogen, wird daraus die **kinematische Viskosität** υ berechnet:

$$\upsilon = \frac{\eta}{p}$$

Die Einheit der kinematischen Viskosität υ ist [mm^2/s].

Die kinematische Viskosität wird hauptsächlich in der Hydrodynamik verwendet.

Idealviskoses Fließverhalten

Die Scherviskosität ist bei idealviskosen Materialien (Newton-Fluid) eine Stoffkonstante bzw. Materialfunktion und nur von den Größen Druck und Temperatur abhängig (Abb. 14.7).

Diese Materialien (niedermolekulare Lösungen, Mischungen sowie Öle) zeigen keine Scherraten- und Zeitabhängigkeit.

Abb. 14.6 Viskositätswerte für einige Materialien, bei T = +20 °C

Material bei 20°C	Viskosität
Wasser	1 mPas
Olivenöl	ca. 100 mPas
Glycerin	1480 mPas

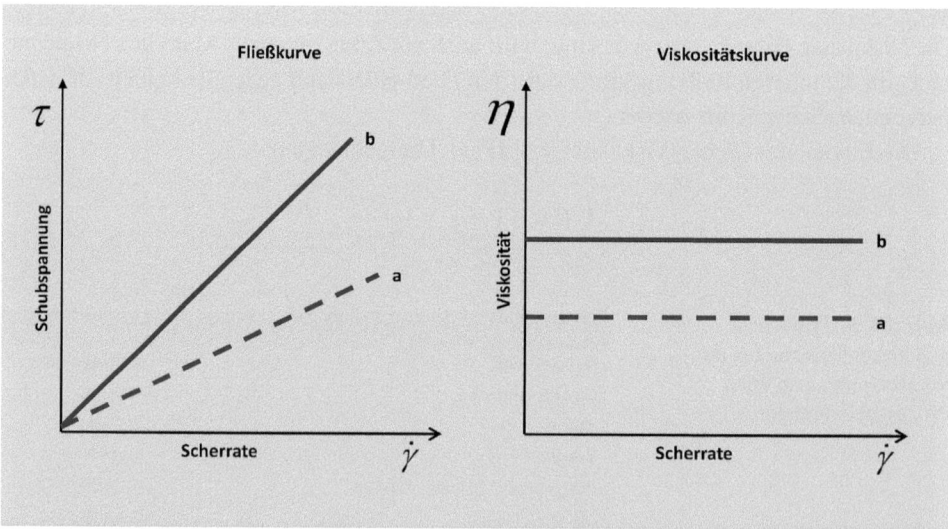

Abb. 14.7 Fließ- und Viskositätskurve von zwei idealviskosen Fluiden. **a** Fluid mit niedriger Viskosität, **b** Fluid mit höherer Viskosität

14 Rheologie von Beschichtungen

Nicht idealviskoses Fließverhalten

Das idealviskose Verhalten haben wir jetzt bereits kennengelernt. Die meisten Materialien, so auch disperse Systeme, zeigen jedoch eine Scher- und/oder Zeitabhängigkeit in ihrem Fließverhalten.

Scherabhängiges nicht ideales Fließverhalten

Die Viskosität ist von der Scherbelastung abhängig: $\eta = f(\dot{\gamma})$. Dieses Materialverhalten wird grafisch als Fließ- oder Viskositätskurve dargestellt (Abb. 14.8).

Nicht-lineare Abhängigkeiten, dargestellt als Fließ- und Viskositätskurve (Abb. 14.8).

- **Scherverdünnend** (strukturviskos): Die Viskosität und die Steigung der Schubspannung nehmen mit steigender Scherbelastung ab. Grund dafür ist ein Strukturabbau bzw. -umbau im Material (Abb. 14.8a und b, Beispiele Abb. 14.9).

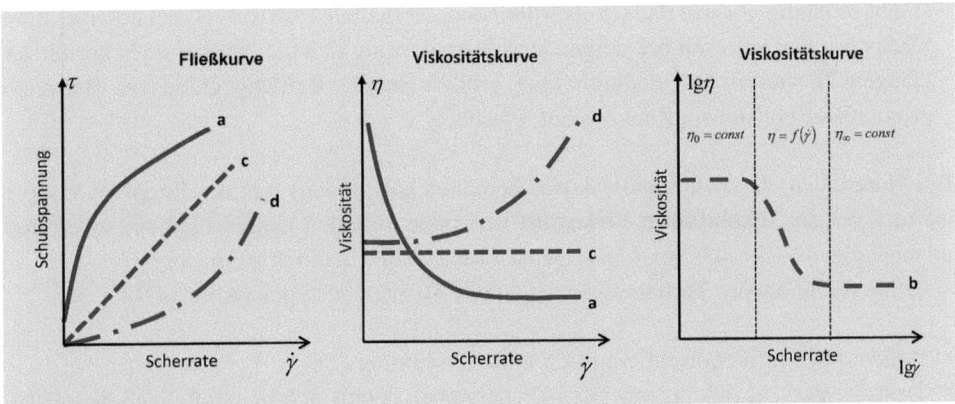

Abb. 14.8 Fließ- und Viskositätskurven. **a** scherverdünnend mit Fließgrenze, **b** scherverdünnend mit Nullviskosität und Unendlichviskosität, **c** idealviskos, **d** scherverdickend

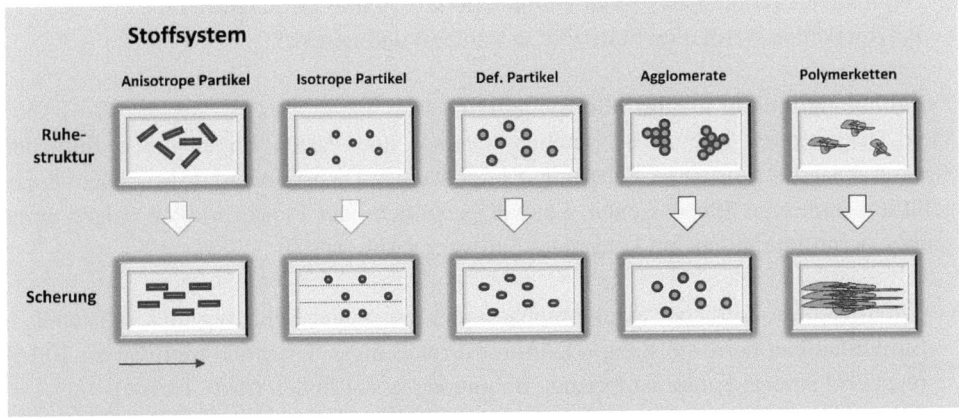

Abb. 14.9 Unterschiedliche scherverdünnende disperse Stoffsysteme

- **Nullviskosität** und **Unendlichviskosität**: Die Viskositätskurve hat bei niedrigen und hohen Scherraten jeweils ein newtonsches Plateau und damit keine Scherbelastungsabhängigkeit. Im mittleren Scherbelastungsbereich tritt Scherverdünnen auf (Abb. 14.8b). Dieses Verhalten zeigen Polymerlösungen und -schmelzen. Bis zu einer Grenzscherrate stehen die Entschlaufungs- und Verschlaufungsvorgänge im Gleichgewicht. Ab einer bestimmten Scherrate überwiegen dann immer mehr die Entschlaufungsvorgänge und das Polymer verhält sich scherverdünnend. Wenn alle Makromoleküle gestreckt sind, ist der Bereich der Unendlichviskosität erreicht.
- **Fließgrenze**: Bei Materialien mit einer Fließgrenze muss erst eine Grenzschubspannung überwunden werden, um das Material zum Fließen zu bringen. Unterhalb dieser sogenannten scheinbaren Fließgrenze verhält sich das Material wie ein viskoelastischer Festkörper. Die Fließkurve schneidet die Schubspannungsachse bei $\tau > 0$ (Abb. 14.8a).
- **Scherverdickend** (dilatant): Die Viskosität und die Steigung der Fließkurve nehmen mit steigender Scherbelastung zu (Abb. 14.8d). Das scherverdickende Verhalten kommt nicht so häufig vor wie das scherverdünnende Verhalten. Es tritt z. B. bei hochgefüllten Suspensionen auf, weil bei steigender Scherbelastung sich die Partikel im Scherfeld anfangen zu stören und dadurch eine größere innere Reibung erzeugen. Beispiele: Keramiksuspensionen, Zahnzement, Plastisol.

Bei Materialien, die nicht idealviskoses Verhalten haben, wird statt des Begriffes Viskosität auch der der **scheinbaren Viskosität** verwendet, um den Unterschied zur scherratenunabhängigen Viskosität von idealviskosen Materialien deutlich zu machen.

Scherverdünnendes Verhalten verschiedener Dispersionstypen (Abb. 14.9):

- Anisotrope Partikel orientieren sich in Scherrichtung.
- Isotrope Partikel in konzentrierten Dispersionen lagern sich in parallelen Scherebenen an (gestichelte Linien).
- Deformierbare Partikel werden je nach Form und Elastizität durch die Scherung verformt.
- Agglomerate (Aggregate) zerfallen im Scherfeld in ihre Primärpartikel.
- Polymerketten werden im Scherfeld entschlauft und gestreckt.

Zeitabhängiges nicht ideales Fließverhalten
Viele Dispersionen, wie z. B. Ketchup, Cremes und Pasten zeigen einen zeitlichen Strukturabbau bei konstanter Scherung. Einige wenige Dispersionen, insbesondere hochgefüllte keramische Suspensionen, Latexdispersionen oder Plastisolpasten zeigen einen zeitlichen Strukturaufbau bei konstanter Scherung (Abb. 14.10).

- **Thixotrophie**: Zeitlicher Strukturabbau unter konstanter Scherung und vollständiger Strukturaufbau bei Entlastung. Definitionsgemäß muss der Strukturaufbau zu 100 % reversibel sein und unter isothermen Bedingungen stattfinden (Abb. 14.10a).
- **Rheopexie**: Zeitlicher Strukturaufbau unter konstanter Scherung und vollständiger Strukturabbau bei Entlastung. Definitionsgemäß muss der Strukturabbau zu 100 % reversibel sein und unter isothermen Bedingungen stattfinden (Abb. 14.10b).

14 Rheologie von Beschichtungen

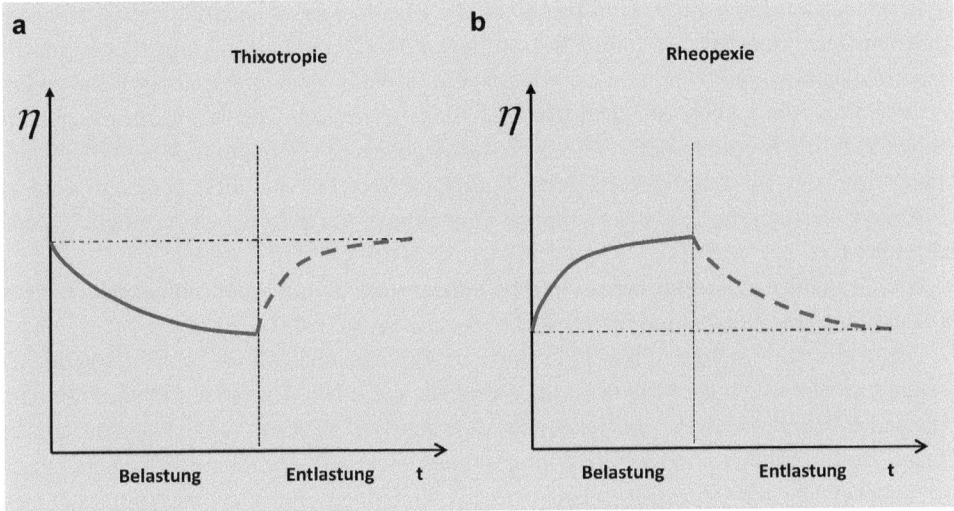

Abb. 14.10 Zeitabhängige Viskositätsfunktionen. Sprungexperiment zur Überprüfung eines zeitabhängigen Strukturaufbaus oder -abbaus

Temperatur- und druckabhängiges Fließverhalten

Alle Materialien zeigen eine Temperaturabhängigkeit bei den ermittelten Viskositätswerten. Materialien mit höheren Viskositäten zeigen dabei eine größere Temperaturabhängigkeit. Soweit es sich um physikalische Vorgänge handelt, nimmt die Viskosität mit Temperaturzunahme ab. Ausnahmen bilden Materialien, die sich chemisch oder physikalisch vernetzen und dabei Strukturen aufbauen, die die Viskosität erhöhen. Beispiele dafür sind z. B. Stärkegelierungen, thermische Aushärtung von Klebersystemen oder Kristallisation. Das zu untersuchende Material kann in Funktion der Zeit unter isothermen Bedingungen oder in Funktion der Temperatur unter dynamischen Bedingungen gemessen werden.

Die Temperatur hat bei rheologischen Messungen einen entscheidenden Einfluss auf die ermittelten Messwerte, deshalb muss die Probentemperatur bei rheologischen Messungen genau und gradientenfrei eingeregelt werden.

Die Druckabhängigkeit spielt bei dispersen Systemen eine untergeordnete Rolle, da es sich bei diesen Systemen um viskoelastische Fluide oder Festkörper handelt, die bei niedrigen bis mittleren Drücken nahezu inkompressibel sind.

14.2.2 Definition rheologischer Begriffe (Deformationsverhalten)

In den vorhergehenden Kapiteln wurden die verschiedenen Typen des Fließverhaltens beschrieben. Die Untersuchung erfolgt bei großen Deformationen, das Material befindet sich nicht in Ruhe, sondern die innere Struktur wird durch die Scherbelastung verändert oder zerstört.

In den letzten Jahrzehnten sind kommerzielle Rheometersysteme mit Luftlagertechnologie entwickelt worden, die immer besser und empfindlicher schwingungsrheometrische Experimente zulassen. Damit ist es möglich, die Struktur eines Materials in Ruhe zu untersuchen und die viskoelastischen Eigenschaften zu messen. Oszillationsmessungen erlauben z. B. die Messung des zeit- oder frequenzabhänigen Verhaltens. Bei der Untersuchung disperser Systeme können damit Aussagen über die Stabilität gemacht werden; auch die Untersuchung zeit- oder temperaturabhängiger Veränderungen ist möglich (Aushärtungen).

Die Grundlagen der oszillatorischen Scherbeanspruchung können in einfacher Form wieder durch das Zweiplattenmodell erklärt werden (Abb. 14.11).

Die obere Platte wird durch ein Rad mit exzentrisch angebrachter Schubstange in Bewegung gesetzt, die untere Platte ist unbeweglich. Zwischen den beiden Platten mit dem Abstand h befindet sich das zu messende Material. Das Material muss Wandhaftung an beiden Platten haben und es soll sich im gesamten Messspalt homogen verformen. Durch die Schubstange wird die obere Platte in beide Richtungen mit gleicher Amplitude ausgelenkt. Betrachtet man einen Punkt an der Platte, ergibt sich eine sinusförmige Bewegung wie in Abb. 14.11 dargestellt. Die obere Platte wird durch die Kraft ±F bewegt, und es ergibt sich daraus die Auslenkung ±s mit dem Auslenkwinkel ±ϕ.

Die Deformation ist als:

$$\pm \gamma = \pm s / h = \pm \tan \phi$$

definiert, und die Schubspannung ist als:

$$\pm \tau = \pm F / A$$

definiert.

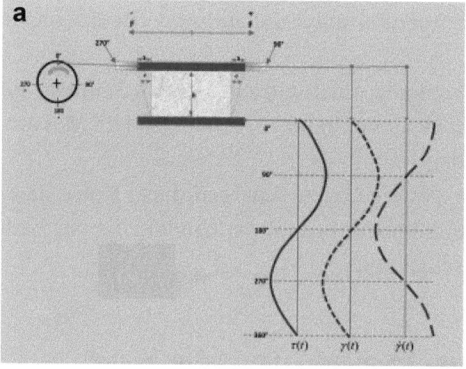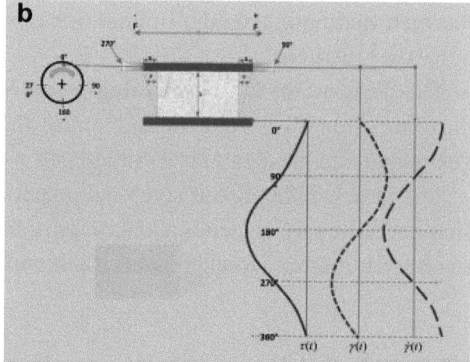

Abb. 14.11 Zweiplattenmodell: Idealelastisches **a** und idealviskoses **b** Verhalten in Oszillation

14 Rheologie von Beschichtungen

Die sinusförmige Änderung der Deformation $\gamma(t)$ mit der Amplitude $\hat{\gamma}$ bei einer Kreisfrequenz $\omega = 2\pi f$ wird mit folgender Gleichung beschrieben:

$$\gamma(t) = \hat{\gamma} \cdot \sin(\omega t)$$

Die für diese Bewegung notwendige Schubspannung $\tau(t)$ ist ebenfalls sinusförmig, sie ist jedoch gegenüber der Deformation phasenverschoben. Der Phasenverschiebungswinkel δ hängt von den viskoelastischen Eigenschaften des untersuchten Materials ab. Damit ergibt sich:

$$\tau(t) = \hat{\tau} \cdot \sin(\omega t + \delta)$$

Die zeitliche Ableitung der Deformation, die Scherrate $\dot{\gamma}(t)$, oszilliert mit gleicher Kreisfrequenz, ist aber in der Phase um den Winkel $+\pi/2$ (90°) verschoben:

$$\dot{\gamma}(t) = \hat{\gamma} \cdot \omega \cdot \cos(\omega t)$$

Bei idealelastischem Verhalten ist die Deformationsvorgabe „in Phase" mit der Schubspannungsantwort des Materials, dem Phasenverschiebungswinkel $\delta = 0°$ (Abb 14.11a).

Bei idealviskosem Verhalten ist die Deformationsvorgabe zur Schubspannungsantwort der Probe um 90° verschoben und als cos-Funktion „in Phase" mit der Scherratenfunktion, dem Phasenverschiebungswinkel $\delta = \pi/2 = 90°$ (Abb. 14.11b).

Ist der Phasenverschiebungswinkel $0° \leq \delta \leq 90°$, entsteht viskoelastisches Verhalten. In Abhängigkeit der vorgegebenen Kreisfrequenz (ω) ist bei einem gemessenen Phasenverschiebungswinkel von $\delta \leq 45°$ viskoelastisches Festkörperverhalten und bei einem Phasenverschiebungswinkel von $\delta \geq 45°$ viskoelastisches Flüssigkeitsverhalten vorhanden.

Über die Messung des Phasenverschiebungswinkels ist also der Dämpfungsfaktor des Materials bestimmbar. Je größer der gemessene Winkel, desto größer ist der viskose Anteil im Material.

In Analogie zum Hookeschen Gesetz lässt sich das viskoelastische Verhalten über den frequenzabhängigen komplexen Schubmodul G^* darstellen:

$$G^*(\omega) = \frac{\tau(\omega,t)}{\gamma(\omega,t)}$$

$G'(\omega)$ bezeichnet das Speichermodul (elastischen Anteil) und $G''(\omega)$ das Verlustmodul (viskosen Anteil) des Materials.

Das Verlustmodul G'' ist proportional der durch das Fließen irreversibel dissipierten Energie. Das Speichermodul G' reflektiert die reversibel elastisch im Material gespeicherte Deformationsenergie.

Das Verhältnis von G″ zu G′ bezeichnet man als Verlustfaktor tanδ, er ist folgendermaßen definiert:

$$\tan \delta = \frac{G''}{G'}$$

In Analogie zum Newtonschen Gesetz lässt sich das viskoelastische Verhalten auch über die frequenzabhängige komplexe Viskosität η^* darstellen:

$$\eta^*(\omega) = \frac{\tau(\omega,t)}{\dot{\gamma}(\omega,t)}$$

In der Praxis wird das viskoelastische Verhalten über den komplexen Schubmodul G* und dessen realen und imaginären Anteil G′ und G″ dargestellt. Der Betrag der komplexen Viskosität η^* wird insbesondere in der „Polymerrheologie" für die Darstellung der Frequenzabhängigkeit von η^* verwendet. Der Verlustfaktor tanδ findet primär in der dynamisch mechanischen Analyse als Messgröße seine Anwendung.

Mithilfe der definierten Größen G*, G′ und G″ kann das viskoelastische Verhalten von Materialien auch über ein Vektordiagramm bildlich dargestellt werden, siehe Abb. 14.12.

Dabei gilt für den Betrag des komplexen Schubmodul G* folgende Beziehung nach dem Satz des Pythagoras:

$$|G^*| = \sqrt{(G') + (G'')^2}$$

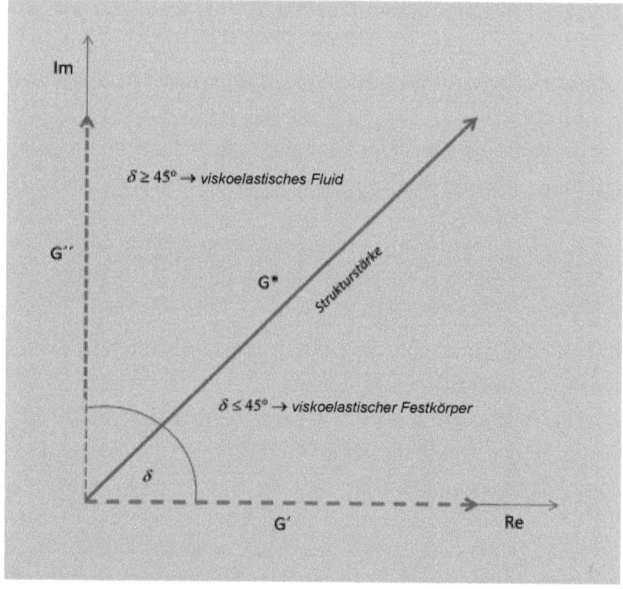

Abb. 14.12 Vektordarstellung vom realen Anteil G′ (Speichermodul) und imaginären Anteil G″ (Verlustmodul) und dem daraus resultierenden Vektor G*

14 Rheologie von Beschichtungen

Der viskose und der elastische Anteil wird über den Vektor „Re" aufgetragenen Speichermodul G′ und über den Vektor „Im" aufgetragenen Verlustmodul G″ dargestellt. Die vektorielle Summe G* repräsentiert das gesamte viskoelastische Verhalten des Materials. Die Größe des komplexen Schubmoduls (resultierender Vektor G*) repräsentiert die Gesamtstrukturstärke des Materials.

Bei Auswertungen von Oszillationsexperimenten ist bei Verwendung der oben beschriebenen Gleichungen zu beachten, dass diese nur im linear-viskoelastischen Bereich (LVE-Bereich) Gültigkeit haben. In diesem LVE-Bereich gilt folgende Beziehung:

$$G^* = i\omega \cdot \eta$$

Experimentell ist dieser Gültigkeitsbereich mit einem Amplitudentest überprüfbar. Bei diesem Test werden die Materialfunktionen wie z. B. G′ und G″ bei konstanter Kreisfrequenz als Funktion der Deformation gemessen. Der Gültigkeitsbereich wird bei einer vorgegebenen Deformation verlassen, bei der das Verhältnis G″ zu G′ nicht mehr konstant ist. Dieser Punkt wird in der Praxis auch als Nachgebegrenze τ_y (Yield Point) bezeichnet.

Zusammenfassung der physikalischen Größen in der Schwingungsrheologie

Folgende physikalische Größen werden bei Messungen in Oszillation üblicherweise verwendet (Abb. 14.13). Weiterführende Literatur zur Schwingungsrheologie, insbesondere zu den Modellen nach Maxwell, Kelvin/Voigt und Burgers, werden in [1, 2, 4, 5, 7] ausführlich behandelt.

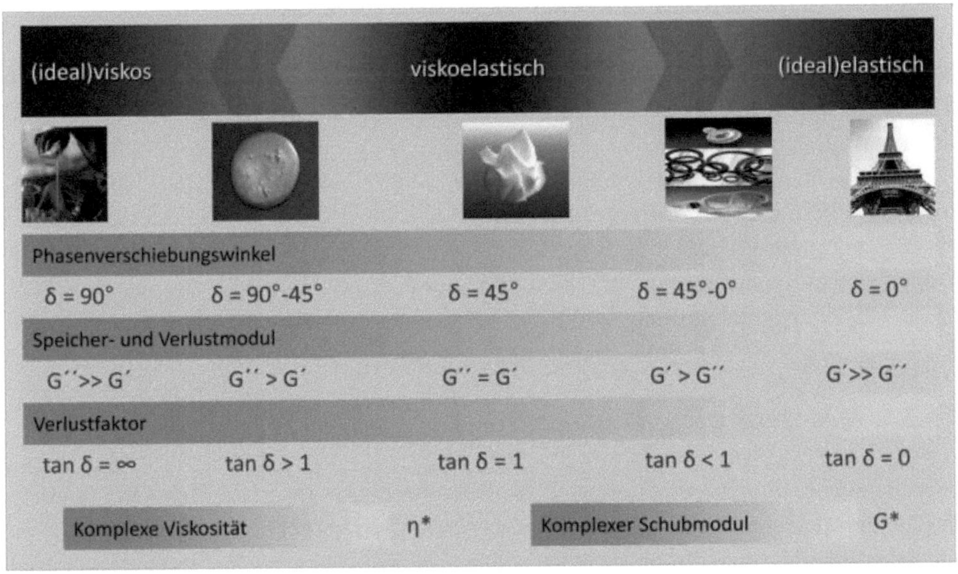

(ideal)viskos		viskoelastisch		(ideal)elastisch
Phasenverschiebungswinkel				
δ = 90°	δ = 90°-45°	δ = 45°	δ = 45°-0°	δ = 0°
Speicher- und Verlustmodul				
G″ >> G′	G″ > G′	G″ = G′	G′ > G″	G′ >> G″
Verlustfaktor				
tan δ = ∞	tan δ > 1	tan δ = 1	tan δ < 1	tan δ = 0
Komplexe Viskosität		η^*	Komplexer Schubmodul	G*

Abb. 14.13 Darstellung der physikalischen Messgrößen in der Schwingungsrheologie, bezogen auf das viskoelastische Verhalten von Materialien

Rheologische Eigenschaften von Fluid/Fluid(Luft)-Grenzphasen unter Einfluss von grenzflächenaktiven Substanzen wie Tensiden, Proteinen oder Emulgatoren

In diesem Kapitel wird grundlegend auf die „3D-rheologischen Eigenschaften", also volumenrheologischen Eigenschaften von Materialien eingegangen. Insbesondere bei Fluid/Fluid-Grenzphasen spielen aber die „2D-rheologischen Eigenschaften", also die grenzflächenrheologischen Eigenschaften (dabei insbesondere die Adsorptionsvorgänge) in der Grenzphase von Emulsionen und Mikroemulsionen eine wichtige Rolle für die Stabilität und Verarbeitungseigenschaft von aktuellen „Easy Coatings". Ausführliche und grundlegende Informationen zur „2D-Rheologie" sind in [6] zu finden.

14.3 Rheometrie und rheologische Versuchsführung

Rheometrie ist, wie in der Kapiteleinleitung definiert, die Messung der rheologischen Eigenschaften von Materialien mithilfe von geeigneten Messgeräten, sogenannter Viskosimeter und Rheometer.

Für idealviskose Materialien werden häufig Auslaufbecher, Kugelfallviskosimeter oder unterschiedlichste Kapillarviskosimeter benutzt. Diese Messgeräte sind für die Messung von viskoelastischen Materialien jedoch nicht geeignet und werden deshalb nicht weiter beschrieben. Ausführliche Informationen zu diesen Messgeräten sind in [5, 7] enthalten.

Seit 1945 hat sich die Entwicklung der Rotations- und seit 1970 die zusätzliche Entwicklung von Oszillationsrheometersystemen stetig weiterentwickelt. Der Hauptvorteil dieser Messgeräte besteht darin, dass das scherabhängige Viskositätsverhalten von viskoelastischen Materialien in Rotation und das gesamte viskoelastische Verhalten in Oszillation gemessen werden kann.

Zu Rheometermessgeräten (Stativ, Antrieb- und Messaufnehmereinrichtung sowie Temperiereinrichtung) werden Messsysteme benötigt, die das Material in einem definierten Probenraum messen.

Es gibt für diese Messsysteme (Zylinder-, Kegel/Platte- und Platte/Plattemesssysteme) seit 1976 die DIN-Normen: DIN 53018 und 53788, die 1980 mit der DIN 53019 für Zylindermessyteme mit engem Messspalt und 1982 mit der DIN 54453 für Doppelspaltzylindermesssysteme erweitert wurden. 1991 wurde die internationale Norm (ISO 3219) für Zylinder- und Kegel/Plattemesssysteme eingeführt.

14.3.1 Messgeräte und Messsysteme

Wie bereits beschrieben unterteilt sich ein **Rheometersystem** in das Messgerät, eine optionale **Temperiereinrichtung** und ein geeignetes **Messsystem**, das in Abhängigkeit vom zu messenden Material gewählt werden sollte.

Messgerät

Ein Rheometer (Abb. 14.14) besteht aus einem verwindungsarmen Stativ (1) mit einem üblicherweise integrierten Hubmotor (2). Dieser Hubmotor kann den Antriebsmotor (4) und weitere Steuer- und Messeinrichtungen des Rheometers (3, 4, 5, 6, 7) für die Probenpräparation und Probenmessung entsprechend bewegen. Die Messvorgabe in Rotation und Oszillation erfolgt durch den Motor (4), das Lager (5) und die Kupplung (6). Die Bewegung wird über einen optischen Decoder (3) detektiert. Das zu messende Material befindet sich in diesem Beispiel zwischen dem direkt mit dem Antrieb gekoppelten oberen Messsystem (7) und der unteren statischen und temperierten Messplatte (8, 9).

Grundlegend unterscheidet man „CSS- und CSR-Rheometer". **CSS-Rheometer** (Controlled Shear Stress) geben die Schubspannung vor und messen die „Scher- bzw. die „Deformationsantwort" des Materials. Zu diesen Rheometersystemen gehören alle Rheometer mit Asynchronmotor und kombinierter Antriebs- und Messeinrichtung. **CSR-Rheometer** (Controlled Shear Rate) geben die Scherrate bzw. Deformation vor und messen die „Schubspannungsantwort" des Materials. Zu diesen Rheometersystemen gehören alle Rheometer mit getrennter Einrichtung für Antrieb und Messwertaufnahme sowie Rheometer mit Synchronmotor und DSO-Regelung (**D**irect **S**train **O**scillation).

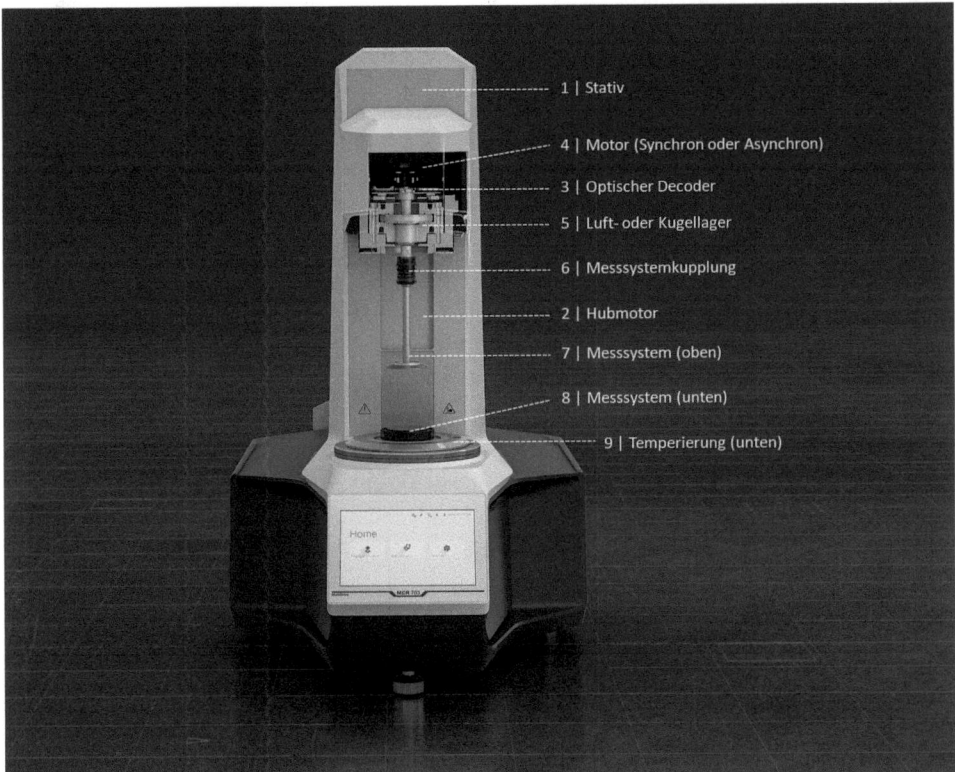

Abb. 14.14 Aufbau des Rheometersystems am Beispiel einer kombinierten Antriebs- und Messeinrichtung (Bild Anton Paar)

Versuchstyp	Messtechnische Vorgabe	Ergebnis
Rotation (Drehzahl-Steuerung)		
Rohgrößen	Drehzahl n [min^{-1}]	Drehmoment M [mNm]
Rheologische Messgrößen	Scherrate [s^{-1}]	Schubspannung τ [Pa]
Rotation (Moment-Steuerung)		
Rohgrößen	Drehmoment M [mNm]	Drehzahl n [min^{-1}]
Rheologische Messgrößen	Schubspannung τ [Pa]	Scherrate [s^{-1}]
Oszillation (Deformations-Steuerung)		
Rohgrößen	Auslenkwinkel φ (t) [mrad]	Drehmoment M(t) [mNm], Phasenverschiebungswinkel δ [°]
Rheologische Messgrößen	Deformation γ(t) [%]	Schubspannung τ(t) [Pa], δ [°]
Oszillation (Moment-Steuerung)		
Rohgrößen	Drehmoment M(t) [mNm]	Auslenkwinkel φ(t) [mrad], Phasenverschiebungswinkel δ [°]
Rheologische Messgrößen	Schubspannung τ(t) [Pa]	Deformation γ(t) [%], δ [°]

Abb. 14.15 Messvorgaben Rheometer

Mögliche Messvorgaben (physikalische und rheologische Größen) in Rotation und Oszillation und die resultierende physikalische bzw. rheologische Messantwort sind in Abb. 14.15 aufgeführt.

Detaillierte Informationen zu unterschiedlichen Messeinrichtungen, zur Lagerung und Temperierung von Rheometersystemen sind in [4, 5, 7] beschrieben.

Messsysteme

Ein Messsystem besteht immer aus einem beweglichen und einem unbeweglichen Teil. Der bewegliche Teil sitzt an einer Kupplung und wird über diese von einem Motor definiert bewegt. Der unbewegliche Teil wird zusätzlich für die Temperierung des gesamten Messsystems benutzt (Abb. 14.14). Es wird zwischen **Relativ-Messsystemen** und **Absolut-Messsystemen** unterschieden. Relativ-Messsysteme (z. B. Flügelrührer) werden in [5] ausführlich beschrieben. Absolut-Messsysteme sind genormte (ISO und DIN) Messgeometrien, für die die erzeugten physikalischen Rohdaten in die rheometrischen Rohdaten über Faktoren umgerechnet werden können.

Folgende Messgeometrien (Abb. 14.16) gehören zu den Absolut-Messsystemen:

Zylindermesssysteme bestehen aus einem Messkörper (innerer Zylinder) und einem Messbecher (äußerer Zylinder) und werden auch als koaxiale Zylindermesssysteme bezeichnet (Abb. 14.16). Diese Zylinder können mit zwei unterschiedlichen Betriebsarten gesteuert werden: Nach der „Searle-Methode", dabei wird der Messkörper angetrieben, oder nach der „Couette-Methode", dabei wird der äußere Zylinder angetrieben. In der Praxis hat sich die „Searle-Methode" durchgesetzt, da bei der „Couette-Methode" eine aktive Temperiereinrichtung nur schwer zu bewerkstelligen ist. Diese Bauart eignet sich für idealviskose und viskoelastische niederviskose Fluide.

14 Rheologie von Beschichtungen

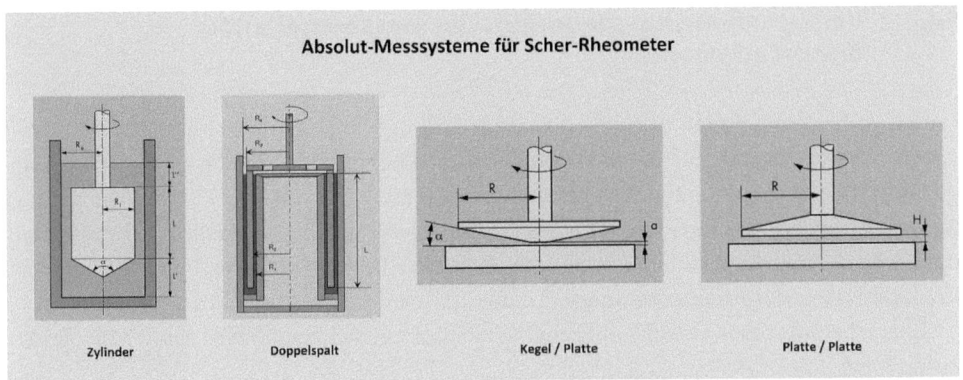

Abb. 14.16 Absolut-Messsysteme nach DIN EN ISO 3219, DIN 54453, DIN 53019, ISO 6721-10

Doppelspaltmesssysteme sind eine besondere Bauart von Zylindermesssystemen. In der Mitte des Messbechers befindet sich zusätzlich ein innerer Zylinder und der Messkörper hat die Form eines Hohlzylinders. Damit ergibt sich eine wesentlich größere Scherfläche, die aus einer inneren und äußeren Scherfläche besteht (Abb. 14.16). Diese Bauart eignet sich speziell für sehr niederviskose Fluide <150 mPas.

Kegel/Plattemesssysteme bestehen aus einem oberen bewegten Messkegel mit einem bestimmten Durchmesser und einem bestimmten Kegelwinkel α und einer unteren statischen Platte (Abb. 14.16). Die Kegel haben eine Kegelspitzenabnahme a, mit der auch die Spalthöhe H definiert ist. Als Kegelwinkel empfiehlt die ISO-Norm 1°, ein Winkel von 3° soll nicht überschritten werden. Der Hauptvorteil des Kegel/Plattemesssystems liegt gegenüber den anderen Messsystemarten in der schergradientenfreien Messung: $\dot{\gamma} = v/h = const$. Diese Bauart eignet sich für alle viskoelastischen Materialien, von niederviskos bis pastös. Einschränkungen für die Verwendbarkeit gibt es bei dispersen Systemen durch die Partikelgröße und bei Materialien mit dreidimensionaler Netzwerkstruktur wie Gele oder Festkörper.

Platte/Plattemesssysteme bestehen aus einer oberen bewegten Messplatte mit einem bestimmten Durchmesser und einer unteren statischen Platte (Abb. 14.16). Der Hauptvorteil des Platte/Plattemesssystems liegt gegenüber den anderen Messsystemarten in der variablen Spalteinstellung, wodurch auch Materialien mit größeren Partikeln und dreidimensionaler Netzwerkstruktur messbar werden. Der Nachteil ist, dass im Messspalt ein Schergradient auftritt: $\dot{\gamma} = v/h \neq const$.

Die vom Rheometer aufgenommen physikalischen Messgrößen, wie Drehmoment M [mNm], Drehzahl n [min^{-1}] und Auslenkwinkel φ [mrad], werden über Messsystemfaktoren in die rheologischen Messgrößen Schubspannung τ [Pa], Scherrate [s^{-1}] und Deformation γ [%] umgerechnet.

Ausführlichere Informationen zu Messsystemen und ihren Berechnungen sind in [5] nachzulesen.

14.3.2 Versuchsführung: rheometrische Messvorgaben für disperse Systeme

Entweder bestehen bereits für QS- oder Entwicklungsaufgaben rheometrische Messvorgaben oder es müssen für neue, rheologisch unbekannte Materialien entsprechend angepasste Messvorgaben entwickelt werden. Bestehende Messvorgaben (Messvorschriften), die häufig schon mehrere Jahrzehnte alt sind, sollten auch eine kritische Betrachtung durchlaufen, um festzustellen, ob sie unter Berücksichtigung der aktuellen rheologischen Erkenntnisse in der Form noch sinnvoll sind.

Eine rheologische Versuchsführung setzt sich grundlegend aus vier Teilschritten zusammen:

1. Die Probenvorbereitung inkl. Anfahren des Messspalts
2. Die Festlegung der Messvorgaben, also der Messparameter
3. Die Messwertaufnahme inkl. Interpretation und Auswertung der Messwerte
4. Reinigung des Messsystems nach der Messung

Folgende Vorüberlegungen sind notwendig, um später auch mit den geeigneten Messvorgaben verlässliche Messwerte zu erzeugen:

- Messbereich des Rheometers, verbunden mit der Auswahl des richtigen Messsystems, um noch mit dem gewählten Messgerät bzw. der gewählten Messsystemkombination im Messbereich messen zu können
- Probenpräparation, -befüllung und erforderliche Wartezeiten nach dem Anfahren des Messspalts, bedingt durch Relaxationsvorgänge in dem Material
- Temperierung des Messspalts, Sicherstellung einer temperaturgradientenfreien Messung
- Ist eine Trocknung der Probe zu erwarten? Wenn ja, müssen Vorkehrungen getroffen werden, die ein Eintrocknen der Probe verhindern bzw. minimieren.

Zu diesen Vorüberlegungen sind in [5] viele hilfreiche praktische Tipps nachzulesen.

Sind diese Vorüberlegungen getroffen, gibt es für disperse Systeme verschiedene rheometrische Messvorgaben, um die unterschiedlichen mechanischen Materialeigenschaften zu messen.

Die Standardmessvorgaben in Rotation und Oszillation und daraus entstehende Messantworten werden im Folgenden beschrieben.

Rotationsversuche

In der Abb. 14.17 sind die Standardversuchsführungen für disperse Systeme dargestellt:

Fließ-/Viskositätskurve (Abb. 14.17a): Typische Messvorgabe ist die Scherrate im Scherratenbereich von 0,01 oder 1 (je nach Rheometertyp) → 100 s^{-1}. Bei Scherraten < 1 s^{-1} ist zu beachten, dass durch zeitabhängige Effekte eine Messpunktdauer von $t \geq 1/\dot{\gamma}$

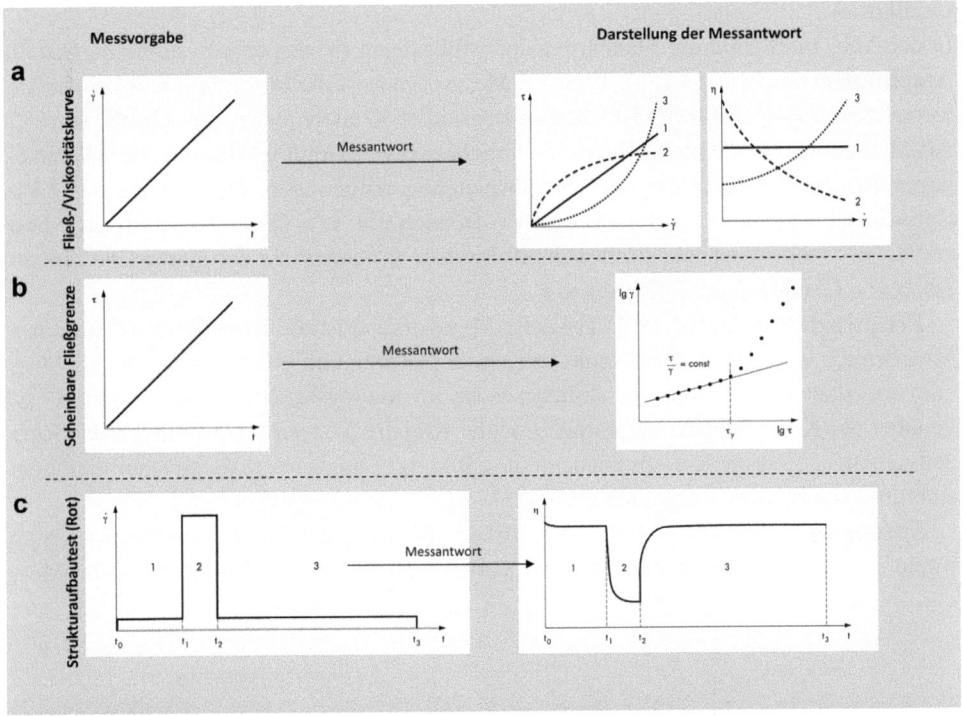

Abb. 14.17 Rotationsversuche mit Messvorgabe und Messantwort. **a** Fließ-/Viskositätskurve, **b** Schubspannungsvorgabe zur Bestimmung der scheinbaren Fließgrenze, **c** Strukturaufbautest in Rotation

als Startmesspunktdauer gewählt werden sollte. Als Messantwort erhält man Diagramme als Fließ- oder Viskositätskurve aufgetragen, z. B. mit folgendem Verhalten: (1) idealviskos, (2) scherverdünnend, (3) scherverdickend. Über Anpassungs- und Auswertemodelle lassen sich diverse Fließfunktionen bestimmen.

Scheinbare **Fließgrenze** (Abb. 14.17b): Typische Messvorgabe ist die Schubspannung mit einem logarithmisch verteilten Schubspannungsbereich von 0,05 oder 500 µNm (je nach Rheometertyp) → 5 mNm. Als Messantwort erhält man die Deformation gegenüber Schubspannung im log/log-Maßstab aufgetragen. Mit der Tangentenmethode wird die Fließgrenze als Grenze des linear elastischen Bereichs berechnet.

Sprungversuch in Rotation (Abb. 14.17c): Messung des **Strukturaufbaus** („Thixotropie") nach einer Belastungsphase mit vorherigem Referenzabschnitt. Typische Messvorgabe mit drei Messabschnitten $\dot\gamma = \langle 0{,}1 | 100 | 0{,}1 \rangle$. Als Messantwort erhält man eine Viskositätskurve in Funktion der Zeit. Der erste Messabschnitt ist die Ruhestruktur vor der Belastungsphase im zweiten Messabschnitt. Im dritten Messabschnitt wird der Strukturstrukturaufbau gemessen.

Oszillation

In der Abb. 14.18 sind die Standardversuchsführungen für disperse Systeme dargestellt.
Amplitudentest (Abb. 14.18a): Typische Messvorgabe ist die Deformation mit einem Deformationsbereich von 0,01–100 % und konstanter Kreisfrequenz, typisch bei 10 rad/s. Als Messantwort erhält man Messwerte, üblicherweise im log/log-Maßstab, mit G′ und G″ gegenüber der Deformation oder Schubspannung aufgetragen. Die Grenze des LVE-Bereichs ist bei γ_y oder τ_y erreicht. Im LVE-Bereich gilt: G′ > G″ = viskoelastischer Festkörper; G″ > G′ = viskoelastisches Fluid. Bei G′ = G″ entspricht der gemessene Schnittpunkt von G′ und G″ der Fließgrenze τ_f.

Frequenztest (Abb. 14.18b): Typische Messvorgabe ist die Kreisfrequenz mit einem Messbereich von 0,01–100 rad/s und konstanter Deformation im LVE-Bereich. Als Messantwort erhält man Messwerte, üblicherweise im log/log-Maßstab, mit G′ und G″ gegenüber der Kreisfrequenz aufgetragen. Hohe Kreisfrequenzen repräsentieren das Kurzzeitverhalten, niedrige Kreisfrequenzen ($\omega < 0{,}1$) das Langzeitverhalten (Stabilität/Nichtstabilität) von dispersen Systemen.

Sprungversuch in Oszillation (Abb. 14.18c): Messung des **Strukturaufbaus** („Thixotropie") nach einer Belastungsphase mit vorherigem Referenzabschnitt. Typische Mess-

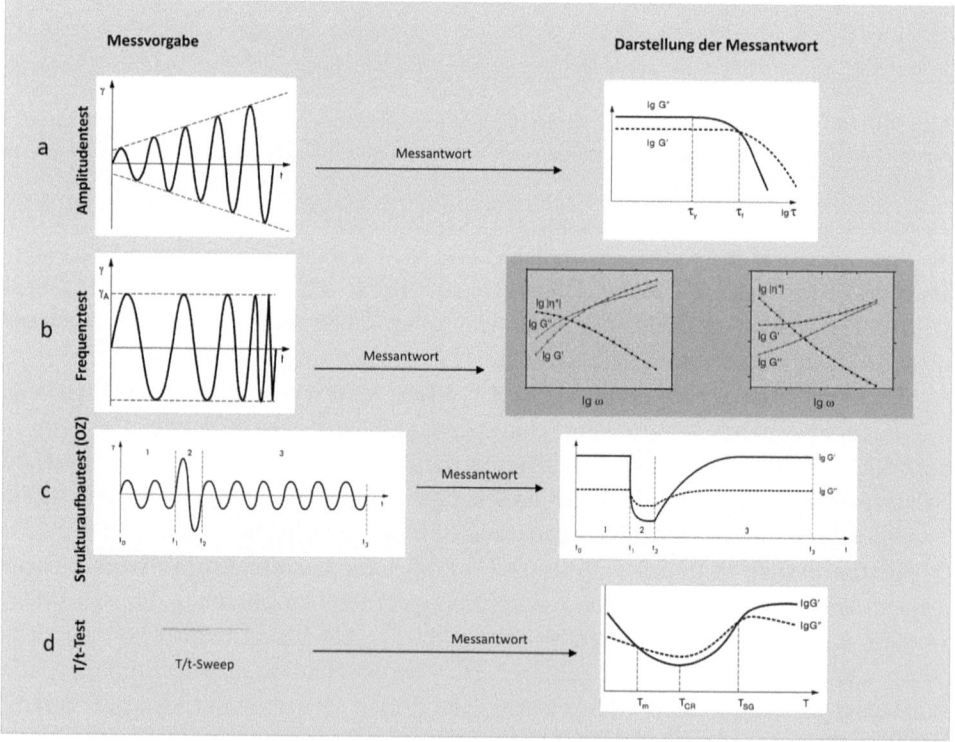

Abb. 14.18 Oszillationsversuche mit Messvorgabe und Messantwort. **a** Amplitudentest, **b** Frequenztest, **c** Strukturaufbau in Oszillation, **d** Temperatur-/Zeittest

vorgabe mit drei Messabschnitten (Abschnitt 1 und 3 mit einer Deformation im LVE-Bereich), z. B.: γ = {0,1|100|0,1} %, alternativ kann der zweite Messabschnitt auch in Rotation durchgeführt werden. Als Messantwort erhält man die G'/G''-Moduli in Funktion der Zeit. Der erste Messabschnitt ist die Ruhestruktur vor der Belastungsphase im zweiten Messabschnitt. Im dritten Messabschnitt wird der Strukturstrukturaufbau gemessen. Gegenüber dem Sprungversuch in Rotation wird bei dem Sprungversuch in Oszillation zusätzlich der elastische Anteil des Materials mitberücksichtigt.

Temperatur- und Zeittest (Abb. 14.18d): Messung der Temperatur- oder Zeitabhängigkeit. Typische Messvorgaben sind: Deformation (im LVE-Bereich) = konstant und Kreisfrequenz = konstant mit T oder t-Funktion. Als Messantwort erhält man zeit- oder temperaturabhängige Phasenübergänge, z. B. Schmelz- und Kristallisation, Glasübergänge oder Gel-/Aushärtungspunkte.

Literatur

1. Giesekus H (1994) Phänomenologische Rheologie – eine Einführung. Springer, Berlin
2. Kulicke W (1986) Fließverhalten von Stoffen und Stoffgemischen. Hüthig & Wepf, Basel
3. Lagaly G, Schulz O, Zimehl R (1997) Dispersionen und Emulsionen. Steinkopff, Darmstadt
4. Macosko C (1994) Rheology – principles, measurement and application. VCH-Pulishers, New York
5. Mezger TG (2016) Das Rheologie Handbuch- Für Anwender von Rotations- und Oszillations-Rheometern. Vincentz, Hannover
6. Miller R, Liggieri L (2009) Progress in colloid and interface science. Vol. 1 – interfacial rheology. Brill, Boston
7. Pahl M, Gleißle W, Laun H-M (1991) Praktische Rheologie der Kunststoffe und Elastomere. VDI, Düsseldorf

Stichwortverzeichnis

A
Abblättern 77
Abluft 12, 94, 95, 109, 142
Abluftaufbereitung 91, 94
Abplatzen 78
Abrieb 18, 33, 40, 237, 242
Adsorption 182, 243, 249
Agglomeration 18, 28, 40, 89, 97, 98, 101, 106, 107, 109, 112, 113, 134
Alginat 193, 204, 205, 216
Arbeitsturm 91–94, 105

B
Benetzung 96
Bottom-Spray 11, 15, 89, 99, 131, 132, 140, 220
Bruchfestigkeit 237

C
Chiptablette 229
Chiptabletten 2
Chitosan 193–198, 200–202, 204, 205, 222–224
Colorcon 174, 210
Compression-Coating 218, 219

E
Elektrospinning 222, 224, 225
Eudragit 103, 188, 200, 202, 204, 220, 221, 243, 244

F
Farbstoff 147, 149, 161, 249
Filmbildner 148, 149, 151, 169–173, 175, 176, 189, 190, 194, 211
Filter 96, 113
Flaking 77
Fließgrenze 259, 260, 271, 272
Freisetzung 9, 56, 57, 60, 62, 64, 95, 102, 111, 114, 154, 155, 157, 159, 164, 170–174, 185, 188, 195, 219, 225, 239, 241, 245
Friabilität 237

G
Gelcoating 202, 216, 217
Glasübergangstemperatur 152, 155, 161, 163, 220, 235, 238, 239
Glasüberganstemperatur 163
Globuli 242, 243
Glutelin 181, 188
Granulat 10, 11, 30–32, 137

H
Härte 235, 237, 238, 250
Hotmelt-Coating 221
HPC 172
HPMC 170–174, 201, 204, 209–211, 218, 220

I
Ingestible Event Marker 229, 232
Inselbildung 82, 83
Ishikawa 74, 75

K
Kollicoat 145, 148–165
Kontaktwinkel 246, 247
Krater 79

L
Lipiddispersion 219

M
magensaftresistent 56, 63, 145, 155, 156, 158, 175, 176, 200, 220, 240, 246
Magensaftresistent 56
magensaftresistente 220
Mantelkerntablette 229–231
MC 172, 173
Mindestfilmbildetemperatur 147, 148, 155, 163
Mindestfilmbildungstemperatur 235, 238
Morphologie 242, 243

N
Nanodraht 222
Nanofaden 222, 223, 225
Nanofaser 222
Nanoröhre 222
Nasenbildung 83

O
Orangenhaut 109
Oszillation 256, 265–268, 270, 272

P
Peeling 245
Pektin 193, 201–205, 216, 222
Permeabilität 249
Powder Coating 220
Prozessüberwachung 113, 114

R
Rheometer 267, 269
Rissbildung 62, 81

S
Scale-up 120, 123, 128, 137, 148
Scherrate 257, 260, 263, 267, 269, 270
Schubspannung 257, 259, 262, 267, 269, 271, 272
Scuffing 84, 85
Shingling 230
Sojaprotein 189, 204
Strahlschichtcoater 11, 15

T
Tellercoater 11, 12
Tellercoatern 38
Trommelcoater 11, 12, 59, 60, 71, 219, 237
Twin 60, 75, 76, 79

V
viskoelastisch 255, 260, 262, 263, 265, 266, 268, 269, 272

W
Weißpunkt 238
Wirbelschichtcoater 11–13, 15, 17, 45, 220
Wolkenbildung 86
Wurster 98, 118, 120, 123, 131, 132

Z
Zerfall 157, 210, 239
Zugfestigkeit 187, 189, 190, 238

MIX
Papier aus verantwortungsvollen Quellen
Paper from responsible sources
FSC® C105338

If you have any concerns about our products,
you can contact us on
ProductSafety@springernature.com

In case Publisher is established outside the EU,
the EU authorized representative is:
**Springer Nature Customer Service Center GmbH
Europaplatz 3, 69115 Heidelberg, Germany**

Printed by Libri Plureos GmbH
in Hamburg, Germany